動物工場

工場式畜産CAFOの危険性

ダニエル・インホフ 編
井上太一 訳

緑風出版

THE CAFO READER
The Tragedy of Industrial Animal Factories
by Daniel Imhoff

目　次　動物工場——工場式畜産 CAFO の危険性

ＣＡＦＯ――集中家畜飼養施設
そう呼ばれる食品工場にあって　責め苛まれてきた
そしてこれからも苛まれる運命にある
過去と現在の幾千万の動物たちへ

又　健全な、人道的な、共同体に根ざした、
持続可能な食のシステムの創出に取り組んできた
活動家、農家、科学者、執筆家、写真家、憂うる市民、
その他すべての人々へ

巨大飼養施設とそれにまつわる経済の
真の代償と影響とが　より広く
話し合われ、論じられ、解せられんことを

又　農牧と、農業の多様性と、野生の多様性とが
我々のためのみならず、それ自身のために重んじられ
健やかな土地、健やかな動植物、
健やかな共同体、健やかな人々の
相互に頼り合い　相互に扶け合う
その絆の　あまねく人々に知られんことを

序文

ダグラス・R・トンプキンス

本書および写真を併載した姉妹版『CAFO（集中家畜飼養施設）――産業的動物工場の悲劇（CAFO (Concentrated Animal Feeding Operation): The Tragedy of Industrial Animal Factories）』は長い時間をかけて製作された作品です。ディープ・エコロジー財団は過去一七年間、様々な環境蹂躙を扱った数点の大型本とその姉妹版の読本を出版してまいりました。告発してきた問題――過誤と明白な病理――は、工業的農業や工業的林業（『死を呼ぶ収穫［Fatal Harvest］』、『「死を呼ぶ収穫」読本［Fatal Harvest Reader］』、『一網打尽［Clearcut］』）、水力発電を目的とする巨大ダム建設（『パタゴニアにダム不要［Patagonia Sin Represas］』）、アメリカ西部の公有地で行なわれる放牧（『助成牧畜［Welfare Ranching］』）、自然火災にたいする浅はかな消火対策（『野生の炎［Wildfire］』および『「野生の炎」読本［The Wildfire Reader］』）、モーターカーを使った娯楽（『暴走遊戯［Thrillcraft］』）、山頂除去採炭（『アパラチア強奪［Plundering Apalachia］』）におよびます。本書『動物工場』で、私共は再び工業的食料生産の恐るべき実態に注目し、工場式畜産場という、本来の農場とは似ても似つかない組織に迫りました。そこには尊敬すべき農本主義の面影はほとんどなく、あるのはことごとく企業の利益を追求しての残虐行為、そして環境の乱伐に他なりません。

長年にわたり前掲の出版物の編集と製作に携わる中で、私共はそれらの主題を結び付ける共通の糸の存在を認識するに至りました。地球の美と全体性に対する非道極まりない猛攻を丹念にみていきますと、その暴虐の根底には必ず一つの原因があるのがわかります——生産、土地管理、娯楽、その他の経済活動に、技術と工業をもって迫ろうという姿勢です。幾度にもわたって私共が衝撃を受けたのは、この還元主義の偏狭な技術工業図式が生産システムに応用される時、それが自然を摩耗させ、その崩壊を速めると同時に生態系の均衡をも乱してしまうという事実でした。

端的に申せば、この工業に根ざした原理的枠組のうちに、世界が分断され、誰もが甚だしい社会と生態系の衰微（すいび）、私共のいう「生態社会的危機」を経験している理由がある、という結論になるでしょう。増加の一途を辿る生物の絶滅、漁場の荒廃、急速な温暖化など、自然の陥っている危機は誰の目にも明らかですが、健全な生態系に頼る人間社会もやはり危機のうちにあるといえます。世界中で自然と人間の共同体は衰え、あるいは何らかの深刻な事態を向かえ、いくらかは滅びつつあり、いくらかは既に滅び去っています。機械論的世界観の洗礼を受けた工業主義はいたるところに息を潜め、底の見えない深い墓穴を私達人間の手で掘らせるのです。

本書『動物工場』では、工業主義の論理が食用家畜に適用された様を目の当たりにします。結果は肉、乳、卵、皮革と毛皮、さらには必要でもない贅沢嗜好品のレバーパテを生産するための、工場式畜産場における悲劇的、非人道的な、そして憐れな動物飼養法です。生きものが機械として扱われ、食品供給企業により蛋白質生産ラインに並べられる「単位」にまで還元され、個々の動物の苦しみが顧みられることはありません。〝悪〟という言葉ですら、この暴虐を言い表わすには優し過ぎ、穏やか過ぎるでしょう。

本書を繙（ひもと）かれれば、家畜たちに対するアグリビジネスの冷遇はこれ以上卑劣なものにはなるまいと考えるのが普通かも知れません。残念ながら未来の指し示す方角は違っています。地平かなたに見えるのは総出（そうで）で迫ってくるクローニング、遺伝子組み換え技術であり、その誕生をうながすフランケンシュタインの実験室を所有し操業する巨大企業は、商業的工業的動物の繁殖と飼養をより一層「効率的」にすることを目論（もくろ）んでいるのです。ゆえに「生態社会的危機」は深まります。すべての局面で人間文化による自然支配が強まる中、工場式畜産場は世界を——生きものをも含め——人間の目的と企業の利益に資するよう造り変える、機械論思想のもう一つの徴候になっているといえましょう。

今こそ、この計算された冷たい悪のシステムを真の名で呼ばねばなりません——工業的動物強制収容所、と。これは人畜無害な建前的用語の「集中家畜飼養施設」、略して「CAFO」よりも、はるかに正確な呼称です。本書を読了された暁には、道に背いたこの産業と、それがものを感じる他の存在におよぼす浅ましい行為とを廃絶するため、自分に何ができるか、考えてみてください。動物を囲う強制収容所は抹消されねばならず、そのために要される社会改革運動は、先見の明をもつ人々が過去二百年間、かの奴隷制や人種差別、および他の非道を払い去ろうと尽力してきたのに倣い、彼等に劣らぬだけの創造性と断固たる姿勢とを備えなければなりません。あなたの声とあなたの票、あなた個人の経済的な選択とあなたの心とをもって、この取り組みに協力していただけることを願います。動物工場を地球から失くすことは不可能ではありません、それは市民活動家の意志と決意に懸かっています。

数年を調査と収集に費やしてきた私共は、大半の肉がどこから来ているのか、それがどのように生産されるのかを、より多くの方々に知っていただくための媒体として本書を位置付けます。いま私達が必要としているのは、志を同じくする活動家たちが本書を基本教材にこの問題を明瞭に捉え、議論と同盟と戦略を構築することで運動を立ち上げ、この〝食用動物工場〟を終には一掃するよう社会規範の変革を求める、それに尽きます。気高い企てに力を貸して下さる全ての方に、私共は保証できます——かかる行動主義は、地球に住まうあなたの家賃を支払うに相当することなのだと。

はじめに

ダニエル・インホフ

家畜たちが現在ほどむごい形で大規模に監禁され屠殺[訳注1]されている時代は史上かつてなかった。毎年少なくとも一人当たりにつけ四匹の家畜が育てられる。合衆国だけでも毎年飼養され屠殺される家畜の数は一〇〇億近く、そのほとんどは鶏、豚、牛であるが、急速に増えつつある海面養殖、陸上養殖の魚介まで含めると更に数字は膨れ上がる。これはアメリカにおける一九八〇年の家畜飼養数の二倍、一九四〇年の一〇倍以上に相当する。[原注1]更に危惧されるのは、動物性食品が世界中に驚くべき速さで広まっていることだろう。国連食糧農業機関（ＦＡＯ）は世界の肉、乳製品の消費量が二〇五〇年までに二倍に達すると予測するが、[原注2]既に世界の土地と水は逼迫（ひっぱく）しており、その原因に畜産が——大量のエネルギーを消費し、環境を破壊し、過食する者の健康を損なう畜産業がある。[原注3]

アメリカその他の地域において、家畜の飼養はＣＡＦＯ（Concentrated Animal Feeding Operation、集中家畜飼養施設）、カナダのＩＬＯ（Intensive Livestock Operation、集約家畜施設）、またそれよりは小規模なＡＦＯ（Animal Feeding Operation、家畜飼養施設）と呼ばれる経営体に牛耳（ぎゅうじ）られつつある。本質的には工場というべきこれらの施設にて、動物たちは早く育って多くの肉、乳、卵を産出するよう工業的に品種改変され、[訳注2]隙間もなく詰め込まれ、檻に入れられ、場合によっては鎖や縄で繋ぎ留められた状態で飼育される。合衆国環境保護庁（ＥＰＡ）の定義では、大型ＣＡＦＯとは飼料をよそから購入し、次にあげるいずれか以上の家畜を収容する施設をいう——牛ならば一〇〇〇頭、豚ならば五五ポンド（約二五kg）以上の豚二五〇〇頭ないし五五ポンド以下の豚一万頭、七面鳥は五万五〇〇〇羽、肉用鶏一二万五〇〇〇羽、卵用鶏八万二〇〇〇羽。

名前から察せられるように、CAFOは飼養施設であり、そこでは家畜の集約密度と体重増加が第一目標とされる。このような動物工場は中小規模の混育農場とは似ても似つかない。後者は条植え作物（訳注3）や樹木作物を栽培しながら牧場で家畜を育て、その糞尿から得られる堆肥を用いて牧草地や果樹園の土を肥やす。ほとんどのCAFOは技術的な面からみても法的な面からみても、農場として捉えるべきものではない——それは基本的に工場の枠組みで操業される。CAFOの家畜は何千、何万という異常な高密度で集中飼育され、大抵は澄んだ空気を吸うこともできず、日の光を仰ぐことも叶わず、外を歩くことも、草木や虫をついばむことも、地を引っ掻くことも、草を食べることも許されない。成長を最大限に促し、最短時間で肥らせるため、彼等には高カロリーの穀物飼料が与えられ、そこに魚粉や加工された動物糞便、再利用処理された動物

訳注1　屠殺　「屠殺」は差別用語であるとの批判があるが、本書では敢えて slaughter の訳語にこれを用いることとした。理由は⑴ある特徴をそなえた人間を指す語と違い、「屠殺」は行為をあらわす語であるから差別的ニュアンスは含み得ない。⑵アメリカでは slaughter の隠語として meatpacking が用いられるが、本書ではこの両者を分けた上で敢えて slaughter を用いているので、この語を翻訳に際して「と畜」なる隠語で処理してしまうのは不適切。⑶動物を殺しているという事実を字面の上で抹消した「と畜」を用いれば、動物性食品の消費者にとっては背徳感が和らぐ効果があるのかも知れないが、それは屠殺の実態や屠殺業者への差別の実態を覆い隠し、社会がそれらについて反省する機会を今以上に奪うことにつながるので、倫理にも本書の意図にも反する。⑷「と畜」は一般に馴染みがなく、助詞の「と」との混同が起きて煩わしい。

訳注2　品種改変　動物の身体を生存に不利な形に変える人為交配を「品種改良」と称するのは中立性を欠くので、本書ではこの語の代わりに「品種改変」を用いることとした。

訳注3　条植え作物　列状に植える作物。大豆、トウモロコシ、綿など。

る。

の身体片が配合されることもある。選び抜かれたほんの僅かな飼料だけがこの冷やかな工業的尺度に適合する。

オクスフォード英語辞典によれば、「工場式畜産（factory farming）」という言葉の最初の用例は、一九八〇年刊行のアメリカの経済誌にあらわれた表現だったそうだが、監禁飼養施設そのものはそれより遥か以前から存在した。一例が一九世紀の忌まわしい「残滓」乳業〔第三部「不人情の乳液」参照〕であり、これは蒸留酒業者の所有する酪農場がウイスキーの蒸留粕で乳牛を飼育するものだった。工場式畜産は一九二〇年代に爆発的な増加をみせる。ビタミンA、Cを飼料に混ぜれば家畜を一年中室内飼育し、エネルギーをすべて成長促進の方へ回せると判明したからであった。[原注4] 第二次大戦後、増加しつつあった監禁飼育は結果的に家畜の死亡率を著しく高め、病気の大発生を招いた。この問題を克服した第二の技術革新は、家畜用の飼料や水に定期的に抗生物質や抗菌薬を含ませ、感染症を克服しながら成長をさらに促進するという方法で、これがCAFOシステムの本質をなす。[原注5] 家畜の餌が牧草から穀物へと変わった際、農場主たちが目を向けたのは作物生産を助長する二〇世紀型の工業技術、すなわち化学肥料、有毒農薬、除草剤、ハイブリッド品種、遺伝子組み換え作物などであった。工場式畜産場は巨大資本化し、更に機械化した。小規模自営の屠殺場はなくなり、地域の供給網はすたれていった。商品価格が下落し、市場参入の機会も奪われ、何百万という家族経営農家が農場風景から姿を消した。残った者は薄利の契約農家になるか、低賃金労働者になるかして、自分たちに取って代わった動物工場の下で働くこととなった。

法人経営のアグリビジネスは動物工場を世界の一大産業に仕立てあげ、生きた動物を単なる乳、卵、肉の生産単位に変えてしまった。監禁された環境に合うよう、家畜たちはあらゆる段階で身体改造を施され、品種改変される。ひよこは喧嘩をして相手を殺すことのないよう、部分的にクチバシを焼き切られる。[訳注4] 子豚には「断尾（だんび）」が施され、「回避行動」が植え付けられる（すると彼等は混雑する檻の中、攻撃的な仲間や刺激を奪われた仲間からかじり付かれないよう、敏感な付け根を必死にかばうようになる）。牛は過密状態の肥育場（フィードロット）へ送られる前、角を若い内に切られるか、もしくは化学的手法で縮められる。(訳注5) 豚や乳牛の子育てには最小限のスペースのみが与えられ、やがて母子は引き離されて動物工場の食品流れ作業ラインに乗せられる。CAFOの運営業者にいわせると、こうしたやり方は一部の人々の目には残酷に映るかもしれないが、動物の健康と福祉に資するものであり、食料問題に頭を悩ませる世界に豊富で安全な食料を供給するための手段なのだという。

しかし一方で、動物の過密飼育によってひどい量の廃棄物が生じている。一〇〇エーカーのCAFOひとつが一〇万人都市に匹敵する下水汚物を出すなどという話も珍しくない。決定的に違うのは、CAFOの場合、監視の行き届いた汚水処理装置を設置する義務を負わない点である。糞尿は周囲の「散布場」に撒かれるか、もしくは直接土中に埋められるが、それは往々にして土壌の環境容量を超え、ある時点で有害物質となって社会、環境に問題を引き起こす。フットボール場程度の肥溜め池に大量の糞尿が溜められ、しばしば地下水や空気中に漏れ出し、雨や洪水の際には雨水と混ざって流れ出す。

CAFOの中で動物たちは必要不必要を問わず日常的に抗生物質を投与される。例えばアイオワ州やノースカロライナ州では、家畜向けに使われる抗生物質の量が全米中で人の医療目的に用いられる量を超えている。サルモネラ菌や感染性大腸菌、メチシリン耐性黄色ブドウ球菌（MRSA）など、毒性の強い新型病

訳注4　［ひよこは］クチバシを焼き切られる　鶏のクチバシには神経が密集しているため、切断は激痛を伴う。また、切断後も神経腫がつくられ、慢性的な幻肢痛（切られた筈のクチバシの先が痛む症状）に悩まされる。加えて、食欲は落ち、餌もうまくくわえられなくなる。

訳注5　［牛は］角を若い内に切られる　除角の際、牛は激痛のあまり失神することもあり、最悪の場合は痛みで餌も食べられなくなり死亡する。

原体の発生もＣＡＦＯと関係するものが増えている。多くの科学者が警告するように、工場式畜産に大量の薬が使われるせいで、医薬品の効果が望めなくなる危険が高まっている。

動物性食品の生産工程を締めくくるのが屠殺場と解体ラインである。屠殺のペースは大変なもので、二一世紀の初頭にあってアメリカでは一日あたり子牛七〇〇〇頭、牛一三万頭、豚三六万頭、鶏二四〇〇万羽が殺され、屠殺場を最も危険な仕事場にしている。(原注6) 二〇〇八年二月、全米人道協会（ＨＳＵＳ）は秘密調査によって得られたビデオ映像を公開した。そこにはカリフォルニア州チノに本拠を置くウェストランド／ホールマーク食肉会社（Westland/Hallmark Meat Company）の従業員が歩行困難牛、いわゆる「へたり牛」を鎖で引っ張り、電気棒で突き、フォークリフトをつかって処理場まで運ぶ光景が映し出されていた。自力で歩くことのできない家畜を屠殺することは一九五八年に定められた人道的屠殺法（Humane Slaughter Act）により違法とされている。この法律は一九七八年と二〇〇二年に改正されたが（また最近では二〇〇九年に強化されたが）、充分な規制と取り締まりが行なわれないまま、アメリカでは今日でも毎年推定一〇万頭前後の歩行困難動物が殺されている。(原注7) ホールマーク社の事件は一億四三〇〇万ポンド（約六五〇〇万kg）の食肉回収という業界最大のリコールにつながり、事件の発覚した工場は閉鎖された。(原注8) 何もできず暴力を振るわれる動物の姿に加え、多くの視聴者がショックを受けたのは、この会社の肉が全米学校給食プログラムに広く使われていたという事実だった。(訳注6)

ＣＡＦＯは地理的に見ても特定地域に集中している。カリフォルニア州とアイダホ州は乾燥地における工場式酪農業の、テキサス州およびカンザス州は肥育場（フィードロット）の牽引役。肉用鶏（ブロイラー）のＣＡＦＯは特にチェサピーク湾東岸、アーカンソー州、アラバマ州、ジョージア州、ケンタッキー州西部、ノースカロライナ州に集中し、アイオワ州、オハイオ州は卵用種の飼養に特化している。豚はアイオワ州とノースカロライナ州が中心地で、例えばアイオワ州では三〇〇万人の州人口の一人一人に対し平均一一・三頭の豚を育てている計算になる。二〇〇八年に『ニューヨーク・タイムズ』紙が報じたところによると、アイオワ州にある五〇〇〇の豚舎からは五〇〇〇万トン以上の屎尿（しにょう）、すなわち住人一人に対し一六・七トンという割合の家畜糞尿が排出されている。[原注9] のみならずCAFOの存する多くの地帯には周期的に洪水が訪れる。

専門家の間で増えてきた主張によれば、こうした集中飼養が生まれた直接の原因はCAFOに本当の操業コストを負担させないアメリカ政府の意図的な政策にあるという。[原注10] 近年のエタノールブーム、バイオ燃料ブームが訪れるまで、一〇年以上ものあいだCAFOは飼料をその生産コスト以下の値段で購入することができていた。この驚くべき値引きは農業法として毎年市民の税金から捻出される何十億ドルもの穀物補助金によって実現されたもので、これにより動物工場は小規模自営農家を出し抜き不当な拡大を続けてこられた。[原注11] 更に農業法の「環境保全」計画の一環として、大型CAFOの汚物処理インフラを整備するため——中小農家が普通それを自らの費用で賄う（まかなう）のと対照に——数億ドルの税金が使われている。力をつけたアグリビジネス企業はロビー活動によって法案上CAFOを工場ではなく農場として位置付けることに成功し、環境中への汚物の排出責任をのがれ、動物虐待に関しても多くの場合取り締まりの対象から外されるようになった。あからさまな寡占（かせん）状況を前にしながら政府機関は多くの場合、現行の環境規制と反トラスト法（独占禁止法）の執行を怠ってきた。[原注12] 幾らかの州ではCAFOの設置に反対する地域の権限は自治体から奪い去られた。強大な

訳注6　ウェストランド／ホールマーク食肉会社　全米人道協会の収録した動画は以下のサイトにある。ここで従業員の使っている細長いステッキが電気棒である。
http://video.humanesociety.org/press/video.php?bctid=972374652001&channel=931219457001（オリジナル）
https://www.youtube.com/watch?v=zhlhSQ5z4V4#t=120（ニュース）

工場式畜産業界のはたらきによって決定権が地域レベルから州レベルに移されることとなったのである。モンタナ、カンザス、ノースダコタの三州では農場主の許可なしにCAFOの写真撮影をすることは違法とされている。一三の州では食品悪評禁止法が通過し、生鮮食品について口にできることが制限された。食品システムはいまや憲法の定める基本的自由をも侵犯しつつある。

豚肉、牛肉、牛乳、鳥肉、卵——動物性食品の世界需要は増加の一途をたどっており、これはまた一方で生態系の存続を脅かすほどの圧力となっている。地球の大気は文字通り温暖化しており、水路や漁場は世界中の家畜が出す大量の排泄物であふれ返っている。しばしば引き合いに出される国連食糧農業機関の報告によると、畜産業界の排出する温室効果ガスは地球全体の排出量の一八％を占め、世界の交通機関が排出する合計量を上回る。(原注13) しかしながら二〇〇九年にワールドウォッチ研究所の公表した研究では、世界の畜産業によって出される二酸化炭素は年間三二〇〇〇万トンに達し、世界の総排出量の五一％に相当するという。(原注14) 更に現在、世界には五〇〇の「酸欠水域」、すなわち農業排水や水質汚濁によって酸素が欠乏し、多くの水生生物が住めなくなった水域があると報告されているが、そのほとんどは畜産業に関係する。

当初、工業規模の畜産業は社会全体に理想的な未来を約束してくれるように思われた。より少数の従業員が、より楽な労働で、より多くの食料を生産できるようになるだろう。大規模生産によってコストを抑え、周期的な飢饉（ききん）と不作にあえぐ世界中の人々の手に食料が行き渡るようになるだろう、と。しかし今日、私たちは動物性食品の普及によってもたらされるこのような短期的メリットが、計り知れない代償（コスト）をともなうのを痛感している。つけは自然界、地域社会、人々の健康、そして社会全体が負担する。更にそれは、幽閉された数知れぬ家畜たちに対する福祉的無配慮という問題を生んだ。二〇〇八年、「工業的畜産に関するピュー委員会」はCAFOについての報告書の中で「農業団体、学術研究機関に所属し企業から報酬を得る科学者たち、および連邦議会のお仲間からなる、農工複合体」の台頭に言及したうえで警鐘を鳴らした。委員会はジョン・ホプキンス大学ブルームバーグ公共保健学部「住みよい未来」センターのプロジェクトとして発足したものであるが、その結論はこうだった――合衆国の現行の畜産形態は「耐え難い程度にまで人々の健康を脅かし、環境を破壊している。そして我々が食用とする動物に不必要な苦痛を与えている」(原注15)。

明らかなのは、私たちが食を生産するそのあり方は、私たちを文化に生きる存在として、また人間に生まれた存在として規定する、ということだ。このことは大きな問いを投げかける。我々はいかにしてこのようなところへ辿り着いてしまったのか。安全で持続可能な食の生産という、この人間社会の大切な基盤が、心ある農家の人々、そして自然の巡りから、こうも掛け離れてしまおうとは。明らかに変更を求められている食料生産システムを改めていく上で我々は、消費者として、市民として、また生産者として、どのような倫理的責務を負うのだろう。家畜たちに対する我々の仕打ちは、我々の社会、政府、食のあり方、生のあり方について、何を物語っているのだろう。

けれども結論を急いではならない、私たちの前にあるのは広大な領域にまたがる複雑な問題なのだから。経済学、食品科学、獣医学、環境学、倫理学、栄養学、遺伝学、食料農業政策、そのほか関連分野はいくらでも挙げられる。動物工場と工業的食料生産一般が急速に発達した背景には、世界を機械体系とみなす還元的な思想の枠組みが存在した――広く浸透したこの世界観の下にあっては、動物や人間の健康も、労働者や共同体の幸福も、利潤も民主主義の自由も犠牲にされ、究極の目標は生産高と市場占有率の最大化に向けられることとなるのである。

ＣＡＦＯの世界へようこそ。現代の病巣へ、ようこそ。

凡例

一　本文中の写真、キャプションは訳者が挿入した。

二　本文中の（ ）および［ ］は原書のもの、〔 〕は訳者のもの。

三　原書では「工場式畜産」を「工業的畜産」と言い換える箇所が複数存在するが、文脈上あきらかに同義であるため、組織名など一部の例外を除き、「工場式畜産」に統一した。

四　ページ数の都合等により、索引は省略した。

第 1 部　CAFO の病的性格

序論——農本主義から工業主義へ

工場式畜産を支える思想的、倫理的な土台は何だろう。農業は人類文明のるつぼといってもいい、それが今やまともな品性も他の生きものへの思いやりも打ち捨て、生産性と利益を追い求めるようになったのは、どうしてだろう。集中家畜飼養施設の閉ざされた扉、その向こうに隠蔽されている残酷な現実から、数多くの消費者が目を背けるようになったのは、どうしてだろう。

我々は「種差別主義（訳注1）」に染まってしまったのだ、という議論もある。人間の関心事を他の生命の幸福や繁栄よりも一段高いところに置くこの考え方が、動物を人間よりも価値の低い存在と位置づけ、畜産や動物実験その他における動物の扱いを全て正当化する。一方、実用に徹した見方もある——家畜は我々が利用するために存在する、肉なり何なり食料になるのでなければ家畜は存在すらしないだろう、食料生産の集約化と工業化は増え続ける人々を養うのに必要な措置だ、安価な食料が豊富になければ多くの者が飢餓に見舞われよう、どうせ殺される動物になぜ気を使う必要があるのか。

対する論陣はこう述べる——我々の社会と経済は都市化、工業化しており、人々の大半は植物からも動物からも、また生存を支えるのに必要としている土地からも切り離されている。そういった知識や農業への直接的な触れ合いが失われたことで人々は道徳（モラル）の指針を動物工場にゆだね、ともに邪道を歩んでいる自らを見出すにいたっている。

数千年前から、人間と動物界の他の成員との関係は道徳観に直結するものと考えられてきた。食料の確保は生き残りと日々の生活のあり方を考えるうえで極めて重要な関心事であったから、宗教的な教えの核となった。古代のヒンズー教徒は牛を神聖な存在に高めた。牛の与えてくれる燃料、牛乳、それに畑を耕す力、土を肥やす糞は何物にも代えがたい恩恵だった。伝統的なユダヤ法は教徒たちに蹄（ひづめ）の分かれた反芻動物のみを、それも倫理上の規律にもとづく方法で殺されたものに限り、食すことを許した。蹄が分かれていても豚は食べてはならないとされた。これはイスラム教にも共通する。旧約聖書は故意に不必要な苦痛を動物に味わわせることを禁じ、また餌や水を与えないというような甚だしい怠慢をいましめた。コロラド州立大学の獣医倫理学者バーナード・E・ローリンは記す――

残虐行為を戒める聖書の教えは、西洋社会が動物の扱いに関する社会的な合意を形成し、実効性ある法の整備を進めることに貢献した。例えばマサチューセッツ湾植民地（現、マサチューセッツ州）は他に先んじて動物虐待を禁止し、今日ではすべての西洋社会に同様の法が存在している。残虐行為を否定する倫理は二つの目的に役立った。一つは変質的ないし無目的な人間行為による動物の苦痛についてはっきりと懸念を表明したこと、いま一つは、人間を虐待する者へと「進展」する可能性のある

訳注1　種差別主義　種の違いを理由に人間が人間以外の動物を差別する思想。類義語に「人間中心主義（anthropocentrism）」があり、ほぼ同じ意味で使われるが、論者によっては、動物に限定して人間と人間以外の間に優劣を設けるのが種差別主義、人間以外のあらゆる地球存在（動物、植物、鉱物、その他）に対し人間の優位を説くのが人間中心主義、といった区別を設けることもある。種差別主義は「人間と動物」、人間中心主義は「人間と自然」という二分法を前提にするが、人間も動物であり自然物である以上、この対立図が誤りであることは言うまでもない。

嗜虐趣味者（サディスト）や精神病質者（サイコパス）を、動物虐待の段階で見付け出すのに貢献したことである。この関連性は近年の調査でも確認されている。同級生に発砲した児童たち同様、連続殺人犯の多くに動物虐待を行なった経歴がある。[原注1]

フランスの哲学者ルネ・デカルトは一七世紀、種差別主義と徹底した機能主義にもとづく動物搾取に道をひらいた。デカルトの考えでは、自然は人間の産業活動の道具箱に過ぎない。いわく、動物は「魂のないからくり（オートマタ）」、単なる複雑な機械であって、意識は具（そな）わっていないので痛みも苦しみも感じない、叫びや身もだえは単純な反射運動である、と。このような近代思想の錦の御旗が掲げられ、食料や衣服のために育てられてきた家畜はついに、産業革命を達成した世界の中で魂なき大量生産品と目されることになった。

しかし一八、一九世紀になって奴隷制や性差別への疑問が表面化してきた時、飼い馴らされた動物に対する人間の接し方も議論の俎上に上った。フランス植民地で黒人奴隷の基本的自由が認められて間もなく、イギリスの哲学者ジェレミー・ベンサムは動物福祉運動の到来を予言した。一七八九年、彼は書いている、「やがて来る、人間以外の動物たちが権利を獲得する時が」。動物たちは人間のように理性を働かせ、ことばを用いることはできない、しかし、とベンサムはいう、「問題は彼等が思考できるか、会話できるかではなく、彼等が苦しみを覚えるかどうかである」。

一九世紀中葉、アメリカの農業は大転換の真っ只中にあった。資本化した強大なアグリビジネスを前に何百万もの家族農家が姿を消していく。数世紀の伝統を持つ農業と牧畜が道を明け渡したのは、政府の土地供与を受けて州に立てられていった土地付与大学（ランドグラント）であった。その動物科学の教程が中心に据えたもの、それが工業的な集中家畜飼養施設、CAFO（Concentrated Animal Feeding Operation）である。飼料にビタミンを加えることで家畜を一年中閉じ込めておけるようにする、穀物飼料を増やす、抗生物質と成長ホルモンを使って病気を防ぎ体重増加を速める、長年の遺伝子選抜によって過密監禁状況での飼育ができる家畜を造り出す――こうした一切の研究が動物工場とCAFO産業の発展をうながした。

それに並行して、工場式畜産が倫理や社会、文化、環境にもたらす影響をめぐり議論にも火が付く。きっかけは大きな影響力を持った数点の著作、例えばルース・ハリソン『アニマル・マシーン』（一九六四）、フランシス・ムア・ラッペ『小さな惑星の緑の食卓』（一九七一）、そしてピーター・シンガー『動物の解放』（一九七五）だった。多くの団体が動物の権利、動物の福祉、持続可能な農業のために尽力し、菜食主義も時同じくして現われた。

後世の歴史家たちはCAFOの時代をふりかえって狼狽（ろうばい）し、憤（いきどお）りを覚えるだろう。動物は明らかに痛みを感じているし、明らかに受苦（じゅく）の能力をもっている。そして明らかに私たちの気づかいと敬い、慈しみの情が向けられるべき存在である――たとえ彼等が食卓に供される運命にあったとしても。私たちが彼等を食べるにせよ食べないにせよ、家畜にとっての尊厳ある生とは、最も根源的な自由を保証するもの、という点では賛同を得られると思う。それは身体の向きを変えられるということであり、身づくろいができるということであり、立つも伏せるも自由ということ、好きなだけ手足を伸ばせるということ、自分の糞便の上では暮らさずにいられるということ、種の本性（ほんせい）どおりに生きられるということである。もし人間が現代の動物工場の発想を脱することができたなら、そのとき私たちは皆、今までとは違った世界観を受け入れ、手段を選ばない目先の利益の追求、安価なカロリー食品の追求よりも、食の生産システムに含まれる全ての存在の健康、そして彼等への配慮に、重きをおけるようになるに違いない。

畜産工場――伝統的畜産の終焉

工業化された畜産業の出現によって、人間と家畜の間に交わされていた契約は破棄されてしまった。生活の一環であり牧畜の営みであった農業は、効率と生産性に駆られる産業へと姿を変えた。伝統農業とその中核的価値からの離脱、これはもっとも大きな変化のひとつといえる。

バーナード・E・ローリン

会社が経営する完全監禁型の巨大養豚場で働いていた青年の話である。ある日、数頭の豚に病気の徴候がみつかった。こどもの頃から彼は豚を育て品評会にも出品していたくらいだったから病気の処方は心得ていたのだが、会社の方針では、病気になった家畜は全て殴打によって殺処分するように、とのことだった。それによる損害額は微々たるものというわけらしい。そこで彼は勤務時間外の暇をみて自分の薬で豚たちを治してやった。対して経営側は、青年を即クビにした――会社の方針に反したための処罰。間もなく青年は農畜産業から足を洗った。会社の指示と自らの信じる家畜への正しい接し方との間で葛藤するのは、もううんざりだったのだ。

子豚を養育する目的で一生利用され続ける母豚のことを想像してほしい。今日、豚の圧倒的多数は過酷な監禁状態で飼育されている。「農家」の者が全米豚肉生産者協会のすすめに従うなら、雌豚は成熟してから後、殺される時をむかえるまで実質的にその生のほとんどを妊娠豚用檻(ストール)で過ごすこととなる。寸法は横幅

（上）妊娠豚用檻。（下）分娩房。雌の豚は人工授精によって休みなく妊娠させられる。分娩房で出産を終えると早期離乳で子と引き離され、すぐにまた妊娠豚用檻に戻され人工授精を施される。Photo courtesy of PETA ／ Photo courtesy of Compassion Over Killing

が二・五フィート（約七六cm）――時にはたった二フィート（約六〇cm）――、長さが七フィート（約二一三cm）、高さが三フィート（約九一cm）。このコンクリートと鉄格子でできた檻は通常、体重が五〇〇～六〇〇ポンド（約二三〇～二七〇kg）にもなる動物にとっては狭過ぎる。中では寝そべることも向きを変えることもできず、柔らかい土に合わせて発達した足が溝の刻まれたコンクリートの床で何百ポンドという体重を支えるよう強いられ、重い障害を抱えてしまう。自然な行動をとることができず豚は発狂し、バーを噛んだり理由もなく口を動かしたりといった神経症的な「常同」行動(訳注1)をいやおうなく見せ始める。子を産む頃になると母豚は分娩房に移される。その下部にはレールが渡され、子豚が隙間をくぐり抜けて母豚による圧死を免れるよう設計されている。母豚の母性本能は生産性を求める品種改変によって損なわれてしまった。

もっと自然な条件下であれば、豚は非常に知性が高く行動も複雑な動物であることが判る。エディンバラ大学の研究者は野生の習性を最大限に発揮できる「豚広場」をつくり、通常は監禁肥育される家畜の豚を行動観察のためここに放った。すると豚たちは餌をあさりながら一日に一マイル近く（約一・六km）も歩き回るうえ、きれい好きという評判に違わず山腹に丁寧に巣を拵え、傾斜に沿って排泄物が下に落ちるようにした。母豚は互いの子を気遣い、交代で餌を探した。こうした自然の行動はいずれも監禁環境では封じられる。

工場式畜産、すなわち監禁に基礎をおく工場式畜産業は、北米とヨーロッパによって創始、確立されたものだった。第二次世界大戦が終わるころ、農業科学の研究者たちはアメリカ人に充分な食料を供給する方法について考えていた。一九三〇年代に大平原西部で猛威をふるった砂嵐、そして大恐慌を機に、多くの人々が農業から手を引いた。都市部が拡大して農地を呑み込んでゆく。科学者たちは食料生産に使える土地が近いうち大幅に縮小するだろうと予想した。戦時中に農場を棄てて海外に去った者、都心に移り住んだ者はいまさら戻りたいとは思わない。「パリを見ちまったアイツらをどうやって農場に留めておけるってんだい？」

――第一次大戦の後につくられた歌がそう問うている。大恐慌のとき飢餓の脅威に曝されたアメリカの消費者は食料の枯渇を危惧した。

同じ頃、農業に関わる様々な技術が生まれ、アメリカ社会は技術を基盤とする規模の経済(訳注2)の発想を受け入れ始めた。農業の伝統とその中心をなしていた価値は決定的に忘れ去られ、畜産は工業化していった。生きる術であり牧畜の営みでもあった農業は効率と生産性に価値を置く一産業へと姿を変えた。ここから分かるように、監禁畜産にみられる問題は人間生来の残忍性や無神経に由来するものではなく、農業の本質が変化したことによる予期せざる副産物だったのである。

監禁畜産の基本はまず、大量の家畜を育てるというところにある。そのため、飼育空間を限定し、屋内の「管理環境」へと家畜を移す。そして労働を資本に、つまり人間を機械化されたシステムに置き換える。方法論からしてこれが伝統的な畜産と相反することは明らかだろう。伝統的畜産は自然な環境を必要とする。粗放的で、比較的に少ない数の家畜を育て、善き羊飼いがいる。

監禁畜産は少なくとも三つの面で動物に苦痛を強いる。そのいずれも伝統的な畜産では大きな問題にはならなかった。

訳注1　「常同」行動　規則的に繰り返される異常行動の一種。家畜では本文で言及されている豚の「柵かじり」の他、牛の「舌遊び」、羊や鶏の「往復歩行」などがあり、動物園の動物が檻の中を延々と周回するのもこれにあたる。長期の葛藤、欲求不満が原因で生じるが、常同行動を不適切環境に適応できないゆえの行動とみるか、不適切環境に適応しようとして表われる行動とみるかは結論が出ていない。いずれにせよ、常同行動自体が動物の身体に悪影響を及ぼすということもあり、これが観察される飼育環境は改善を要する。

訳注2　規模の経済　生産規模を拡大して製品一単位あたりの生産費用を下げること。大量生産はその手段。

1. 生産病

獣医師はいわゆる生産病の存在を知っている。伝統的な飼い方をすれば生じ得ないか、最悪の場合でも些細な問題として片付けられるであろう病気である。一例として肥育場（フィードロット）の牛に発生する肝膿瘍（かんのうよう）が挙げられる。一般に肉牛は牧草地で育てられた後、肥育場に送られ穀物飼料で肥育される。膨大な数の牛が狭い囲いに押し込まれ、屠殺されるまでの数カ月を過ごす。大量の飼料も牛本来の食べ物ではない。カロリー豊富な濃厚飼料が多すぎ、粗飼料は少なすぎる。（訳注3）牛の一定数は病気になり、死んでしまうこともあるが、トータルとしてみた経済効率はこのような飼料を用いることで最大化される。「許容できる程度」の病気をつくり出す生産方式など、伝統的な畜産農家には想像もできない代物だろう。

実際、監禁施設の食事は、他の健康問題にも関わってくる。伝統的畜産では、家畜は自然の飼葉（かいば）を食べる。工業化された畜産では、「効率性」への挑戦は牛に鶏糞や新聞紙、セメントダスト、はては何より浅ましいことに、草食動物が自然には決して口にすることのない、骨や肉をも喰らわせるに至った。狂牛病すなわち牛海綿状脳症（BSE）は、感染した牛や羊の動物性蛋白質（たんぱく）を牛に与えた結果あらわれた健康問題である（この飼料――肉骨粉――は、アメリカ食品医薬品局の反芻動物飼料禁止令によって使用が禁じられはしたが）。

2. 個への無配慮

工業化した畜産施設が大規模になり、家畜一頭あたりの金銭的価値が小さくなったことで、大抵の伝統的畜産では重要な要素であった個々の家畜への配慮はおろそかにされる。五〇年前の伝統的な酪農であれば一人が生計を立てるのには五〇頭の牛がいればよかったが、今日では一人が文字通り数千頭を管理しなくてはならない。合衆国の一部では酪農場が一万五〇〇〇頭もの牛を抱えることがある。豚舎であれば数千頭の豚を少数の未熟練労働者に任せる。この点について一人の獣医が話してくれた。以下は、私が『カナダ獣医ジャーナル』に寄稿したコラムに対する彼のコメントである。

獣医は繁殖用の豚五〇〇〇頭を管理する分娩豚舎に呼ばれ、出産にともなう問題をチェックするよう依頼されます。そこでは三人の常勤作業員と一人の経営者が、そのおよそ五〇〇〇頭を管理しているのです。分娩ユニットの数頭を見ていると、後脚の一本が歪(いびつ)に曲がった豚がいます。この豚はどうしたのかと尋ねると、こう聞かされるのです、「こいつは昨日脚を折ったんだ。来週には出産が控えている。ここで出産を済ましたらこいつは撃ち殺して子供の方を育てることになる」。分娩を待ちながら脚の折れた豚を一週間も放っておくなどということが倫理的に正しいと言えるでしょうか。

コメントを返す前に私はこの経験を語ってくれた養豚開業獣医と話すことにした。彼によれば、このような施設は低賃金の単純労働で操業されているという。それゆえ、無料でいいから豚の脚に副木(ふくぼく)を添えてやりたいと彼が申し出ても、施設としてはその豚を移動して面倒を見るなどということにマンパワーを割くことはできない、と返されたらしい。ここまで来て、監禁畜産の行き過ぎを実感した、と彼は語った。獣医の育った家は養豚を営んでいた。豚には名前が付けられ、一頭一頭に適切な世話が施されていた。怪我をした豚は手当てを受けるか、そうでなければすぐに安楽死させてやった。「その程度のことができないというのなら」と獣医は続けた、「監禁施設は何かが狂っていますよ」。

3. 肉体的、心理的不自由

工業化した畜産が生んだもうひとつの新たな苦痛は、監禁された動物の

訳注3　濃厚飼料、粗飼料　濃厚飼料は繊維が少なく蛋白質、デンプン、脂肪分を多く含む餌（トウモロコシ、大豆、ぬか類、魚粉など）。粗飼料は草やその加工品で、繊維を多く含む餌（わら、乾草、発酵飼料など）。反芻動物の自然な食べ物は粗飼料であるが、脂肪分の豊富な肉（霜降り肉）や乳を大量に得るため濃厚飼料が多く与えられる。

味わう肉体的、心理的な不自由である。狭い空間、仲間との隔絶、動きの制約、退屈、無機質な環境などがその要因になる。広々とした環境に適応すべく進化した動物が現在のように切り詰められた環境に置かれれば、不自由を感じるのは避けられない。これも従来の粗放農業では問題にならなかった。

一般的な視点に立てば、不自然な拘束こそ伝統的な畜産と工業化された現代のそれとを分かつ最も分かりやすい違いだろう。ミシガン州立大学の倫理学教授ポール・トンプソンが指摘するには、一般的なアメリカ人は農場、畜産場といえば、いまだ童謡に歌われるマクドナルドおじいさんの「ゆかいな牧場」を思い描く。人々の心の中では牛は草を食み、羊は牧場で跳ね回り、豚は泥の中を転げ回って涼んでいる。これは同僚の受け売りだが、「学科名が畜産学から動物科学に変わった。あれは私の学科に起こった最悪の出来事の前触れだったんだ」。伝統的畜産に代わり工場式畜産が台頭する中、牧畜の営みが失われたのは重大な変化だった。

農家はかつて、動物たちの生物学的特性に合った環境を整え、動物の自然に具(そな)わった生存と繁栄の力を補う役を務めていた。捕食者から守り、飢饉(ききん)の際には餌を、旱魃(かんばつ)の際には水を与え、出産の手助けをし、天災からも守り、という具合に。家畜が傷付いたり苦しんだりすることは生産者自身が苦しむことに繋がる。例えば家畜がストレスや苦痛を感じていれば、幸福な時に比べ生産的でもないし繁殖もうまくいかない。したがって適切な配慮と世話は倫理的にも重要で細心の注意を要しもした。動物が健(すこ)やかでいられれば、またその時に限り、生産者も成功する。結果、よい畜産が成り立つ。人間と動物との間には対等で互いに恩恵をもたらす契約が結ばれ、その関係によってどちらも安泰でいることができる。

伝統的畜産では、個々の家畜の生産性は幸福の度合を示す指標になる。工場式畜産では生産性と幸福との繋がりは断たれてしまった。全工程において生産性のみが経済指標に用いられるようになると個々の動物の幸福は無視される。伝統的畜産は「押さば引け、引かば押せ」というように、家畜それぞれに臨機応変に対処して摩擦を最小限に抑えている。工場式畜産はテクノロジーの力技によって押しには押しで返そうとする。集約的な環境で野火のように広がる病気を抑え込むため抗生物質を投与し、更に各種ワクチン、ホルモン剤、空調設備、その他、家畜を生かしておくための様々な設備が用いられる。それだけではない。過密が自然にない状況をつくりだすことで、例えば豚が互いの尻尾をかじったり鶏が共食いを始めたりといった異常行動を見せた際には、対処として豚は麻酔も施されず尾を切られ、鶏はクチバシを焼き切られる。それは生涯にわたる苦痛となるだろう。

　数年前にコロラドの牛飼いのもとを訪れた際、私は伝統的畜産の倫理が実践されているのを見た。それは冒頭で紹介した病気の豚の殺処分とは正反対の光景だった。その年、牛飼い達は多くの子牛が下痢の病気、白痢（びゃくり）に罹（かか）っているのに気付いた。私の会った牛飼いはいずれも、子牛の経済的価値以上の金を子牛の治療に充てていた。どうしてそんな「経済的に不合理」なことをするのか、と訊くと、彼等は確固たる態度で答えるのだった――「これも動物との約束だよ」「これも世話の内だよ」と。この倫理観から牛飼い達は、病気で金にならない子牛がいても、一晩中面倒をみて、時には立て続けに幾日も寝ずの看病をする。経済のことだけを考えるなら、睡眠時間も削って時給五五セントの看病係を務めるのは割に合わないと感じるだろう。しかしながら工場式畜産業が栄える陰で、牧畜の実践者としては最後の一大集団となったこの西部の牛飼い達は消滅の危機を迎えている。

　工場式畜産と違い、従来の畜産はその本質からして持続可能な営みといえる。豚や牛を牧草地で育てれば糞は草を育てる肥料になる。草は草で動物の餌になる。工場式畜産では牧草地を保つ理由はほとんどない。

代わりに農場主は穀物を育て、そのせいで土壌浸食が進む。家畜の排泄物は廃棄の面でも地下水面への侵入という面でも問題になる。同様に監禁施設の中および周囲では空気の汚れがしばしば労働者と家畜にとって脅威となり、悪臭は施設の周囲何マイルもの土地の不動産価値を損なう。

もう一つの倫理問題は小規模農場と地域社会の破壊である。小さな伝統農家は工業化と規模の経済を後ろ盾とする動物工場には太刀打ちできない。養鶏業で生き残ろうとするなら独力では歯が立たないから大会社の奴隷になるしかない。大きな監禁型養豚施設では労働力よりもシステムの方に重点が置かれる。流れ者や移民の労働者が雇われるのは安い賃金で済ませるためであって、家畜についての知識や配慮は関係ない。それに伝統的な畜産文化のなかで育った人間は、冒頭の物語に描かれているように、工業施設の仕事には耐えられない。

地球を汚染し、共同体を破壊し、小規模自営農家を放逐する監禁畜産は、一般的な良識で受け入れられるものではないし、我々は食料供給がこれらの企業に牛耳られるのを恐れなければならない。工場式畜産は安い食品を提供してくれる、というのはよく繰り返される主張だが、それはただ購入の際に安いということでしかなく、周囲の汚染浄化などにかかる巨額の費用や嵩（かさ）み続ける健康維持コストは「外部化」される、つまり市民の税金で賄（まかな）われる。

このような飼育法は必要ない。それは歴史を見ても判る。一九八八年、スウェーデンは極度の監禁畜産を廃止した。イギリスは豚に対する檻の使用を禁じ、ＥＵは廃絶へ向け歩み始めた。食べ物が高くなるというのなら、それを受け入れようではないか。アメリカ人は現在、平均して収入のたった一一％しか食費に当てていない。世紀の変わり目の頃には五〇％以上だった。ヨーロッパ人は今でも二〇％を食費に回している。(訳注4)動物福祉や食の安全、環境、地域社会、それに自営農民、そういったところにひそかに皺（しわ）寄せが行くのを見過ごすのは間違っている。そのコストは食品に上乗せされるべきだろう。

何年か前、オンタリオを代表する養豚専門獣医のティム・ブラックウェルが私を講演に招待してくれた。オンタリオの養豚業者に、倫理と動物福祉を主題とした演説を行なってほしいとの申し出だった。それまでに私はあらゆる立場の人々を前に三百以上の講演を行なってきたが、養豚業者と向き合うのは初めてのことだった。出席していたのは、高度に資本化され工業化された過密集約型の肥育法に転向した人々、つまり、伝統的手法を工業的手法に置き換え、かつての畜産にあった価値を効率性・生産性重視の方針に置き換える畜産業へと移っていった人々だった。

私はいつもどおりに始めた。ジョークを交え、逸話を挿む。いいタイミングで笑いが起こる。順調な流れだった。予定どおりに話を進め、社会倫理と個人倫理、専門職倫理の違いについて論じた。最後に、畜産の変化から起こった倫理問題について取り上げた。伝統的な畜産は動物と人間双方にとって恵みのある共生の営みだったが、取って代わったのは家畜を搾取する工場式畜産だった、そこでは動物たちは人間のもとにあって何の恩恵も得られずにいる、云々。

話が終わった時、拍手は無かった。ああ沈黙、永遠の悪夢よ——と私が思っていた矢先のこと、拍手が起こり、その音は次第に大きくなっていった。聴衆の顔はまだ見えなかったが、ティムが近付いてきて私の手を握った。「やりやがったなコイツ、やったんだよ！」

訳注4　**ヨーロッパ人は今でも二〇％を食費に回している**　日本人はどうか。国税庁によると二〇一三年の民間企業勤務者の平均収入が四一四万円であり、総務省統計局によると同年の月平均の食費は五万九三七五円であるから、単純計算すると収入中に占める食費の割合は約一七％ということになる（公務員等を含めると平均収入はより高額になるので実際の値は更に小さい）。

「やったって、何を」
「心に届いたんだよ。連中の涙が見えないのか」
私は間抜けにも眼鏡を取り換え聴衆の方を見た。ティムの言ったことは本当だった。突然、ひとりがピクニックテーブルの上に昇って話し始めた。「これだったんだ！」と彼は叫んだ。「これでスッキリしたよ。俺はこの一五年、自分のやり方に納得できなかった。みんなのいるところで言っちまうぜ、もう取り消しは効かねえ。俺はあの監禁小屋をぶっ壊して、見られて恥ずかしくない小屋をつくってやるよ。俺は養豚家なんだ、ちゃんとしたやり方でやってやる、それで暮らしを立てて、鏡ン中の自分と向き合えるようにするんだ！」彼の名はデーヴ・リントン、その地区では大きな養豚家だった。ティムがささやいた、「あいつがやるって言ったら、本気でやるよ！」。

一年と半年が過ぎた。ティムは定期的に進捗状況を報せてくれた。そしてついに、連れ立って新しい納屋を見に行く日が来た。デーヴと奥さんが目を輝かせながら新しい納屋について語ってくれるのを聞きながら、ティムと私はとびきり文句なしのストロベリー・ルバーブパイをごちそうになった。最後に奥さんが、「お話はこれぐらいにして、デーヴ、見せてあげなさいよ」。

私たちは納屋の方へ歩いて行き、扉を開けた。中へ入る——と、どうだろう、日が射しているではないか！「天井は油圧式なんだ」とデーヴがいう、「天気の好い時にはこいつを開けて、豚たちを外にいる気分にさせてやる。で、見ろよ、檻がないだろ、檻が！」確かに、檻のあったところには大きな囲いが設けられ、中にはふんだんに藁が積まれている。ひとつの囲いにはおよそ一五頭程度の豚が寝そべり、カウボーイがタバコを噛むように藁をかじっている。「この豚たちは……その、……」私は言葉を探した。「神経症じゃない。幸せ——そう、幸せそうだ！」

ティムが応える、「二十年獣医やってきたけど、豚が笑ってんのは初めて見たよ」

「それに、空気もきれいだ、これ以上ないってくらい！」

私たち三人は握手を交わした。デーヴは興奮していた。「俺は信心深い男でよ、正しいことをした見返りを、神様はもう与えてくだすったんだ」

「というと?」

「息子のことさ。納屋を変える前、あいつは学校を落第してテレビゲームばっかしやってた。この仕事に興味を持たせることなんざ出来ゃしねえし、納屋の中にも入れらんねえ。けど納屋を新しくしたらよ、もうここから離れようとしねえんだ！」

——この話で重要なのは、檻に代わる方法がある、ということだ。何しろ私たちは何千年ものあいだ、檻無しで豚を飼ってきたのだから。現にティム・ブラックウェルと私は近年、『妊娠豚のための新しい住まい（Alternative Housing for Gestating Sows）』と題するフィルムを作成した。そこで私たちは檻を使わない、開放型の飼育法をいくつか紹介している。特記すべきはこのシステムが実際に機能するということだけでなく、完全監禁型の飼育法に比べ半分の費用で済ませられるという点で、生産者にとっても明らかに経済的なのである。

経済とは関係なしにデーヴ・リントンの話からみえてくるのは、動物をただの製品として、そのもの自体には何の価値もない対象物として扱うのは根本的に誤っているという真実だろう。畜産という、家畜と取り交わした太古以来の契約の履行に求められているのは、革新ではなく伝統の維持。マハトマ・ガンディーの言った通り、社会の道徳性は究極のところ、最も弱き者たちをどう扱っているかで判定される。この社会において家畜よりも害されやすく、私たちに頼らざるを得ない者は存在しないのだ。

恐怖工場――動物への思いやりある保守主義を求めて

マシュー・スカリー

大量監禁型畜産業の実態が恐るべきものであるにもかかわらず、アメリカの政治討論では右派も左派も工場式畜産に言及することはほとんどない。主だった宗教はいずれも動物への残虐行為が恥ずべき過ちであるとの道徳を説くが、なぜかこの広く認められている原則が政策をめぐる真剣な議論の場に反映されることは稀である。畜産業界は動物福祉の議論を封じることに心血を注いでいる。工場式畜産の詳細が明るみに出れば改善を求める声が広がり、有権者の圧倒的多数が不遇の動物に味方することを知っているからだ。

二、三年前のこと、私は動物への残虐行為、とくに工場式畜産に焦点を当てた一冊の本を手に取った。それは長いあいだ心の片隅に置かれていた問題だった。はじめ、工場式畜産は人間性の面からみて大した問題ではないと思っていた。大きな善悪がある中の些細な過ち、ただそれがあまりにそっけなく見過ごされ、あまりに言葉巧みに弁護されている、ということなのだろう、と。

しかし工場式畜産の詳しい実態を知り、いくつかの典型的な畜産場を目の当たりにしてこの見方は変わった。本を読み終えた時には、この工場式畜産の虐待行為が深刻な道義の問題であると思った。それはおしとやかな会話の場では話題にできるわけもない、真に腐敗し切ったビジネスだった。小さな過ちも放っておくと増長蔓延して重大な過ちへと変貌する。これこそまさに工場式畜産のたどったプロセスだったといえる。

こうした考えを反芻(はんすう)した結果、拙著『支配——人間の力、動物の苦しみ、そして慈悲を呼ぶ声(Dominion: The Power of Man, the Suffering of Animals, and the Call to Mercy)』が出来上がった。この大著はベストセラーのリストにはまったく届かなかったが、『ウォールストリート・ジャーナル』と『ベジタリアン・ティーン』で激賞をいただいているのだから、何らかの特別賞くらい貰ってもよかったと思う。PETA(世界最大の動物の権利団体)に『ポリシー・レビュー』、ディーパック・コプラ、G・ゴードン・リディー、ピーター・シンガー、それにチャールズ・コルソンらの賞賛に浴せたりしたら、少なくとも色々な読者層を得られたといって慰めくらいにはなるだろう。

この本では、保守派の人々が動物保護団体に対する嫌悪を超え、残虐行為をあくまで事実にもとづき考える機会を提供している。保守派はこの問題を考慮の外に置く術(すべ)を心得ていて、まるで動物が軽んじられているなどということは、議論するに足らぬとでも言わんばかりの風情である。革新派(リベラル)の方がこういった問題についてより関心をよせているとするのは正しくない——あらゆる右派の刊行物同様、リベラル誌の『ザ・ネーション』や『ザ・ニューリパブリック』にも動物虐待の考察や暴露記事は載らない——が、こと動物の保護に関しては左派の活動と思われているし、保守派の立場といえば慎重かつ毅然(きぜん)とした態度で彼らに反対するというのが典型だろう。

思うに、問題の大部分は表現にあるのではないか。保守派の価値観に沿って動物福祉のトピックを眺めてみれば、現状がぎょっとすることだらけなのは間違いない。さらにいえば、残虐行為の問題を把握した際にはきっと妥当な解決案を支持することにもなるだろう。保守派はつまるところ、道徳の規範について議論するのをためらいはしないし、その規範の最も根本的なところを法に反映することにもやぶさかではない。動物の権利をめぐるややこしい言辞は措(お)くとして、次のような疑問は普通、その点を問題にしているのだと思う——すなわち、動物の扱いについてどんな道徳規範が我々の手引となるのか、そしてその規範はいつになったら法律になるのか。

工場式畜産は動物福祉の問題に属する。動物福祉問題は多岐に渡っていて、缶詰狩猟(ハンティング)(訳注1)から捕鯨、動物実験、それにあまり表には出てこないが、珍しい動物の商取引、中国で行なわれる熊の工場飼育（熊の胆に薬効と精力増強の効能があると信じられている）も含まれる。動物がどう利用されるかは様々で、いくつかは弁護できるであろうし、いくつかは暴力的で許容しがたかろうが、何が許せて何が許せないかの判断は各人に委ね(ゆだ)られる。判断するのに真新しい権利の理論は必要ない。保守派が普通に行なっている線引き、穏健か過激か、自由制か許可制か、道徳的な善か物質的な善か、正当な権力か権力の横暴か、といった区別で用は足りる。

しかるに現在、保守派の間でこの問題が論じられることはほとんどなく、耳にする言葉は動物保護団体に対する揶揄(やゆ)の形をとるのが通例となっている。保守派の人間は本能的に動物関連産業やその関係者に味方することが多い。これこれは善である、なぜならそれは金になるから、あるいは、同情はつねに人間に向けられる、なぜなら彼等は人間だから、というのがその思考らしい。

私はかつて高名な保守派のコラムニストとこの話題について意見を交わしたことがある。話が私の著作と工場式畜産に及んだ時、彼は手を突き出して拒絶のジェスチャーを示しながら言った——「聴きたくない」。それはそうだ、工場式畜産場の中身など誰も知りたくはない。が、保守派の物書きもしばしば厭(いや)なことと悲しいことを考える必要に迫られる。この件についていえば、なるほど我々の中には恐ろしく頭の切れる識者もいて、個人道徳から公共政策まで、万般の事柄についてビシバシ裁定を下すという評判で、世間に名を馳せていたりもする。ところがその書いたものを読んでみると、何かしらの残虐行為について触れたものは一つとして見出せない。もちろん問いただしてみれば、かならず彼も動物虐待は卑劣で恥ずべき罪悪だという意見に同意する筈ではあろうが。

そして家畜への虐待行為に話が及ぶと――それは人間の何より大切な営利事業が道徳規範に照らされることを意味するから――突然我々は禁断の領域に踏み入ってしまい、「聴きたくない」が精一杯の答となってしまう。だが知る責任はあるのではないか。おそらくそうした方面でこそ、持ち前の立派な頭、善良な心も活きてくるというものだろう。

動物の権利について論じるとき我々が本当に模索しているのは、残酷で身の程をわきまえない人々をくい止める防波堤なのである。人々をその義務に繋ぎとめておきたい。自分たちの行ないにちょっとした制限を設けてくれれば我々の苦労もなくなるのだ。

保守派の人間は〝義務〟という言葉の響きを好む。だから拙著『支配』を読んでくれた方々は、私が他の権利概念でなく、この義務という観点から話を進めているのを知って安堵(あんど)した。ジョナ・ゴールドバーグは言う、「PETAの連中が理解していない、あるいは意図的に混同しているのは、動物に対する思いやりが人間の義務である、という点だ。それは動物に権利を与えるということではない」。他の評者は同じことを宗教的な観点から述べる、「我々には動物界を神の被造物として重んじ、『創造主の慈悲』をもって動物たちに接する道徳的責務がある。(略) しかし動物に向けた慈悲と敬意は動物の権利では断じてない――この両

訳注1　缶詰狩猟　金網フェンス等の囲いに動物を閉じ込めて銃殺する狩猟娯楽。猟獣は業者が繁殖させるので野生の同種を減らさずその「保全」に貢献する、との主張がなされるが、卑劣さを咎める批判に加え、(1)繁殖業者は集団に新たな血を混ぜるため大量に野生の動物を捕える、(2)繁殖施設の劣悪な環境ゆえに病原体が発生し、野生集団に深刻な被害をおよぼす可能性がある、(3)典型的な猟獣としてライオンが挙げられるが、その餌として大量の肉が必要になる、といった問題がある。

者は決して混同してはならない」。二人とも工場式畜産については懸念があると告白したうえで、家畜に対する親切の義務について考察を深めていくことは有意義であろうといい、人々の士気を高揚させて話を締めくくっている。

義務に力点を置くことの問題は何といってもまず、それが少し距離を置いて考えてみると、本当の義務から免れるための逃げに聞こえてくる、というところにある。その言葉は気分を高揚させてはくれるが何の説明にもなっていない。我々は義務にしたがうことも後先考えず義務を無視することもできる。個人的には残虐行為に反対でも、人にその意見を押し付けようという気にはならない。

動物に対して適切な接し方をせよ、というのは他のほとんどの義務と同じく、重要度でいえば最高と最低の間のどこかに位置し、ささやかな要求ではあるが高潔な人生を歩むのであれば必須事項、といった程度のものである。そして、厳密にいってどこまでが絶対的な義務でどこからが免れうる義務なのか、といった議論がたびたび繰り返されるようになるのは良い徴候とはいえない。

更に、もし「義務」という言葉を真面目に使うなら、動物を虐待してはならないという我々の側の義務と、我々によって虐待されないための動物の権利という考えとの間に、意味のある違いはないことになる。どちらにせよ、我々がしてよいこと、いけないことに違いはない。そしてどちらにせよ、論理を突き詰めていけば権利という概念が浮上してくる。それは生ある者に具わった尊厳を認識するときにあらわれる。動物たちが道徳上に占める立ち位置はささやかなものかもしれないが、それは絶対のものであり、我々の権限で与えたり与えなかったりできるものではない。様々な形で聖書にあらわされている通り、全ての生きものは創造主を称えており、他の何者をも介す以前に神の大切な被造物である。

動物福祉に敵対する議論、無関心な態度の根底には、ある種の道徳的相対主義が横たわっている――つまり、動物はただ我々にとってのみ価値を有し、有用性や好みがそれを決めるというに等しい。この見方に従うなら、実際上は動物がどの時点で道徳的配慮に値するかは各人が決めるところとなる。それどころか、動物の認識能力や感情、苦痛や幸福の意識といった認知可能な事実についてさえも、認めるか認めないかは我々次第となる。

しかし今日の議論では、保守派はこの道徳的相対主義を批判されることもある。いわく、好むと好まざるとに関わらず、我々は同一の心理的現実、同一の道徳的真実を扱っている。状況によって好きに科学的事実を決定することなどできないのと同様、その時々の好みで何ものかに道徳的価値を与えたり与えなかったりするなどということはできない。当然のことだが、我々は道徳的真実を定めるのではない、見定めるのだ。人間は道徳的進歩をとげる中で物事を正しく評価できるようになる。それは理性的な道徳判断によって、あらかじめ存在する秩序を把握するということであり、我々が秩序を発明するのではない。

C・S・ルイスは著書『人間の廃止（The Abolition of Man）』の中でこれを「客観的価値の原理」と呼び、「宇宙の実相や人間の実相に照らして、ある態度は絶対的に正しく、他は絶対的に誤っているとする見方」と説く。自尊、敬虔（けいけん）、敬意、共感といった言葉は、単に主観的な気持ちを記述するものではなくして、我々の評価を超えた、世界の客観的な属性を表わす。「子供がかわいらしい、老人が尊い、などというのは単にそのとき湧いて出た親としての、あるいは子としての感情に関する心理的事実を述べただけの言葉ではなく、我々から特定の反応（実際にそれを表現するかどうかは別として）を引き出す一つの属性を捉えた言葉なのだ」。

この考えは残虐行為をめぐる問いにも応用できる。動物に対する親切な態度というのは主観的な感情ではない、それは彼等の客観的な価値に対する正しい道徳的反応なのだ、と。ここでもまた、理性的、道徳的な行ないとは、それぞれの存在の持ち前の権利を認めること、それも一貫して認めることにある。もしある動物の痛み、例えば誰かのペットの痛みが現実のもので同情に値するというのであれば、本質の面で等しい他の動物の痛みにもやはり意味はある。習慣的に憐れみの対象を狭めるような区分を行なっていてもそれは関係のないこと。犬を鞭打ったり馬を飢えさせたり、娯楽で熊に犬をけしかけたり家畜をひどく虐待したりすることが間違った行ないであるなら、それは誰がやったか、どこで行なわれたかに関わらず間違っている。

道徳的相対主義は、気まぐれや横暴な権力濫用につながりかねない。ここで重要なのは人間の義務と動物の権利との区別ではなく、慈善の義務と正義の義務との区別である。

動物への積極的な親切行為は前者に含まれる。牧場から迷い出た家畜を家に入れてやる、傷ついた野生動物を助けてやる、動物のための慈善活動に寄付する――こういったことは好ましい行ないではあるが強制はされない。動物虐待をしない、というのは違う。それは正義の義務に属する事柄であり、個々人の裁量に任されるものではない。動物虐待は単なるいじめではなく、不正なのであって、禁じられるべきという点に議論の余地はない。聖書の箴言はこのことをよく表わしている、「正しき者はその家畜の命を気遣う。されど邪なる者の憐れみは残酷である」。そしてアメリカや他の優れた国々は今や、動物虐待防止法を制定するという形でこうした行ないの不正を認めている。飼育動物を保護するためにしばしば重罪を課す一方、州法や連邦法は次のように宣言する――たとえあなたの動物が法によって資産と定義されようと、その動物に対し、してはならないことがある。そしてその動物を傷付けている、ないし放置していることが判明した場合には、あなたは法廷でそれに相当する報いを受けよう。

州が虐待を規制しようとするのには様々な理由がある。虐待は人間の位を貶める、というのもその一つ。この考え方の問題は、なぜ虐待が悪いのかを説明する際、多くの論者が直接的でない理由を探し、そこから動物虐待を「被害者なき犯罪」のカテゴリーに含めようと腐心する点だろう。こうした説明は大抵、虐待行為が問題なのは行為者が自分自身を道徳的に頽廃させ、自分自身の人格を損なうからだと諭したがる——あたかも虐待をする人間だけが懸念材料であり、虐待される動物はまったくの付録でしかないと言わんばかりである。

しかし、本当のところなぜ虐待が不正で悪徳で我々の人格にとっても善からぬことであるか、その点について根本から説明できる理由はただ一つしかない——虐待行為はその本質からして悪なのだ。傷め付けられる動物はただのモノではないし、我々の中だけで展開する自己中心的な道徳劇のどうでもいい脇役でもない。彼等は彼等自身として意味を持つ、それは彼等が創造主にとって意味を持つのと同じこと。そして虐待行為の不正とは彼等に対して行なわれた不正を指す。カトリック百科事典にあるごとく、「行為者の人格に及ぼす影響とは関係なく、動物への残虐行為」には「直接的かつ本質的な罪深さ」が宿っている。

動物虐待防止法は人間の悪事に対する動物の訴えを彼等に代わって成文化した法であり、西欧法制度の素晴らしい、自然の発達の成果といってよい。しかしそれらの法はほとんどの場合、弁護のしようがない恣意的虐待の取り締まりに終始している。動物福祉の面で今日ねばり強く疑問が呈されているのは、組織的な残虐行為に対してである。それは大規模な、体系化された動物虐待であり、ほとんどの人は目にすることもない。

一部の動物は道徳的配慮と法的保護を受けるに値する、という重要な点に納得できるなら、その良心は自然に他の動物たちにも向けられるようになるだろう、彼等は意識の面でも感覚の面でも、また苦痛を感じる能力の面でも劣らないのだから。道徳的にみて犬は人間と対等でないのかもしれないが、犬と豚は明らかに対等な筈で、そうでないと主張するのは人間の気紛れなり経済的な方便なりに左右されてのことに過ぎない。そうした本質的に近しい生きものに対して全く異なる接し方をしているというのが我々の抱える問題であり、たとえ彼等に割り当てる役割が大きく異なるとしてもそれは正当化できることではない。ペットは虐待行為から一定の保護を受けるというのに、名のない家畜たちが工場式畜産の現場でほとんど全く動物とは見なされない仕方で飼育されている。矛盾ではないか、道徳的に対等な者に対し対等な接し方ができていないではないか、公平で理性的な行為規範にしたがって暮らせていないではないか——と、つまりはここが問題になる。

洗練された哲学的な見解をくまなく吟味した後、言葉の定義をどのように立てるにせよ、動物福祉の目的はあくまで悪事を禁じることにある。権利というものは全て人間の悪事からの保護として働く。そしてこの場合でも重要なのは、各人がそれぞれの状況に応じて勝手な裁定を下すことのないよう、動物にしてよいこと、いけないことの間に、明瞭で一貫性のある法的な境界を定めることにある。

義務や中庸、秩序付けられた自由の精神、あるいはその他、我々の持つ高邁な理想にもまして、保守派の思考に影響し、動物虐待の問題一般、とりわけ現代の工場式畜産をよしとする態度を育てるものは、我々の物質的なものの見方である。人間の動機を現実的な目で評価する、それが保守主義の出発点であり、偉大な美徳とされている。人間は理性的存在であるばかりでなく、ソクラテスのいうように、理性を駆使する存在であり、切り口を見付けたり、言い訳を並べたり、遠回しな表現を用いたりする技巧を備えている。表現の自由の先頭を行くと自負するポルノ業者も、また生と生殖に関する健康管理サービスに従事していると自認する中絶医も、保守派の友だちといってよい。

人々が動物に接する上でも、しばしばこの理性を駆使するという能力が発揮されるのは驚くに当たらない——年間一二五〇億ドルをはじき出す畜産ビジネスにおいては尚更だろう。人間はとくに儲けが絡むと、他の人間を搾取するための驚くべき正当化理由を考え出す。位の低い動物が相手なら、言い分の案出など、どれほど容易いことだろう。

いかに見下げ果てた営為ないし産業であっても、その内での動物の扱いについては高尚な理由付けを行なうことができる。缶詰狩猟に興じて水たまりに身を潜め、象を狙う憐れでちっぽけな悪党は、自分がただ「資源を収穫」しているだけで、それも野生生物「保全」への貢献だと豪語する。政府の助成金を受けるカナダのアザラシ猟師は罪のない何万という新生児を、こともあろうに母アザラシの見る前で、滅多切りにして葬るが、それでいて自分達は勇敢で独立した伝統の継承者なのだと主張する。これと同じ独善と根深い不誠実が工場式畜産を行なう企業にも見受けられる。たとえばスミスフィールド・フーズ〔第三部「豚の親分」参照〕、コナグラ、タイソン・フーズなどは、いまだに旧き良き田舎風のブランド名を掲げている。「マーフィー一家の牧場」「しあわせランド」「お日さま牧場」――それは我々に、そして疑いもなく彼等自身に、会社が従事しているのは大切な仕事、健全な仕事、立派な仕事なのだというメッセージを訴えかける。

しかし企業の契約農家がそのしあわせランドなりお日さま牧場なりを有刺鉄線で囲い、外部の者による写真撮影を禁止する法律を求め（三つの州で施行されている）、あまつさえ連邦や州の虐待禁止法でいう「動物」の定義から畜産動物を外そうと他の法整備まで欲するとなると、やはり何かが間違っている。そしてたとえ保守派の人間が他の動物関連の問題には手を出さないとしても、工場式畜産にだけは目を向けるべきである。そこでは動物の苦痛は計り知れず、我々はみな共犯者となるよう求められているのだ。

人間が肉その他の動物性食品を手に入れようと思うなら、必然的に伴うコストがあり、それは畜産の仕事や獣医学倫理によって決まってくる。要領のいい人間がそういうコストを取り払おうと新しいテクノロジーを応用し、本来ならば生活条件の制約と病気によって生きてはいられないような環境で家畜を飼育する方法を見出したことから工場式畜産が始まった。法による規制もなく、倫理的懸念は経済計算の前に完全降伏した。いまやコスト削減と収益増加のために工場が行なう横暴に対し、ただ一つの制限も無い。契約農家はもはや家畜を「育てる」とは言わない。この言葉に含まれる僅かながらの家畜への配慮はもうない。現代の家畜は多くの作物よろしく「肥やされる」のである。家畜小屋はある時点から「集約舎飼(しゃが)い施設」に姿を変え、そこに住む動物たちは単なる「生産単位(ユニット)」と見做されるようになった。

そしてどうなったか。何十億という鳥、牛、豚、その他の生きものが幽閉され、人間の御都合と快楽のため、いわれなき悲惨な境遇を強いられる世界が出来上がった。大衆は根本的な改革を叫ぶ活動家を過小評価しながら、彼等が改めようとしている根本的な残虐はほとんど顧みようとしない。

ノースカロライナ州にあるスミスフィールド社の大量監禁型豚舎を見物した時、私を出迎えたのは金切り声と鎖の鳴る音、それに恐ろしい呻(うめ)きの混在する狂騒の風景だった。空間を最大限に利用して飼育の手間を最小限に抑えるため、四〇〇～五〇〇ポンド（約一八〇～二三〇kg）もある動物が、長さ七フィート（約二一三cm）×幅二二インチ（約五六cm）という心休まる場もない鉄の檻に閉じ込められ、列また列をなし並べられている。藁(わら)を与えられない動物が餌を探すごとく、狂ったようにバーや鎖を噛む豚がいる。ありもしない藁で巣を作ろうと、常同的な行動を見せる豚がいる。壊れた物のように伏せる豚もいる。

妊娠豚用檻(ストール)の使用を違法化しようという努力は多くの保守派の批評家から「バカらしい」「滑稽だ」「愚かしい」といわれ相手にされずにきた。現場を見る限り、その評価が正しいとは思えない。わずかな気遣いや外を歩けるだけの空間、寝そべることのできる藁などといった最低限の慈愛のかけらさえもが余計な贅沢として取り除けられ、豚たちはただコンクリートと鉄の感触しか知らずにいる。自らの糞尿の中に身を横たえ、逃げようとしたりただ向きを変えようとしたりするだけで脚を壊し、爛(ただ)れや腫瘍(しゅよう)、潰瘍(かいよう)、怪我(けが)、あるいは私を案内した者が肩をすくめながら言った言葉を使えば、よくある「膿(う)み袋(ぶくろ)」に覆われる。

C・S・ルイスは動物の責め苦について「大悪魔によって創始され、己が地位を棄て去った人間によって履行された」と記したが、これは工場式畜産に文字通り当てはまる真実といえる。驚異の自動制御によりそれは基本的に人の手を借りることなく稼働する。工場主は広々としたオフィスで会計簿に目を通している。苦しむ家畜が獣医に看られることはおろか、世話を担当する移民労働者がその苦しみに気付くことすら滅多にない。例外は無論、何らかの病気が生産に悪影響を与える時に限られる。つまり、汚らしい潰瘍や折れた脚が何だというんだ、子豚が得られるならどうだっていいじゃないか、という訳である。

機械の与えるゴミ餌には抗生物質やホルモン、緩下剤（かんげざい）その他の添加物が混ぜ合わされ、豚はこのような状況で生かされ続ける。檻を出るのは、出産のため同じくらい狭い別の檻へと駆り立てられ、あるいは引っ張って行かれる時のみ。出産が終われば元の檻に戻され、また四カ月。そうして出産のたびに檻を行きつ戻りつして七、八回の妊娠を経た後、ようやく刑期満了となるか、もしくは廃用となって棍棒なりボルト銃なりで処分される。

工場式畜産は規模の経済の考え方にもとづき、一定の割合で家畜（ストック）にロスが生じることを前提にする。農家の方々は家畜を大切に世話するよう心がけています、というよく聞く気休めは真実ではない。アメリカにある監禁畜産場のどこを訪れても同じこと、その廃用畜舎には毎日、死んだ家畜や瀕死の家畜がゴミのように捨てられているのだ。

子豚には歯切り、尾切り（大量監禁の状況下で自然に発生する尾齧（かじ）りの行動を抑えるため、ペンチを用いて激痛を味わわせる）、その他の切断処置という試練が待ち構える。その後、現在は「家畜小屋」の名で通っている残忍な収容所で五、六カ月を過ごし、食肉処理場に送られる。アメリカでは一日に三五万五〇〇〇頭が送られ、処理場では一時間に数千頭という猛烈なペースで作業が行なわれる。従業員の移民労働者は豚の悲鳴を防ぐため耳栓をする。これら全ての家畜たち、そして世界中の無数の生きものたちが、生について何も知ることなく、また人間についても何も知ることなく、死地に赴く。彼等はただ、工場式畜産場の穢らわしき生、痛ましき生を知るのみで、一度も外の世界を見ることはない。

気にすることはありません、とスミスフィールド社の役員が私に言った。「豚は幸せです」、こうしたことは全て「彼等のために行なっているのです」。保守派は真っ先にこのような主張に注目する。胎児が何も感じないという主張に耳を傾けるのと変わらない。いたるところに不誠実や道徳的怠惰、延々と続く言い訳が見られ、その全てが保守派の議論で頻々と顔を覗かせる。

我々は聞かされる、「こいつ等は所詮、豚だ」。牛も鶏もその他の家畜も同じこと、そんな問題を気にしているのは都会人だけだ、田舎生活の現実から切り離されている者の考えだ、と。しかし実際には、工場式畜産こそが全ての面で現実を甚だしく否定している。現実には、豚もその他の動物も、終わりなく搾取されるべき単なる生産単位ではない。現実の彼等は、本性と欲求を持った生きものなのだ。そのささやかな欲求——藁や土、日の光を求めるという程度の慎ましい欲求さえもが、それを無視する人間にいわせれば何としても許せないものらしい。

保守派は伝統を尊重すると考えられている。工場式畜産には何の伝統もない。原則もない。誇れる慣習もなければ動物のために割くわずかなゆとりさえもない。全ては農村にあった美徳の放棄と名誉ある牧畜への裏切りの上にある——獣医学については何をか言わん、「動物を守る」「動物の苦しみを和らげる」という誓いなどあろう筈もない。

また更に、我々はそんなことよりもっと重大な問題に目を向けよといわれる。端的にいって人間は動物福祉などよりはるかに大きな問題に悩まされているのだから、当然この熱意の全ては人間福祉の方面に向け

（上）牛の死骸置き場。（下）鶏の死骸入れ。現代畜産業では、死んだ動物、瀕死の動物はガラクタ同然に捨てられる。ここには生きものへの愛情も敬意もない。Photo courtesy of PETA

られるべきだ、と。

しかし、豚が向きを変えられるよう、ほんの数インチの余裕をケージにもたせることにさえ難色を示す人間が、他人をちっぽけなことにこだわる奴だなどと罵る資格はないだろう。小さな親切は脇において、小さな残虐行為を続けようとはどういう理屈なのか。そればかりではない、このように道徳的優先度に訴える議論がなお問題なのは、我々の取り上げる苦痛が人間のせいで生じているからである。ここには吝嗇(りんしょく)、かしこには無配慮という状況にせよ、いたるところに貪欲があるという状況にせよ、結果は残忍性の蔓延であり、責を負うべき人間が存在する。

残虐行為を控えるのは正義の義務なのであるから、言外の部分にも立ち入ってみなければならない。工場式畜産を擁護するため引き合いに出されるメリットは、効率性や高い収益から安い商品価格にまで及ぶが、それら全ては不正な手段によって得られた偽りのメリットである。人生の中でどれほど正しい素晴らしいことをしても、工場式畜産のごとき残忍で恥ずべき所業に頼って生きるのであれば、我々はその限りで不正な生を送っている。それは決して些細な問題ではない。

工場式畜産業者はまた、全ては産業の効率を高めるための避けられないプロセスなのだと説明する。倫理的な制約に悩まなくてよいというのであれば我々は人生における数多くの事柄をもっと効率的に成し遂げることができよう、という分かりきった反応は無視しておけばよい。また毎年の何百億ドルという政府補助金のおかげで大企業が小規模家族農家を滅ぼし、その周囲を取り巻いていた穏やかな地域社会をも消し去り、人々に安価な食品という幻想を与えている現実も無視しておけばよい。そしてまた、工場式畜産場が原因で起こる土や水、空気の汚染も、その浄化のため更に納税者から搾り取られる数十億ドルの血税のことも考えなくてよい――。工場式畜産は略奪者の事業だ。利益を吸い上げ、コストを外部化し、政治への影響力と政府の補助金によって不自然な形で支えられている。工場式畜産場の家畜たちがホルモンと抗生物質によって不自然な形で生かされているのとそっくりではないか。

仮に経済に関する議論がすべて正しかったとしても、保守派は普通、避けられない発展のプロセス云々という議論に感化されるわけではない。私は時々尋ねられることがある、そもそもどうしたら保守派の人間が工場式畜産場で苦しむ動物に関心を寄せたりなどするのか、と。この問いは保守派に対するリベラルの諷刺からくる――保守派は道徳的価値だの「思いやりある保守主義」だのと、立派なことを口にしはするが、本当に関心を寄せる対象はことごとく金に換算できるものでしかない、ということだ。工場式畜産とそれに対する保守派の暢気（のんき）な容認態度についていえば、この諷刺は真実に肉薄しているといってよい。

ものの本質（ありかた）やその性向（むかうところ）について立ち止まって吟味することもなく、我々はいつまでこうした工業的技術的躍進に付き従って行くつもりなのか。まもなくスミスフィールド社などの企業は工場式畜産場に大量のクローン動物を導入する気でいる。他の会社は鶏の羽毟（むし）りに注がれる労働力とコストを節約するため、遺伝子工学によって羽無し鶏を造り出そうとしている。（訳注2）地方の大学の「動物科学」科や「食肉科学」科（かつては畜産学科と呼ばれていた）に雇われる業界の回し者たちは、もう何年も前から豚をはじめとする動物達の遺伝子研究を行なっている。工場式畜産場の環境でストレスを感じさせる遺伝子配列を同定し破壊することで、家畜に具わった防衛と生存への欲求を奪い去ろうという算段である。動物に合わせて工場を改変する代わり、

訳注2　羽無し鶏　イスラエルのレホボト農業研究所で、ヘブライ大学のアビグドル・カハネル（Avigdor Cahaner）教授らが品種交配を重ねて開発した。羽の成長にカロリーが費やされず、暖かい環境に適していると宣伝されるが、わずかな気温の差が致命的ともなりかねず、寄生生物や蚊の襲撃、日射にも弱く、羽ばたきができないため雄は求愛行動もとれないなど、その生活には多大な負担と不便が生じている。

彼等は動物の方を工場に合うよう改変しようとする。

保守派がいち早く察知する自然・不自然の境界や基本的な倫理はないのか。このようなプロジェクトの傲岸さといったら信じがたいほどであり、しかもそれが血のない肉だの完璧な豚の切り身だのといった愚にも付かぬ便益のために行なわれているのだから尚のこと浅ましい。

彼等から利益を授かっているのでもない限り、この現代の工場式畜産場や狂気じみた屠殺場や農学研究施設、そしてそこにいる羽の無い鶏や恐怖心を抜かれた豚を見て「そう、これこそ人間性の最上域だ、物事があるべき姿におさまっている」と思う人間はいないだろう。悪魔でさえこれ以上ひどい農場は造れまい。我々は少なくともユダヤ・キリスト教の道徳精神に宿る倫理的拘束力を探し求めなくてはならない。その教えは一貫して、情け深く相手の背丈に合わせること——奢(おご)れる者が慎ましさを学び、貴き者が卑しき者に仕え、強き者が弱き者を守ることを説く。

生きものの中に占める人間の特別な地位についての奢り高ぶった議論は、次のような疑問を起こさせる。善き羊飼い(キリスト)であれば我々の工場式畜産場をどうするだろう。良心を持つ存在はいつになったら憐れな動物たちへの無慈悲な支配をやめるのか。マルコム・マガリッジは工場式畜産が広がり始めた頃にこう記した、「一方で神の被造物を害し蔑(さげす)んでいながら、どうして神を求め讃歌を歌うことができようか。もしかつて私が思った通り、すべての子羊が神の子羊(アニュス・デイ)であるならば、彼等から光と土地と陽気な小踊りと空とを奪い去るのは冒瀆(ぼうとく)の中でも最たるものだ」。

ジャーナリストのB・R・メイヤーズは雑誌『アトランティック』に記している——「たとえ調査研究によって牛がイエス様を愛していると判明したところで、あくる日からマクドナルドのドライブスルーに並ぶ弛(たる)んだ連中の行列が少しでも短くなるなどということはないだろう。これほど下らない利益のためにこれほどの苦痛を生じさせる人類世代がいつの時代に存在したというのか。我々は一日の中のたった数分間、血の味と歯が肉を刻む感触とを堪能するために己が良心を殺しているのだ」。

皮肉な論調だが真摯な糾弾といえる。この言が我々各人の選択や我々が他人に勧めるものについての真実であってはならない。理性と道徳性が人間と動物を分かつというのであれば、それらは動物と接する上で常に我々を導くものでなくてはならず、さもなくば全てはただ、敬虔を騙（かた）った気紛れ気ままな欲望でしかない。人々が豚の切り身や子牛肉（ヴィール）（訳注3）やフォアグラ（訳注4）が大好物で食べるのを諦めるなんてできないなどと言っているとき、理性はそこに貪欲と強情、あるいはよくて自己満足の声を聞くだろう。馳走（ちそう）の味より動物の苦しみの方が重大な問題だということを理解する力こそ、人間を人間たらしめる要素に他ならない。

拙著『支配』を批評した多くの保守派の人々は皆、工場式畜産業が卑劣なビジネスで人間の責任に対する裏切りだと認めてくれた。これがささやかな一歩となって、工場式畜産は法律と公共政策の面でも大きな問題なのだという認識が広まってほしい。ある行ないが暴力的で残酷で不正であると認められたなら、それ

訳注3　子牛肉　酪農では人間が乳を得るため乳牛が繰り返し妊娠させられるが、その度に子が生まれるので食肉にされる。牛の子は生後数日で母親から引き離され、雌は酪農用に飼養される一方、雄はすぐに屠殺場へ送られ乳飲み子牛肉（ヌレ子ヴィール）になるか、子牛肉生産施設へ送られる（肥育場に送られる少数もいる）。子牛肉生産施設では木製ないし金属製の檻に個別収容され、屠殺までの一六～二四週間、一日二回、母乳代わりの流動食を与えられる。寝床はなく、排泄物の溜まったスノコ床の上に寝起きする。檻は狭いので自然な姿勢で寝ることは叶わず、育つと体の向きも変えられなくなる。遊ぶことはおろか、歩くことも走ることもできず、一頭ごとに隔離されているので牛同士が相互交流することもできない。鉄分の不足した流動食ばかりなので貧血症を患い、粗飼料が与えられないので第一胃は壊れ、慢性消化不良にも陥る。密飼いなので室温上昇にも苦しめられる。最初の三週で五％が感染症により死亡し、六週で一〇％が下痢に、五五％が呼吸器疾患になり、二一％が膝に擦り傷や腫れをつくる（参考：F. Barbara Orlans et al., *The Human Use of Animals: Case Studies in Ethical Choice*, Oxford University Press, 1998）。

に対して実際に何らかの働きかけをする用意が整えられねばならない。

動物保護を訴える活動家の中には無論、動機そのものはよくても行き過ぎの者がいる。しかし公平を期すなら、我々は最低の小者でなく最も優秀な擁護者の意見をもとに事案を判断しなければならない。動物の訴えを擁護したところで金にはならないのだから、我々が相手にするのは完全な利他主義者ということになる。正にそれゆえ、反対派が充分な否定根拠を出し得ない限り、彼等の主張に誤りはないと考えてよいのである。

追及と軽侮をぶつける手頃な標的、策略と真に悪しき影響力を持った人間を探すのなら、まずはスミスフィールド・フーズのような企業の連中から当たるのがよい（私にいわせればこの会社は人間と動物に対する横暴の面でアメリカ一の悪質企業に数えられる）。それに全米豚肉生産者協会（共和党の頼もしい献金者）、動物利用産業から助成金を得て知識提供を担当しているワシントンの様々なシンクタンクもいい標的だろう。

保守主義者や、また特にかの名高い「価値観を重んずる有権者たち（values voters）」がこの問題に取り組み、人道的な農業のための法案を支持して、目を背ける人々を振り向かせることが必要になる。虐待防止に関する明確な連邦法とその徹底のための資金投入も含め、そのような改革が成し遂げられて初めて、我々が気おくれせずに想い描ける農場、咎められずに写真の撮れる農場、言い訳せずに説明責任を果たせる農場は現実となる。

法は畜産の基本だけでなく獣医学倫理の基本をも活かすものであるべきだろう。そこで求められるのは、豚や牛が歩いたり向きを変えたりできる、家禽は動きまわり翼を広げることができる、全ての生きものは土や草の感触、日の温かさを知ることができる、といったごくごく単純な原則なのだ。「放し飼い」「大切に育てられた」などというラベルは無用、それ以外の飼い方はあってはならないのだから。家畜は動物として扱われるべき存在であって、感覚のない機械ではない。
いつの日にか、大量監禁や妊娠豚用檻、子牛用檻、家禽檻（バタリーケージ）(訳注6)、そしてそれらに類する発明品の使用が禁止される時が来るだろう。それは畜産業のどん底へ向かう堕落競争に終止符を打ち、科学者の不誠実を思いやりある解決に変え、小規模農家を犠牲にアグリビジネスを成長させる歪な政府支援を取り去るものと期待される。更にそれは規模の経済という考えから人道的な農家を尊重する方向へとバランスを転換（シフト）させるだろう——それはウォルマートのような企業の経営者が工場式畜産から足を洗えばすぐに実現されるものに違いない。

訳注4　フォアグラ　フランスの高級料理とされる鵞鳥や鴨の脂肪肝。これが動物倫理上の大きな問題となるのは、その生産法である強制給餌（ガヴァージュ）による。人工孵化によって産まれた鳥は生後三～五カ月のあいだ外の放牧場で育てられるが、それから肝臓に脂肪を蓄えさせるため監禁畜舎（平飼いの所とケージ飼いの所とがある）に入れられ強制給餌が始まる。業者は鳥の首を伸ばし、金属製の管を喉の奥深く差し込んで、トウモロコシを主成分とする配合飼料を流し込む。作業時間は一羽につき数秒から約一分、それを一日に二～六回、一五～二八日間おこなう。標準値と比べると体重は二倍、肝臓は大きさが三倍、重さが（二週間の強制給餌で）一〇倍になる。肝臓が膨らみ呼吸は困難になる上、窒息、腸病変、壊死、肝臓破裂、肝硬変、喉の傷など、様々な原因による死亡が生じ、一部の鳥は一日から二日をかけて苦しみながら死んでいく（参考：F. Barbara Orlans et al., *The Human Use of Animals: Case Studies in Ethical Choice*, Oxford University Press, 1998）。なお、雌は雄にくらべ肝臓が軽く、蓄えられる脂肪も少ないので、孵化後の段階で廃棄処分される。
フォアグラ生産の詳細は以下の動画を参照されたい。
https://www.youtube.com/watch?v=DKeve2ye790
https://www.youtube.com/watch?v=ThFCliHcPag

訳注5　家禽　畜産物を得る目的で飼育される鳥。鶏以外にも七面鳥やがちょう、あひる、うずら、さらにはだちょうやエミューも含まれる。本訳書では特に鶏と限定されていない場合、poultry や bird には「家禽」の語を当てた。

どういった形にせよ、法は企業の契約農家にちょっとした単純なルールを課すわけだが、そんなことは賢明な人間であればとうに悟っている――我々は生きもの達からただ取り上げるだけであってはならない、その返礼に何かを与えなくてはならない。彼等の死にも、彼等の生にも、あたうかぎりの情けを込める、それは我々の義務に他ならない。そしてもし人間が何かをしようとする時、それを人道的なやり方でできないというのであれば、もし動物と我々自身とを貶めるやり方でしかできないというのであれば、そんなことは一切すべきではないのだ。

訳注6　家禽檻　卵用鶏は通常、六～一一羽ごとにケージに入れられる。檻はただ狭いだけでなく（「CAFO用語集」を参照）、金網でできているため伸び放題の爪が引っ掛かり、足をひねって骨折する、また、動けなくなり餓死する等の事故が起こる。筋肉は弱り、脂肪は増し、血のめぐりは悪くなり、ストレスによって免疫力も落ち、心臓病、肝出血、口内炎、蜂窩織炎（ほうかしきえん、傷口から入った細菌が起こす化膿性炎症）を患う。地下の糞尿貯留槽から発生するアンモニアから呼吸器疾患や角膜炎症を起こし、盲目にもなる。また生後五カ月程度の鳥が年間二〇〇を超える卵を産まされるため、子宮脱（子宮が外にはみ出す病気）を起こし、共に収容されている仲間から子宮をつつかれ、病原体に感染する。産卵の失敗による卵管の詰まりも珍しくない。一方、卵は骨成分から作られるので親鳥は骨粗鬆症（こつそしょうしょう）を起こし、生活中、移送中、屠殺中にしばしば骨折し、折れた骨が肉に突き刺さる。産卵鶏は一七～一八カ月で屠殺されるが、業者がもう一サイクル産卵させたいと考えた場合は、数日から二週間にわたり鶏から食料や水を奪い羽を抜け換わらせる強制換羽（きょうせいかんう）を行ない、体重が七割程度まで減少したところで産卵を再開させる。なお、こうした飼育環境が災いして今やサルモネラ菌は卵殻内部からも検出されるようになり、コクシジウム症も発生するようになった。それらの病原体感染を防ぐ薬剤は卵の中に残留する（参考：Karen Davis, *Prisoned Chickens Poisoned Eggs: An Inside Look at the Modern Poultry Industry (REVISED EDITION)*, Book Publishing Company（TN), 2009)。

冷やかな兇行――産業主義の背景思想

アンドリュー・キンブレル

利益のための動物搾取は科学、技術、市場という打算的で冷やかな三位一体によって可能となり、これが我々の共感に満ちた日常を奪い去った。工場式畜産に対抗するには法的、政治的戦略に留まっていてはならない。いかなる犠牲も厭わず効率性を求める産業的狂信の上に、憐憫と道徳を位置付ける社会的再評価を行なうことが求められている。

№6707と名付けられた豚は「比類なき」豚にされる予定だった――比類なき成長速度、比類なき大きさ、比類なき肉質を誇る豚に。食肉生産の技術的大躍進になる筈だった。合衆国農務省の研究者ヴァーン・パーセルとその同僚は市民の税金を注ぎ込んで全く新しい豚を造り出そうと企(くわだ)て、実際ある程度までは成功した。№6707は特殊だった、全身の生理機能から細胞の一つ一つにいたるまで。この豚には、ヒト成長遺伝子が混ざっていたのである。現在までに大量無数の動物に外来の遺伝物質が組み込まれてきたが、№6707もその一頭だった。パーセルの発想は、ヒト成長遺伝子の導入によって現在より遥かに大きな家畜を造り出すことにあった。「豚小屋と同じくらいでかい」豚を、とパーセルは冗談を飛ばしたが、豚の遺伝子組成にヒト遺伝子を組み込んでより多くの肉を生産し、豚肉産業により多くの利益をもたらそうとしたのは本気だった。

パーセルの豚は比類なき豚にはならなかった。初期胚に注入されたヒト成長遺伝子は代謝機能を予想もつかない悲劇的な形で変えてしまった。似たような譬（たとえ）として、ヒトの初期胚に象の成長遺伝子を挿入して、その後にどんな生理的変化が起こるか想像してみるとよい。№６７０７のヒト成長遺伝子は筋肉量を激増させ、他の生理機能を圧迫した。歩くことはできなくなり、膝は外に曲がり、関節炎にも冒された。遺伝子の影響で生殖機能も失われ、目はほとんど見えなくなった。畸形となった豚は立ち上がることもできず、写真に写されたのはベニヤ板を支えに何とか立った姿勢になっているところだった。この苦しむ哀れな生きものを造った目的について問われた時、パーセルはより効率のいい、より利益のあがる家畜を造ろうとしたのだと答えた。失敗については「ライト兄弟だって最初から成功したわけじゃないんだ」と。明らかに、パーセルにとっては機械（飛行機）と生きた動物との間に大きな違いはなかったらしい。

家畜に対するこのような見方はパーセル一人だけのものではない。工場式畜産システムの中で毎年屠殺、解体される何十億という動物は、儲けになる物産ないし生産単位とほとんど変わらないものと見做されている。多くの工場が無生物の自然資源から様々な物品を製造するのと同じように、動物工場は毎年何十億もの動物を解体して小奇麗に包装された食品に変える。それを我々はスーパーマーケットなりファストフード店なりで購入する。この家畜に対する機械論的な見方は法律にも反映されている。(訳注1)連邦政府の動物福祉法はペット、展示動物、実験動物を虐待から守るが、家畜は保護対象に含まれない。

世俗の教え

こうした動物を救おうと長年努力してきた活動家たちは、立法者や政策決定者、それに多くの一般大衆が動物の境遇に冷淡な態度でいることに幾度も憤懣を覚えさせられてきた。ものを感じる無数の動物が筆舌に尽くし難い残虐行為を受けているというのに、なぜこうも多くの人間がそれを能天気に容認できるのか。答の一部は文字通りの意味での物理的距離にもある。動物性食品の購入者とそれを生産する工場は離れている。「知らぬが仏」というのは人間本性の魅力的ではなくとも普遍的な部分ではある。とくに屠殺場の恐ろしい光景を想像してみれば、ただハンバーガーだけ食べてその裏に隠されている動物たちの苦境などは考えずにいるほうが楽だろう。時間も距離も開いているから、それは食べる時点では見なくて済む。

しかし時間と距離の開きが工場式畜産の実態を見えなくさせているのは事実であるにせよ、まだもう一つの、より見えにくい、より大きな開きがあり、それが原因で工場式畜産の現実や工業システムの他の悪事に大多数の批難が向けられずにいる。なにしろパーセルは自分の造り出した苦しむ豚から物理的に離れてい

訳注1　機械論　あらゆる事物や現象を、てこやバネなど機械の原理によるモデルで説明できるとする思想。近代科学の勃興時に生まれ、ルネ・デカルトらの数学モデルを基盤とすることで近代合理主義の原理となり、特に産業革命期以降の技術時代に急速に発展した。ラ・メトリの人間機械論などをはじめとして、生命現象のすべてを物理法則の次元に落とし込めると考える現代生物学の立場にいたるまで、様々な種類がある（あくまで思想であり、この捉え方が自然物や自然現象をみる見方として適切である根拠はないことに注意されたい）。生物学者の間では批判も増えてきたが、一七世紀の機械論者が宇宙や動物を時計になぞらえたのに似て、今日でも脳やDNAがコンピュータのごとく見做され、具体的にも感情や快苦といったものまでがホルモンの作用で説明されるなど、依然として機械論的合理主義の支配は揺るがない。むしろ心を持つ人間だけは機械でないとしたデカルトよりも、現代生物学の生命観の方が機械論に徹しているともいえ、医療や生命倫理の分野では人間や生命の尊厳を主張する立場としばしば対立している。機械論を肯定する立場から、工学の原理を自然や生物に適用する道具主義的な考えが妥当とされ、食料を自動車のごとく大量生産しようという現代型農畜産業の発想や、動物をヒト用の臓器製造機にする遺伝子組み換え動物利用の発想（第六部「遺伝子組み換え家畜」参照）、さらには不要な部品は交換すればよいという臓器移植の発想などが出てくる。なお、生物には物理法則に帰せられない魂や霊が具わっているとする立場を生気論という。

たのではなかった。それどころか毎日No.６７０７と共に過ごし、注意深く変形や反応の一つ一つを検査していたのである。彼の場合、開きとは物理的なものではなく、心理的、思想的なものだった。彼を含め多くの者（その中には我々の指導者の多くも含まれよう）が常識とする通念は、最悪の苦しみを前にしても平然としていられる人格を形成し、彼等の人間性と倫理的責任感を抑え込む上で驚くほど秀でている。

考えは形にあらわれる。No.６７０７の数奇で悲惨な運命は、現実にはある種の「浸透型」の思想の帰結だった。それは多くの世代を経るうち、現代産業社会の疑うべからざる考え方の枠組みとなった。どのような教えか。パーセルがNo.６７０７に遺伝子操作を施そうと考えたのは、客観科学への明瞭な信頼、そして効率性の要求に突き動かされてのことだった。また、より競争力のある、利益になる豚を造ろうという動機もあった。数量化科学、効率性、競争、利益、これらはパーセルの実験に限らず、産業社会のあらゆる事業を基礎付ける中心原理といってよい。その教えが産業システムの根底を支え、現代技術社会における人々の健康増進や驚くべき日々の「奇跡」を産み出してきた。工場飼育される何十億もの家畜の苦しみや、同じ産業思想を生命の上におよぼしたゆえの他の悲惨な結果は、残忍性や熱狂に端を発するものではない。それはむしろ感情を殺し、科学、効率性、市場の「法」を生命に応用するところから始まる。ゆえに、工場式畜産や他の組織立った悪事は「冷やかな」兇行と形容することができる。罪を犯すのはテロリストや狂信者、精神病質者のような、箍（たが）の外れた「燃え上がる」暴力性、憤怒、欲望に駆られた者たちでなく、ビジネスマンや科学者、政治家、それに消費者である。彼等は生活の基礎となっているそれら科学や経済の「法」にしたがって「理性的」に振る舞う。工場式畜産は環境破壊と同じく産業社会の組織的犯行であって、一％の人間がつくりだし、残り九九％が加担する。

動物を守るための法や規制を求め奮闘している人々にとって、背景思想に関する議論は机上のものと思われるかもしれない。しかし断言してよい、工場式畜産システムと闘っていれば絶えずこれらの教えがつくりだす壁に行く手を阻まれることとなる。動物やその苦しみをみるあなたの見方は、多くの動物科学者から「非科学的」だといわれるだろう。動物にもっとスペースを与え丁寧に世話をするよう提案すれば、非効率のきわみだという理由から経済学者によって却下されるだろう。家畜を守る法律を求めれば、立法者やそのアグリビジネス関連の同朋から、それはコストを上げて利益を減らす、我々は世界市場での競争力を失う、と聞かされるだろう。こうした現代特有の通念が動物保護活動をはねのけ、その賛同者らを何十年ものあいだ巧みに隅へ追いやってきた。

以下、産業社会の背景思想を考えていくうえで、我々はその起源が数世紀の昔にさかのぼり、さらにそこには啓蒙主義や西洋哲学の偉大な思想家が関与しているのを確かめることになる。もっとも、工場式畜産業や動物実験や産業発展を担う者達がデカルトやベーコンやアダム・スミスの文献を丹念に読み解いたという訳ではない。恐らく逆で、そういった思想家たちの基本的な教義のいくつかが徐々に科学界や学術界の外に浸透していき、結果、一般社会のものの見方や考え方の枠組をつくっていったというのが実相だろう。現在それらの思想は事実上検証されもせず通用しているが、私が産業システムの「冷やかな兇行」と呼んだものの大部分は、この思想を基本原理とする。

客観性崇拝

西洋科学の歴史における重大な事件の一つは一六三三年一月二二日に起こった。この日、ガリレオは教会の審問官による厳しい糾弾に屈し、地球が太陽の周りを回っているという異端の自説を撤回した。爾来（じらい）、ガリレオは迷信と偏見の圧力に苦しめられた近代啓蒙思想家の最大の象徴として歴史に名を残す。しかし今日幅を利かせる冷やかな兇行の性質を吟味してみれば、我々はガリレオを別の罪で告発することができるだろう。本当の罪はその天体運動に関する理解ではなく、彼がいわば「客観性崇拝」とでもいうべきものを形成するのに大きな役割を果たしたところにあった。それは科学と科学界から主観と「質」的思考の大部分を払い去る結果に行き着いたからである。

数学者だったガリレオは、自然界は主体の参与や関与、形而上学的ないし精神的な探究では理解できず、真実は客観的で計量的な測定法、および精密な数理分析によってのみ発見し得るものだと考えた。人間の「あたたかい」部分、すなわち記憶や感覚、親近感、感情移入、人間関係などは、いずれも主観的なもので計量化できず、したがって科学的な真理探究に資するところはないとして棄て去られた。ガリレオは書いている——色や味、それに全ての主観的経験は「ただの所見」に過ぎない、一方「原子と無とは真実である」と。ここから彼は信じられない議論の跳躍をして、計量できないもの、数量化できないものは現実ではないとした。真理の探究から人間性を切り離したこの哲学的「犯罪」について、歴史家ルイス・マンフィールドは端的に述べる。

ガリレオが犯した罪は諸々の教会権威によって咎められた罪状よりもはるかに重い。なんとなれば彼の犯した本当の罪は、人間の経験の全体性を犠牲にして、量と動きの点から観察・解釈できる小さな断片の方をとったことにあるのだから。(略)人間の主観性を否定することでガリレオは「多次元的な人間」という歴史の中心主題を放逐してしまった。(略)新たな科学制度の中で(略)全ての生命は機械論的世界観と調和するものにされねばならず、いわば融解され、より機械的なモデルに合うよう新たな鋳型（いがた）に嵌（は）められることとなったのである。

ガリレオや同時代の啓蒙思想家によって始められた科学革命の重大さを理解するのは容易ではない。おそらく哲学者スコット・ブキャナンがガリレオとその同世代の哲学者を「世界を断片化した者たち」と形容したのが、この変遷の最も的確な要約になっているだろう。生命と被造物を冷やかな視点、数学的かつ機械論的に厳密な視点から取り扱うことに徹した彼等は、質と量、主観と客観を分断し、その後に尾を引く二元論を産み出した。人間の熱のこもった、個性的な心のはたらき、共感や感情的な機能はすべて数量化不可能であり、ゆえにほとんど、ないし全く重要でないと見做され、代わりに「熱のこもらない」客観性なる価値のみが真理に至る道としてかつぎ上げられた。彼等の二元論は知と真実を求める科学的探究から人間の主観性を完全に排除しようとする企てに結実した。すなわちこの客観性崇拝の根底には哀れむべき発想がある。何らかの方法により観察対象を観察者から分離できるという考えがそれであるが、数世紀にわたって科学の多くの領域を歪（いびつ）で不自然な形にしたのはこの誤謬（ごびゅう）であった。

客観性崇拝はまた冷やかな兇行の支柱にもなり、強固な思想の壁によって、感情や周囲との関わり、感応、あるいは文化といった、実のある人間的な経験を思考に取り入れ、対象との距離を縮めようとする試みの一切を断つ。その影響は実証のみを重んじる現実主義の真理概念に至る。冷やかな兇行の束縛を破り、それを解体しようと企てる者はことごとく非科学的との誹謗（そしり）を免れ得ず、より悪い場合には、多くの動物擁護者が知るとおり、「情緒的」との烙印を押される。核開発技術の危険性や地球温暖化の脅威、生物多様性の大規模な破壊、工場式畜産の残虐、あるいは遺伝子工学の怪物製作といったものに対抗すれば、間違いなくこう返される——感情的な反応をするな、「確実な科学知識」を用いる客観的態度の「専門家（エキスパート）」に任せておけばよい。我々は抗議の声を静め、客観的「法則」と科学的方法論と冷やかな実証とに従うよう巧妙に仕向けられる。

その結果、芸術や哲学は道楽ないし象牙の塔の探究として敬遠され、動物や自然を愛し自らそれらに関わろうとする態度は夢想趣味、懐古趣味として退けられる。

このような断絶が一種の社会的分裂病に発展して人々の公私の生活を分かつ。家族生活の場に先述したような客観性を持ち込めば気がおかしくなったと思われるに違いない。自分の子供を数学的な観点のみから記述し、それ以外の部分は「現実ではない」などという母親がいれば病院送りにされること間違いなしだろう。自分の愛するラブラドール・レトリバーについて化学的な側面のみを語る人間がいたら笑われるか眉をひそめられるかが関の山だろう。

ところが科学や法律、それに多くの政治指針や教育方針に関する意思決定を行なうのは正にその客観的視点なのである。牛との感情的つながりを語る科学者に呪いあれ、詩文、鮭の心をめぐる熟考、あるいはモーツァルトのピアノ・コンサートから得られた科学的真実を語る科学者に呪いあれ、判定に直観を用いるよう裁判官に請う弁護士に呪いあれ、そして、全ての生きものには「内面」すなわち魂があると説く生物学教師に呪いあれ……。

客観性崇拝は思想上の大勢力なので、社会の中では人間の文化や主観性は知と真実を求める科学的探究から事実上除外されている。行為規範は常に数量化と計量可能性という熱を持たない基準によって導かれ、直観や感情的理解、霊的な智慧、それに我々の安らぎや全体性のために必要とされる人間の主観的要素は全て無視される。科学界や政界のエリートの間で客観性崇拝が絶対視されていることが、産業的な生活モデルをよしとする土台をつくり、工場式畜産のごとき冷やかな兇行が広がり続ける状況を生むのである。

ガリレオが教会と歴史的対峙を果たしてからちょうど四年が経った頃、もう一人の数学者ルネ・デカルトは、かの有名な『方法序説』を著わした。数多くの挑発的議論のなかに、動物についての革命的な視点があった。動物は実のところ「獣機械（けだもの）」であり、「魂のないからくり（オートマタ）」に過ぎないと彼は言った。注目すべき文章がある、「［動物の］機能はすべて時計その他の自動機械の動きと何ら変わるところがないと考えてほしい。（略）そうすると、動物のためを思って、彼等の内には感覚を具えた一種の魂があると考えてやる必要はなくなる」。この機械論的な生命概念はたちまち世に知れ渡り、神学者らはこの獣機械（けだもの）論を攻撃した。しかしデカルト学派は揺るがず、活動的な信奉者として生体解剖を実践し、科学研究という目的のため生きたままの動物を解剖した。デカルトの理論がその信奉者をどのような方向に導いたか、ジャン・ド・ラ・フォンテーヌが教えてくれる。

> 自動機械について言及しなかったデカルト学徒はほとんどいない。（略）彼等は犬をいたぶりながら至って平然と澄まし、苦痛を察し憐れむ者のことを嘲笑った。動物は時計だと言い、殴られた動物が発する叫びは小さなバネに手が触れた時の雑音でしかなく、身体全体に感覚は無いと言った。彼等は気の毒な動物の四肢を板に釘付けにし、大きな話題だった血液循環を観察するため、生きたまま解剖した。

パーセルによる遺伝子工学の実験や工場式畜産、ならびに今日のほとんどの動物研究は、数世紀の歴史を持つ機械論思想の嘆かわしい申し子といえよう。この教義は歴史家のフロイド・マトソンによってまとめられている、「デカルトによって全ての生命は機械となり、機械以上のものではなくなった。すべての目的志向や精神的な重要性は抹消された」。

デカルトの時代から数世紀が過ぎ、我々は工業的、技術的環境の真っ只中に突入した。そして我々が大いなる機械を創造すると、今度はそれが我々の持つ人間像を再創造する。人々は兵士を「戦闘機械（ファイティング・マシーン）」と呼ぶ。指導者たちは我々に「変革の力強い動力源（エンジン）」となるよう呼び掛ける。更にはベッドの相方までもが「性処理機械（セックス・マシーン）」になってくれとせがんでくる。疲れた時には「消耗した」、「電池切れ」、「故障」寸前などという。あらゆる生命が機械と見られるようになる時、冷やかな兇行は隆盛を迎える。機械の中にどんな尊厳や責任があるというのか。どうして機械が愛し、気づかい、感じることができよう。生命を機械としてとらえる習慣は、ついに我々を我々自身の人間性や他の動物、更には生ある者すべてがおりなす共同体から完全に引き離す役を務める。

効率性崇拝は恐らくデカルト派の機械論が残した最大の遺物だろう。最短時間の内に最小の投入をして最大の成果を上げるというこの効率性は、機械の生産性を考える上で適切な目標になる。しかし機械論の支配する中にあって、前世紀のあいだに効率性は機械のみならず全生命の領域にも転移し、その中心価値を規定するまでになった。我々は一種の見立てを行ない、あらゆる生命を機械と捉えた上で、効率性という機械的な価値から評価し、改造してきた。既に述べたように、動物を機械とみるこの見方こそが動物「工場」を支える思想的原理となっている。しかしながら人間自身もまた効率性の至上命令から逃れてはいない。人間をより効率的にしようという試みが真剣に実行されだしたのは一世紀以上も前のことだった。優生学がアメリカの公共政策として認められ、数千人もの「不適格者」の断種が行なわれたのである。人間に向けられた効率性崇拝は第一次大戦前の時代にさらに推し進められた。それはアメリカの機械工学者フレデリック・ウィンスロウ・テイラーの画期的功績による。彼は新たに発展した流れ作業ラインの生産法によって、労働者をより効率的に使うための管理革命を起こしたのだった。

効率性は我々が第一に掲げる疑うべからざる美徳となった。公私の生活の大部分はこの崇拝のもとに組み立てられている。社会は効率的な政府を求めてやまない。また効率的で生産的な労働力、天然資源の効率的利用、人的資源の効率的利用を追求する。我々はみな複数の仕事を兼任する人間となり、よく売れている分速対応管理者（ミニット・マネージャー）の手引書を参照する（将来には『瞬速対応管理者（ナノセカンド・マネージャー）』がベストセラーになることは間違いないだろう）。

No.６７０７の製作からわかるように、効率性崇拝は生命に対する大罪をつくりだす。偉大な哲学者オーウェン・バーフィールドは代表作『仮象（かしょう）の堅持（Saving the Appearances）』の中で警鐘を鳴らす、「効率性を目的と取り違える者は強制力を愛する結果に陥らざるを得ない」。今日、パーセルのごとき遺伝子工学研究者は世界中の生物の遺伝暗号を文字通り書き換えることでより効率的な生物を造り出そうとしている。人間も例外でないのは、二〇〇三年一一月に提出された報告書「アメリカ産業におけるバイオ技術の使用に関する調査（A Survey of the Use of Biotechnology in U.S. Industry）」を読めば分かることで、アメリカ商務省およびアメリカ国立科学財団がこれを奨励する。ヒトの遺伝子組成を変えて「性能効率」を向上させようという試みは今や科学の最重要事項に数えられる。効率性への傾倒がバイオ技術の進むべき道を指図している折も折、ナノテク研究者らは、まもなく一切の物質を分子レベルから改良し、より効率的な素材をつくる時代が訪れるだろうと言っている。

客観性崇拝の場合と同じく、効率性の原則は私生活に当てはめればたちまち失笑すべき対象と化す。この不調和は当然だろう、効率性は機械の特性であって生命のそれではないのだから。母親は我が子を効率的に育てるべきだろうか。食事も愛情も親子で過ごす「上質の時間」も最小限まで抑え、それによって最良の振る舞い、最高の成績という目標を達成させるべきなのだろうか。我々は効率計算にもとづいて友人と付き合うべきなのだろうか。効率性を考えの土台にしてペットと付き合おうというのだろうか。ペットは普通、何も生産したりはしない(ぼろぼろになった敷物や歯型のついた野球グローブは別として)。けれども我々は彼等に惜しみない愛情を注ぐ。事実、これら全ての関わりは効率性ではなく共感と愛情に基礎をおく。しかるに効率性崇拝は我々の公共生活の大部分から感情理解の言語を奪ってしまった。かくして職場、屠殺場、実験施設などにおいては、冷やかな兇行の残忍性が、状況を修繕し治癒し得る価値観に別れをつげたのである。

競争崇拝

二〇〇四年、ジョージ・W・ブッシュ大統領は議会に国際貿易法案を通過させるよう迫り、経済競争を呼び掛けた。「経済競争がグローバル化する今日、我々に残されたチャンスは世界に立ち向かい、競争し勝利することにしかない。(略)ひるんではならない。わが国民は勝者である(略)我々は二一世紀の世界を形づくるため、競争し勝利しなければならない」。何人かの批評家は、他国に経済的に勝利するとは本当のところ何を意味するのか、と疑問を呈した。競争と勝利は敗者となった国に貧困と失業、社会不安を広げるであろうが、そのようなものを熱烈に歓迎するのは正しいことだろうか。しかし経済界やメディア界に属する者のほとんどは歴代大統領による経済競争への呼び掛けを賞賛し続けている。そして競争倫理が適用されるのは経済に限られない。『争いはやめだ――競争反対論(No Contest : The Case Against Competition)』の中で教育者アルフィー・コーンは、競争が事実上我々の生活の隅々にまで行き渡っているとの見方を示した。「目覚ましが鳴った時からふたたび睡魔に襲われる時まで、赤子の頃から死に際まで、私たちは他人にまさろうと必死に努力する。仕事の場でも学校でもそうだし、遊んでいるときも家に帰ってからも同じ姿勢でいる。これはアメリカ的生活の共通項だ」。

競争はどのようにして我々の生活の共通項になったのか。これもまた、ひとつの思想が浸透していって人々の意識の一部となった例だといえる。人類学の知見によると、近代以前の社会では競争のために希少な資源を割くようなことはなかったらしい。歴史家マーセル・マウスは述べる、「外部からの影響を受けず古来の生活様式を保っている社会では、競争概念と結び付けられた労働を見ることはできない」。経済的な生き残りを達成して私腹を肥やすための手段とされる競争の概念は、比較的近年になってあらわれた。一八世紀の哲学者フランシス・ハチスンは、当時新たに発見された物理法則に比せられるような人間行動の規則を探し求めた。そしてついに、人生の中で最も大きな動機となるのは自己利益だという確信に至り、自己利益と社会生活との関わりは重力と物理的宇宙との関わりになぞらえられると唱えた。その弟子の中で最も傑出した生徒だったアダム・スミスは一七七六年『国富論』を刊行、この本は来たるべき競争経済の福音となる。スミスは、個々人が自由に私利私欲の必要を満たそうとしていれば、図らずして全体の経済的善および道徳的善に貢献することになろうと説いた。かくして彼は市場を神の「見えざる手」と見做し、それが不思議な仕方で利己的な競争を意図せざる利他主義へ転じるのだと考えた。スミスの教えは資本主義産業社会の発展に「道徳的」基礎を与えることにより、産業革命の進行を促した。今日では自己利益と競争と市場を結び付けたスミスの理論は、市場の自己統制を通して人間はこの世で救済されるという、文字通りの信仰にまで進化した。

客観性や効率性と並び、競争もまた「冷やかな」倫理である。それは隔離と撃滅の倫理であり、暮らしを立てるための血みどろの戦いで人と人とを引き離し、競争する他者を討ち滅ぼそうとする欲望へと我々を導く。各人が容赦なく自己利益を追い求めれば我々はますます冷酷に、孤独に、自閉的になる。これこそまさに冷やかな悪意ある社会の掟（おきて）というものだろう。精神分析学者のネイサン・アッカーマンは競争の病理について重要な指摘を行なっている、「競争による不和は人間同士の共感理解を衰えさせ、意思疎通をゆがめ、支え合いや分かち合いといった相互関係を弱体化させる」。

モートン・ドイッチュは競争の心理学の分野ではおそらく最も有名な研究者だろう。彼は競争崇拝に没入する者たちの心理傾向について述べる、「競争的な関係においては、人は（略）他者に対し、疑心と敵意、搾取する意図を抱き、心理的には接近しながら攻撃的かつ防衛的な姿勢になり、自分の利益と優勢を追い求めつつ、相手の不利益と劣勢を欲する」。この心理傾向が競争的市場システムの中で増殖すると、工場式畜産その他の冷やかな兇行に抗する要（かなめ）、協調への意欲が大きく損なわれる。

加えて、儲けが失われたらどうなるだろう、ビジネスの一分野なり国家なりが国際的な経済競争の敗者となったらどうなるだろうといった危惧が生じ、まずはこれゆえ、自然資源や労働者、それにもちろん工場システムに置かれた数十億の動物を搾取することも、致し方なしといって放免されてしまう。競争の倫理はまた協力の美徳も完膚なきまでに貶（おと）しめる。人類学者によれば、社会が持続する秘訣は、社会の構成員同士の協力、および自然との協力関係にある。このことも我々は家庭環境で経験している。成績で同級生と渡り合えなかったからといって子を見捨てる親はいない。もはや体力や経済力で自分達と競争することができなくなったといって老人を排除する者はいない。俊敏さや身体の大きさで他にかなわないといって我々がペットを傷付けることはない。まったく反対で、親は子に、家族で分かち合い協力することが幸福と互いの成長の秘訣なのだと教えている。

進歩の宗教

還元論(訳注2)の科学・効率性、競争の教えをひとつにまとめるのは、集団的世俗宗教とでもいうべきものである。それは我々の進歩信仰に他ならない。時代をさかのぼること半世紀と数年、哲学者リチャード・M・ウィーヴァーは著書『レトリックの倫理(The Ethics of Rhetoric)』の中で、「進歩」が現代技術社会において宗教的地位の中心を占めたことについて記した。「『進歩』は人間が地上で達成すべき救済となる。そして救済以上に価値のある達成はないのであるから、我々の同情や扶助の内に含まれる活動として『進歩』以上に正当なものはないことになる」。我々が技術的進歩を信仰しているのは明らかであろうが、それより見えにくく、しかも空想といって切り捨てられないのが、その信仰の抱く支配の三位一体(さんみいったい)である。進歩のつくる世俗の「冷

訳注2　還元論　本来は、全体は部分より成り、部分の探究によって全体が理解できると考える思想。近代以降ではとりわけ、意識や思考など高度に精神的ないし有機的と見なされる事象の原理も、より単純で無機的な物質原理で説明できるとする立場を指す。生命現象はすべて物理学と化学で説明できるとする機械論(六一ページ訳注参照)の考え方や、動物は水、蛋白質、カルシウム、等々の集合に過ぎないという考え方、および第七部「癒し」で言及されるリービッヒの「植物は窒素、燐、カリウムの混合物に過ぎない」という考え方などは、世界全体を物理的事物とその作用に還元する物理還元主義といえる。生物体(有機体)の場合、これらの材料を適切に組み合わせれば元の動物や植物が出来上がるのかという点については懐疑的な生物学者も多く、ゆえに全体論(七七ページ訳注参照)のような考え方も注目されだしたが、一方で心の働きを脳の電気的処理と見做したり、個々の遺伝子の働きを網羅的に調べ上げていき生命の全体像に迫ろうとするなど、認知科学や分子生物学の自然主義的アプローチが隆盛をきわめる今日の生命科学は、依然として還元論に大きく依拠しているといわざるを得ない。

やかな三位一体」はキリスト教の聖三位一体を悲喜劇的な形で模したものといえる。すなわち、科学によって我々は全てを知り、技術によって我々は全てを為し、市場によって我々は全てを購入する。

科学（サイエンス）は新たな三位一体において父なる神の位を占める。科学は世界を記述する客観的な無感情な独自の法と掟を持ち、それは謎めいていてその道の人間にしか解らない。真理を見究めるため、科学には研究者の人格に左右されない確固たる独自の方法（＝儀式）があり、それは「科学的手法」という名で知られる。「科学の教えるところでは」という書き出しで始まる言説はすべて疑う余地なき真理として認められる。

技術（テクノロジー）は肉体を得た子なる神の役を務める。科学は我々の日常生活の中で技術という肉体を得て顕現する。非人間的な、冷やかな、機械的な受肉であるが、しかしそれは奇蹟を製造する。技術は命を救い、空を飛んだり何千マイルもはなれた他者と会話したりすることを可能とし、そのほか数多くの日々の驚異を創造する。父（サイエンス）への信仰は子（テクノロジー）の業によって強められる。技術は我々の生活を「地上の天国」たらしめんと専心しているように窺われる。またそれはその機械的な性質にもとづいた非人格的な、疑う余地なき戒律を有する――先述した効率性の「法」である。注目すべきことに、技術はその生みの親である科学から謎めいた性格を受け継いでいる。何を隠そう、ほとんどの人々は電話やテレビといった最も基本的な技術の所産についてさえ、それが実際どのように動くのか理解していない。その意味で、技術とはこの世のものでありながら、少なくとも我々の意識の内ではこの世に収まり切ったものではない。それは肉体を得た一種の秘法といえよう。

技術をあがめるのは我々の生活の中で支配的な態度となっているが、その敬意も我々のもとを離れないものではなく、また日常生活を完璧に活気づけてくれるものでもない。中身が理解できずとも我々はすぐ技術を当たり前のものと見做す傾向にあるため、ここで常に我々のもとを訪れ生気を与えてくれる第三の存在、聖霊の出番となる。我々は毎朝目覚め、仕事に行き、金を稼ぐ。その裏には強い購買欲が秘められている。

伝統的な神学において聖霊は我々と子なる神との媒介役を果たしていたが、市場もまた我々と技術（を購入する力）との媒介役を果たし、またそれを我々の生活に導入する役回りをも請け負う。この獲得精神こそが我々を完全な三位一体へと導く。市場もまた科学や技術と同じく神秘的性質を具えている。すでに述べたようにその需要供給や競争の「法」は疑う余地なき教義となり、我々の国内、国際経済生活の実質全面に渡って公共政策を統御する。経済学者や政治家のほぼ全てが日々の務めとしてこの法の前にひざまづいている。

意識されるのは稀だが、冷やかな三位一体は冷やかな兇行を防衛する強力な武器庫を提供する。いかなる環境破壊や動物搾取、人間搾取が行なわれようと、それはこの三位一体によって合理化され、冷やかな兇行に対する批難は異端として咎められるのが日常となっている。三位一体は精神を囲う一種の見えざる柵、精神の繭（まゆ）となり、科学、技術、市場の冷酷で拘束的な法に対するあらゆる襲撃から社会を防衛する。三位一体の一部に疑問を呈すればただちに不審の目で見られ、真剣な討論の場からは暗に追放され、影響力も失う。進歩の欠陥宗教に内在する冷やかな兇行、それを明るみに出そうとする「異端者」は、嘲笑され、学界と社会から破門される危険を負う。

関係と治療

工場式畜産や他の工業的生産技術のような慣行を終わらせるには、進歩の宗教に対し我々が常に異端の実践に努めなければならない。法的、経済的措置だけでは充分でなく、それら冷やかな兇行を支える合理的説明を生み、育てる精神性に働きかける必要がある。訴訟を起こし、工場式畜産場に抗議するデモを行ない、動物の人道的取り扱いに関する認定業務に携わるなどの行動に出る一方で、我々は更に一般への訴えと教育によって、産業的な精神に端を発する危険な教えの伝播をくい止めねばならない。質に関わる経験を再び科学の研究対象とし、真理の全体論的な探究を可能にすること(訳注3)。直観と感情は自然や動物、それに我々自身についての多くを知る上で、還元論の計量科学よりも余程有用な手段を提供してくれる。我々はまた、効率性という機械的な価値を人生における最高の価値にまで高めるようなことをせず、何よりも全ての生命に対する共感理解の倫理を評価しなければならない。同じように、競争と協力のバランスを保つことも重要、それも私生活にとどまらず、政策や議論の形式と内容においてである。〝進歩〟という言葉を使うのであれば「何に向かっての進歩か」という問いが必ず伴うべきだろう。工場式畜産も動物の遺伝子操作も、また自然破壊も人間改造も、進歩ではない。それらは人間以前、人間性以前への退行でしかない。

この仕事には無論、形而上学的な枠組みが含まれる。生態神学者のトマス・ベリーは印象的なことを述べている。現代の経済システム、技術システムは自然のすべてを「主体の共同体から客体の集合へ」と変えてしまった。関係を修復し治療を始めるには、生命の王国を再び主体の共同体として捉え直し、その構成員の各々が意味と運命、形相(エイドス)と目的(テロス)を有しているとの考えに至る必要がある。生命を単なる客体、資源、生産手段として扱ってはならない。この新たな道徳共同体を目指すことは、工場式畜産のような冷やかな兇行の構造物を払い去り、それに代えて我々の心身の求めと、生物共同体に属する他の存在の求めに応じた技術と体系を築くことを意味する。転換を成し遂げるには我々が真に倫理的責任を負うことができる生産方法と社会組織とを発展させなければならない。厄介な、気の遠くなるような試みには違いないが、それを拒むのであれば、このまま冷やかな兇行に生き、現在のシステムと共犯関係を結び、同朋であるはずの生命や自然との関係、そして治療から、距離を置いておくほかない。それはもはや我々にはできないことだろう。

訳注3　全体論　ホーリズム。全体は部分の集合以上のものであり、部分の解明だけでは全体像に迫れないとする思想。また、科学理論の正当性は個々の事態の確実性ではなく、理論全体としての妥当性に基づくとするクワイン等の科学論の主張。還元論（七三ページ訳注参照）が「木を一本一本見ていって森を知ろう」とする立場であるとすれば、全体論は「木ばかり見ていないでまず森を見よう」と考える立場といってよい。生物学では、たとえ個々の細胞や遺伝子の働きが物理法則に還元できたとしても、それらが統合されている生物体（有機体）はまた別の法則を持つとする見方、あるいは、個々の身体構成要素の解明から生物を、個々の生物の解明から生態系を、十全に理解することはできないとする見方がこれにあたる。魂や霊の存在を想定する生気論（「機械論」の訳注参照）との関連で捉えられることもあるが、全体論が魂等の存在を想定しているとは限らず、また生気論が「物質＋魂」という形で生物を理解する限り、それはやはり部分の総和でしかなく、全体論とはいえない。なお、全体の正しさが個々の正しさを産み出すともみられることから、ときに全体論は全体主義につながる恐れがあるとの指摘がなされるが、全体が部分の集合以上のものであることと、全体が部分の集合に勝ることとは次元の異なる問題である。

農牧を復活させる――農業の機械化には終末が迫っている

ウェンデル・ベリー

語義をさかのぼれば、「牧う（husband）」という言葉はもともと「大切に扱う」「保つ」「蓄えておく」「長持ちさせる」「保全する」という意味を持っていた。科学と工業的農業が農牧（husbandry）にとって代わったことで、地主や自営農家の数は激減し、アメリカは多くの土地所有者の国から多くの被雇用者の国へと変貌した。農牧の復活は可能だろうか。

一九五〇年頃のある夏の朝のことを、私は今でもよく覚えている。その日、一人の手伝いが父の依頼でマコーミック高速ギアNo.9の刈取り機とロバの一群を引っ張り、畑にやってきたのだった。私はその時、まだ販売されて間もないトラクター、ファーモールAで刈取りを行なっていた。この記憶は私の心と人生に刻まれた転機といってもいい。それまで携わってきた農業といえばロバの群に象徴されるようなものであったし、私はそれが好きだった。ロバ達がいい奴なのもよくよく分かっていた。美しく歩くその足取りは実のところ私よりほんの少し遅れる程度だった。ところが今や私はトラクターの上から彼等を見下ろす立場になり、後から思い返せば、足ののろさにひどい苛立ちを覚えていた。「邪魔だ」と私は思った。

これは歴史の中の例外的な、注目すべきほど劇的な一齣ではない。この話を引いたのは、農業の工業化が私にとって身近な経験であるのを確認したかったからに他ならない。傍観者としてそれを見るような特権は、私にはない。

その朝は納屋の裏に広がる畑で、手伝いの彼はロバとともに、私はトラクターに乗って、一緒に刈取りの仕事を進めた。父と祖父はこの土地に生まれ、祖父は一九四六年の二月にここで息を引き取った。八二歳の臨終の時まで、祖父の心の中では昔ながらの農業が元の姿を留めていた。生涯に渡ってロバと作業し、彼等のことを隅から隅まで理解して、特に良いロバには心からの愛情を注いだ。トラクターは知っていたが距離を置いた。数台しか見たことはなかったし、まるで相手にもしない——あれを使えば土が固くなる、と思っていたからで、それは実際正しかった。

けれども、その死の四年後に孫が突然「のろまな」ロバの群に腹を立てたのは、後の歴史を予告する出来事だった——トラクターは居残り、ロバは去った。年を経るごとに農業はますますテクノロジーと工業の発展、工業経済のルールに適合する形へと変貌していった。しかも驚くべき速さで。というのも工業化はそれ自体の尺度でみれば素晴らしい成功だったからである。それは「労働を減らし」、近代性の威光を農業に与え、高い生産性を誇った。

一九五〇年からの一四年間、私は実家を離れていた。畑仕事をやめたことは、いや少なくとも忘れ去ったことはなかったし、故郷への想いは強く残っていた。一九六四年、家族ともどもケンタッキー州に戻り、生まれ育った地域にある丘の畑に居を構えて、以来いままで過ごしてきた。おそらく、私はここに定住しようと戻ってきた身であったがゆえに、土地の状況を以前よりもはっきりと、また批判的な目で見ることができたのだろう。人々の暮らしや農業の営み、農家の形づくっていた地域社会が衰えつつあることは一目で分かった。昔ながらの自給自足の農業は消えつつあった。第二次大戦とそれに続く二、三年のあいだに一時（ひととき）ばかりの経済的繁栄が農家のもとを訪れたが、それもう過ぎ去った。かつては社会と経済の中心地として、土曜の昼夜は人々でごった返した町もみな、過疎化の波に呑まれて寂れていった。共通の思い出、共通の仕事、それに互いの助け合いを通してひとつに繋がっていた近隣の人々の関係も失われようとしていた。もはや鶏肉や卵、クリームを売る界隈の市場（いちば）もない。地域特産の子羊肉ももう売られていない。トラクターをはじめとする機械類は、たしかにここを去った農家らの手を必要としないほど作業の手間を省いてくれたが、農業を続ける人々にはかつてない重労働、長時間労働が課せられた。

工業化の効果はアグリビジネスの企業にとっては実に目に見えやすくかつ大きく、また好ましいものだった反面、彼等以外にとっては実に好ましくなかったもので、それゆえ一九六〇年代、七〇年代に私を含め少数の人々を悩ませた疑問が、今では各地で囁（ささや）かれている。段々見えてきたのは、農業のあり方が地域社会を左右する、ということだった。逆に地域社会の経済は農業のあり方を左右する。そして農業のあり方は地域の生態系の健やかさや出来上がりを左右する一方、農業の方もまた生態系の具合に複雑なかたちで依存し、経済的にもそれに左右される。もはや農業を交換可能な均一の部品からなる経済機械の一種、「市場原理」によって定義され、他すべてから独立しているもの、と考えることはできない。私たちは特殊作業員用のカプセルや専門家の学科内で農業を営むのでなく、世界のなかで営んでいる。その依存と影響力の複雑な絡み合いは、おそらく私たちの理解を超える。端的にいえば、私たちが自らの根本に関わるこの経済事業を誤ったやり方で進めてきたことが分かりだしたのだ。私たちが農業を還元論の科学と決定論の経済学によって十全に定義できると考えたのは誤りだった。

関係性というものの存在とその重要性は、もはや無視できない。関係性の枠をせばめるなら（かつ短い目でことを捉えるなら）、労働節約と生産増加という工業の指標はうまく機能するように思える。けれども生態系とのつながりや地域生活との関わりに宿る古くからの掟は生きている。それを無視し続けた代償が溜まり溜まって、今では還元論的、機械論的な説明の枠は決壊してしまった。誰にも明らかなように、この決壊は当の説明が覆い隠そうとしていた生態系や社会への損害を露呈する。国家と世界の企業経済が農業について考える中でその関係性をせばめてきたのは逆説的に思えるかも知れないが、現実はそれだった。人間と生態系に対するあまりに甚大かつ不必要な被害を前に、私たちは現在、農業をやり直す必要に迫られている。

トラクターの到来が他と並んで暗示したごとく、農業はほぼ全面的に無料の太陽エネルギーに頼っていたところから、高価な化石燃料への完全依存に移っていく。しかし一九五〇年の当時、私は他の大半の人と同じく、まだ安価な燃料供給の限界を悟るには至らなかった。

私たちは無制限の時代――あるいは無制限という幻想の時代――に突入した。それはそれ自体としては驚異といってもいい。祖父は制限ある世界で制限ある生を送り、それに苦労しながらそれをしっかり把握していた。私はその世界について祖父その他の人々から多くを学び、それから変わった。私は労働を節約する機械と制限のない安価な化石燃料との世界に入っていった。制限とはこの世界において逃れられないばかりでなく、欠かせないものなのだという考えに達するには、長年の読書や思索、経験を積まなければならなかった。

機械による農業は土地やそこに住む生きものを機械的にとらえる傾向を生む。さらには人間自身さえも機械的にとらえる傾向をつくりだす。疲れを知らないトラクターは人間の経験に新たな疲労をもたらし、犠牲になったのは健康、そしてあまり顧みられることのなかった家庭生活だった。

人々の農地と人々の思考が完全に機械化されると、生産性に着目する工業的農業の視点は、保持保全や土地の世話といった考えとは対照に、ひたすら論理的なものになる。そしてここで問題が自己完結する。他のことにはほとんど目もくれず生産性ばかりを強調する態度は、労働の形を形づくるに当たって、それを生態系や地域社会の一部としてある農場の性質、性格によってではなく、国家経済や国際経済、利用可能ないし入手可能な技術によって規定されるものへと変えてしまう。生産に直結しない農場や配慮の全ては事実上視界から消し去られた。農家の人間も事実上消し去られた。彼等はもはや土地や家族や共同体のために働く自立した忠実な仕事人ではなく、自身ないし自身の支えるべき全ての者に根本から反する経済の代理人になっている。

「農牧（husbandry）」という言葉はひとつの関係を表わす。元来それは家庭の縛りを受け入れた家長の仕事を指していた。「牧（やしな）う（husband）」は「大切に扱う」「保つ」「蓄えておく」「長持ちさせる」「保全する」の意をもつ。古い用法をみると、土地や土壌、野菜や家畜の農牧があったと分かる。そうしたものが家庭にとって大切だったからに相違ない。そして我々の家や居住生活が野生の世界に依存しているという見方のもと、野生動物を捕らえて適切な農牧を実践する人々があらわれ、現在でも同じ慣習が実践されている。農牧は生を維持する営みの総称であり、人間を無害なかたちで土地や世界に結び付ける。私たちを維持する生の連結網、その全ての種族を繋ぎ留めておく生業といっていい。

ほとんど、もしくはすべての工業的農業の明らかな失敗は、農牧を放棄してなお土地に産出を求めたことの結果であるように思える。農業を科学と工業のかたちに造り変えようとした試みは、農業の中心であり本質であった農牧の伝統を放逐した。

この動きの最初にして恐らく最も急進的な達成は、農業を自給の経済から切り離したことにあるだろう。第二次大戦の時期をとおして私の地域の農家は（それに多分、ほとんどどこの農家も）菜園や酪農、家禽や肉用家畜を頼りに暮らし、家庭を養った。特に大変な時期は農家もその農地も自給自足経済という手段によって生き延びた。工業的な事業計画では対照的に、農家がみずからの食料を生産するのは「非経済的」で、労力と土地は商業生産のために使った方がよいとされた。結果は人間の経験上まったくもって奇妙なところに行き着いた。農家が、食べるもの一切を店で購入することになったのだ。

農牧を科学で置き換えようとした企図は農業大学の学科名が改められたところによく表われていた。「土壌農学」は「土壌科学」に、「畜産学」は「動物科学」に変えられた。この改名は我々がいかに戯言（たわごと）に騙されやすい生き物であるかを物語る点で吟味に値する。農業という地味な営みを洗練化させる目的がありながら、その実この名称変更は乱暴な単純化をおこなっている。

「土壌科学」は土壌科学者が研究し、農家の手に渡って更に発展させられるものだが、それはもっぱら土壌を生命のない基質としてあつかう傾向にあり、土壌中では「土壌化学」の反応が起こって「養分」が「可給態（かきゅうたい）」になる、などという。そして今度はこれが農業を土壌理解の点で文字どおり浅いものにしてしまう。現代の農場は数々の機械的な作業が進められ数々の化学物質が撒かれる地表面として理解され、有機体や根系のつくる地中の現実はほとんど無視される。

「土壌農学」は別種の学問で、考え方も異なる。サー・アルバート・スミスの言葉を借りれば、それは「土壌、植物、動物、人間の健康状態を一つの大きな主体」として理解することを目指す。「健康」という言葉は生物の形容にのみ用いられるが、土壌農学でいう健康な土壌というのは人の手が加わっていない原野をさし、ほとんど研究もされておらず知られてもいない、けれども多くを産み出す生命力を誇る。土壌は生物の織り成す生きた共同体であり、同時に彼等の棲家でもある。農夫もその一家も作物も動物たちも、みな土壌共同体の構成員にして、土地の性格個性に息づく。したがって農家を単なる「労働力」、作物や家畜を単なる「生産品」とみなすのは根本的かつ破壊的な単純化というよりない。

「科学」という言葉も、健康な農場——土壌共同体の全成員からなる農場——を構成する関係因果の複合体を指す語彙としては単純に過ぎる。人間のみによる農牧という考えも無論充分ではない。農牧はつねに、牧われるものが究極的にはひとつの〝神秘〟であることを理解してきた。リバティー・ハイド・ベイリーと交流のあった一人の農夫が手紙に書き残している――農家とは「〝神の神秘〟を施し与える者なのだ」と。たとえば動物の母性本能は神秘であって、農家はそれを利用し、ほとんど理解することもなしに信頼しなければならない。「管理者」や客観的たるべき科学者とはちがい、牧う者は牧われる者の複雑性、神秘性に心から融け込み、そうすることで細やかな気遣いと謙虚な姿勢がそなわる。農牧は警句をつくりだした。たとえば「すべての卵を一つのカゴに入れるな（一つのことに全てを賭けるな）」「孵るまえに鶏を数えるな（捕らぬ狸の皮算用）」。農牧はまた、「世界を養う」技術的偉業を自慢したりはしない。

農牧は科学には置き換えられないが、科学を使いもするし、それを正しもする。それはより包括的な学問といえる。農牧を科学に還元するというのは実際のところ農業「廃棄物」を汚染物質に変え、多年生植物と草食動物を輪作から放逐することを意味する。農牧を無視して科学と工業を後ろ盾にした農業は、土地所有者と自営農家を減らした代わりに、工業経済の目的には見事なまでの貢献をしてのけた。おかげでアメリカは多くの地主の国から多くの被雇用者の国へと変わってしまった。

農牧と決別した「土壌科学」は、土の中で土によって成り、土をつくり土によってつくられる生物の共同体をあまりに軽々しく考慮の外に置く。それと同じで、農牧の考えを捨てた「動物科学」は人間が自身を動物の仲間であると感じるための共感を忘れ去り、むしろ忘れることが必要だと説く。動物科学はまた、生きもの（animal）が生きものと呼ばれるのは生気（anima）が宿ると信じられていたからだ、ということも忘れている。動物科学は動物の聖性を信じるこうした考えから我々を遠ざけてきた。代わりに我々がいざなわれたのは、動物工場という、強制収容所のごとき地獄絵図に他ならない。かつての畜産はそれとは対照に、詩編作者の詩境から生じ、再びそこへ導くものである。すなわち、よき草、よき水、そして神の牧草地へと。

農業は自然と人間とのあいだを互いの羈絆と義務によって取り持つものでなければならない。よき農業には生有るものと無きものの一切に対する行き渡った礼節が求められる。共感こそが、人の仕事の関係性を最も適切に拡げる役目を果たす。枠を狭め過ぎれば関係性に誤りが生じる。「科学者も農家も農家の家族も地域の生態系も地域共同体もその内に含み得ないほど狭め」てしまえば、これは深刻な事態を招く。「関係性を失うと」とウェス・ジャクソンは述べる、「最良の精神も最悪の加害者になる」。

近年、私たちは燃料、水、土壌の制限なき供給という仮想に支えられ、生産性や遺伝的画一性、技術的画一性、グローバル経済に注目を寄せているが、そのせいで地域に適合する大切さは見失われている。けれども情勢がめまぐるしく変化する今日であるから、この要求は再び私たちに突き付けられるに違いない。反省を迫るのはテロリズムであり、他の政治的暴力であり、土壌、帯水層、河川の枯渇であり、外来種の雑草や害虫、それに病気の伝播蔓延である。地域の自然、地域の環境収容力、地域の必要をめぐる古き問いに立ち返らねばならなくなるだろう。そして土地柄と農地に合った動植物の育成を、再び始めなければならなくなる。

地域への適合という課題をなおざりにしたのと同じ偏執と無節制が、一方では形態を無視する傾向を生んだ。二つの問題は密接に関係し合っているので、一方を他方から切り離して語ることはできない。半世紀以上のあいだ、私たちは地域適合の問題を無視しながら、他方で農場の形態を過度に単純化してきた。多様な種を育てて程良い自給自足を実現していた私の生地やその他多くの地域の農場は、より広い土地を覆う、より大きな農場へと統一され、ますます特殊化し、ますます縛りの多い不自然な生産ラインへの従属の度を強めていった。

しかし農地の形態にまず求められるのは包括性だろう。不可欠の要素を払い去ってはならない。土地やそこに住まう生き物やみずからの仕事に寄せる農家の気持ちというものがある。それにこたえられることが農地の形態の条件ではないか。それは数多くの様々に異なるものを和合させる終わりなき努力——動物たちの生活サイクルと繁殖サイクルを内に組み入れ、作物と家畜をバランスの取れた助け合いの関係に置くものでなければならない。地と心に描かれる文様でなければならない。環境に適合し、農業本来の姿を保ち、経済的かつ家庭的、友好的でなければならない。

近い将来、世界の大半の人々は都市に住まうようになるだろう。考える必要があるのは、そのとき大勢の人々が生活の糧を大地から要求することであり、彼等はもはや実生活において大地と関わることはなくなっているだろうし、知識もほとんど持っていないだろう。またその要求に対し、土地の状態や地域の必要を鑑みない大規模高価な石油依存技術の枠組みをもって応えるとどうなるかも、やはり考えない訳にはいかない。農牧の復活、そして農業に対する各人の責任を一般に喚起する取り組みは、私たちの差し迫った課題といってよい。

適切な農牧を世界の生産者と消費者に想い起こさせるにはどうすればよいか。その努力はすでにアメリカその他の国に散在する多くの農家や都市の消費者団体によって進められつつある。ただし、この努力には権威ある視点と推進力が必要ということは分かっておかなければいけない。それによって新たな法的正当性と知的厳密性、科学的信頼性を獲得し、責任ある教育を可能とする。農業大学がその提供役となることを大いに期待したい。

農牧のいとなみは部分的には科学だが、全体としては文化なのであって、文化的牽引力は人間味の宿るところにのみ存在し得る。思うに、農業科学に携わる者も農業共同体や消費者共同体の一員として働く必要があることが、今後、明らかになっていくのではないか。この分野の科学者の多くが農家でもあるべきだと提唱するのは不合理ではない。そうなれば彼等の行なう科学研究は農家の現場から影響を受ける。科学者以外の人間と並行して、彼等は農牧のきまりを自身の研究の前提として受け入れる必要に迫られるだろう。心と暮らしから離れてしまったものを、社会の中に繋ぎ留めておくことはできないのだから。

人類、動物の頂点？——進化仮説を問う

クリストファー・メインズ

動物に対する我々の扱いは単に残酷で非道なばかりではない。それは深く根を下ろした破壊的な文化の反映であり、動物はその中にあって経済的社会的便益の単位となるよう品種改変され、遺伝子操作される。この過程で我々は自身の動物精神を打ち砕き、生命のない機械社会を形づくる。意味のある変革を起こすには、動物や自然を工業的「進歩」の材料と見做すのでなく、我々と対等の存在として捉えなければならない。

進化論の図像は皆に馴染みがある。それは姿を与えられた一つの思想で、心の目に見える形ですぐそこに浮かびながら、幼少時代の写真と同じく私達の自覚の一部をなしている。一番左（我々から見て文の書き出しにあたる位置）には原始の海にただよう単細胞生物のコロニーが見える。それは原生動物の寄り集まったもので、続いて起こる出来事についてなにやら策を巡らしているかにみえる。そのすぐ右には、より複雑だがいまだ未熟な生物、環形動物やイソギンチャク、くらげ、軟体動物などが現われる。そして進歩の海を満たすがごとく、原始の魚が泳ぎ始める。さらに右へ進むと海と陸の境に大きな口をした不恰好な生物がいて、長く伸びた鰭（ひれ）をつかって大きく伸び上がり、空気中での最初の一呼吸をおこなっている。それに続いて山椒魚（さんしょううお）に似た両生類が現われ、四本の足でおずおず乾いた大地を歩いている。次には大きく尊大な爬虫類が

歩き回り、自分達が一時のあいだ地球を支配する座にあるのを知ったような面持ちでいる。そのまた右にはしかし、毛におおわれた頭の良い動物が熊に似た足でゆっくりと歩いている。これが哺乳類の祖先に当たる。この時点では鳥はいないか、いるとしたら哺乳類の頭上高くを脇役同然に飛ぶのであるが、彼等は以下に続く秩序だった行列から明らかに脱線している。

さて、ここで本当に興味深い生物のお出ましとなる。それは私たち皆が心待ちにする存在だった。はじめに原猿類や真猿類が姿を現わす。彼等はいまだ四つ足で歩いているが、二足で立とうと頑張っているのは一目瞭然である。が、その特典は次の者に持ち越される。それは原始的なヒト科の動物、おそらくはアウストラロピテクスで、まだ毛深く腰もやや前かがみになっている。次いで現われるのがホモ・エレクトゥス、こちらはより背筋が伸び、人間らしさを帯びたことで自信に満ちている。ただそのしかめ面のみが人類に一歩届いていないことを示している。そのあとにネアンデルタール人が歩きはじめる。しばしば棍棒を持った姿で描かれるのは、おそらく彼がまだ高貴な文明的存在の地位にまで昇りつめていないことを示すためだろう。そして最後に最も重要な右端を見ると、そこにはこの次々と現われる生物達の大行進を率いる者がいる。この圧縮された生命の歴史は彼という一点に向かって収束していたのだった。他の者に抜きんでて背が高く、また大変に頭の良い、完全な直立二足歩行をするホモ・サピエンスがそこを行くのである。他の自然物に背を向け、彼は図像の端の余白を見つめている。不可視の未知へ踏み込んでいくその足取りは、進化史のスポットライトを浴びる者にふさわしく堂々たるものがある。

私達がみな高校の教科書で見たことのあるこの進化図が、粗削り(あらけず)の単純化された描写であることはいうまでもない。それは科学理論の基本原理を家に持ち帰るための学習教材なのであって、地球生命の複雑微妙な系譜を理解するためのものではない。しかしながら進化論を図示するにあたって我々の文化がどんな歴史事象を拾い上げるか、その特有の選び方に、ある倫理的、哲学的姿勢が表われている。それは進化図そのもののの構成に際してとる姿勢ではないまでも、我々の文化のなかで当の図譜が用いられ、また理解される際にはたしかに認められる姿勢である。

猟犬を念願の一番右の位置に持ってきて進化論的に正しい図とすることはできないだろうか。犬はヒトよりも後に現われたのだから、時系列に沿ったものであるなら（現にそう見えるのだが）その方がより適切な模式図になるのではなかろうか。

しかし代替案どおり人間の後に猟犬を描くと不調和が生じるので、ここから進化の図像に含まれる見過ごしがたい曖昧さが浮き彫りになる。厳密にいって一般に流布しているのは進化一般を表わした図ではなく、ただ人類の進化を表わした図でしかない。その点についてはすでに生物学者から厳しい指摘が寄せられていようが、この申し分のない科学的に正確な批判は、当の図像が社会の中で実際どのように使われているかを考えていない。一貫して知性が自然よりも優れていると想定する技術社会にとっては、人類の進化こそが全ての意志と目的の向かう先ということになる。ホモ・サピエンスの誕生はこの惑星に適応せんとした全生命の企ての歴史を象徴するものとされる。進化を絵で示してほしいと頼まれれば人々は先の図像によく似たものを思い浮かべるであろうし、その先頭には人類が立つ。我々の文化はこう言っているようである――進化はつねに人間性を「めざして」きたのではなかったか。知性や創造性、意識、あるいはその他、生存競争が他の生物をおいて特に人類に優先的に与えた何らかのよく解らない特質を、進化はつねに発達させてきたのではなかったか――。一流の生物学者でさえ「下等生物」という用語をつかう。

ここで二重の意味が浮かび上がる。進化図は科学的に重要なだけでなく、それを介して人類が進化の「目的」であるという考えを産み育てる文化生活の反映でもあるということ。高名な生物学者はこのような思想を容認しないだろうが、それでもこれが技術文化の無視できない一部であることには変わりない。

真に正しい進化図ではヒトも猟犬も粘菌も、そのほか現存するすべての有機体もが「現在」を表わす右側に置かれ、その各々が平等に進化の予期せざる展開に与（あずか）る一方、彼等の祖先は左側の「過去」のどこかに置かれ、複雑に絡まり合って生命のドンチャン騒ぎを演じるだろう。が、我々の文化圏で「進化」という言葉が用いられた際に、生命全体の近縁関係という発想が出てくることはない。

我々はこう尋ねるべきだろう――なぜ進化を説明するにあたって脳の大きさや二足歩行、ないし他の人間的特徴に特権を与えるのか。我々に観察できる他の特性（正しく観察できている場合と間違っている場合とがあろうが）をもとに特権的地位をさだめ、それを進化理解の中心に据えることはできないのか。そうすると例えば、進化の並び順を決めるのが知性でなく脚の速さの発達度であるとした場合、チーターは他の一群に抜きんでて序列の最先端に位置することになる。また、もし代わりに寿命の長さが特別な価値をもつとするなら、毬五葉松（いがごようまつ）は現在人類が占めている特権的地位を奪うだろう。どのような特性に重きをおくかによって、リストはどこまでも広げられる。実質的にどの種も進化の到達点として特権的地位に就くことができ、ゆえに種の数だけ進化論が必要になる。いわばアンディ・ウォーホルいうところの一五分間だけの名声が進化のカンヴァスに花開く。

進化論の教えでは、全生物は自然選択や家畜化の圧力のもと形態を発達させてきたのであり、共通祖先の近接によって大なり小なり系統的に関係しているという。ならば実際には何らかの生物を進化の先頭に位置付ける根拠など存在しない。象が唐傘（からかさ）きのこ以上に発達しているということはなく、鮭が鴎（かもめ）に劣ることもない。キャベツは生命の枠で見れば王様と同じ地位を有する。なるほど我々は系統的にみて地衣類よりもチンパンジーに近い関係にあるが、それは生命の歴史の中で地衣類がヒトやチンパンジーに遅れをとっているということではない。チンパンジーやヒトは道具を使うが、地衣類のような光合成は行なえない。チンパンジーやヒトは高いIQを誇るが、地衣類は石をも溶かす。無意味な比較はいくらでも続けられる。人間からすると地衣類になぞらえられるのは種としての自尊心が傷付けられるかもしれないが、進化の観点からみれば人間の地位を守れる生物学的防具など一切つくり出せはしないのである。

人類の独白

一般に知られた進化の説明は文化的偶像となった。その目的は科学的理論とは相反する関係にある。それが示すのは物語ないし一人語りであり、ヒトは脚色をほどこされて「人類」という登場人物、あるいはジョン・ミューアのいう「君主たる人類」になっている。私達は進化を「人類」の独白へと転じてしまった。

この独白は「人類」が地球上すべての種のなかで突出した存在者である由(よし)を語る。「人類」があり、そして自然がある。この「下等な」生物の領域から「人類」があらわれ、みずからを他から切り離した。しかしこの唯一無二の存在は他に優るだけではない。「人類」は生物の到達点なのであり、三五億年にわたる全生命の奮闘はこの目標に到達せんがために繰り広げられたのだ。話は更に続く。「人類」は進化の究極目標であり、それゆえこの動物の頂点、この神に次ぐ者の行ないには、一種の宇宙意志による認可が下されている。フランシス・ベーコンの論じたごとく、「人類」は物象秩序の背後にある原理であり、その知性と工夫が自然界と諸々の生物を支配するのは正しいことなのである。

本来ならば進化論は人間の優越性を真っ向から否定する筈だが（そしてそれゆえに宗教的権威から弾劾の雨あられを浴びせられたのだが）、一方でそれは大部分この優越性の考えのもと受容されてきた。かくして人間を神に近い位から生物界のごった煮の中に落とし入れた理論が、奇妙なことに人間の生物学的、倫理的優越を唱える目的に奉仕することになった。生物学的カテゴリーが道徳の規範となったのである。

個々の宗教は進化論に対し、否定する、受け入れる、修正する、語りなおす等、独自の対処を行なっている。私はここで、脚色された進化理論を人間存在についての一つの寓話として用いる過ちをはっきり指摘しておきたい。多くの宗教自体が、この寓話を用いて人間を他の動物の上に位させようとする。また更に、「人類」という脚色された登場人物はもはや進化の物語の内に留まらず、宗教組織も含め我々の文化組織すべての中に入り込んでいる。道徳的に優越した、世界の中心たる「人類」は、動物を神聖視することをやめ、自分以外の被造物を周縁に追いやった。そしてまた、初期キリスト教、ユダヤ教、イスラム教からすると理解もできない仕方、あるいはせいぜい傲慢という大罪の表現とみなされたであろう仕方で、精神性をめぐる対話を独占した。

動物の離絶

「人類」を独立させ生物共同体の上に位置付けるこの物語は、自然界に甚大な被害をもたらしてきた。それをこの上なく如実に映し出すのが我々の動物への接し方で、中でも飼育動物に対する横暴ほど酷いものはない。進化の先端に位置する我々は躊躇なく家畜の「進化」を人工改変し、毎年食用に供する数十億の牛、豚、鶏などは、こちらの欲しい特性を伸ばすよう品種改変するか、あるいは遺伝子操作を施す。この過程で飼育動物達は文明の最も悪辣な側面をあらわす悲劇的象徴と化す。ポール・シェパードは言う――「肥満体の豚、差異を奪われた白ネズミ、生まれつき虚弱な犬種、彼等の悲哀はいずれも人間性の一側面を伝える」。我々はこうした動物を我々自身に劣るものと見做し、彼等はそれによって我々の下劣な本能を体現する鏡となった。

野生動物も人間の「王権」からは逃れ得なかった。我々の文化の中で彼等は見世物になった。毎年無数の人々が野生動物を見に動物園を訪れるが、この施設は両者の出会いが不可能になったことをしめす記念碑（モニュメント）に他ならない。壁や人工物の柱に囲まれ、他種との関わりを断たれ、もとの生息地から隔てられた動物園の動物は、家畜でもなく家畜から再び野生化した存在でもなく、野生動物の単なる幻影、影絵でしかない。灰色熊の研究家ダグ・ピーコックはいう、本当の野生とは大が小を喰らう世界なのだ、と。それは動物園の空間ではない。私達は野生動物の本当の眼差し（捕食者のものであれ被食者のものであれ、あるいは単に近隣に住まう者のそれであれ）に遭遇することはない。全ての行動は空虚と化している。お客は見とれる、動物は観察対象に成り下がる、ここでの関係は一次元的といってよい。

自然ドキュメンタリーは映像中に現われる動物が消えゆくのに伴い近年になって爆発的な人気を得たが、これは更に巧妙な動物離絶の形態を造り出す。野生動物の自然ドキュメンタリーは動物とその環境の自然な相互作用を映し出すことに主眼をおく。我々は捕食動物やその獲物、それに種々の生物学的に興味深い事柄を、何物にも囚われていない自然のままの美しさで堪能できることになっている。そもそもカメラに嘘が吐（つ）けようか――。しかしカメラは野生と向き合う時、常に嘘を吐く。動物園の訪問客と同じく、フィルムの鑑賞者は野生のおりなすドラマの純粋な観察者となる。画面を飛び交う映像のほか気にかけることは何もない。動物の生活の中でも我々にとって興味のない部分は、たとえそれが彼等の生存を支えるものであってもカットされる。こういったドキュメンタリーを売ろうと思えば現代の鑑賞者の欲望と文化的偏見に迎合する必要があることを編集者は心得ている。結果、編集を経て残されるのは見応えのある場面のみとなる。獲物との追いかけっこ、求愛ディスプレイ、子をまもる母親の姿。いかにも真実らしい映像を見せられることで、我々は自然ドキュメンタリーが上位者目線の「人類の独白」の一種に過ぎないことを見落としがちになるが、それはただ「人類」が面白いと思った動物の姿のみを写しているに過ぎない。野生に出会うという面で、自然ドキュメンタリーはその形態上、失敗に終わらざるを得ない。一方、我々は人間に編集されたジャガーの姿を野生のジャガーの代わりと見るような欺瞞(ぎまん)に浸ってはならない。前者はどれほど細部に渡り正確であろうと文化のつくった人工物の域を出ないが、後者は自らの内に意味を宿した野生であり、根本から「人類」の一人語りに異を唱える存在なのである。

動物の再発見

ミシェル・フーコーは著書『言葉と物』の中で論じている——考えられる限りのあらゆる知識、倫理、価値の主権者に人間を置くという現代の見方は近年になってあらわれた発明であり、啓蒙思想とその独特な知の配置、分類の産物であった。我々が世界を理解するための方法としたものが何らかの歴史的事件やあるいは価値観の再評価によって変遷を来たしたとしたら、どうだろう。フーコーは次のような予告をもって著を締めくくる。

もしもそれらの配置が、現われたとき同然に消えるとしたら、またもし何らかの出来事、現在の我々には可能性を察する程度しかできない事件が（略）それらを瓦解せしむるとしたら（略）その時には確信できるだろう、人間というものが、海辺の砂の表情さながら、消し去られるだろうということを。

我々が理解してきた「人類」、進化の天頂としての、また自然と神にとって生物の中心であり倫理の中心であるところの「人類」が、仰々しく飾り立てられた束の間の虚像(フィクション)に過ぎないなどということがあるだろうか。動物界を滅茶苦茶に掻き乱すどころか、我々の魂をも貧しくし、もはや我々とても支えてはいられなくなった幻想などということが？　フーコーの粗描どおりの姿になってしまった「人類」を変えるには、新しい精神的な動物観を持つ必要がある。中世の哲学者ヨハネス・スコトゥス・エリウゲナはこう記す、「不思議な、言い表わすことのできない仕方で、被造物の内に神が創造される」。ますます生命感が失われ、人工的になりゆく世界において、ますます模倣的、かつ機械的になりゆく環境にあって、我々は一つの問いに対峙する――いかにすれば我々は、生きた有機的動物界の中にあって再びおのが精神性に形を与えることができるのか。こう問うのも、我々の精神的洞察力と生物進化の誤解とを改める力は、我々の動物物語集に、自然の動物と心の内なる動物とに宿るからである。我々のもつ宗教の歴史は、伝統や甚だしい無関心や「人類」の一人語りが覆い隠してきた獣たちの喧騒に満ち溢れている。科学の興隆以来、西洋文化は地球に住む動物達の特記すべき多様性を発見し記録してきた。おそらく、今までとは違う、しかしどこかで繋がっている新たな発見の旅を始める時がきたのだろう。それは独自の意味を持つ動物相の再発見であり、可視から不可視へ、知から徳へ、「人類」の一人語りから本当の人間性へと我々を導くものでなければならない。各々の生きものは〝我〟のことなど意に介さず自らの道を歩んできた、それは弁(わきま)えておく必要がある。が、にも拘らず彼等が集まると、そこには〝我〟がまだ悟ろうともしない仕方で〝我〟を慮(おもんぱか)った明晰な一全体が創られているように見えるのである。

第２部　CAFOの神話

神話その一——工業的食品は安価である

真実

工業的動物性食品の小売価格は人々の健康、環境、その他の公共財産に加えられる計り知れない損害を度外視している。経済学者によって「外部不経済」とよばれるそれらのコストには大量の汚物の排出も含まれる。汚物は大気を熱し、漁場を荒らし、飲み水や土壌を汚し、病気を広め、遊楽地を損なうものと危ぶまれる。最終的には数千億ドルの租税補助金や医療費、保険料、不動産価値の低下、汚染浄化費用の増加といった形で、市民がそのつけを払わねばならなくなる。

ファストフードのチェーン店に入ると「バリューセット」が目に入る。チキンナゲットやチーズバーガー、それにポテトフライが付いていて、信じられないほどの安価で買えてしまう。収支のやりくりにあくせくする家庭にとって、安い食事は抗(あらが)いがたいものに違いない。事実、工場式畜産の推進者はシステムがうまく機能している証としてしばしばアメリカのファストフードの特価を引き合いに出す。ＣＡＦＯのシステムは大衆に手頃な価格の食品を提供できると彼等は論じる。しかしこの安価な動物性食品という神話は、嵩(かさ)み続ける外部コストの話を避けて通っている。社会や環境に及ぶそのコストは、レストランの会計や食料品の勘定には決して表示されない。

驚くべき環境負荷　環境へのダメージひとつ取っても、動物工場の生産する食品が安価であるとの幻想を打ち砕くには充分だろう。何十億トンもの家畜用飼料を栽培すべく何十年にもわたり化学肥料や農薬が使われ続けた結果、土壌や水は汚染されてきた。水域は家畜廃棄物による汚染が進んでいる。大気中には二酸化炭素やメタン、亜酸化窒素といった温室効果ガスが充満している。これらの問題を緩和するコストは莫大なものになる。しかしより由々しきは、その不可欠の環境浄化業務がほとんど履行されていないことだろう。

一例を挙げれば、農業排水（特に鶏舎、豚舎から出る窒素と燐）が原因で汚染されたチェサピーク湾の件がある。ここは一時、東海岸の漁場として賑わっていたが、現在では数多くの種が消滅の危機に瀕している。[原注1]ある研究は湾の修復費用を一九〇億ドルと見積もり、うち一一〇億ドルは「栄養削減」に使われるとしている。[原注2]世界にはこのような酸欠水域が四〇〇以上もある。[原注3]

健康コスト　工業的な動物性食品生産は農家、労働者、消費者に深刻な健康リスクと健康コストをもたらす。ＣＡＦＯの職員は施設近隣の住民と同じく、工場式畜産に由来する排出物に苦しめられる。一方、医療研究者たちの見解では国民の過度な肉食が心臓病や脳卒中、糖尿病、また幾種かの癌といった深刻な病気に関係している。[原注4]アメリカ一国に限定しても、これらの病気だけで年間三三〇億ドル以上ものコストが費やされる。[原注5]工場式畜産場が抗生物質を過剰使用することで生じる抗生物質耐性生物は、人間を感染に対してより脆弱にするおそれがある。広く引用されるアメリカの研究では、耐性生物にともなう年間コストは合計三〇〇億ドルと試算されている。(原注6) 主に家畜の排泄物に由来する細菌、腸管出血性大腸菌O‐157：H7に関連するアメリカの年間コストは推定四億五〇〇万ドルに達し、内訳は死亡ケースに三億七〇〇〇万ドル、治療に三〇〇〇万ドル、そして社会の生産性低下分五〇〇万ドルとなる。(原注7)

関連するこれらすべての健康問題は社会福祉や保険のコストを上昇させる。そして生産性を落とし、労働者を病気がちにする。更には早死(はやじ)にの原因にもなり、それは残された遺族や共同体にとっては金額に換算できない損害(コスト)となる。

農家共同体

工業的農業の影響で今も続く農家の消滅、地域産業の崩壊も、動物性食品の安い小売価格には反映されない。ロバート・F・ケネディ・ジュニアによれば、平均的な養豚工場は農家一〇家族を廃業に追いやり、質の高い農作業を低賃金の危険な業務に置き換え、三、四人の時給労働者に任せる。(原注8) 困難な時期に小規模農家が潰れれば、多くの地域産業が衰え、最悪の場合には全共同体、町々、地域の食料生産流通網までもが風景から姿を消してしまう。

政府補助金

合衆国とヨーロッパでは歪(ゆが)んだ政府補助金支給制度により、工場式畜産の支援に何十億ドルもの税金が注がれる。タフツ大学の研究者は、政府の農業補助金によって飼料価格が抑えられた結果、一九九五年から二〇〇五年の間に工場式畜産業は合衆国だけでも三五〇億ドル以上もの費用を節約できたと試算する。(原注9) 中小農家の多くは牧草地に基礎をおく混育システムの中で家畜もその飼料作物も育てるが、彼等には同じような費用節約の特典はない。二〇〇二年アメリカ農業法により、政府は環境改善奨励計画（EQIP）の五年契約としてCAFO投資者各人に家畜廃棄物処理のため最大四五万ドルを支給した。投資者が多数いる大規模施設は各人の合計で遥かに巨額の融資を受けられた。EUの農業補助金もやはり工場式畜産業者を後援し、乳牛一頭につき一日二・二五ドルを支給している――世界の人口の半分が一日二ドルの生活を送るかたわら、である。(原注10)

よりコストの少ない代替案

対して、多くの持続可能な畜産業では生産方式の工夫で健康や環境への害を抑える。廃棄物は少なく、危険な化学物質や添加物は用いない。牧草を食べて育った家畜の肉、乳製品は癌の対策になるオメガ3その他の脂肪酸に富むことが示されている。(原注11) 小規模な農場はまた、受け取る連邦補助金の額も遥かに少ない。持続可能なかたちで生産された食料はいささか値が張るが、多くの望ましい環境効果、社会効果は、すでにその金額の内に含まれている。

神話その二――工業的食品は効率的である

真実

工場式畜産業者はしばしば「大きいことはいいことだ」という主張をかかげ、中小農家が害の少ない技術を用いるのを「非効率的」といってバカにする。しかしＣＡＦＯは現在、莫大な補助金を後ろ盾とした飼料作物生産や、市場支配を目指す巨額の資本投資、廃棄物処理規則の不徹底な執行状況に依存している。いびつな奨励策と市場支配は小規模生産者に対する不当な競争優位をつくりだし、包括的な効率性概念を覆い隠す。

工場式畜産場やＣＡＦＯが効率的に思われるのは、一定期間のあいだに個々の動物から生産される肉、乳、卵の量に着目した場合に限られる。しかし高い〝生産性〟や市場の占有を〝効率性〟と混同してはならない。生産物一単位あたりの合計コスト、あるいは動物一匹あたりの純利益を計算すると、より現実的な光景が見えてくる。監禁施設は大変な外部コスト、つまりＣＡＦＯや肥育場（フィードロット）の外におよぶ非効率性を伴う。補助金による穀物価格の値下げ、不健全な市場支配、帯水層の枯渇、大気や水路の汚染、毒性を帯びた家畜糞尿の蓄積などは、すべてこの隠されたコストに含まれる。監禁施設向けの飼料作物であるトウモロコシ、大豆、乾草(ほしくさ)をつくるために世界中で大規模な単一栽培が行なわれているが、小規模混育型の農場や牧場であれば自然を守りつつ、もっと効率的な農業ができることは間違いない。

蛋白質浪費工場

動物工場は牧草地の代わりにトウモロコシや大豆、更には魚を用いることでその効率性を達成する。一ポンドの体重を増やすのに肉用鶏は平均二・三ポンドの飼料を要する(原注1)。豚は肉一ポンドにつき五・九ポンドの飼料が要る(原注2)。牛は肉一ポンドに一三ポンドの飼料が要るとされ(原注3)、一部の研究はそれより遥かに多くが必要と見積もる。この大量の飼料を補うべく、世界中の海で漁獲された魚の三分の一がすりつぶされ、豚や鶏や養殖魚の餌に混ぜ合わされる(原注4)。二〇〇六年、国連食糧農業機関(FAO)は報告書「家畜の長い影(Livestock's Long Shadow)」の中でこの事情を次のようにまとめた——「単純に数値だけからみて、家畜は実際のところ産出するよりも多くの量を全食料供給から減らしている。(略)事実、家畜の消費する飼料には七七〇〇万トンの蛋白質が含まれるが、それは人間の食料に回せるはずのものである。一方で家畜の供給する食品には五八〇〇万トンの蛋白質しか含まれない(原注5)」。

トータル・リコール

屠殺場の作業効率も疑問視されるべきだろう。留まるところを知らないスピードの増加、利益追求、大規模化は、汚染および大々的な食肉リコールという結果をもたらした。合衆国では二〇〇七年春から二〇〇九年春という僅かな期間に病原性大腸菌O‐157:H7が原因で二五回のリコールがあり、四四〇〇万ポンド(約二万トン)の牛肉が対象になった(原注6)。調査、予防、市場損失のコストを合計すると、過去一〇年間に大腸菌感染が牛肉産業に与えた被害の総額は一九億ドルに達したものとみられている(原注7)。

かさみ続ける廃棄物

合衆国農務省（ＵＳＤＡ）の試算では、工場式畜産場が出す糞尿は全米中の国民が出す排泄物の三倍を超え、年間五億トン以上にのぼるという。(原注8) 小さな混育農場では糞尿の多くは堆肥として効率的に利用されるが、ＣＡＦＯでは代わりに廃棄物を大きな肥溜め池に溜めるか乾燥させて山積みにするので、毒気の発生や漏洩（ろうえい）、流出のおそれがある。地下水、地表水は細菌や抗生物質、内分泌攪乱（かくらん）(訳注1)物質を含む農薬やホルモン、危険な高レベルの窒素、燐（リン）、その他の栄養分に汚染されかねない。取り締まりがいい加減なせいでＣＡＦＯの廃棄物問題は多くの地域で深刻化している。一方、この汚染が環境と健康に及ぼすダメージについては、ＣＡＦＯ業者が効率性を測るのに用いる狭い指標の中には大抵含まれることがない。

政府補助金

ＣＡＦＯは環境、健康の面で市民に負担をかけるばかりでなく、利権をむさぼってもいる。合衆国政府の補助金のおかげでトウモロコシと大豆は生産費用を下回る価格で買えるようになり、工場式畜産場は一九九七年から二〇〇五年の間に年間およそ三九億ドルの出費を抑えることができた。(原注9) 運営費の五～一五％に匹敵するこの値引き(原注10)がなければ工場式畜産場の多くは採算が合わないものと思われる。対して、家畜に与える飼葉（かいば）のほとんどを自家栽培する多くの小規模農家には政府からの支給がない。にも拘らず彼等は補助金を受け取る大規模な工場式畜産場と効率を競うよう求められる。この不公平な状況を背景として、ＣＡＦＯはあたかも規模の劣る混育型の競争相手に「競り勝っている」かのような外観を呈するのである。

競争制限

効率性についての有意義な議論をうやむやにするもう一つの問題は、多くの自営農家が市場参入の機会を欠いていることにある。ＣＡＦＯは食肉処理業者（屠殺・処理加工・卸売業者）と直接の関係を持つ（あるいは食肉処理業者に所有されている、つまり「垂直統合」されていることもある）ため、限られた屠殺場と流通経路を利用して製品の加工、販売を行なう。そのような販路を持たない中小規模の自営農家は、巨大化して独自の流通経路を築くか、あるいは単に消え去るしかない。

訳注1　内分泌攪乱物質　いわゆる環境ホルモン。生体内でホルモン類似の作用や正常なホルモンの働きを阻害する作用を起こし、健康や生殖能力に悪影響をもたらす化学物質。女性ホルモンのエストロゲンに似た作用を持つ物質が多く、精子の減少や生殖器官の異常等が報告されている。また、行動や精神面にも影響が及ぶとの説、不妊、流産、子宮内膜症を引き起こすとの指摘もある。代表的な内分泌攪乱物質としてダイオキシンやPCB（一〇九ページ訳注参照）、ポリ塩化ビニール（塩ビ）に使われるフタル酸化合物、船底や漁網に使われる有機すず、哺乳瓶や虫歯の充填剤に使われるビスフェノールAなどがある。

神話その三——工業的食品は健康的である

真実

毎年数百万人のアメリカ人が食品由来の病気にかかるが、工業的動物性食品はそうした病気の蔓延リスクを高めている。心臓病や癌、糖尿病、肥満は、肉製品や乳製品の摂りすぎに関係していることが多く、その割合は常時高い。呼吸器系の疾患や病気の突発はＣＡＦＯや屠殺場で働く労働者の間でますます日常化しており、それは近隣地域から民間全体にまで広がり得る。

アメリカ疾病管理予防センター（ＣＤＣ）の推計では汚染肉に関連する感染症患者は毎年三〇〇万人、死者は少なくとも一〇〇〇人を数えるという——もっとも、この数値は過小評価のきらいがあるが。(原注1) 工場飼育される動物は狭い囲いに大勢が押し込まれるため、自らの糞便に浸かっていることが多い。家畜糞尿を苗床に病原性大腸菌やサルモネラ菌といった感染性の細菌が増殖し、食品や水の汚染を通して人間に感染する。(原注2) 穀物に偏った動物の食生活も排泄物中の細菌やウイルスを増加させる。結果、ＣＡＦＯは病気と病原体の発生源、繁殖源となる。

「肉はバイオハザード」のスローガンを掲げ、菜食を促す活動家。遺伝子組み換え、抗生物質、スピード生産を拠り所とした現代食肉産業は、まさに新たな生物災害の温床と化してしまった。Photo courtesy of PETA

食の影響

アメリカ人は今日、かつてないほどの肉製品を消費している。肉はカロリーが高く飽和脂肪酸に富む。ジョン・ホプキンス大学「住みよい未来」センターによれば、肉と乳製品はコレステロールのほぼ全てに寄与し、アメリカ人の典型的な食事の中で飽和脂肪酸の主要摂取源になっている。[原注3] およそ三分の二のアメリカ人が肥満であり、乳癌、大腸癌、膵臓癌、腎臓癌等にかかる危険性を高めている。肥満と高い血中コレステロール値は心臓病の主要危険因子をなすが、どちらも肉の過剰摂取に関係がある。研究者らは、大量の動物性脂肪を含む食事とより直接に関わる現象として、心血管疾患の増加を挙げる。

その一方で、菜食主義者が最も心疾患に罹りにくいことも度々報告されている。[原注4] 果実、野菜、各種穀物、地中海式食事法（植物性食品と不飽和脂肪酸に富む）は慢性疾患やそれに関連する危険因子、たとえば肥満などを抑制することが証

明されている。（原注5）

汚染された飼料

肥育法にも健康にかかわる大きな懸念がある。たとえばトウモロコシや大豆は大気汚染を介してダイオキシンやPCB（ポリ塩化ビフェニル）（訳注1）、その他の発癌性物質を吸収することが示されている。動物に摂取されたこれら難分解性の化学物質は脂肪中にたくわえられる。屠殺の工程で出た動物の脂肪分が家畜飼料として再利用されると有害汚染物質は食物連鎖に乗り、結果、人の食べる動物性脂肪に高濃度のダイオキシンやPCBが含まれることになる。動物性脂肪も植物性脂肪もダイオキシンやPCBを蓄積するが、それらは家畜飼料の八％を構成する。（原注6）

労働者の健康

労働者は多くの健康上の問題を抱えている。反復運動損傷や、空気環境の悪さに起因する呼吸器系疾患もその例に数えられる。CAFOで働く者の少なくとも四分の一が慢性気管支炎や職業性喘息といった呼吸器にかかわる病気を経験しているとの研究報告もある。（原注7）屠殺場の従業員も業務による健康問題の危険を抱える。例えば二〇〇八年初頭、ミネソタにあるクオリティ豚肉加工社（Quality Pork Processors）の工場――一日一九〇〇頭の豚を屠殺――で働いていた従業員を正体不明の神経疾患が襲った。罹患職員は熱感や感覚麻痺、手足の脱力といった症状を抱えた。犠牲者はいずれも「頭部処理台」ないしその近くで働いていた。ここでは圧縮空気を用いて豚の頭蓋から脳を除去する業務が行なわれていたが、その際、微粒子になった豚の脳を吸い込んだのが病気の原因と考えられている。（原注8）疾病管理予防センターの調査後、この脳除去は行なわれなくなった。（訳注2）

地域住民の健康

CAFOは近接する地域を空気や水の汚染物質にさらす危険がある。例えば一〇〇万人以上のアメリカ人に飲料水を供給する地下水が窒素を含有する汚染物質に冒されており、由来はほとんどが農場で使われる肥料や糞である。(原注9) 飲料水に含まれる硝酸塩が先天異常や甲状腺機能障害、様々な癌に関係しているとする研究も複数ある。(原注10) また、家畜に抗生物質を継続投与することが耐性菌の発生を促すことは広く知られている。薬の効かないこうした新型細菌による感染は対応が難しく、人が罹る危険性を高める。(原注11)

ノースカロライナ州道二二六号線沿いの学校を調べたある研究によれば、工場式畜産場から三マイル(約五km)以内の地域に住む児童はそれより外に住む児童とくらべ遥かに高い率で喘息を患って(わずら)おり、喘息に関連する救急外来の受診も多い。(原注12) 別の研究では、集約養豚施設の近くに住まう住民はそれ以外の地域住民にく

訳注1　PCB(ポリ塩化ビフェニル)　ベンゼン環に塩素の結合した有機塩素化合物の一種。難燃性で絶縁性がよい等の特質から電気機器の絶縁油や熱媒体、塗料、感圧紙などに使われたが、生体への毒性が明らかになって生産、使用ともに中止された。カネミ油症事件で判明した中毒症状としては、手足の痺れ、吹き出物、皮膚障害、内臓障害、激痛等が挙げられ、また発癌性もある。脂肪中に蓄積され、体外には排出されにくい。今や北極圏から南極圏まで、世界中の海洋、大気、土壌が汚染されており、特にイルカやクジラなどの海洋哺乳類および海鳥からは高濃度のPCBが検出される。なお、これを主力商品として精力的に製造したのは、かつてDDTや枯葉剤をつくり、今は遺伝子組み換え作物のほとんどをつくっているモンサント社である。日本では同社と三菱化成の共同出資になる三菱モンサント化成がPCBの製造元であった。

訳注2　脳除去　クオリティ豚肉加工社は大手豚肉加工会社ホーメルフーズの事実上の子会社。表向きは別会社ということになっているが、実際には労働組合と結んだ契約を無効化する目的でホーメルの解体部門から分離した会社であり、独立後もホーメルのみと提携し、ホーメルの工場で操業している。頭部処理台の疾患は後に進行性炎症性神経障害(PIN)の名で知られるようになる(実際には進行性ではないため不適切な名称であるとの指摘もある)。クオリティ豚肉加工社とホーメルフーズ社の関わり、およびPIN事件については Ted Genoways, *The Chain: Farm, Factory, and the Fate of Our Food* (Harper Collins, 2014) の解説が詳しい。

らべ、気分の鬱屈（緊張、憂鬱、怒り、活力の衰退、疲れ、錯乱など）に悩まされる率が高いという結果が出ている。[原注13] CAFOから排出される硫化水素への曝露は神経精神異常に関わるものとみられてきた。[原注14]

環境にとって安全、動物にとって良心的で、労働者と地域社会にとっても好ましい食料生産は、食のシステムを消費者と生産者の双方にとって安全かつ健全なものにする鍵となる。

神話その四――CAFOは農場である、工場ではない

真実

工場式畜産業者の様々な言論の中に、CAFO事業は農業であって工業ではない、との主張がある。しかしながら、規模、汚染物排出レベル、生産の性質をかんがみるに、CAFOが実際には工業的な存在であり、ゆえに大気および水への排出物や土壌への廃棄物に対し工業規制が適用されるべきであることは論をまたない。

数知れぬ告発やCAFOに関連した肉製品のリコール報道があるにも拘らず、多くの人々はいまだ畜産業と聞くと懐かしい家族農業のそれを思い浮かべる。驚くには当たらない。業者は消費者の説得に多大な投資をして、工場式畜産場では何もかもが健全であると思い込ませている。動物性食品企業の広告や商標には牧場で草を食(は)む牛が描かれ、膝まで泥と糞便にまみれた姿は現われない。庭に放たれた鶏の絵は、三万羽の肉用鶏（ブロイラー）が押し込まれた鶏舎や、一三万羽の雌鶏が並べられた採卵施設といった残忍な現実とは正反対に位置する。

規制に対抗するロビー活動

農業としての位置付けを法と規則に反映するため、CAFO業者は強力なロビー活動を行なう。農業であると認められれば、合衆国のCAFOは大気浄化法や水質浄化法、スーパーファンド法〔有害物質の排出者に浄化費用を負担させる汚染対策法〕の規制から一定の免除を受けられる。対して工業的事業と見做されれば、汚染に対し工業規制が適用され、浄化のコストを支払わなければならない。何十年もの間、CAFOは悪臭や温室効果ガスの排出、固形廃棄物の排出に関する免除を得ようと活動を続けてきた。彼等はまた、環境規制が容易に操作できるという理由で、経済発展を切望する州や郡に工場を設置、集中させる戦略をとってきた。

工業規模の生産

現実には、CAFOに農場と類似する点はない。CAFOは一〇〇〇以上の「家畜単位」を保有する施設と定義される(原注1)。このような大規模な工場は農場ではなく「生産施設」と化す。スミスフィールド社の子会社マーフィー・ブラウン社は現在、アメリカでも世界でも最大の豚肉生産者であり、毎年一七〇〇万頭の豚を市場に出荷し、操業には六〇〇〇人の職員を当てている。最大級の鶏肉生産会社ピルグリムズ・プライド社は四万八〇〇〇人を雇い、たった一週間に四五〇〇万羽の鶏を捌く。アメリカ最大の鶏卵生産会社カルメイン社は二〇〇七年に六億八五〇〇万ダースの卵を売り上げ、現在も二三〇〇万羽の産卵鶏を飼養している。その帝国は二つの繁殖施設、二つの孵化場、一六の飼料工場、二九の殻付き卵生産施設、一九の若雌鶏飼育施設、そして二八の処理加工施設を有する。CAFOの業者は畜舎を「生産施設」と称し、動物を「生産単位」と呼び習わす。牧草地、納屋、畑の作物、農場の家畜たちの日々は過ぎ去った。

流れ作業ライン生産

畜産業は「垂直統合」された複合企業が牛耳り、業務は分割されてそれぞれの事

家禽檻の卵用鶏は産卵前の巣作りはおろか羽ばたきすらもできない。折り重なって下の鳥が潰されることもある。世界最大のケージ飼い施設は18層の檻列が並ぶ日本の鶏舎。Photo courtesy of PETA

業部門に割り当てられる。各部門が大抵は国内各地に散らばり、飼料生産を一つの工場で、繁殖を別の工場で、「仕上げ」すなわち肥育をまた更に別の施設で、そして屠殺と食肉処理をまた別の施設で行なうといった形態をとる。孵化場は大陸間で卵と雛（ひな）の輸送を行ない、飼料は世界中を往来する。農家は低賃金労働者ないし「契約生産者」になり、もはや家畜の所有権すら持たない。豚や七面鳥や乳牛は人工授精の産物といえ、その高度に管理された工程では人間が順次、雌を興奮させ授精を行なう。業務の大部分はこの流れ作業ラインの形式にのっとる――雌豚には人間が精子を注入し、乳牛はコンピュータ管理された機械が搾乳し、肉牛は屠殺場で機械的に解体される。病気を患う動物や弱い動物をいたわることはなく、ＣＡＦＯはただ脆弱な生産単位を処分して済ませる。アメリカの乳牛処分率は通常、年間二〇％を超える。[原注2] 他の産業と同じく、機械や材料に不満があれば単に交換するという方針である。

毒物の排出　自己完結した様式では農場の中で家畜の飼料がつくられ、糞尿は堆肥として再利用され、農家は責任ある土地の世話役としてふるまう。対してＣＡＦＯは工業様式をとる。投資がよそから来て、廃棄物がよそに送られる。合衆国で報告されたアンモニア排出量の七五％は畜産施設に由来するが、監禁飼育される乳牛は牧草地で飼育される牛にくらべ五～一〇倍のアンモニアを排出することが知られている。(原注3)

一九八〇年代以降、アメリカの農場は動物の糞尿から生じる大量のアンモニアと硫化水素について合衆国環境保護庁（ＥＰＡ）に報告するよう義務付けられており、同庁の科学者はそれらのガスが健康への深刻な脅威になることを確認した。しかしＥＰＡは排出上限を設けず、一定値以上の排出について情報開示することを要求しているに過ぎない。ブッシュ政権が終わりに近づいた頃、ＥＰＡは大気排出の規制と報告義務を更に緩めた。変更が覆されなければ、大規模な家畜飼養施設はアンモニア排出の報告義務から免除されることになりかねない。

二〇〇八年、ミネソタ州の司法長官ロリ・スワンソンは、同州シーフ・リバー・フォールズにあるエクセル乳業のＣＡＦＯ（一五〇〇頭の乳牛を飼養）を大気排出に関する違反の廉(かど)で提訴した。(原注4)この件はまだ決着が付いていないが、近隣住民は極度に高い硫化水素の指数を理由に立ち退きを余儀なくされた。このような排出の影響は頭痛や吐き気、嘔吐、下痢、眩暈(めまい)、咳、息切れなどの形であらわれる。

これは何だろう――健全な家族農業だろうか、それとも毒物排出の問題を抱える工業だろうか。

神話その五——CAFOは地域の味方である

真実

CAFOは技能職の提供と経済発展の機会を約束して地域社会を誘惑する。長いこと貧困に悩まされている地域は特に狙われやすい。しかし経済復興の望みは多くの場合、厳しい現実を伴う。CAFOを誘致した地域の住民は悪臭と汚染によって生活が壊されたとしきりに訴える。彼等は往々にして裏庭や屋上で時を過ごすことも誕生日を祝うことも行楽地へ行くことも近くの川で釣りをすることも、更には墓参りすらもできなくなる。

工業的農業が地方にやって来ることは生活の質の低下を意味することが多く、特に家畜の甚だしい集約飼育が伴う場合は尚更である。市民参加は失われ、人々の健康は損なわれる。「CAFOにやさしい」地域社会は、やがて他の経済発展の機会を失ったと気付くだろう。残念ながら、長い目でみるとCAFO誘致に経済発展の望みを託した地域社会は、簡単には後戻りできなくなってしまう。(原注1)

低賃金の危険業務

CAFOは構造上、労働の入る部分を可能な限り減らそうとする。創出されるのは低賃金労働。畜舎や食肉処理施設では危険に曝されることが多いにも拘らず、医療給付が受けられない業務もある。屠殺場は世界中で労働者の健康を脅かしている。『シャーロット・オブザーバー』紙の二〇〇八年の連載「残酷きわまる切断の世界（The Cruelest Cuts）」によれば、前代未聞の処理速度で操業する屠殺場産業の人間被害は、ノースカロライナ州からサウスカロライナ州にかけての地域で増加傾向にある。(原注2)この一帯には鶏と七面鳥の飼養、処理が極度に集中し、家禽解体作業員は一シフト中に二万回もの切断動作を繰り返す。(原注3)多くは神経や筋肉の慢性的な損傷に苦しみ、機械に傷付き、毒性の化学物質に冒される。反復作業によって手は痛み、指を失いもする。心身を襲うこのようなストレスは地域全体に広がる可能性を持つ。

外部調達

それでも新しい産業が根付けば財とサービスの購入をとおして地域商業を潤わせ、土地の経済に好ましい「乗数効果」をもたらすのではないか、と考える人がいるかも知れない。が、ＣＡＦＯは短期的に見た場合でさえ、必ずしも地方に巨額の利益をもたらすものでないことが、数々の研究により一貫して示されている。

多くのＣＡＦＯは孵化場から飼料工場、飼養施設、さらには屠殺施設までをも保有するというように垂直統合されているので、必要なものは通常その地域からでなく自社の組織から購入する。建築資材、設備、飼料、家畜は、いずれも外部業者から最安値で仕入れる。労働力もしかり。業務は肉体的にも精神的にも、また経済的にも厳しい条件をともなうので、監禁施設や飼料工場、屠殺場に雇われる者の多くはその地域に最近越してきた移民ということになる。特にヒスパニックが多く、モン人やスーダン人といった他の少数民族も増えつつある。このことがＣＡＦＯの来た地域で緊張を高める要因となる。

税収と資産価値の低下

ＣＡＦＯが長年にわたり食い潰す税金よりも多くの税収入をもたらさない限り、それは地方政府の金庫にとって負担となる結果に終わるだろう。甚だしい空気と水の汚染は他の経済分野での発展の機会を妨げる。道路の改修や水処理といったインフラ整備の費用は増す。周りに広がる住宅の資産価値が下落することで資産税が下がり、行政予算は更に枯渇する。一九九九年の研究が試算したところによると、ミズーリ州ではＣＡＦＯから半径三マイル（約五㎞）以内の地価が平均二六八万ドル下落したという。(原注4)「憂慮する科学者同盟（ＵＣＳ）」はこの数値をもとに、合衆国内九九〇〇のＣＡＦＯの影響を試算した。すると工業的集約畜産による地価の下落は、全土で合計二六〇億ドルに達するという結論が出た。(原注5)

最終的には会社と契約しているこれらの施設も、アメリカやカナダの地域社会から出て行かざるを得なくなるかも知れない。巨大多国籍企業が今日拠点を置く国々では、労働賃金も投資費用も断然少なくて済み、環境への配慮や労働問題への関心、動物福祉の規制も遥かに未熟な状態にある。多くの国ではアメリカの地方村落よりも一層切実に人々が経済機会を欲している。かたやＣＡＦＯが北米を去った暁には、地域の共同体は莫大な汚物の処理に追われることだろう。

健全な農場、健全な共同体

地域に根差した食と農のネットワークこそが、地域社会を再興し、アメリカ農家のよりよい未来を可能にする最善の策であることは疑えない。しかしながら我々の直面している問題は、数十年も続いた畜産業界の統合化、工業化によって、地域の解体施設と流通網が荒廃し、再建が急務となっていることだろう。穀物を中心とするＣＡＦＯの食品システムに数十億ドルという金が注ぎ込まれてきた。しかし持続可能な方法によって地域で生産された肉、卵、乳を求める声は各地で強まっており、そのような畜産を行なう農家の数も追い付かない状況にある。家畜や家禽を牧草地に放ち、牧草を与えて育てることで、家族農家は集約的な飼料穀物生産から足を洗う絶好の機会を得られる。人々が健康や食の安全、非道な飼育法に目を向けることが、地域社会にとって好ましいこうした農業の拡大を更に促すことにつながるだろう。

神話その六——工業的食品は環境と自然に恩恵をもたらす

真実

工場式畜産場は家畜を一箇所に過密集中させるにも拘らず、見渡す限り全ての範囲に影響し、周囲の生態系と野生生物に深刻な被害をもたらす。世界中の何億エーカーという草原、湿地、森林が栽培地に変えられ、監禁飼育される家畜の飼料生産に使われている。恩恵どころか、世界規模の工場式畜産は自然界に最も恐ろしい脅威を突き付ける。

工場式畜産の飼料作物（主にトウモロコシと大豆）を栽培する必要からアメリカ中西部の生物多様性は大きく損なわれてきた。草原は鋤（す）き返され、湿地や河川には排水設備が設けられ、多くの自生植物や在来動物種が絶滅の淵に追いやられている。毎年中西部の穀倉地帯から栄養分が流出し、ミシシッピ川の排水路を通ってメキシコ湾に到達する。それによって八〇〇〇平方マイル（約二万一〇〇〇㎢）が酸素不足になり、海の生物を窒息させる酸欠水域が生じる。

広大な必要面積　工場式畜産のために必要な土地面積は工場式畜産場それ自体の影響範囲よりもはる

かに広い。アメリカだけでもおよそ三分の二の公有地、私有地、先住民の領有地が農業のために使用されている。放牧、乾草栽培、条植え作物の栽培と、土地の用途は様々だが、ほとんどは家畜飼料の栽培に費やされる。(原注1)生産者は毎年数十億ポンドの化学肥料や数千万ポンドもの農薬をこれらの農場に用い、土壌浸食や水質汚濁といった問題を引き起こし、野生生物の棲家を破壊する。毎年アメリカでは六億七〇〇〇万羽ほどの鳥が農薬に曝され、その被害で一〇%が死亡する。(原注2)

問題は北米に限られない。過去一〇年にわたってアマゾンの森林伐採が行なわれてきた最大の理由は、熱帯雨林を工業的な大豆プランテーションに変えることにあった。大豆は主にブラジルのCAFOで使用されるか、中国やヨーロッパの工場式畜産場に向けて輸出される。しかし飼料穀物栽培と牧場開拓のため熱帯雨林が破壊されるペースは、他のラテンアメリカ諸国ではさらに速い。(原注3)そして世界の淡水の六〇%近くは農業のために使われ、うち最低でも三分の一は畜産に費やされる。

国連食糧農業機関(FAO)は、世界中の家畜が排出する温室効果ガスは世界の年間排出量の一八%に匹敵すると記す。しかし近年にワールドウォッチ研究所が出した報告では、世界の温室効果ガス総排出量の五〇%が畜産部門に由来し、温暖化の原因として最も重大な影響力を持つとされた。(原注4)

汚物の河　家畜が原因の水汚染は世界規模の問題にまで発展している。飼養、搾乳、屠殺が行なわれる所では、いずれも汚染された廃棄物が大量に生じる。それは農地に過剰に散布され流出することもあれば、肥溜め池から氾濫、漏洩することもあり、大気中に揮散することもある。溢れ出た汚物は野生生物の生息域や環境を破壊する。環境保護庁(EPA)の報告によれば、豚、鶏、牛の汚物は二二の州にある河川の三万五〇〇〇マイル(約五万六〇〇〇km)相当を汚染しており、一七の州の地下水を著しく汚している。(原注5)こうした大規模な流出は破滅的な結果につながる。例えば二〇〇五年の八月、ニューヨーク西部にある酪農施設の肥溜め池が決壊し、三〇〇万ガロン（約一一〇〇万リットル）の汚物がブラックリバーに流れ込んだ。二五万の魚が殺され、ウォータータウンの住民は川遊びはおろか給水のため河川を利用することもできなくなった。[原注6]

　汚物には更に、野生生物に影響を及ぼす残留性物質も含まれる。例えば牛の耳には肥育ホルモン剤が埋め込まれることがあるが、これは蛋白同化ステロイドのトレンボロンを微量ずつ放出して牛の筋肉を肥大化させる。しかし全てのトレンボロンが代謝されるわけではなく、あるドイツの研究ではステロイドの一〇％が動物の体を通り抜けることが示された。[原注7]ネブラスカ州にある肥育場の下流で採取した水のサンプルは、ステロイド濃度が上流の水の四倍の値を示した。この下流に住む鯉の一種、瘤姫鮠（fathead minnow）の雄はテストステロン（男性ホルモンの一種）の値が低く、頭部が正常よりも小さかった。[原注8]

獣害防除

　農務省の獣害防除[ADC]プログラムは西部の農業にとって害となる野生生物を撲滅ないし駆除する目的で一九三一年に設けられた。その後野生生物保護論者の声に圧され、一九九七年に連邦政府はこれを野生生物局（WS）と改名し、「野生生物とともに生きる」という新しい標語も掲げた。[原注9]しかし家畜を捕食者から守る名目で、同局は毎年およそ一〇万頭のコヨーテ、赤大山猫、熊、狼、ピューマを殺害している。[原注10]それでいてアメリカ西部の牧場で育てられた牛のほとんどは憐れにも、混雑した肥育場で糞便にまみれ、その生涯を終えるのである。

海への影響

　海もまた農業廃棄物や牛の飼料のゴミ溜めにされている。飼料生産に使われる肥料や家畜糞尿のような栄養分が水環境を覆うことによって酸欠水域が生じ、その数は世界中で急速に増えている。さらに、監禁畜舎の家畜に与えられる野生魚の量も見逃せない。世界で漁獲された魚の推計一七％が鶏や豚の飼料にされている現実を考えてみてほしい。

今世紀の大きな課題は新たな食料生産システムを発達させることにある。それは世界の人口の求めに応じ、なおかつ野生や健全な環境と折り合いをつけ、そこから恩恵を得られるようなものでなくてはならない。

神話その七――工業的食品は世界を養える

真実

工業的動物性食品に偏った食料で世界人口を養おうとすれば、農作物の生産に使える土地のほとんどを動物用飼料の生産に回すことになり、飢餓は急増するだろう。穀物、豆、土着の果物や野菜による伝統的な食生活は減少ないし消滅し、ついには栄養性疾患と環境問題によって壊滅的な被害がもたらされると考えられる。

二一世紀を迎えるまでに、世界の飢餓人口八億人を上回って肥満人口は一〇億人に達した。(原注1)多量の飽和脂肪酸が含まれがちな肉食偏重の洋食が増えたことが、この世界の栄養バランスの不条理(パラドックス)をつくりだす一因になっている。大量の穀物が、栄養不足の人々を養うのではなく、家畜の肥育に費やされる。しかし現代の工業的食品の中心をなす肉その他の贅沢品を購入することは貧困者には叶わない。

食料か飼料か　工業的食肉生産の西洋モデルを輸出することは、世界の最富裕層と最貧困層の食料ギャップを著しく広げる。食肉生産の拡大は人を養う代わりに、多くの土地と資源を家畜の肥育目的で利用し、また、伝統的な主要作物栽培を輸出用の穀物、大豆の単一栽培に転化することにもつながる。ゆたかな世界にありながら、貧困者が自分達の持っていた農業遺産を以前より一層奪われていると思い知らされることは珍しくない。彼等には工場式畜産のつくりだす新たな世界秩序を受け入れるだけの土地もなければ金もない。

合衆国では一億五七〇〇万トンの穀物、豆、野菜の蛋白源が、たった二八〇〇万トンの動物性蛋白質を生産するため家畜の飼料にされている。[原注2] これとは対照的に、食肉生産に用いる面積を穀物生産のために利用すれば五倍の蛋白質を得ることができる。途上国の土地を食肉偏重の生産のために用いてきたことで食料確保が脅かされ、何億という人々が困窮に苦しむ事態となった。

ジェレミー・リフキンは言う、生産の基軸が食料から飼料に移った結果は一九八四年のエチオピア飢饉に劇的な形で表われた、と。現地の人々が飢える傍ら、エチオピアはヨーロッパの畜産業者に家畜飼料の亜麻仁粕（あまにかす）、綿実粕（めんじつ）、菜種粕を輸出した。このような歴史があるにも拘らず、いまだに途上国の何百万エーカーもの土地が輸出用飼料作物の栽培に使われている。嘆かわしいことだが、飢餓に苦しむ世界の子供の八割は、あり余るほどの穀物を生産する国に住んでいる。その穀物が裕福な人間の消費する家畜の肥育に費やされるのである。[原注3]

洋食の輸出

意図的か否かは別として、アグリビジネスの勢力は動物性食品中心の西洋的食生活を世界に広め、伝統食材を放逐している。多国籍企業は種子や化学肥料や牛を供給し、屠殺場から牛肉の流通販売までをも統制する一方、穀物肥育された家畜の消費を熱心に促している。一国の威信は「蛋白質の階梯（かいてい）を昇る」力に関係するものとなってくる。鶏肉と卵の消費は低い段にある。経済が成長するにつれ、国は豚、乳製品、牧草で育った牛の肉という順に段を昇っていき、最後に穀物肥育された牛の肉へと辿り着く。[原注4] アメリカのファストフード・チェーンは一二〇カ国以上に店舗を持つ。中国だけでも豚肉消費の伸び率は大変なもので、肉を求める国民の熱烈な要望に応えるべく、毎日一〇〇万頭以上もの豚が屠殺されている。

多くの識者が論じるには、洋食は人々を伝統の食材から遠ざける反面、世界を養うことができない。マニトバ大学のヴァクラフ・スミル教授は指摘する、「ゆたかな国々の肉食の習慣を他地域の人々に広めることは（略）現在の農作物産出量と肥育方法から考えるに不可能である」(原注5)。コーネル大学のデビッド・ピメンテルによれば、肉、乳、卵、その他の贅沢品に偏った西洋食で世界を養おうとすると、現在耕作されている面積よりも六七％大きい、六〇億エーカー以上の農地が必要になる(原注6)。動物性食品の消費急増を支えられるだけの耕作可能地が確保できないのもさることながら、大気、水、土壌に加えられる環境負荷も地球の許容量を超えてしまう。工業的食肉生産によって、世界の人々を今の形の西洋食で養えるようになることはあり得ない。

世界の食と栄養配分の問題に取り組む際には、肉中心か菜食かという単純な二分法に話を縮小してしまわないことも重要である。無論、地球のことを考えれば動物性食品を大幅に減らすことは長い目で見て最善の策といえるだろう。しかし事は単純ではない。例えば研究の示すところであるが、動物性の食材がメニューに含まれるとしても、それが現地の持続可能な畜産によって得られたものである場合、多くの工程を経て長距離輸送された植物性食品を消費するよりも環境負荷は少なくなる。こういった食生活と生産の転換には長い月日が必要とされるであろうし、各地で同じように進行するものでもない。気候によってその土地その土地に適した農産物というものがある。長きにわたって持続可能な上、地域ごとの特色があって栄養バランスのとれた食はどのようにすれば実現できるか、これはまだ定かではない。が、我々はよりよい達成を果たせるはずであり、また果たさなければならないのだ。

神話その八――ＣＡＦＯの家畜糞尿は立派な資源である

真実

動物の過密収容によって周囲の土地、水域、大気が安全に吸収できなくなるほどの糞尿が生じていれば、有罪にならずとも有害になる。水産養殖場も含め、ＣＡＦＯの廃棄物にはウイルス、感染性バクテリア、抗生物質、重金属、酸素を消費する栄養分などの混ざった毒物の懸濁液（けんだくえき）が含まれ得る。それは土壌へ流出し、地下水や水系、大気を汚染する。

ある試算によると、アメリカで監禁飼育される家畜が一年に出す糞尿を貨物列車（ボックス・カー）に詰めれば、地球一四周分にもなるという。（原注1） 他いくつか例を挙げるなら、たとえばユタ州に新しく造られた養豚工場ひとつから出る家畜廃棄物は、ロサンゼルスの全人口が排出する下水汚物の量を上回る。カリフォルニア州セントラルバレーにある一六〇〇の酪農施設は、二一〇〇万の人間が住む都市よりも多くの汚物を出す。ワシントンＤＣ近くのデルマーバ半島に住む六億羽の鶏は、およそ五〇〇万人の都市と同量の窒素を排出する。（原注2） ただし、人間の出す汚物が厳密な処理基準を満たした工場で扱われるのに対し、ほとんどの家畜糞尿は処理についても廃棄についても貧弱な規則しか設けられていない点に大きな違いがある。

毒を帯びた肥溜め池

肥溜め池への貯蔵と散布場への施肥は、ＣＡＦＯにおける家畜糞尿処理の中でも二つの代表格といえる。どちらにも問題がある。液化した糞尿を農場に散布するとウイルスや細菌、抗生物質、金属（亜鉛、砒素、銅、セレン等）(原注3)、窒素、燐、その他の合成物も撒き散らされる。それらは土壌へ流出し、地下水を汚染し、地下の排水管を通り、大気も汚染する。周囲の土地が安全に吸収できる以上の家畜糞尿を撒くのは別段珍しくもない。よくあることだが、肥溜め池が壊れ、あるいは漏出が起こり、あるいは洪水によって中身が溢れ返ると、何百万ガロンもの糞尿が水路に達し、細菌が散らされる。そうなれば胃腸炎や発熱、腎不全が引き起こされ、命も危うくなる。強い毒を生成するウオコロシ（Pfiesteria piscicida）という細菌は豚の排泄物に汚染された水域で魚の大量死を引き起こした〔第三部「豚の親分」参照〕。

毒ガス

「工業的畜産に関するピュー委員会」は次のように述べる。

家畜糞尿が分解される過程で少なくとも一六〇種のガスが発生する。中でも硫化水素、アンモニア、二酸化炭素、メタン、一酸化炭素はもっとも一般的なものである。これらのガスは畜舎下の貯留槽から漏れることもあれば、畜舎床上で糞尿中のバクテリアが発生させることもある。工場式畜産施設から生じるガスの内、ありふれていて最も危険なのは硫化水素だろう。これは液状糞尿の懸濁液がかきまぜられた際、急速に放出される。攪拌は固形糞尿を液化して貯留槽からポンプで汲み出すために行なわれる一般的作業であるが、それによって硫化水素は数秒の内に環境中の一般的な濃度、五ｐｐｍ以下から、致死濃度の五〇〇ｐｐｍ以上にまで上昇する。工場式養豚施設では、地下貯留槽でかきまぜられた糞尿由来の硫化水素によって豚も作業員も死に至る、ないし深刻な病に冒されるケースが生じている。硫化水素に曝露される危険が最も大きいのは貯留槽が畜舎下にある場合だが、急性毒性に冒される要因としては他に、ガストラップその他の設備に不備があって外部の貯留施設から建物内部へガスが逆流した場合、あるいはガスの充満した貯留施設に作業員が入った場合などが挙げられる。(原注4)

空気に運ばれる汚染物質

動物工場の近くに住む人々にとって悪臭は恐ろしい。腐った卵のような臭いや変質したバターのような臭いがよく報告される。が、これは始まりに過ぎない。毒物は空気に乗って長い距離を移動する。アンモニアは三〇〇マイル(約四八〇km)以上も空気に運ばれ、その後土壌や水に吸収されて藻の繁殖を促し、魚の死を招く。(原注5)

病原体と抗生物質の移動

CAFOから出る糞尿にはサルモネラ菌や病原性大腸菌、クリプトストリジウム、糞便系大腸菌などの病原体が含まれることが多く、その数は同量の人間の排泄物と比べた場合、一〇〜一〇〇倍にも達する。それゆえ糞尿を介して人間に感染する病気は実に四〇以上を数える。しかもCAFOの排泄物に由来する病気にかかったら、抗生物質の助けは得られないかもしれない――CAFOの家畜は大部分が「治療量以下」の抗生物質〔「CAFO用語集」参照〕を必要のあるなしに関わらず日常的に投与されており、それによってその抗生物質の標的である当の病原体が抗生物質耐性を獲得するからである。これらの抗生物質は相当量が後に糞尿とともに排出されるが、それが帯水層や河川、湖などに吸収されると、しかるべき事態を引き起こす。

汚水　ピュー委員会によれば、一〇〇億人以上のアメリカ人が窒素汚染された地下水を飲料水として利用しているという。汚染の程度は様々だが、原因のほとんどは農場における肥料の過剰使用と家畜廃棄物の大量散布にある。

ウェンデル・ベリーは伝統的な混育農業とＣＡＦＯとの違いを見事に言い表わした――「植物と動物をともに一つの農場で育てていれば、処理できない余剰の排泄物など生じない。廃棄された糞尿が水を汚すこともなく、市販されている肥料に頼る必要もない。アメリカの農学専門家たちはこの点において如何(いかん)なく才覚を発揮した。彼等は解決策を取り上げ、御丁寧にもそれを二つの問題に分割してくれたのだ(原注6)」。

第３部　CAFO の内側

序論——業者が見せたがらないもの

農業の大部分は消費者から遠く離れた場所で営まれているため、国民のほとんどは自分達の食べるものがどこから来ているのかよく分かっていないといっても過言ではない。これは特にＣＡＦＯに当てはまる事情といえる。何十年ものあいだジャーナリストも活動家も、関心を持つ一般の人々も、動物性食品の生産現場、監禁施設からは隔てられていた。ＣＡＦＯのロビイストは透明性を求める規制に強硬に反対し、どこでどのように家畜が育てられ、出来上がった食品には具体的に何が含まれているのかについて、充分に開示することを拒んできた。私たちに生産方法の詳細を知られたくない工場式畜産の産物とは、一体どれほど安全で人道に適ったものなのだろうか。

エリック・シュローサーの著作『ファストフードが世界を食いつくす』に続いてマイケル・ポーランが『ニューヨーク・タイムズ』紙に掲載した画期的エッセイ「肥育牛の一生」は肥育場(フィードロット)産業の内情を暴露したもので、食品ジャーナリズムに革命を起こした。ポーランは家畜保管場(ストックヤード)で一頭の子牛を購入し、その短い生涯を追った。母子を育てる放牧施設から肥育場へ、そして最後にカンザスの屠殺場に牛は送られた。ポーランは読者に、工場飼育される動物が何を食べさせられるのか、その現実を教えてくれた。若い牛は初め牧草地で飼われ、反芻動物の自然な餌である草を食べて育つ。しかし肥育を速め牛肉を滞(とどこお)りなく流通網に乗せるため、肥育場では牛に成長ホルモン剤が埋め込まれ、牧草に代わってトウモロコシが与えられる。トウモロコシ偏重の食生活とホルモンによって牛は急激に体重を増やすが、一方で体調を崩すことにもなる。極度の胃の酸性化や窮屈で不潔な環境から生じる諸々の病気を防ぐため、定期的に抗生物質が与えられる。ホルモンの残余は肉に混入し、抗生物質は排泄物を介して環境中に放たれ微生物の連鎖反応を引き起こす。ポーランは最後に問いかける――化学物質とトウモロコシで肥育されたアメリカの牛を食べながら、我々は健康でいられるのだろうか、と。

　一九五〇年、アメリカには三〇〇万の養豚場があり、ほとんどは小規模の家族農家が営んでいた。しかし二〇〇〇年までにその数は八万にまで減少した。今日ではアメリカに出回る豚の八割以上が、年五〇〇〇頭以上を肥育する施設から来ている。[原注1] アイオワやノースカロライナのような州は大規模な工業的養豚施設のため明らかに地域社会全体の幸福を犠牲にしており、水路のひどい汚染にも住民の暮らしを壊す悪臭にも目を向けない。ジェフ・ティーツが報告するように、工業的養豚業の爆発的成長を促した立役者企業の一つはスミスフィールド・フーズ社だった。創始者ジョセフ・ルーター三世指揮のもと、スミスフィールド社は世界最大の豚肉会社になり、一年間に屠殺する豚は二七〇〇万頭を数える。しかしこの六〇億ポンド（約二七〇万トン）の「もうひとつの白身肉」はとんでもなく高くつく。豚の排泄物があまりに集中することで有毒廃棄物と化すのである。

　毎年アメリカで三〇〇〇万頭の牛と一億頭の豚が屠殺されることを思えば、鶏が現在の工業的食品チェーンにおいて支配的な位置を占めることは驚きかも知れない。アメリカでは年間九〇億の肉用鶏（ブロイラー）が肥育され屠殺される。[訳注1] アメリカ人は一年に平均八七ポンド（約四〇kg）、一九六〇年代消費量の三倍に相当する鶏肉を食べている――ちなみに牛肉は一人当たり六六ポンド（約三〇kg）、豚肉は五一ポンド（約二三kg）の消費である。[原注2] また、屠殺場で働いていたスティーブ・ストリップフラーが語るように、耐え難いほどの苦痛を味わうのは鶏だけではない。解体業務の過酷なスピードと単調作業は、労働者の心身に、たった一シフトの勤務を乗り切るのにも想像しがたい忍耐を要求する。

ＣＡＦＯは二〇世紀後半の産物と思われるかも知れない。が、アンネ・メンデルソンは監禁型の酪農施設が一九世紀に現われたと説く。それはアメリカの成長都市に散在するウイスキー蒸留所の付属施設だった。このいわゆる残滓（ざんし）乳業は、アルコールの製造過程で出る酸性廃棄物を使って利益の上がる商品をつくりだそうとの意図から始められたが、蒸留粕の飼料によって牛は健康を損ない、牛乳の味は悪くなり、消費者も病気になった。しかしその間も、牛乳は子供にとって必要なもの、かつ全ての人の健康に資するものと謳われた。需要は生産とともに伸び続け、結果第一の関心事はいかに多くの乳を牛から搾り出すかという点に置かれた。その後の展開は工業化の軌道に則（のっと）る。現代の牛にもやはりエタノール製造の副産物である蒸留粕が与えられるが、牛乳生産量を増やす食事はトウモロコシと大豆が中心になっている。数十年にわたる遺伝子選抜に加え、ホルモンや抗生物質、工業的飼料の使用によって、現代の乳牛は驚くべき量の乳を産出するが、これもまた途方もない代償を伴う。牛は食事と工場的な環境が原因で胃や蹄（ひづめ）に様々な病気をきたし、個人の酪農家は安価な牛乳に文字通り呑まれつつある市場の中で、何とか生き残ろうと必死に闘っている。

長年にわたり業界を追ってきたジャーナリスト、スティーブ・ビエルクリーは、工場式畜産を形づくった点においては小売部門にも責任があると指摘する。生産者に可能な限りコストを下げるよう圧力をかけ、食品小売業者は動物性食品から最大限の儲けを引き出そうとしてきた。その三〇年にわたる統合と集中化の波は地域共同体を壊し、食品業界を危ういものにした。結局のところ、環境によい健全な畜産業を求めるのであれば、私たち消費者はそれ相応の支払いをする道を見出さなければならない。

現代では、ケン・スティアー、エメット・ホプキンスが明かすように、水産養殖業までもがＣＡＦＯを手本に、抗生物質を使用し、動物と廃棄物を集中化し、高蛋白飼料を与えるという過ちを犯している。例えば鮭（さけ）は肉食魚であり、速い成長と健康維持のためには野生魚を食べなければならない。試算では養殖鮭の肉を一ポンド増やすのに五ポンドの野生魚が要る。(原注3) 一方、排泄物と餌の食べ残しは養殖場の下に広がる海底を覆い、酸素を消費するバクテリアを発生させて貝その他の海底に暮らす生物を窒息に追いやる。魚やエビを囲う今日の養殖場はとどのつまり、海に浮かぶＣＡＦＯに他ならない。

訳注1　肉用鶏ブロイラー　肉用鶏を飼養する一般的な鶏舎は一棟二～三万の鳥を収容する。肉用鶏は一九三五年時点では四カ月で一kg超に成長する鳥だったが、品種改変によって今日では生後六～八週で二～四kgへと急成長するようになった。高密度での飼育と成長の加速が災いして様々な問題が発生する。まず、慢性的な運動不足が原因で脂肪過多になる。大量の糞尿が出て床に層をなし、アンモニアによって足に炎症、胸には水疱が生じ、免疫発達は妨げられる。糞尿中で育った細菌に感染し、急成長の悪影響と相まって大腿骨骨頭壊死、壊疽性皮膚炎（皮膚が腐れて筋肉が剥き出しになり、脾臓や肝臓が黒斑に覆われ膨れ上がる）、壊死性腸炎（腸が炎症と黄斑に覆われ、ガスで膨れ上がり、消化不良を起こして苦痛に満ちた死に至る）等を患う。叫ぶほどの痛みを伴う角結膜炎になり、盲目にもなる。一方、体の成長に骨の発達が追い付かず、Ｏ脚、Ｘ脚の変形、亀裂骨折が生じる。関節には痛覚受容体も多いので鶏は慢性痛に悩まされる。心肺の発達も追い付かず、二酸化炭素や亜酸化窒素、硫化水素、メタン、病原体、塵埃、殺虫剤、羽、垢、アンモニアの充満した鶏舎内で酸欠になり、呼吸器疾患に陥り、窒息や心疾患で命を落とす。なお、日本では肉用鶏の養鶏場は一九九二年の四七二〇戸から二〇〇九年には二三九二戸へと半分以下に減った一方、飼養数は一億三七〇〇万羽から一億七〇〇〇万羽と殆ど変わっておらず、一戸当たりの平均飼養数がアメリカ以上になったことがわかる（農林水産省「畜産物流通調査　畜産物流通調査　ブロイラーの飼養戸数・羽数・全国（平成四年～平成二一年）」）。

肥育牛の一生——工業生産される牛肉を追って

マイケル・ポーラン

牧草地で最初の半年を過ごした後、牛は肥育場に移り住んで工業的体重増加という冷酷な効率性と対峙する。草食む牛を肥育牛に変える過程は主にトウモロコシ飼料によって促され、そこに合成成長ホルモンや抗生物質、羽飼料（フェザーミール）、豚や魚の蛋白質、更には鶏糞が添加される。肥育場由来の牛肉は安価に思える——工業的生産の全コストを計算に入れるのでなければ。

カンザス州ガーデンシティは、戦後に郊外で始まった建築ラッシュに乗り損ね、代わりに当時拡大しつつあった養牛業を手にした。肥育場（フィードロット）は初め、一九五〇年代にカンザス州西部のハイプレーンズで勃興し、今日では牛のための発展が人々のための発展を置いて遥か先を行くまでになった。ポーキー肥育社（Poky Feeders）には三万七〇〇〇頭の牛がいる。牛の囲いは地平線まで達し、個々の囲いには一五〇頭が収容され、灰色の泥の中にけだるそうに立ち尽くすか寝そべるかしている——やがて、それは泥などではないことに気が付くのだが。未舗装の小道が囲いを縫（ぬ）って通り、巨大な肥溜め池の周りをめぐる。その先にゴトゴト音を鳴らす肥育場の心臓部、牛の犇（ひし）めくこの肉の大都市に、さながら工業時代の大聖堂のごとく聳（そび）え立つ、銀の飼料工場がある。

私は一月のはじめにポーキー社を訪れたが、ここである特別な住民と面会を果たすのは、私にとって些（いささ）

か想像し難いことのように思えた。向かう先にいるのは、昨年の秋、サウスダコタ州ベールの農場で出会った一頭の若い黒牛で、実をいえば彼は〝私のもの〟だった。私は彼が生後八カ月のときに、ブレア兄弟、エドとリッチから五九八ドルで購入した。私はポーキー肥育社に、彼の宿代、餌代、医療経費として一日一・六〇ドルを支払い、肥育されたら出荷して儲けにしようと考えていた。

これが私の牛の履歴である。

緑の牧草地で過ごす幼い時期

ブレア兄弟牧場は大きさ一万一五〇〇エーカー、場所はサウスダコタ州スタージスから数マイル行ったところ、ちょうどベア・ビュートのすぐ近くに広がる草の短い草原(プレーリー)に位置する。一一月、私がここを訪れた時には芝生が豪華な草の毛皮をなして、吹きやまぬ風に黄金色の葉をなびかせ、ここかしこにアンガス牛の母と子が草を食(は)んでいた。エドとリッチはいわゆる「子牛育成」農場を運営している。牛肉生産では最初の段階にあたり、現代食肉産業の影響から最も離れたところにある。アメリカに生まれた肉牛の八割以上を屠殺し、市場に出しているのは四大食肉処理業者(タイソン、カーギル、JBSスイフト、ナショナルビーフ)だが、この集中化はいわば漏斗(じょうご)の細い出口に相当し、漏斗の入口は大平原(グレート・プレーンズ)の広さを持つ。

牛の出産シーズンは冬の暮、氷点下の夜が続くなか、うなる母牛から赤子の腿を引っ張り出す。四月に入ると、最初の春の駆り集め(ラウンドアップ)を行なって新生児の牛に焼印、ワクチン注射、去勢といった処置を施す。次の駆り集めは初夏で、今度は人工授精を行なう(優秀な種雄牛(しゅゆうぎゅう)の精子が入ったストローを一五ドルで配達してもらう、これによって種牛の仕事は大幅に減った)。そして秋には乳離れ。すべてが上手くいくと、八五〇頭の群が年末には一六〇〇頭にまで増える。

　私の牛は最初の六カ月をこの青々とした牧草地で母と過ごした。母の名は№９５３４。父はＧＡＲプレシジョン１６８０の名で登録されたアンガス牛で、子牛のロース芯ステーキの大きさと霜降りが特長とされる。三月一三日、路を挟んだ出産用の牛小屋で産声を上げた№５３４は、その八〇ポンド（約三六kg）の体を脚で支え乳を飲み始めるとすぐ母牛とともに牧場へ放たれた。二、三週間たつと彼は母乳に加え、ほとんど自生の草ばかりからなる牧草サラダバーにて、西小麦草（にしこむぎそう）や姫油薄（ひめあぶらすすき）、緑針茅（はりがや）などを食べ始めた。

　牛と草の互恵的関係は、現代の肉牛肥育業界はほとんど顧みないが、過小評価されている自然の神秘のひとつといってよい。牛は木々が繁茂するのを防いで草の育つ場所を確保し、蹄（ひづめ）で種を植え肥料の糞を与える。それと引き換えに草は、反芻動物の彼等に唯一の食料を充分に提供する。一つの胃しか持たない私たちには牛や羊などの草食動物が食べる草は消化できないが、彼等にはそれを良質の蛋白質に変える特別な能力がある。その第一胃（ルーメン）は四五ガロン（約一七〇リットル）の容量を持つ発酵タンクになっていて、中に住むバクテリアが草を代謝上有用な有機酸と蛋白質に変換するのである。

　このシステムは関係者すべてにとって望ましい――草にとっても、動物にとっても、私たちにとっても。おまけに肉牛を牧草で育てるのは生態学的にもよくよく理に適っている。輪牧の形で牛を飼うなら、それは何も育たない乾燥地や丘陵地で、太陽の力によって食料を生産する持続可能なシステムになるのだ。

工業的食品チェーンへの道

　では、このシステムがそれほど理想的なら、どうして私の牛は一〇月以来、草を食べていないのか。一言でいえば、スピードである。草で育つ牛は、より濃厚な飼料を与えられた牛にくらべ屠殺できる体重になるまで時間がかかる。今日の食肉産業は肉牛がこの世にいられる時間を短くすることに専心してきた。「じいさんの時代には牛が屠殺に回されるのは四、五歳を迎えた頃だったよ」とリッチ・ブレアが口にした。「俺が一五になった時には親父が農場を継いでたんだが、その時には二、三歳に縮んでた。今じゃ一四から一六カ月ってところさ」。まさに早い食事（ファストフード）だ。八〇ポンド（約三六kg）の牛を一四カ月で一二〇〇ポンド（約五四四kg）にまで増量させるのは、大量のトウモロコシと蛋白質サプリメント、それに成長ホルモン等々の薬物である。この「効率性」は高くつくことになるのだが、それが肉牛肥育を大容量、低賃金のビジネスに変えたのだった。皆がこれを進歩と受け止めているわけではない。エド・ブレアは私に語った、「どうかしてるぜ、俺達は八五〇頭の牛を育ててんだ。けど親父は二五〇頭の牛でそれ以上に稼いでたよ」。

一〇月の初め、私が彼に会う数週間前、№534は乳離れをした。離乳は動物にとっても農家にとっても、恐らく最もつらい時だろう。親牛は子から引き離されて幾日もふさぎ込み大声で鳴き続ける。子牛もまた環境と食事の変化から体調を崩しやすくなる。多くの農場では乳離れした牛は直接に競売場へ送られ、重量によって競りにかけられ肥育場に売られてゆく。ブレア兄弟は屠殺の時まで牛の所有権を保持しておき、五〇〇マイル（約八〇五km）先のポーキー肥育社へ送る前に農場で二カ月程度のあいだ「慣らし」を行なっておくことを好む。慣らしは肥育場の生活に移行する前の予備実習だと思えばいい。牛は囲いの中に監禁される。飼葉桶（かいばおけ）はなく、細長い飼槽（しそう）から餌を食べるよう教えられる。こうすることで徐々に今までとは違う不自然な穀物食に慣れていくというわけだ。

私が№534に出会ったのは慣らしの最中だった。一一月とは思えない温かい真昼時のこと、私はブレア兄弟に去勢雄牛の一生を追ってみたいと申し出た。牛を買ってみたらいい、とエドが提案した。現代畜産の身の毛もよだつ経済を本気で理解したいのならそれが一番だ、と。二人は選び方を教えてくれた。背が広く真っ直ぐで、尻から腿（もも）にかけての肉に厚みがあること、そして基本的に逞（たくま）しい体型のほうが肉が多く付くため好ましい。およそ九〇頭程度の牛を確かめた頃、№５３４が柵に近付いてきて私と目を合わせた。幅広で丈夫そうな体、顔には斑（ぶち）が散って、特徴的な三つの白斑のある牛だった。

リッチは、次に№５３４の体重を測った際、私の受け取る金額を計算すると約束してくれた。ただしこの牛の品質からすると一〇〇ポンド（約四五kg）あたり九八ドルといったところだろう、と付け加えた。それから食事代、注射代など、全ての費用の勘定書を私のもとへ送り、一月からはポーキー肥育社の一週間ごとの「宿泊代」を告げてくれるという話に決まった。六月には牛は食肉処理場へ送られ、私の投資がどれだけの儲けになったかが判る。私に支払われる額は№５３４の枝肉重量によって決められ、肉質が農務省の定める上（チョイス）、極上（プライム）の等級に格付けされた場合には割増（わりまし）がある。

牧草から穀物飼料へ

農場での二日目、私はエドの娘婿で農場の働き手、トロイ・ヘイドリックが慣らし中の牛に飼料を与える手伝いをした。二人で乗ったのは胴を振る大きなトラクターで、運転室の中は熱気が漂う。飼料ミキサーと繋がったそれはいわば一種のダンプカーだが、真ん中に飼料を混ぜるための大きなスクリューが通る。最初に止まったのはルメンシンの入った漏斗の前。№５３４はこれから先、毎日この強力な抗生物質を飼料とともに摂取する。牧草地で育つあいだは定期的な投薬など必要としない子牛が、慣らしの囲いに入るや忽（たちま）ち病気がちになってしまう。なぜか。離乳のストレスもある。が、最大の犯人は飼料だ。餌が穀物飼料に変えられると牛の消化プロセス、とくに第一胃のそれが損なわれ、抗生物質を与えて注意深く管理しなければ死亡してしまうことにもなる。

材料を漏斗に入れてミキサーを稼働させたあと、ヘイドリックは囲いに沿って器用にトラクターを進めた。スイッチを入れると黄色い粉末状の飼料が流れ、長い水平の飼槽に入っていく。No.534は朝食のため真っ先にレールに近付いてきた一頭だった。囲いにいる他の仲間よりもひときわずっしりした体格で、私の見たところ元気さでも勝(まさ)っていた。私たちがその朝それぞれの牛に与えた餌は、トウモロコシ六ポンド(約二・七kg)、紫馬肥(アルファルファ)の乾草七ポンド(約三・二kg)、それにルメンシン〇・二五ポンド(約〇・一kg)を混ぜ合わせたものだった。私の訪問から間もなく、餌の調合はトウモロコシ一四ポンド(約六・四kg)、乾草六ポンド(約二・七kg)に変えられる。これでNo.534は毎日、二・五ポンド(約一・一kg)ずつ体重を増していく。

冬に入るとヘイドリックから定期的にEメールが届いて私の牛の成長具合が伝えられた。一一月一三日には六五〇ポンド(約二九五kg)、クリスマスには七九八ポンド(約三六二kg)、囲いにいる牛の中では七番目に重い牛となった。愚かにも私はそれを自慢のように思ってしまった。一一月一三日から一月四日、すなわちカンザス行きのトラックに乗せられる日までの間に、No.534は七〇六ポンド(約三二〇kg)のトウモロコシと三三六ポンド(約一五二kg)の紫馬肥を平らげるようになり、かたや生活費はその時点までで六一・一三ドル、私の取引額は六五九ドルにのぼっていた。

牛の大都市

No.534と私は一月第一週、別々の乗り物に乗って農場から肥育場へ移動したが、この旅は人をさながら田舎から大都会にやって来たような気分にさせる。実際、牛の肥育場は一〇万頭の動物が住まう一種の都市といっていい――もっとも、多くの面が前近代的ではあるが。混雑していて、不潔で、悪臭の漂う都市。下水は野ざらし、道路は未舗装、息が詰まりそうになる。

私は飼料工場から見て回った。ここは大きな音を響かせる肥育場の中枢で、コンピュータが三万七〇〇〇頭の家畜に与える一日三食の献立を決め、調合を行なう。一日に一〇〇万ポンド（約四五万kg）の飼料が消費される。毎日一時間ごとにトレーラートラックが来て二五トンの追加トウモロコシを降ろしていく。工場を挟んだ反対側にはタンクローリーが停まり、漏斗型のタンクに何千ガロンもの液化された脂肪質、蛋白質サプリメントを注いでいく。倉庫には液体ビタミンと合成エストロゲンを入れた容器があって、隣に置かれた荷運び台には抗生物質のルメンシンとタイロシンの入った五〇ポンド（約二三kg）の袋が積まれている。紫馬肥、トウモロコシ発酵飼料（サイレージ）とともにこれら全ての材料が混ぜ合わされ、ダンプカーにパイプ輸送されて、八マイル半（約一三・七km）に及ぶポーキー社の飼槽を満たしていく。

飼料工場の大きな音は、向かい合って回転する二本の大きなスチールローラーが発している。ローラーは一日一二時間稼働し、蒸したトウモロコシ粉末を潰して平たいフレークに変える。私が味見した飼料はこれだけだったが、出来は上々。ケロッグのものほどパリパリとしてはいないが、よりトウモロコシの風味が引き立っている。けれども蛋白質サプリメント、この糖蜜と尿素の入ったどろどろの茶色い物体は御免蒙（こうむ）った。

家畜飼料の主役はトウモロコシ、これほど安く大量に手に入る飼料はない。連邦補助金と、それにエタノールブームを迎える近年まで増え続ける一方だった余剰が、このことに一役買っている。現代の工場式畜産は、第二次大戦後に石油化学肥料の使用が普及し始め、それによって増加したこのような余剰の結果興（おこ）っ

肥育場の肉牛。脚を埋めているのは、土ではなく糞便である。この排泄物のなかで寝起きする生活と、牛の胃を壊す不自然なトウモロコシ食が、O-157を発生させた。Photo courtesy of PETA

たものだった。以来、農務省は農家をうながし、余ったトウモロコシを蛋白源として可能な限り家畜に与えさせる政策をとってきた。牧草や乾草にくらべ、トウモロコシはかさばらず持ち運びも容易なので、小さな土地で何万という家畜を育てられるようになる。安いトウモロコシなしには、家畜の居住区が現代のように都市化することは決してなかっただろう。

私たちはトウモロコシ肥育を一種の伝統的な知恵と考えるようになった——それは間違っている。なるほどトウモロコシ肥育された牛の肉にはよく白脂（さし）が入っていて、アメリカの消費者はその味その舌触りを好んだ。が、そこには飽和脂肪酸が多く含まれ、健康によくないのは明らかである。『ヨーロッパ臨床栄養学ジャーナル』に最近掲載された研究が説くには、牧草で育った家畜の肉は、穀物肥育された家畜の肉にくらべ、脂肪分が遥かに少ないばかりか脂肪のタイプも遥かに健康的であると判ったらしい。

牧草を与えられた家畜の肉はオメガ3脂肪酸に富む一方、心臓病の原因とされるオメガ6脂肪酸は少ない。またβカロテンやもう一つの「体によい」脂肪である共役リノール酸も含まれる。研究者の間で広まってきた知見によれば、牛肉摂取による健康問題の多くはその実、トウモロコシ肥育の問題だとか。反芻動物が穀物を食べるよう進化していないのと同様、人間も穀物肥育された動物を食べられるようにはならないのだろう。しかるに農務省の格付け規格はなおも霜降り――つまり筋内脂肪――を評価し、したがってトウモロコシ肥育を評価しようとする。

トウモロコシの背景にある経済の論理はゆるぎないもので、工場式畜産場ではそれ以外の理屈はない。カロリーはカロリーだ、そしてトウモロコシはどうあれ最も安価な、最も便利なカロリー源だ――。これと全く同じ、「蛋白質は蛋白質だ」という工業的な論理が、廃肉処理された牛の身体片（肉骨粉）を牛に食べさせるという習慣を生みだした。それが狂牛病を広めた原因であることが科学者たちによって確かめられた後の一九九七年、食品医薬品局（FDA）は肉骨粉の使用を禁止した。

――いや、ほとんど禁止した、と修正しておこう。FDAの規制では、反芻動物に反芻動物の蛋白質を与えてはならないとされるが、例外がある。蛋白質が含まれる血液製品、それに脂肪だ。実際、私の牛も恐らく牛脂を摂取している。それは彼自身が六月になったら赴くことになる屠殺場から再利用されたものである。私が眉を吊り上げた時、肥育場の管理者は肩をすくめて言った、「脂肪は脂肪だよ」。

FDAの規制は、反芻動物以外の動物性蛋白であれば今も肥育場の牛に与えてよいとしている（羽飼料〔CAFO用語集参照〕、豚や魚の蛋白質、それに鶏糞も、牛の餌として認められている）。健康問題を気にする人々が不安なのは、かつて牛に与えられていた牛の肉骨粉が今、鶏や豚、魚に与えられていること。それによって感染性プリオン（狂牛病の伝播に関わる蛋白質）が牛の体に戻って来るかも知れないからだ。プリオンを摂取した動物の蛋白質を牛が摂取すればそうなるだろう。この生物学上の抜け穴を埋めるため、現在ＦＤＡは飼料規制の強化を検討している。

工場式畜産は牛のために（ひいては私たちのために）奇怪な食物連鎖を考案したが、狂牛病が発生する前からその奇怪さに気付いていた人物は、一般人はいわずもがな、養牛業者の中にもほとんどいなかった。牛が牛を食べさせられていたなんてビックリだ、とリッチ・ブレアに語ると、返ってきた一言は、「正直言うと、俺もショックだったよ」。しかし今日でも農家は肥育場のメニューについて多くの疑問を呈しはしない。簡単に答が分かるからではない。私はポーキーの肥育場管理者に蛋白質サプリメントの具体的な中身を問うたが、彼は答えられなかった。「サプリメントを購入した際には四〇％が蛋白質というお話でしたが、それ以上詳しいことはうかがっておりません」。そこで私が販売業者に問い合わせてみたところ、「特許商品」について秘密を明かすわけにはいかないが、動物の身体片が入っていないことは保証する、との返答だった。蛋白質は何といっても蛋白質なのだ。

牛の骨を挽いたものにくらべれば、トウモロコシは断然、健康的に思える。が、それは牛の消化器官をメチャメチャに壊してしまう。ポーキー社を訪れた日、私はメル・メッツェン獣医とともに一、二時間ほどのあいだ肥育場を見て回った。彼は一九九七年にカンザス州獣医学校を卒業した獣医スタッフで、現在は八人のカウボーイを監督している。カウボーイは肥育場を回って病気の牛を発見し、彼のもとへ連れてくる。牛の健康問題の相当部分は食事に原因がある。「牛は飼葉を食べる動物です」とメッツェンは言う。「なのに私たちは穀物を食べさせている」。

反芻動物にトウモロコシを与えることで起こる最悪の事態は、肥育場鼓脹症だろう。第一胃はつねに大量のガスを発生させている。通常ならそれは反芻の最中、ゲップとともに外に出されるが、飼料の中に澱粉があまりに多く含まれ、逆に粗飼料が足りな過ぎると、反芻が止まってしまう。すると第一胃の中に泡立つ粘着物が層をなしてガスを閉じ込める。第一胃は風船のように膨らみ肺を圧迫する。圧迫を解消するため通常は食道にホースが通されるが、そうした迅速な処置がとられなければ牛は窒息死する。

肥育場の餌では牛が六カ月以上生きることはまず叶わない、恐らくは消化器系の限界で。「こんな餌を与えていればそのうち問題が発生しますよ、いつかは知りませんがね」とメッツェンはこぼした。別の獣医は、肥育場の餌を与え続ければいずれ「肝臓がパンクして」牛は死んでしまうだろうと語った。酸が胃壁を蝕み、血中に浸入した細菌が肝臓に集まる。現に屠殺の際には、肥育場の牛の一三％以上に肝膿瘍が見付かる。

肥育場の小さなお手伝い――抗生物質

肥育場の牛を健康に、あるいは生きていられるようにするのは抗生物質である。ルメンシンは第一胃のガス生成を抑制して鼓脹症を防ぎ、タイロシンは肝臓の感染症を減らす。アメリカで売られる抗生物質のほとんどは畜産飼料になる――それが直接の原因になって抗生物質の効かない新型の耐性病原体を発生させるという事実は、今や一般常識と化している。農業での抗生物質使用をめぐる議論は普通、臨床的な使用とそれ以外の使用とを区別する。保健衛生を守ろうとする人々も、病気にかかった動物に抗生物質を与えるのは反対しない。問題は工場式畜産場が家畜の成長促進のために抗生物質を使うせいでその効力が失われることにある。ただ、肥育場の場合は話がややこしい。ここではたしかに病気の動物を治すために薬が使われるのであるが、今のような飼料を与えなければ牛が病気になることは多分ないからだ。

もし抗生物質を牛の飼料に使うことが禁止されたらどうなるのか。私がそれを尋ねるとメッツェンの答は「こういう強引な肥育はできなくなるでしょうね。あるいは死亡が増えるか〔現在、肥育場で死亡する牛は三％に満たない〕」。システム全てがペースダウンするので牛肉の値上がりもあるだろうという。

「最悪ですね、彼等に草とスペースを与えれば」と話を括る様子は冷めていた、「私の仕事もなくなります」。

№５３４との再会を果たすべく四三区へ向かう。が、それに先立ち倉庫の前に止まった。今しがた成長ホルモン剤が届いたところだった。子牛たちは整列路（シュート）を通され、電気棒を持つ作業員に誘導されて列をつくり、頭部を固定装置で抑えられている間に、耳の後ろにペレットを埋め込まれる。これが合成エストロゲンRevlar（レブラー）を少量ずつ放出する。ブレア兄弟の牛にはまだ埋め込みが行なわれていなかったが、私はアメリカの養牛業界で事実上一般的に行なわれているこの処置を廃止すべきかどうか、結論を出せずにいた（ＥＵでは成長促進ホルモン剤の埋め込みは禁止されている）。

アメリカの規制当局は人体への悪影響が証明されていないといってホルモンの埋め込みを許可しているが、肉に入るホルモン残余物の量は無視できない。環境中にエストロゲン化合物が蓄積されることにもなる。近年の研究によれば、肥育場から出る廃棄物中に高濃度の合成成長ホルモンが含まれていたという。こうした難分解性の化学物質は最終的に水路に入り、肥育場の下流へ運ばれる。科学者たちはそこに生息する魚に異常な性的特徴を認めた。

牛の耳へのホルモン移植は合法なうえ、経済的にも抗しがたい。処置コストは一・五〇ドル、それが屠殺時の牛の体重を四〇～五〇ポンド（約一八～二三kg）増やし、牛の所有者にとっては最低でも二五ドルの儲けになる。私は№５３４に投資したが、これはその損益を大きく左右し得る。私が親なら、子に食べさせるハンバーガーには合成ホルモンなど含まれていない方がいい。けれど牛飼いだったら選択の余地などない。

昼時になってようやくメッツェンと私は№５３４のいる囲いへやって来た。彼は最後に会った時から今までに二〇〇ポンド（約九一kg）ほど増量しており、現にそう見えた。両肩の間は肉が厚く、腰は樽のように丸い。まだ一歳にも満たないというのに、その身体は子牛というより成牛に見えた。

ポーキーは紛れもなく工場だ。安く仕入れた原料を儲けの出る完成品に仕上げる、牛の体が許す限り速く。これから屠殺される六月までの間、№５３４は毎日、三二ポンド（約一四・五kg）の飼料――その内トウモロコシは二五ポンド（約一一・三kg）――を三・五ポンド（約一・六kg）の肉に変える。しかしここを工場に見立てることは、私の前に立つこの動物について、事実を明かしてくれると同時に事実を覆い隠しもする。この牛は工場の機械ではなく、他の動物や植物、微生物、そして地球と結び付いた、関係性の網の目にいる動物なのだ。そして彼と結び付いた動物たちの中に、私たちもいる。自然に反した高カロリーのトウモロコシ飼料は№５３４の健康を損ない彼を肥大化させるが、それは次には彼を食する人間の健康をも損なうだろう。トウモロコシとともに彼が摂取する抗生物質は彼の胃腸の中で、あるいはどこであれ行き着いた先の環境中で、細菌の淘汰を行なう。そうして選び抜かれた細菌がある日、私たちに牙を剥き、私たちの頼る薬をものともせず、猛威を振るうのだ。

私は自分と№５３４とが足を埋める糞尿の山にも思いを馳せた。ここに含まれるホルモンについて、それがどこへ行くのか、行った先で何を引き起こすのか、詳しいことは分からないけれど、細菌についてなら少し分かる。強い致死性の細菌が私の足下の糞尿に潜んでいる可能性はかなり高い。大腸菌Ｏ‐１５７は腸内細菌の中では比較的新しい種族で、一九八〇年に初めて分離された。肥育場の牛にとっては珍しい菌ではない。半分以上の牛は胃腸内にＯ‐１５７を保菌する。このような菌を一〇個も摂取すれば致命的な感染を引き起こす。

牛の胃腸に生息し、私たちの食べ物に混入する菌のほとんどは人間の胃酸によって殺菌される。というのも牛の菌が本来適応しているのはpHが中性の環境だからである。しかし現代の肥育牛の消化器系は人間に近い酸性を呈している。そしてこの新しい人工的な環境の中で、耐酸性の細菌O‐157が現われた。それは人間の胃酸にも耐え、私たちに引導を渡す。トウモロコシによって牛の胃腸を酸性化し、私たちは食物連鎖の感染バリアを壊してしまった。ただしこのプロセスは逆戻しできるかもしれない。農務省の微生物学者ジェームズ・ラッセルは、屠殺前の数日間だけ牛の食事をトウモロコシから乾草に変えれば糞尿中のO‐157を七割減らせると明らかにした。しかしながらこうした変更は牛の肥育業界では甚だ非現実的なことと考えられている。

かくも多くの弊害がトウモロコシにはある。この巨額の補助金が充てられた安価な飼料は、多くの面からみて全く安価ではない。飼槽を満たすトウモロコシの出所は八〇〇〇万エーカーの単一栽培農場で、そこでは他のどんな作物の栽培よりも多くの除草剤や肥料が使われる。更に進むと農場から窒素が流出しているのを発見するだろう。窒素はミシシッピ川を下ってメキシコ湾へ、そこで八〇〇〇平方マイル（約二万一〇〇〇㎢）の酸欠水域を、いわば造り出した。

更に進んで、トウモロコシ栽培に必要とされる肥料の来た路をさかのぼれば、ペルシャ湾の油田に辿り着く。№534は食物連鎖の一員として生まれ、エネルギーは全て太陽から得ていたが、今やトウモロコシがその食物連鎖の重要要素となったため、彼は化石燃料で動く工業システムの製品に変えられてしまった（さらにいえば化石燃料の確保は軍によって支えられている。このコストも「安価」な食品の勘定にはのぼらない）。私はコーネル大学を訪れ、農業とエネルギーを専門にする生態学者デビッド・ピメンテルに、私の牛を屠殺時の体重にまで増量するのにどれだけの石油が必要になるか、正確な計算ができるかと尋ねた。一日に食べるトウモロコシの量を二五ポンド（約一一・三kg）、体重は最終的に一二五〇ポンド（約五六七kg）に達するとした場

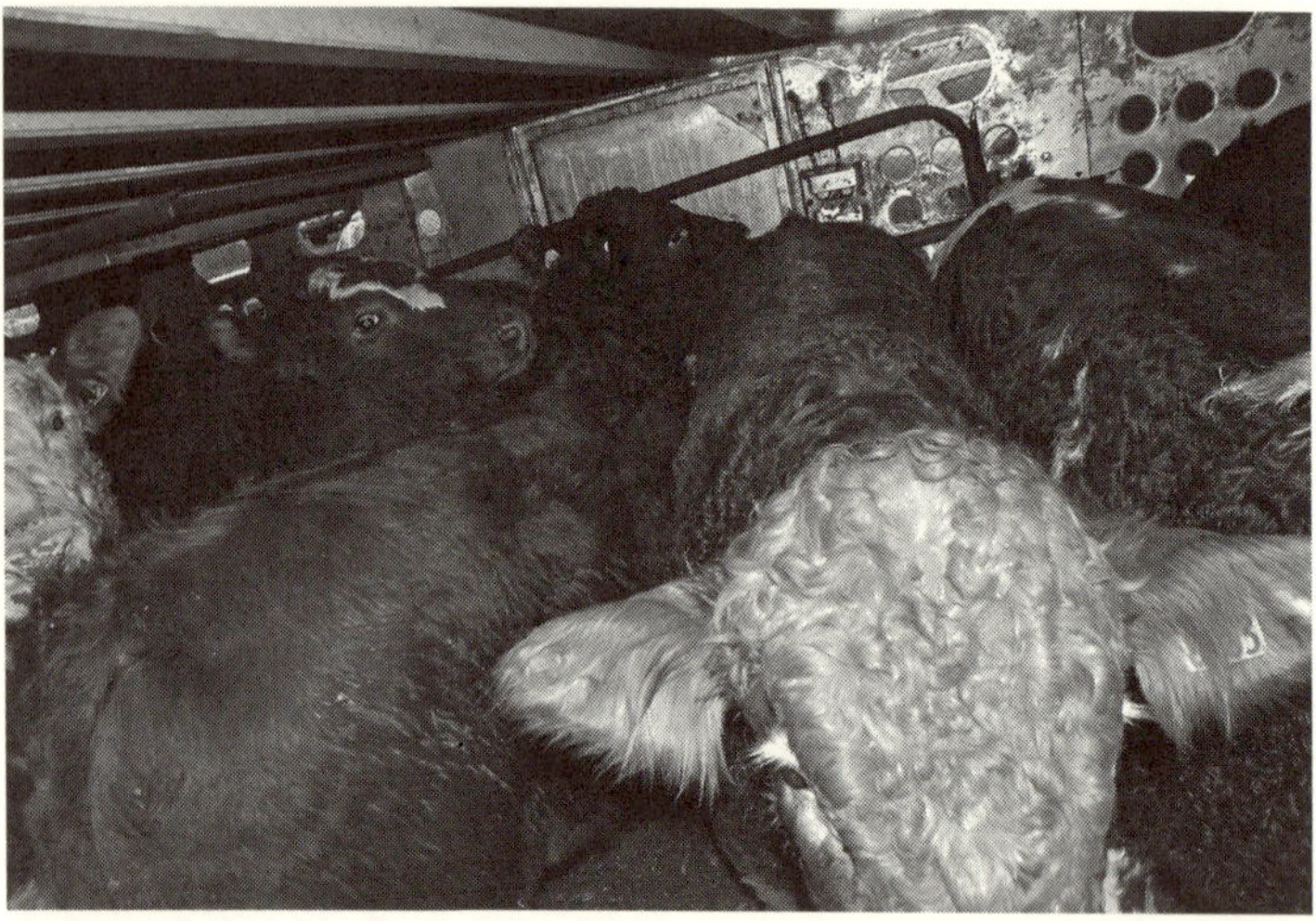

屠殺場へ向かう牛。移送トラックの中では、夏は高温に苦しめられ、水分の不足が命取りになる。冬は凍てつく床や壁に体が貼り付き、揺れとともに皮膚が剥がれ落ちる。Photo courtesy of Anita Krajnc/Toronto Pig Save

合、№534は一生のうちにおよそ二八四ガロン（約一〇七五リットル）の石油を消費することになる、との結論が出た。私たちは肉牛を工業化した。かつて太陽から力を得ていた反芻動物を、最も不必要なもの――新たな化石燃料機関に変えてしまったのである。

最期の旅路

六月、№534は屠殺の時を迎える。生まれて一四カ月しか経たないというのに、私の牛は体重一二〇〇ポンド（約五四四kg）を超え、肥満した体を引きずりゆっくりと歩いていくのだろう。ある朝、カンザス州リベラルにあるナショナルビーフ社の工場から来た搬送車が一台、ポーキー肥育社に止まり、スロープを降ろし、囲いに暮らす№534とその三五頭の仲間を積んで行く。

ナショナルビーフの工場はだだっ広い灰白

色の建物で、近所には掘っ建て小屋よりは少しましな程度のトレーラーハウスや小さい家々が見られる。ここには大抵メキシコやアジアからの移民が住み、彼等が工場の働き手の大部分を占める。食肉産業はカンザス州南西部を思いもよらぬ多民族の居住区にした。

工場外の係留場に牛が着くと、一、二時間ほどして工場作業員がゲートを開け、№534たちを小路に誘導する。路は二周ほど回って細くなり、一列縦隊の整列路（シュート）になる。整列路の先には傾斜があって牛は二階のプラットホームに上がり、そこから青い扉を通って消えてゆく。この先に畜殺室（キル・フロア）があるが、工場管理者が私に見せるつもりでいたのはそこまでだった。写真撮影は無し、また作業員と話してはならないという条件付きで、私はそれからさき行なわれる作業のほぼ全てを見ることができた——屠体（とたい）の格付けを行なう冷却室、食肉衛生検査室、それに枝肉の切断作業をおこなう整形室も。しかし失神処理（スタニング）と放血、内臓摘出は取材禁止ということで、牛を所有する私でも見せてもらえなかった。

青扉の向こうで行なわれることについての私の知識はテンプル・グランディンの話に負うところが大きい。彼女は扉の向こうに立ったことがあるばかりか、何を隠そうその設計に携わった人物なのである。コロラド州立大学准教授の動物科学者であるグランディンは、アメリカ牛肉産業に最も影響を与えた人物に数えられる。彼女は拘束設備から整列路、傾斜路、失神処理にわたる一連の画期的なシステムを考え、牛の屠殺をよりストレスの少ない、したがってより人道的なものにすることに生涯を捧げてきた。グランディンは自閉症で、それが牛の目線で世界を見ることを可能にしたという。業者はその構想に着目した。ストレスを感じている動物は扱いにくいばかりでなく価値が下がるからである。パニックを起こした牛はアドレナリンを分泌する。すると肉は黒ずみ、見た目が悪くなる。暗色化（ダークカッター）と呼ばれるこの現象が起こると価格は大幅に下落する。

グランディンの考案した二本の並行コンベヤーによる家畜運搬システム（訳注1）はナショナルビーフ社の工場で

採用されている。彼女はまた、マクドナルドの工場で屠殺法の監査にも当たってきた。失神処理のあとに牛が目覚め、生きたまま皮を剥がれているとの報告を受け、マクドナルドは供給業者の監査に乗り出した。そのプログラムは一九九九年の開始以来、実質的な改善に貢献してきたとみられている。グランディンは、牛の屠殺に「マクドナルド以前とマクドナルド以後の時代があります」と述べる。「それは夜と昼の違いです」。

　グランディンは先頃、青扉をくぐった№５３４に何が起こるかについて書き送ってくれた。

> 　牛は整列路に送られ一列になります。両わきの壁は高いので、目には前の牛の背中しか見えません。整列路を歩いて行くと両足の間に鉄のバーが現われます。それを跨ぐと角度二五度の傾斜路が下へ下っていき、気付かない内に足が地面から離れベルトコンベヤーに載せられます。にせの床を設けてあるので足下を見て自分が浮いているのを確かめることはできません。状況を知ったら牛はパニックになるでしょう。コンベヤーのスピードは歩く歩道と大体おなじくらいです。上の細い通路に失神処理係がいます。係の持つ空圧式の「銃」からは長さ約七インチ（約一八㎝）、直径は太めの鉛筆程度のボルト弾が発射されます。係は前傾して牛の額にそれを撃ち込みます。正しく行なわれれば一撃で牛は殺されます。

　工場がマクドナルドの監査を通過するには、作業員は九五％の確率で動物を一撃「失神」させなくてはならない。二発目までは許されるが、それを失敗したら落第となる。アメリカの食肉処理施設の作業スピードを考えればミスは避けられないように思われる。例えばナショナルビーフでは一時間に三九〇頭が屠殺されるが、これは別段速いわけではない。しかしグランディンは、処理が立ち行かなくなることはまずあり得

ないという。そして、

　コンベヤーに乗せられた牛に銃弾を撃ち込むと、作業員は牛の足に鎖を巻き付け頭上の高架移動滑車に吊るします。一本足で逆さにぶら下げられた牛は滑車によって放血エリアに運ばれ喉を切られます。動物保護団体の方々は生きたまま喉を切っていると批判しますが、それは筋肉の反射で牛が宙を蹴るからです。

屠殺場がアメリカで最も危険な仕事場である理由のひとつがここにある。「重要なのは、頭が死んでいるかどうかです」とグランディンは言った。「頭部は布切れのようにぶら下がり、舌を出していなければなりません。首を持ち上げているようではいけないでしょう。生きた牛が運ばれてくることになりますから」。そして万一のため「放血エリアにも気絶銃があります」。

それに続く作業の多く――剥皮（はくひ）、内臓摘出の前に腸管をふさぐ直腸結紮（けっさつ）など――は動物の糞便が枝肉と接触することを防ぐ目的でおこなわれる。これは決して容易な作業ではない、畜殺室に入ってくる動物は糞便に覆われている上、係は一時間に三九〇頭の内臓を出すのだから。そしてその糞便には大腸菌O‐157のような致死性の病原体が含まれている可能性が高く、一方でハンバーガーの加工では何百もの屠体の肉が

訳注1　二本の並行コンベヤーによる家畜運搬システム　開発者のテンプル・グランディンはこのシステムを「天国への階段（the stairway to heaven）」と呼ぶ。これはナチスの親衛隊がユダヤ人絶滅収容所のガス室行き通路を「天国への道（the way to heaven、Himmelstrasse）」と呼んだのと、精神性の上で驚くほど似ている現象といってよい。屠殺産業と大量虐殺の関連についてはチャールズ・パターソン著、戸田清訳『永遠の絶滅収容所――動物虐待とホロコースト』（緑風出版、二〇〇七年）を参照。

混ぜ合わされるので、病原体が無数のバーガーに拡がる事態は容易に起こりうる。そこで食肉処理工場は巨額の資金を「食品衛生」、つまり、肉に入った糞便の問題に割く。

こうした努力のほとんどは、起こった問題に対応する形をとる。肥育場の食事のせいで家畜の糞便は致命的な毒性を帯びる。畜殺室に入る動物がそのような糞便を体中にまとっているのは周知の事実。しかし、そうといって食事を変えたり動物が糞便の中で暮らす環境を改めたり作業のスピードを落としたりはせず――それらの変更はすべて非実践的とされる――代わりに業者は、どうしても肉に入ってしまう糞便を消毒するという方法に着目する。これが放射線照射の目的だ（業者は「低温殺菌」と呼びたがるが）。また、冷凍室に移す前にキャビネットで高温蒸気による殺菌を行ない、抗菌スプレーを吹き付けるのも同じ理由からで、ナショナルビーフの工場がこれを行なう。

三五時間後に冷凍室から屠体が現われ、格付け室に向かう。私が追えたのはそこからだった。一分に六ペアずつ、二つに背割りされた牛が素早くレールを流れていく。その先の室には二人の作業員がいて、一人は電動ノコギリを、もう一人は長いナイフを持っている。彼等は第一二肋骨と第一三肋骨のあいだに六インチ（約一五cm）の切れ込みをつくり、中の肉に窓をもうける。屠体はそのまま次の室へ。そこには農務省の格付員が丸い青判を持って立つ。格付員はむき出しになったロース芯をチェックし、クリーム色の脂肪部分に一回、二回、あるいはごくまれに三回、スタンプを押す――良（セレクト）、上（チョイス）、極上（プライム）と。

処理場の管理者は私のため、行方が分からなくなる前に№534のステーキを一箱抜き出しておこうと言った。この六月には彼の肉もスーパーやレストランに並ぶ。私の見た限り、ブレア兄弟がポーキー肥育社の助けをかりて生産した牛肉は、アメリカのスーパーに並ぶどの肉とくらべても質の劣るものではない。けれどもまた、このステーキがこれまで私の味わってきた他の富裕層向け工業的肉製品と違う味がすると考える理由もない。

私は一一月に№５３４の経費として五九八ドルを支払った。それから屠殺までにかかった費用は牧場に六一ドル、一六〇日の肥育場生活に二五八ドル（ホルモン埋め込みの費用も含む）、投資総計は九一七ドルになった。対して、枝肉重量七八七ポンド（約三五七kg）、それに上の最上（チョイス）ランクが付けられて、儲けは二七ドル。大変な薄利である。トウモロコシ価格が上がったり、あるいは例えば№５３４が病気にかかり餌を食べなくなるなどして重量が予想を下回ったり等級が落ちたりした場合、利鞘は簡単に消えてしまう。トウモロコシ無し、抗生物質も無し、ホルモンの埋め込みも無しということになれば、私の短い牛飼いのキャリアは失敗に終わるだろう。市場調査会社のキャトルフォックスによると、肥育場出身の動物から得られる収益は過去二〇年のあいだ平均して一頭当たり僅か三ドルとのことだった。

そして事実、安価な飼料への依存（いそん）は困難をむかえている。エタノール生産を増やそうとする動きがトウモロコシの新しい需要をつくり出し、価格を高騰させているのだ。近年の景気後退によって価格はやや押し戻されたが、それも微々たるもので長続きしなかった。トウモロコシの値段はこれから一〇年にわたり上昇の一途をたどると予想されるから、畜産業者は新たな飼料を探さなくてはならない。が、遠くへ出向く必要はないのだろう。既にエタノール副産物がトウモロコシの代替物として注目されている。トウモロコシ蒸留粕は安価な高蛋白飼料になり、肥育場がエタノール工場に近接していればなお勝手が好い。

牧草飼養の代替案

カンザスから肉が届くのを待ちながら、私は工業的食品に代わるものを模索した。今日ではホルモン不使用、抗生物質不使用の牛肉もあれば有機牛肉もある。後者に与えられる穀物飼料は化学薬品なしで栽培される。肉質はなかなかのもので、牛の餌は牧草が多めに穀物は少なめ、であるから牛自身もより健康でいられる。けれどもそれはトウモロコシ肥育を根底から覆すものではないし、そもそも「有機的な肥育場」というのは生態学的にみて語義矛盾しているのではないかと思われる。本当に口にしたいのは先々代が食べていたような工業化以前の牛肉だ――牛は草を食べて寿命どおりに生きてほしい。

草を与えた牛の肉はスーパーにならぶ牛肉よりも高いことが分かった。他の点がどうあれ工業牛肉は安さが違い、今のやり方に異を唱えようものなら、業界は大衆の関心に訴える議論をもってこれに対抗する。いわく、牛を牧場に放ってみろ、価格は高騰だぞ。牧草は牛を育てるのに時間がかかり過ぎる。大体、充分な牧草などあるものか、西部の放牧地だってアメリカにいる一億頭の牛を養えるほど大きくはない。それにアメリカ人はトウモロコシ肥育された牛が好きになったんだ。肥育場の牛は味もいい、肉量もある、年中牛肉を供給できる（牧草地の牛は秋に屠殺されることが多い、というのも冬には牧草が休眠に入り牛の成長が止まるからである）――。

これらはすべて真実。肥育場システムの背景にある経済の論理を叩くのは容易（たやす）くない。しかしそれをいうなら、反芻動物を牧草で育てる背景にある生態学の論理にしても同じこと。トウモロコシ栽培地帯（コーン・ベルト）の一部をかつてのような高草大草原（トールグラス・プレーリー）に復元し、その草で牛を養ったとしたらどうなるか、考えてみればいい。なるほど肉の価格は上がるかも知れない。けれどもそれは悪いことと言い切れるだろうか。どのみち毎日牛肉を食べるのは健康面からみても環境面からみても賢明な考えとはいえまい。それに肥育場由来の安い牛肉は、実際のところどれくらい安いのか。まったく安くない。見えないコストに目を向けてみよう――抗生物質耐性生物の出現、環境破壊、心臓病、病原性大腸菌の感染、トウモロコシ補助金、石油の輸入、その他もろもろ。

これら全てのコストは、牛に牧草を与えていれば発生しない。

　では味はどうか。牧草で飼われた牛は工業的食品ではない、というところから察せられそうだが、むらがある。私がサンプルに食べたアルゼンチン出身の牧草飼養牛のヒレ肉は、今までで最高のステーキだった。ただし注意深く肉を寝かせないと（つまり熟成（エイジング）させないと）、牧草地で育った牛の肉は肥育場のそれより硬くなってしまう。それもそのはずで、牧草地の牛は餌を探して歩き回るから、筋肉は発達し、脂肪は少なくなる。とはいえ硬い肉を食べた時も、その風味は私にとってより魅力的だった。また独特でもあった、牧草で育った動物は住んでいた場所に影響されるから。想像に過ぎないのだろうが、今では肥育場で育った牛のステーキを食べていると、トウモロコシと脂肪の味がする。そして№534のいた囲いの風景がよみがえってくる。私は石油など食べられない、当然だ。薬品も遠慮したい。けれどもそれがそこにあることを、今の私は知っている。

　牧草育ちの牛のステーキを「吟味」していると、全く違った農場風景が浮かんでくる。牛は牧場に放たれ、日の光を食べる牧草をその牛が食べる――そんな景色だ。肉を食べるという行為は道徳的、倫理的な疑問をともなうに違いない。けれどもステーキ肉が小さな本質的な食物連鎖の最後に位置し、そこに反芻動物と牧草と光しか関わらないというのであれば、私はそんな肉を食べてみたいと思うし、そんなあり方を守りたいとも思う。人をつくるのはその食べもの、というのはよく聞かれる言葉だが、これはもちろん話の断片でしかない。人をつくるのは、その食べものの食べるものでもあるのだ。

豚の親分——工業的養豚業の急増

ジェフ・ティーツ

世界で最も多産な工業的豚肉生産業者が一年のうちに産み出すものは、何千万頭もの豚を屠殺して得られる何十億ポンドもの包装肉だけではない。この会社、大量の廃棄物をも出していて、河川を傷めつけ、無数の魚を殺し、何百もの地域社会に大被害を及ぼしている。もうアメリカの養豚業は支配したとて、スミスフィールド社は今、ポーランドやルーマニアをはじめ、豚肉を生産しているよその国々にずかずかと進出しつつある。

スミスフィールド・フーズ社は世界最大の最も儲けを出している豚肉生産業者だ。(訳注1) 二〇〇七年には二七〇〇万頭の豚を殺した。この数字は注目に値する。屠殺時の豚の体重は人間よりも五割ほど重い。毎年これだけ大量の豚を処理しようとなると、次に挙げる都市の全人口をさばいて箱詰めにするのとほぼ同じ計算になる——ニューヨーク、ロサンゼルス、シカゴ、ヒューストン、フィラデルフィア、フェニックス、サンアントニオ、サンディエゴ、ダラス、サンノゼ、デトロイト、インディアナポリス、ジャクソンビル、サンフランシスコ、コロンバス、オースティン、メンフィス、ボルチモア、フォートワース、シャーロット、エル・パソ、ミルウォーキー、シアトル、ボストン、デンバー、ルイビル、ワシントンDC、ナッシュビル、ラスベガス、ポートランド、オクラホマシティ、ツーソン。

スミスフィールド・フーズ社は更にもう一つの課題を抱えている。それは実に、アメリカ最大三二都市の人間を食肉パッケージに変えるよりも難しいことだ。豚は人間の三倍に匹敵する排泄物を出す。ユタ州にあるスミスフィールドの子会社ひとつに五〇万頭の豚がいるが、その一年に出す糞便の量はマンハッタンの住民一五〇万人分よりも多い。最も信頼できる試算によれば、スミスフィールド社が一年のうちに排出する糞便の量は合計二六〇〇万トン、すなわち、ヤンキー・スタジアム四つ分。社の屠殺場を取り囲む多くの子豚生産施設に分配したとしても収容できる量ではない。二〇〇九年のスミスフィールド社の総売上げは一二〇億ドルに達すると見積もられているが(原注1)、糞便の量が莫大なので、もし会社が大都市の行政よろしくその悪臭を処理しようとすると、あるいはせめて僅かばかりでも行政の基準に近付けようとすると、御破算となってしまうだろう。というわけで多くの契約生産者は傾斜のある畜舎の床から大量の糞便が外に流れ出るのを見送っている。排泄物はのうのうと放置され、分解され、重力にしたがって地下水と河川に入っていく。スミスフィールド社は環境にやさしい経営を公言しているが、ビジネスモデルの要(かなめ)をなすのはこの開けッぴろげな環境汚染なのだ。

大量の豚の糞、というのが一つの問題なら、猛毒をおびた大量の豚の糞、というのがもう一つの問題。ス

訳注1　スミスフィールド・フーズ社　二〇一三年、中国の豚肉加工会社双匯(そうかい)集団に買収される。日本は世界最大の豚肉輸入国であるとともにスミスフィールド社の最大の豚肉輸出先でもあり、Bloomberg Businessによれば(※)、二〇一一年三月の時点で同社の輸出豚肉のうち四三%が日本向けだったという。住友商事の食品専門商社、住商フーズが同社豚肉の独占販売権を持ち、食肉管理は埼玉県の大宮工場が担当。
(※) "Tyson, Smithfield May Boost Japan Meat Exports After Quake"
http://www.bloomberg.com/news/articles/2011-03-17/tyson-smithfield-may-increase-meat-exports-to-japan-following-earthquake

ミスフィールド社の豚の排泄物は、いわゆる豚の糞とはほど遠い。堆肥というより産業廃棄物といった方が正確だろう。どうしてそんなに毒性が強いのか、答はスミスフィールド社の効率性にある。二〇〇八年、この会社の生産した豚肉は七〇億ポンド（約三二〇万トン）だった。[原注2]目をみはる達成だ。二〇年前には想像も出来なかった生産性だ。こんなことができる方法は一つしかない——豚の肥育に、史上かつてない驚くべき集約施設を用いるというやり方である。

倉庫にも似たスミスフィールド社の豚舎には、何百何千という豚を収容した囲いが端から端まで並んでいる。陽の光もなければ藁（わら）もない。きれいな水も土もない。雌豚は人工的に授精され、肥育され、出産するのであるが、その檻は体の向きも変えられないほど小さい。かと思えば、集合住宅の窮屈な一部屋くらいの囲いに、成熟した二五〇ポンド（約一一〇kg）の雄豚が四〇頭も入っている。こんな強制収容の中では、わずかな傷が露出しているだけでも仲間に噛み付かれる危険がある。コンクリートの床には簀子（すのこ）状の隙間が開いていて、排泄物はそこから下の貯留槽に落ちていく。けれども排泄物のほかに様々な物が同じ貯留槽に溜まっている。胎盤、使用済み電池、誤って母豚につぶされてしまった子豚、こわれた殺虫剤のボトル、抗生物質の注射器、死産児——ともかく直径一フィート（約三〇cm）の排水管を通るものなら何でもゴザレ。排水管は、汚物の量が少しのあいだは閉じられている。充分な汚物が溜まって押し出されるくらいになると口が開かれ、全ての内容物が大きな肥溜め池に吐き出されるという仕組みだ。

豚舎の温度は華氏九〇度（摂氏約三二度）を超える。糞尿や化学薬品から発生するガスは時に充満して降下をはじめ、豚の命取りになりかねない。そこで巨大な換気扇が二四時間稼働、これは末期患者の人工呼吸器に近い。一定時間故障でもしようものなら豚は死に始めるに違いない。

スミスフィールド社の見解では、この生活にまつわる問題は免疫学的なものだという。大勢が一緒くたにされ、動きが封じられ、毒気にさらされ、監禁の恐怖を味わい続けていると、豚の免疫系は大きなダメージを受ける。感染症にかかりやすくなる上、このように密集した場では細菌や寄生虫や菌類は一頭に感染すると全ての豚に飛び火していく。その対策として、工場肥育される豚には殺虫剤が浴びせられ、様々な抗生物質やワクチンが盛られる。オキシテトラサイクリン、ドラキシン、セフチオフル、チアムリン——これらの物質なしでは病気によって豚は死に追いやられるだろう。豚は屠殺される時まで常に生殺し（なま）の状態にある。屠殺の時期にさしかかった豚が病気になると、作業員が薬を与えて屠殺場まで自力歩行できるようにすることもある。歩けさえすれば、屠殺して販売するのは全く違法ではないのだ。

　スミスフィールド社が使う薬物と化学物質は当然ながら豚の糞に混じって豚舎の外に出ていく。工場肥育される豚の糞には沢山の有害物質が含まれる。アンモニア、硫化水素、シアン化物、燐（リン）酸塩、硝（ショウ）酸塩、それに重金属。排泄物はさらに人を病気にする一〇〇以上の病原性微生物を育てる。サルモネラ菌、クリプトストリジウム、連鎖（れんさ）球菌、ジアルジアも。それに加えて豚の糞一グラム中には一億の糞便系大腸菌も含まれている。

　スミスフィールド社の肥溜め池、通称ラグーンの最大のものは一二万平方フィート（約一万一〇〇〇㎡）にもなる。一屠殺場の周辺区域には何百もの肥溜め池が設けられ、あるものなどは深さ三〇フィート（約九ｍ）に達する。少しの雨でも中身が溢れることがあり、大洪水となると全郡が糞の海になる。氾濫（はんらん）を和らげるため従業員は時々ポンプで糞便を吸い出し周囲に散布するが、これによって会社が御品よく呼び習わすところの「過剰施肥（せひ）」が起こる。何百エーカーもの土地が、つまりフットボール場が何千も入る程の土地が、豚の糞のぬかるみと化す。木の枝からは便汁がしたたらんばかりだ。

　多くの肥溜め池にはポリエチレンの裏当てがあるが、地中の石などで傷が付くとそこから糞便が漏れ出し、拡がって発酵することになる。発酵で出るガスは裏当てシートを熱気球のように膨らませ、上昇して泡になる。泡はドンドン出てきてドンドン広がり、何千トンもの糞便があらゆる方向に撒き散らされる。

肥溜め池は粘り気も毒性も強いから人が落ちたら一巻の終わりということも珍しくない。数年前のこと、オクラホマ州のトラック運転手がスミスフィールド社の肥溜め池に豚の糞を移そうとしていたところ、車もろとも落っこちてしまった。体の回復にはおよそ三週間かかった。一九九二年のある日、ミネソタ州で一人の従業員が肥溜め池を修理していたところ、有毒ガスで窒息し、仕事仲間が後を追って飛び込み、二名とも同じ死因であの世へ行った。また別の折には、ミシガン州で、肥溜め池修理中の作業員が毒気にやられて落下した。一五歳の甥が彼を救おうと飛び込み沈没、作業員のいとこが少年を救おうと飛び込み沈没、作業員の兄が彼等を救おうと飛び込み沈没、そして作業員の父親が飛び込み……全員、豚の糞の中で帰らぬ人となった。

スミスフィールド・フーズ社の会長ジョセフ・ルーター三世は二重あごをした滑稽で狡猾で野蛮な男だ。マンハッタンのパーク・アベニューにある億万長者向け高級アパートに住み、会社のジェット機や自家用ヨットで世界中を旅している。七〇歳を越しているが批判には屈しない。自身のことを「壮絶な業界でやってきた壮健な男」と称し、自身の工場のことをアメリカの自由市場が産んだ完璧に合法的な法人だと言い張っている。時に冷笑的になり、批判する者や敵対する者を侮辱して愉しみとする。「動物保護団体ちゅうのはアメリカを菜食主義者の国にしたがっとるんです」とかつての言は語る、「私の知っとる菜食主義者などはほとんどが神経症ですな」。環境保護庁（EPA）がスミスフィールド社を数千件の水質浄化法違反のかどで召喚した時、ルーターは自身が言うところの〝理論的に〟訴えられ得る違反の件数（彼の計算によれば二五〇万件）と〝実際に〟その時点までに記録されている違反件数（七四）とを比べて「まったく、まったく取るに足らんモンです」と答えてみせた。

ルーターはバージニア州スミスフィールドの屠殺場で父の手伝いをしながら育った。四〇年前に家業を継いだ時には田舎のつましい精肉業者に過ぎなかったが、ルーターの経営によって会社は見る見る成長し、近所の同業者を買収するに至った。ルーターは初めから鬼に徹し、独占を目論んだ。同じ土地の競争相手を買収していき地域の豚肉加工業を完全に支配した後も満足しなかった。豚の多くを自営農家から買い取っていくかたわら、ルーターは生産の全段階を統括したいと考えた。檻の中での子豚誕生から機械による解体作業、そして流通まで――。

そこでルーターは新しい契約を思い付いた。スミスフィールド社は豚の所有権を握る。契約者は豚を育て、糞尿の排出に責任を負う。屠殺前に豚が死亡したら、死体の処置も契約者が責任を持って行なう。この采配によって小さな養豚農家は生き残りの道を断たれた。大量無数の豚を取り扱えない者は業界から追い出された。アイオワ州司法長官補佐代表エリック・テイバーにいわせれば「あれは経済力だけの問題でした」。

スミスフィールド社の拡大は業界史の中でも類例を見ない。一九九〇年から二〇〇五年のあいだに一〇倍以上の成長を遂げ、一九九七年には全米中第七位の豚肉生産者に、そして一九九九年までに最大となった。アメリカで売られる豚の四分の一はスミスフィールド社に殺される。スミスフィールド社の拡大にともなって農場も合併され、屠殺場を中心に何百万もの肥育施設が連なった。

ルーターのもと会社は巨大な汚染マシーンとなりつつあった。スミスフィールド社は突然、聞いたこともない量の豚の糞を、しかも薬品と化学物質の混ざったタチの悪いものを排出するようになった。ＥＰＡはノースカロライナ州ターヒールにあるスミスフィールド社最大の畜産屠殺合併施設について、そこが毎年国の水系に排出する廃棄物の量は、三社を除く他すべての処理施設の合計量を上回っているとした。

ルーターが好んで話したがる物語がある。老人とその孫が墓地を歩いていた。ある墓碑にこんな言葉が刻まれている――〝敵がいなかった男チャールズ・W・ジョンソン、ここに眠る〟。少年が口を開く、「すごいや、おじいちゃん、この人は好い人だったんだね。敵がいなかったんだって」

老人が答える、「いいかい、敵がいなかったということはだ、この人は人生の中で一度も悪さをしてこなかったんだよ」

もしルーターがこの話の舞台を彼の生まれ育ったスミスフィールドのアイビーヒル霊園に置くとしたら、墓地の木には多数のコンドルが留まって枝がたわんでいるだろう。ルーターの食肉処理場から出る汚物の流れが、豚の内臓(はらわた)と死んだ魚で一杯になって、そばを過ぎていくだろう。亡き者に恥辱を加えるというのは古くから敵をつくる方法とされてきた。二〇〇五年、スミスフィールド社のCEOを退任するに際し、ジョセフ・ルーターは一〇八〇万二一三四ドルを手にする。一九二九万六〇〇〇ドル相当のストックオプションも我がものとした。

二〇〇六年秋、元海兵隊大佐の、現在は環境活動をおこなっているリック・ドーブの手配によって、私はノースカロライナ州にあるスミスフィールド社の施設を上空から見学できることになった。彼はかつてノースカロライナ州を流れるニュース川の保全に携わっていたこともあり、現在は個人用飛行機を借りて空から規則違反を記録している。専心的な七〇歳で、企業主導の養豚業について語る時には怒りを抑えられない。一九八七年に海兵隊を退いた後は子供のころからの夢だった漁業を始めた。仕事は軌道に乗って息子も働き手に加わった。その後、工場式養豚業が立ち現われ、魚を殺しドーブ親子を重篤な病におとしいれた。

ドーブをはじめとする活動家たちは、地域に根を下ろした企業主導の養豚業に対し唯一有力な監視を行なっている。業界は養豚業の取り締まりを担う政治家に選挙献金を大盤振る舞いしてきた。一九九五年、スミスフィールド社がバージニア州に対し規則違反の巨額罰金を軽くするよう説得を試みていたかたわら、ジョセフ・ルーターは当時の州知事ジョージ・アレンの政治活動委員会に一〇万ドルを贈った。一九九八年にはノースカロライナ州の養豚施設経営者が一〇〇万ドルをはたいて、野ざらしの肥溜め池を段階撤去するよう望んでいた規制派の政敵を打ち負かすのに役立てた。ほとんどの場合、養豚業者が環境規則に従っているかどうか充分監視できるだけの人員が、州には欠けている。

ドーブはノースカロライナ州ニューバーンの小さな空港を使う。乗るのは一九七五年製のセスナのプロペラ機で、小さな飛行場の中でも一層小さく見える。私たちが着いたのは薄曇りの朝。駐車場から飛行機のある所まで、音のしない滑走路を誰に見られるでもなく歩いて行った。パイロットのジョー・コルビーが待っていた。私が思っていたよりもずっと年輩だった。セスナの機内には傷んだ黄色いリノリウムのシートが四つ。室内は一九七五年製のフォルクスワーゲン「かぶと虫」に似ていた。ただ、ダイアルの数はこちらの方が多いのだろう。

「GPSを持って来たぜ」乗るなりドーブがコルビーに言う、「誘導してやるよ」

「おぉ本当か」とコルビー。「じゃ、行こう」

私たちは離陸した。「ヒメコンドルさま御一行だ」窓を覗いていたドーブが言う、「でけぇよ」

「当りたくはないな」コルビーが答える、「当れば……かなりマズイ」

高度二〇〇〇フィート（約六一〇m）に達し、私たちを乗せた飛行機は世界一の豚の密集地へと向かった。はじめは何の変哲もない田園風景が眼下に広がっていた。トウモロコシ、大豆、綿花の植わった畑、川べりに並ぶ木々、そこに自治体に属さない、いくつかの村落があって、プレハブの家々が並んでいる。そして私たちが養豚の世界中枢に到達したとき、風景は広大な豚の分譲地へと一転した。スミスフィールド社と契約している養豚施設は、規模こそ異なれ他の部分では実によく似通っている。並行して走る一階建ての豚舎が六列、八列、あるいは一二列。そのいくつかは数千頭の豚を収容し、その全てが一つの巨大な肥溜め池に連結する。肥溜め池の表面は茶色ではなく、バクテリアの活動によってピンクになっている。薄黒いピンク、あるいはショッキング・ピンク――緑の農地の中にあって、毒々しい、異常な色だ。

飛行機から見る限り、スミスフィールド社の畜産場はひとつの情景をコピーして方々に貼り付けていったように見える。視界は約四マイル（約六・四km）。私は肥溜め池の数を数えた。一〇三あった。ということは一平方マイル（約二・六km²）につき最低五〇〇〇頭の豚がいる計算になる。ドーブが言うには、一時間も飛べば肥溜め池と豚舎だけになって、モジュラー住宅の並ぶ小さな町と少数の家族経営農場がその中に囚われているのが見えるらしい。

肥溜め池の一つ一つは広い土地に囲まれている。スミスフィールド社は汚染対策の一環といって肥溜め池に溜まった豚の糞を周囲に散布している。この知恵は過去の時代から拝借した。スミスフィールド社が追放した小さな養豚農家の人々は糞を撒（ま）いて作物を肥やしていた。スミスフィールド社は、自分達のしていることもこれと同じなのだと言い張る。農作物は喜んで豚の糞を吸収し尽くす、ゆえにこれはゼロ排出システムなのだとか。「正しく管理すれば流出も汚染も一切ありません」とスミスフィールド社の環境部部長デニス・トレーシーは説明する。「流出が起こるとしたら、何か間違ったことをしているのです」。

このシステムを研究した環境科学者は、スミスフィールド社こそが何か間違ったことをしていると言っている。ノースカロライナ州環境天然資源局の役員、旧役員も同じように言っている。ノースカロライナ州保健福祉局の元幹部も同じように言っている。ＥＰＡの役員も同じように言っている。私が話をした肥溜め池周辺の住民も皆、同じように言っている。

スミスフィールド社は豚の糞をほぼ吸収し尽くせるほどの農作物など栽培してはいない。狭小きわまるスペースで膨大きわまる豚を肥育しようというのだから、飼料の大部分はよそから購入しなくてはならない。二〇〇九年、ノースカロライナ州には一〇〇〇万頭の豚がいた。(原注3) 契約農家は一二万四〇〇〇トンの窒素、二万九〇〇〇トンの燐(リン)を、豚の飼料用に購入した。豚は飼料を食べて、一〇万一〇〇〇トンの窒素、二二万七〇〇〇トンの燐を出した。生態系にこうした形で栄養が注がれることで、同州環境天然資源局の元政策参事官ダン・ウィッテルがいうところの「大規模な不均衡」が起こる。ノースカロライナ州の豚が今の数に達する遥か以前であれば、州全体の農作物が吸収できなくなるほどの窒素というと養豚を営む郡三つを併せての量、燐であれば一八郡を併せての量だった。

工業肥育される豚の糞、その栄養素の負担に耐えられる人間向け農作物はほとんどない。そこでスミスフィールド社の契約農家は乾草用の草を沢山植えることになる。硝酸塩に対して抜群の耐久力を誇るからだ。一九九二年、ノースカロライナ州の豚が激増していた時に、その莫大な糞を処理しようと相応の乾草が植えられたため、乾草市場は崩壊した。肥溜め池周辺の乾草には大抵、高濃度の硝酸が含まれ、それがしばしば家畜に病害を引き起こす。少し前のことだが、ノースカロライナ州の前知事ジム・ハント(豚肉産業から選挙献金を頂戴した一人)は自分の牛たちに養豚場で栽培された乾草を与えていた。土地の人々が言うには、そのせいで牛は気分を悪くして怒りっぽくなったそうで、まるで意趣返しだといわんばかりに飼い主のハントを何度も蹴飛ばしたのだという。こんな話は養豚場のある村ではありふれている。

ノースカロライナ州東部を飛んでみると、すぐ目に付くのはあちこちに広がる泉や河、湿地、それに小さな湖。下を見渡せば雨の多い海岸が広がり、海に向かって溝が刻まれ傾斜をなす。砂の多い岸辺の土壌は水通しがいい。地下水面は地表からわずか三フィート(約九一cm)のところにある。スミスフィールド社の散布場はほとんどいつでも小川もしくは小川に接した湿地の方に傾いている。気象、地理、地形、全てが散布場のものを徹底的に洗い流し吸収する条件をつくりあげる。

養豚場の廃棄物が流れ出て生じる害については多くの研究が記録している。その一つには、豚の糞の流れ着く河川では窒素と燐の濃度が六倍にまで上昇している、とある。企業の契約養豚場はノースカロライナ州の場合、ケープフィアーとニュース川流域にほぼ限定的に集中していて、流域の九つの川と支流は州によって「悪影響を受けている」ないし環境が「損傷されている」と評価されている。

ニューバーンの空港へ帰る道すがら、私たちは興味深い光景を目にした。糞の霧がまっすぐ上に噴き上げられているのだ。ドーブによると、それはスミスフィールド社の契約作業員が肥溜め池の中身を空中散布している場面だったらしい。理解に苦しむ無駄な灌漑技術と見えたものは、実は廃棄の方法なのだという。微粒子になって空高く舞い上げられ、豚の糞は畜産場から一掃される。

野ざらしの肥溜め池からは何百種ものガスが揮散して空気中に放たれる。メタン、二酸化炭素、硫化水素。一日のうちに一つの肥溜め池から無数の細菌が空気中に放たれ、うち幾種かは抗生物質耐性を具えている。さらにノースカロライナ州の養豚場は毎日アンモニアのガスという形で三〇〇トンの窒素を排出する。ほとんどは地上に降下し、藻類の大発生を引き起こして湖や河川を酸欠にする。

一九九五年、ミネソタ州オリビアの工場式養豚場の風下に住む女性が中毒情報センターに電話し、体の症状を訴えた。「奥さん」と係員、「硫化水素中毒の症状であなたに該当しないのは発作と痙攣、それに死亡だけです。ただちにそこを離れてください」。

豚舎の肥溜め池から出る空気を吸った人々には、気管支炎、下痢、鼻血といった症状が現われる。気分障害、頭痛、喘息、目や咽喉の炎症、動悸を患うことにもなる。肥溜め池の臭気が免疫機能を抑制することは立証済み。免疫系に障害を負った豚の糞の微粒子を吸うと人間の免疫系にも障害が生じる。ちなみにノースカロライナ州東部では、事実上すべての市民が肥溜め池の近くに居住している。

養豚業の一極集中が近隣の人々に何をもたらすか、それを正当に評価しようと思うなら強烈な豚の糞の臭いを計上しなければいけない。三〇〇〇フィート（約九一m）上空を行くパイロットですら、立ち昇る悪臭に吐き気を催すのだ。私たちがスミスフィールド社の畜産場上空を飛んだ日は風が弱かったので肥溜め池がかきまぜられたり臭いが運ばれたりすることもなく、また乾燥していたので管理者はそれほど頻繁に散布作業を行なっていなかった。最善のタイミングだったろう。臭いはしたが、悪臭は断続的なものだったし、それほど強くもなかった。

シッカリ臭いを嗅いでみるため、私は細い白砂の田舎道に車を走らせ、スミスフィールド社の肥溜め池のところまで歩いて行った。道の終わりにトラクターと噴霧装置が見えた。その後ろにゴミ収集箱、通称「屍骸入れ（デッド・ボックス）」が置かれ、中に一頭の豚の白い骸（むくろ）が横たわり、ひどい臭いを発していた。鼻を蝿の群が覆っている。蹄（ひづめ）はハイヒールに見えた。工場肥育される豚の何百万頭もが（ある研究によれば全体の一割が）、屠殺場へ行く前に死亡している。一部は廃肉処理（レンダリング）工場に運ばれ、肉挽き機で攪拌（かくはん）され、生きている豚に与えられ共食いに供される。他は「屍骸溜め（デッド・ホール）」と呼ばれる大きな穴の中に投げ捨てられる。多くの養豚場は境界のところに豚の屍骸と白骨を撒き散らす。ノースカロライナ州東部では熊やコンドルが無精者でよく肥えているのだとか。

周りには誰もいないようだった。六軒の豚舎に取り付けられた巨大な換気扇が回っているのを除けば辺りは静か。いやな臭いは漂っていたが、風もなく暑くもなかったので肥溜め池そのものの臭いは分からなかった。さらに数百ヤード近付いてみると、肥溜め池は厚い膜で覆われていた。縁には大きな黒い蝿（はえ）が細い線をなして群がっている。ここまで来ると臭いが漏れている。深く息を吸う。〝凝縮された糞便〟というのは予想した通りの第一感だったが、分かっていながら私は吐き気と格闘した。もっとひどい臭いを嗅いだことはあったが、これほど瞬時に吐き気がこみ上げ、しかもじわじわ効いてくる臭いはない。最初の悪臭を振り切って正気に戻るのに一、二秒ほどかかった。芯は濃厚な甘味と強い酸味の混ざった腐敗臭で、ほかに例のないその濃縮された臭いは恐怖を覚えるほどだった。私は引き返し車に戻ったが、震えと吐き気を来たす悪心の症状はそれから優に五分間は続いた。これは明らかに工場肥育される豚の糞に特有のものだ。嗅ぐのをやめてもしばらくの間は症状が治まらない。体内を冒し、長く留まるその威力は桁外れに強く、全身の反応を引き起こす。まるで胃の腑に何かが入ってきたかのように感じる。しばらく経った頃、横風に運ばれてきた汚臭が運転中の私の鼻腔を突き、体のタイマーが時を刻み始めた。長居しているとダメになる。思い出すだけでも吐きそうになる臭いだった。

　気温や風の様子が好ましくないときに、肥溜め池の管理者が散布を行なったりすれば、周辺住民は洗濯物を干すことも室外のポーチに座っていることも芝生を刈ることもできなくなる。疫学の研究では豚舎付設の肥溜め池近辺に住む人々は異常に高い率で抑鬱症や精神的緊張、怒り、疲れ、錯乱などに悩まされているとの報告がある。ある地元農家が語ってくれた。「我々は農場の臭いには慣れている。あれは農場の臭いじゃないんだ」。悪臭は文字通り人々を倒してしまう。庭にあるものを取ろうと外に出るや、気分がおかしくなって倒れてしまうのだ。

　サヴェッジ家のジュリアンとシャーロットに起こったこともそれだった。二人は年配の夫婦で、その農地はスミスフィールド社の散布場と境を接している。散布場は五万頭の豚の糞を吸収させるために設けられたもので、同規模のものは他にいくつもある。夫妻は小さなキットハウスに暮らしている。キッチンに座ったシャーロットは話を聞かせてくれた。ある日、夫が庭で倒れたのを見て、駆け付けてコートを頭に被せ、家へ運んだのだという。スミスフィールド社がやって来る前、ジュリアンの家は一世紀近くも農地を耕していた。タバコ、トウモロコシ、麦、七面鳥、鶏を育てていた。ところが今の彼は呼吸器に問題を抱え、外には滅多に出られなくなってしまった。

家の後ろには散布場と接するせせらぎが沼地に流れ込んでいる。せせらぎに豚の糞が流れているのをサヴェッジ夫妻は何度も見ている。洪水が起きた時には豚の糞が六インチ（約一五㎝）の高さにまで嵩を増し、家の周囲を糞浸しにした。夫婦は溝を掘ってそれを吸収させなければならず、作業に三週間を費やした。シャーロットは、窒素が降ってきたことで家の周辺の木々が人工的な濃緑色を帯びていることに気が付いた。コンドルは大群になっている。

窓も戸も閉めきれば糞の臭いを防ぐことはできると二人は言っていたが、壁はわずかに臭っているように感じた。彼等の家は家屋と畑の間に幅八〇フィート（約二一・四m）の防風林が設けてある。防風林のない家はどこも、臭いがキツくなるとすぐに戸締まりをして立て籠るのだそうだが、それでもコーヒーやスパゲッティーや人参には豚の糞の味が付いてしまうらしい。

風呂で使う水には豚の糞のようなものが入っていたという。井戸水はスミスフィールド社がやって来るまでは綺麗だったが今では疑わしい。「なるべく飲まないようにしています」とシャーロット、「飲むのは大抵ドリンクなりソーダなり、とにかく飲めるものです」。話している最中、ジュリアンはリビングの寝椅子をほとんど離れなかった。この日は特に肺の具合が悪かった。しばらくしてキッチンに来た彼は、色々話す中でこんなことを言った。「息が吸えないんだ、突っ伏しちまう……歩けもしない、倒れちまう……息すりゃあ死んじまう……外へ出てイッペンあれ嗅いだらイッちまう……近くにいるなんてシャレにならん。シャレにならんよ、なあ」。彼はうっすら笑いを浮かべ、悲運を笑うように喋っていたが、泣きやむことはついになかった。

スミスフィールド社は汚染者の代表格であるばかりか、汚染者の代名詞でもある。肥溜め池はこれまで醜態をさらし続けてきた。ノースカロライナ州に限っても、四年間のうちに流れ出した糞尿は、ケープフィアー川に二〇〇万ガロン（約七六〇万リットル）、支流のパーシモン川に一五〇万ガロン（約五七〇万リットル）、トレント川に一〇〇万ガロン（約五〇〇万リットル）、ターキー川に二〇万ガロン（約一〇〇万リットル）という量である。バージニア州では一九九七年、六九〇〇件の水質浄化法違反により、スミスフィールド社に一二六〇万ドルの罰金が課された。EPAの法律で課された民事罰としては三番目に大きな罰金だったが、スミスフィールド社の年間売上高の〇・〇三五％の額でしかなかった。

監禁養豚場から出る大量の糞尿が流し込まれる河川はたちまちの内に死へと向かう。毒物と細菌が動植物を抹殺するのに加え、糞自体も水中の酸素を消費して魚介類を死に追いやる。糞に運ばれてきた栄養分は酸素を消費する藻の発生をうながす。バージニア州のペイガン川はスミスフィールド社の発祥地であり本拠地でもある工場のわきを流れている。ここはジョセフ・ルーターが養豚業と豚肉加工業に攻撃を加えるうえで足場となった所。矢継ぎ早に規則が設けられる以前の数十年、ペイガン川には湿生植物が一切生えていなかった。魚も貝も取るに足らないものや毒を持ったものだけで、川底には毒性を帯びた黒い泥が半フィート（約一五㎝）ほども積もっていた。川から引き揚げたボートの船体には脂ぎった汚物が層をなしてへばり付いた。

ノースカロライナ州ではスミスフィールド社から出る大量の糞はニュース川に流れ込む。二〇〇三年には五日間に四〇〇〇万尾以上の魚が死ぬという有様だった。二〇〇四年に死んだ魚は推定一五〇〇万尾。二〇〇九年には一億尾以上だった。アメリカ史上記録に残る最大の殺戮は一九九一年ニュース川で起こり、犠牲となった魚は一〇億尾を超えた。これら全ての大量死が栄養素の過負荷によるということは種々の研究が再三にわたり示してきたことだった。二〇〇一年から二〇〇六年にかけて行なわれた調査では、ニュース川のアンモニア含有量は五倍もの増加を示した。ニュース川その他の汚染のせいでアルベマール湾からパムリコ湾にかけての地域はひどく損傷されている――チェサピーク湾ほどの大きさがあって、東大西洋に生息する魚の繁殖地としては半分に当たる地域が、である。

工場式養豚場の歴史中、最大の流出は一九九五年に起こった。スミスフィールド社の競争会社が保有していた一二万平方フィート（約一万㎡）の肥溜め池の堰が決壊し、二五八〇万ガロン（約九七〇〇万リットル）の廃液がノースカロライナ州ニュー川上流に流れ込んだのだ。環境中への流出としてはアメリカ史上最大で、それより六年前に起こったエクソンバルディーズ号の原油流出事故の二倍を超える量が流れ出た。汚物は腐食性が強く、触れば皮膚が焼かれると報じられた。高密度に凝縮されてもいたため、一六マイル（約二六㎞）の下流をくだって海へ達するまでに二カ月近くもかかった。一〇〇〇万尾以上の魚が死滅した。

魚の大量虐殺もこの規模になると想像すら難しくなる。一九九五年の虐殺は小さな一地点での異変から始まった。魚が悶え、死に始めた。しばらくして川のあちこちで同じような異変が発生した。二時間のうちに死んだ魚と瀕死の魚が山をなして、流れのゆるいカーブに溜まっていった。一日のうちに川岸は魚に埋め尽くされ、水の流れも止まろうとした。死んだ目玉と鱗、それに白い腹がそこここにキラキラと光りながら漂った。浮かぶ魚は川が包容できる量を超えているかと思われた。空には屍肉をあさる鳥達が乱舞する。けれども死んだ魚は鳥が食べ尽くせるような量ではなかった。

流出は最悪の事態ではない。散布場と肥溜め池にさらされた有毒の排泄物には、もっと恐ろしい事態が降りかかる。ハリケーンだ。一九九九年、ハリケーン・フロイドは野ざらしの糞尿一億二〇〇〇万ガロン（約四億五〇〇〇リットル）を洗い流し、ター川、ニュース川、ロアノーク川、パムリコ川、ニュー川、ケープフィアー川に注ぎ込んだ。ノースカロライナ州東部では多くの肥溜め池が水没した。衛星画像を見ると、焦げ茶色の流れが地区の水路を覆い、アルベマール湾からパムリコ湾の一帯に集中し、くっきりと見える長い河床を通って海に流れ出しているのが見て取れる。淡水生物、海水生物の中で生き残れたものはほとんどいない。糞便が海浜を汚染した。何マイルもはなれたところで人々は溺れた豚に遭遇した。そのとき撮られた写真には、州の海岸から三マイル（約五km）離れたところで豚の死骸を食べているサメの姿があった。

工場式養豚業は別の環境破壊も引き起こす。多様な姿に変形する微生物ウオコロシ（Pfiesteria piscicida）の大発生は何百万もの魚を殺し、数十人に被害を及ぼした。豚の糞のような栄養豊富な廃棄物が水路に押し寄せ藻の増殖をうながすと、その藻を食べに魚が群をなしてやって来る。こうした生物の一箇所集中がウオコロシを致死性の形態に変えてしまう。

ウオコロシは目にも見えず臭いもない。死因を突きとめて初めてそれと判る。魚の表皮に穴を開け、組織と血球を食べることで魚を死に追いやる。魚は溶けていくように見える。一九九五年の流出の際にはウオコロシが数百万の魚を攻撃し、殺傷した。ウオコロシは人間の血球も捕食する。釣り師の手や腕に外傷ができ、それが広がっていく。さらに、ウオコロシの毒素は飛んでいくことが判明した。害を受けた水域の上で空気を吸うと深刻な呼吸困難や頭痛、視力の低下、記憶障害、認知障害に見舞われる。何人かの釣り師は家への帰路が分からなくなった。正しい文を組み立てられなくなった者もいる。研究室でウオコロシに曝された職員は電話をかけることも単純な算数問題を解くこともできなくなった。ばかりか、自分の名前すら忘れてしまった。ウオコロシによる肺疾患、神経系疾患から立ち直るには数日、数週間、数カ月、あるいは数年を要する。

スミスフィールド社は以前ほど露骨に水域を損傷することはできない。以前ほど容易に拡張して小さな養豚場を潰していくこともできない。いくつかの地では、新しく建てられる屠殺場に高額の廃棄物排出費用が要求される。豚肉加工会社が小規模農場を吸収することを禁止ないし制限する法を通した州議会もある。ノースカロライナ州は今や豚の数が人口を上回るが、養豚施設の新設を暫定禁止する決定を下し、スミスフィールド社に対して廃棄物処理の代替技術研究に資金を割くよう要求した。サウスカロライナ州の政治家はすぐ上にあるノースカロライナ州の海岸平野をじっくり観察して、企業の誘致を却下した。スミスフィールド社が近年おこなった買収交渉のうち、数件については連邦政府ないし州政府が審査をしている。

もちろん、これらの努力は笑えるほど遅くになって始められた。監禁養豚施設は少なく見積もっても市場の七五%を支配している。スミスフィールド社の支配はほぼ全く揺らいでいない。アメリカで加工される豚肉の二六%はスミスフィールド社のものだし、(原注4)その成長ペースも落ちてはいない。二〇〇四年から二〇〇六年の間にスミスフィールド社の年間売上高は一五億ドル増加。二〇〇六年には一億ドルをかけて新しい食肉加工場をノースカロライナ州に建設した。同年九月、スミスフィールド社はアメリカ第二位の養豚企業にして第六位の豚肉加工会社プレミアム・スタンダード・ファームズ社との合併を宣言、二〇〇七年に買収を完了した。スミスフィールド社の製造する豚肉は今や、後に連なるアメリカの豚肉生産大手五社の合計量を上回っている。

成長する一方でスミスフィールド社は自らを環境技術の改革者と宣伝する道をさぐり始めた。二〇〇三年にはユタ州の豚の糞をクリーンな代替燃料に変える事業に二〇〇〇万ドルを投じたと発表。さらにスミスフィールド・バイオエネルギーLLCを立ちあげ、テキサス州にバイオディーゼル施設を設けた。(原注5)

「現在、私どもはエネルギーに強い関心を寄せております」環境部部長デニス・トレーシーはグリーンエネルギーの先駆的開発についてそう述べる、「長い道のりでした」。スミスフィールド社は「会社としての態度を環境配慮の方へ完全に転換」したのだという。しかしスミスフィールド・バイオエネルギーは採算が合わず、二〇〇七年に解散の運びとなった（原注6）。

何物もスミスフィールド社自体の現実を変えるには至っていない。九年前、『成功する農業（Successful Farming）』誌は警鐘を鳴らした、「あるとき突然、このモンスター企業が我々の養豚業界に現われた」。そもそも監禁養豚施設から日々浮遊粒子（エアロゾル）になって出ていく焼けつくような強い悪臭を規制で解決することはできない。スミスフィールド社だけでも一二の州に一六の施設を置いているのだ。完全に問題を解決しようと思うのなら企業を倒産させるしかない。ノースカロライナ大学ウィルミントン校の海洋学者マイケル・マーリン博士は、水質におよぼす工場式養豚場の影響を調査してきた。見解では、それらの工業施設から産出される集約的な家畜廃棄物はどうみても小さな区画内に収まるものではないとのこと。いわく、土地は「養豚場から出るもの全てを吸収することなど出来ないのです」。スミスフィールド社が今の大きさになった時から、廃棄物の問題は普通の仕方では解決できなくなってしまったのだ。

ジョー・ルーターは豚の糞に似て、あらゆる防止策に反発する性質を生まれながらに持ち合わせている。アメリカの規制機関や立法機関がスミスフィールド社に対し、もっと廃棄物処理の方面に金を費やすよう命じ、また企業の拡大を制限しようとしだした頃から、彼は世界進出を模索しつつあった。近年になってその眼差しは、規制が甘く儲けの出そうな市場、ポーランドとルーマニアに向けられた。

一九九九年には資本投資に意欲的な政治家の助けをかりてルーターはポーランド屈指の国営豚肉加工会社アニメックスを買収。次は息も絶え絶えの共産主義時代の大養豚場を吸収し、集中飼養施設に変える事業に着手した。もともとポーランドの豚肉価格は安かったので、スミスフィールド社の急速な拡大は経済的に意味を成さなかったのだが、小規模養豚農家を破産に追いやるという偉業だけは果たした。二〇〇三年、アニメックスは六の子会社、七の食肉処理場を統括していた。肉には九のブランドがあって、年収は三億三八〇〇万ドルだった。二〇〇八年までに、六〇〇万の農家が職を追われた。

おなじみの違反が起こった。ビシュコボにスミスフィールド社最大の工場の一つがある。近くには巨大な肥溜め池があり、冬にポンプ輸送された豚の糞が冷凍されている。それが溶けて近隣の湖二つに流れ込んだ。湖は茶色に変わり、村人は発疹や目の感染症を患い、悪臭によってものを食べることも難しくなった。ヘルシンキ委員会二〇〇四年報告書の一つは、スミスフィールド社がポーランド全土を汚染し生態系を損傷していると指摘した。過剰施肥は地方病になっていた。(原注7) 施設の従業員は許可なく液状の糞便を汲み出し、バルト海に通じる水域に直接それを注ぎ込んでいた。

ポーランドを征服する傍ら、スミスフィールド社はルーマニアへも進出しつつあった。前アメリカ大使の一人が大統領および総理のオフィスへ会社の幹部を案内した。スミスフィールド社はルーマニア政府に巨額の政治献金を贈り、ブカレストにロビー会社の事務所を置いた。

ルーマニアの農民は何百年ものあいだ養豚を営んできた。小さな農家だけで国の豚肉の七五%を生産していた。そこにスミスフィールド社が現われ、家族農家を年間一〇万軒という割合で駆逐し始めたのである。会社が入って来て五年のうちに自営養豚農家の九割が消え失せ、スミスフィールド社はルーマニア最大の豚肉生産業者になった。そして空気と水と土壌を汚した。住民は悪臭を防ぐため戸締まりをしなければならない。

三〇〇〇マイル離れた西アフリカでは地域の豚肉市場に新しい食品が現われた。ポーランドとルーマニアから送られてくる、豚の冷凍屑肉（くずにく）。輸送費はEUの補助金を受けているため、現地の生鮮肉よりはるかに安い。リベリア、コートジボアール、ギニアの農家は、スミスフィールド社の最新の養豚工場から来る内臓の切れッ端を相手に、競争で歯が立たないことを思い知らされたのだった。

過ぎゆく鶏を見送りながら——解体ラインの絶望的単調作業

スティーブ・ストリッフラー

鶏解体ラインでは数秒きざみの間隔で鶏が処理されていくが、その業務は過酷で危険をともなう。一シフトの勤務時間中、作業員は数千回のカットその他の動作を反復する。屠殺場での作業にともなう身体的苦痛については多くのことが書かれているが、一シフトの間にそれを行なう精神的苦痛も同じ程度に悲惨である。

食肉産業のこととなると、衆目を驚かせるような、大概は鳥肌を立てずにはいられないような話には事欠かない。一九九一年にインペリアル・フーズ社の鶏肉加工工場で発生した火事によって従業員二〇名ほどが死亡した事件は恐らくもっとも悲劇的な例だろうが、それは決して一度限りのことではない。しかし、私はある本の調査を行なう傍らタイソンの生産ラインで二度の夏季勤務を行なったが、その時は夜のニュースを賑わす類(たぐい)の恐ろしい話などはなかった。確かに私の勤めた鶏肉加工工場では、労働者と消費者を守る目的でつくられた安全規則や安全基準が破られたり無視されたり、といったことは日常茶飯事だった。けれども鶏肉加工業界の異常な現実として私が何より衝撃を受けたのは、単調作業の耐え難い重圧のことである。その作業の圧迫感は筆舌に尽くしがたい。しかるにそれこそが工場生活の本質であって、また恐らくは家禽産業の業務中で最も苛烈な部分なのだろう。一分ごと、一時間ごと、一日ごと、一月ごと、一年ごとに、生活の最も基本的な側面のひとつ、すなわち仕事が、時計に対する耐えがたい闘い、打ち克ちがたい闘いへと変わってゆく。まさしく、奮闘すればするほど事態は悪化する。給料、労働条件、管理者の問題にもまして、実質すべての労働者が最初にこぼす不満は、忍耐しがたい単調さに向けられる。ある職員はこう漏らす。

言葉では表現できません。ここで働いてみれば解ります。おかしなことですけど、週に三、四日は途中で正直挫折しそうになります。（略）もしかしたら終えられないんじゃないかって。普段は何か考えていたり、自分の中でゲームをしていたりします。完璧なカットをしてみようとか、どれだけ速く仕事がこなせるかとか、自分が出来ることは少ないけれどそれでもこうやって仕事を全うできるんだとか、あるいは片手でこれが出来たらどうとか、とにかく色々です。けれどどこかでこんなゴマカシも効かなくなってパニックに襲われそうになります。時計を見て、それで今度は自分の動きを一つ一つ意識してみます。終わった時のことを考えたりもします。ちょうど息することを考えていたら息ができなくなるようなもので。叫びたくなります。時計が動かない。というか戻っているんじゃないかって。気持ちはお分かりでしょう。神に誓ったりもしますよ、今日の仕事を終えさせてくれたら二度とここへは戻って来ません、って。辞めようと決心することもあります、本気も本気で。

こんなゲームを十年も続けていたんです。で、毎日戻ってくる。十年も自分を傷め付けて、人生の一番いい時をこの醜い建物の中で過ごして、窓もない所で、過ぎていく鶏を見送りながら、まったく同じことだけをやりながらね。正直どうして自分がこれをやっているのか解りません。収入目当てなのはもちろんです。それと、一旦工場から出たらなぜか仕事のひどさを忘れてしまって、それで次の日も出勤しているんです。自分でも説明できません。多分、工場を出たらホッとしてしまって、どれ

だけつらかったかを忘れてしまうんだと思います。(原注1)

単調作業は心を掻き乱すにとどまらない。体も痛めつける。作業員みなが同じような影響、同じ程度の影響を受けるのではないが、一年以上もこの仕事をしていて一連の決まりきった動きを何度も何度も繰り返していると、指なり手首なり、あるいは手、腕、肩、背中なりに響いてくるのは確実だ。さらに数年も続ければダメージは取り返しのつかないものになる。私の会った職員のほとんどは手首に深刻な問題をかかえていた。手術をおこなった者も多かったし、衰弱が一生治らなくなってしまった者も一人二人ではなかった。(原注2)二〇〇五年にヒューマン・ライツ・ウォッチが提出した食肉産業に関する報告書では、その点を次のようにまとめている。

この報告のために取材した職員のほぼ全てに、食肉加工工場での作業に由来する深刻な傷害の徴候があらわれていた。屠殺された動物とその身体各部は自動化された解体工程の中で運ばれていくが、その流れは速すぎて作業員の安全を確保できない。一シフトの間に何千回もの切断動作を繰り返すことにより、作業員の手や手首、腕、肩、背には甚大な外傷的負担が加わる。作業場は往々にしてせまく、作業員の危険をさらに高めている。訓練をほとんど受けていないケースも多く、必要な安全具が与えられないこともある。長時間の残業を強制されることも珍しくなく、断われば解雇される。これら危険をともなう職場環境と業務形態をつくりだしたのは食肉会社の経営陣であるが、彼等は結果として生じる身体損傷については生産工程における日常的かつ自然な現象ととらえ、国際人権基準の違反を繰り返しているとは考えない。(原注3)

私が一緒に働いていた作業員の一人が言うように、痛みが更なる苦悶を引き起こすこともある。「鶏をハンガーに掛ける作業を始めるとたちまち落ち着いた気分になるんです。全身の筋肉がやり方を心得ているような感じで。仕事をしていないと痛みが続きます。ときどき手がすごく痛くなって、夕食をとったり子供を抱いたりできなくなることがあります。朝になって目が覚めても、腕から先が目覚めるまでにそれから三〇分はかかります」(原注4)。

作業が安息にならない場合もある。「[工場での]仕事はこれが五、六回目です。一つの職場で一年も働いているともう続けられません。どこかがひどく痛みだして仕事ができなくなるんです。会社にちゃんと訴えれば普通は仕事を変えてくれますが、ましになるとは限りません」(原注5)。

企業の言い分では、従業員が反復作業による不調その他の傷害に見舞われるのは正しい作業ができていないからで、器具を正しく使い、正しい姿勢を保って業務に当たれば何の痛みも負傷も伴わないという。このような発言は、結果がこれほど悲劇的でなければ喜劇的に思える。加えて、会社の姿勢は時に悪質なものにもなる。忘れられない出来事があった。私たちの監督を務めていたマイケルが、人間工学に関する慣例の「研修会」を実施した時のこと。監督が作業を止めてはならない、との理由から、マイケルは作業員が作業を続けるかたわら、機械の音で声を掻き消されながら「講義」を読み上げる予定だった。作業員各自はその後、講義を受けた印としてシートに署名することになっていた。「署名しますよ」と一人が皮肉を口にした、「講義は受けました。タイソンがどれほど私たちへの配慮を欠いているか、よく分かりました」。

この特殊な機会に、アルトゥーロが皆の見ている中でマイケルに抗議し、もしその指導が何か意味あるものなのだったら作業をストップさせて静かな講義室へ皆を集めるべきではないかと言った。困惑したマイケルは嫌々ながらラインを止めてスタッフを廊下に集め、一〇点ほどの項目が入った一枚のシートを読み上げた。アルトゥーロは、ここにいる大多数が分からない言語で講義されてもほとんど意味がないといって、私に翻訳を頼んだ（しかし私が翻訳しても東南アジア出身の四人は全くの置き去りにされていた）。一〇個のポイントはいずれも当たり前のことだった。作業員は重いものを持ち上げる時には背中でなく脚をつかうこと、コンベヤーの鶏を整形する際には充分に間隔を詰め、適切な高さを保って並ぶこと、等々。

議論を避けようとマイケルは最後の一行を読み飛ばした。私はとっさにスペイン語で「質問がないかスタッフに尋ねるべきでしょう」と言った。それに反応した女性作業員らが皆の意表を突き、血相を変えてマイケルに迫った。距離を置いてみるとその光景はどこか奇妙にも思われたろう。メキシコやエルサルバドルからやって来た八、九人、いずれも四五歳を超えた身長五フィート三インチ（約一九〇cm）、二二歳の戸惑う監督を厳しく責め立てている。マイケルを真剣な眼差しで見据えながらマリアは私に言った、「彼に伝えて、仕事のやり方くらい知っているって。身長が低いんだから正しい高さに立てる台が必要なのよ」。アナも相槌を打つ、「講義には同意するわ、そう伝えて。できることなら手を伸ばすべきじゃない、背中を痛めるもの。けど一人っきりだったら［コンベヤー一杯に］伸ばさなきゃだめでしょ。個々の作業場に充分なスタッフがいないことが問題なの」。勇気を振るったブランカが即座に言い足した、「家に帰ったら手首が動かせないのよ。二人分の仕事をやってんだから。講義なんか要らない、スタッフが要るのよ。現場に来て様子を見てみなさいって、そう伝えて」。

私はできる限りの早口で翻訳した。彼女たちは真剣だったが愉しんでもいた。起こるべきことが起こったのだ。マイケルは母親のような年配の女性たちに手厳しく叩かれる少年になっていた。私にウインクしてイザベルが言った、「私たちは自分の仕事の仕方くらい知っているって、この子に伝えて頂戴。それと、あなたは自分の仕事をしなさい、って」。私たちはよくよく理解していたことだが、マイケルは現に自分の仕事をしていたのである。それが問題だった。切り上げられなくなってマイケルは混乱し、さらに墓穴を掘った、「怪我をしたら看護師のところへ行くよう伝えなさい」。役に立たない会社の看護師のことほど堪えがたい話題はない。皆が失笑を浮かべた。分からせるためにマリアが嘲ってみせる、「看護師のところへ行ったらアドビル〔鎮痛剤〕だけくれて仕事に戻れってさ」。それから腕を持ち上げ「どうよ、この手首。アドビルが答だとでも思うの?」。ここで話は終わりだとばかり、皆は仕事に戻って行った。

生産ラインと工場のリズムは業務を耐えがたいほど単調なものにし、年齢、性別、国籍を問わず、あらゆる労働者の心身に過大な負担を強いる。逃れる術はない。しかもあいにく、単調作業の重荷は仕事中だけにはとどまらない。タイソンで働きはじめた時、私には甘い考えがあって、工場労働の利点のひとつは仕事を終えたら自由になれることだと思っていた。何も分かっていなかった。

第二シフトに就いた私は午後二時半ごろに出勤して生産ラインを始動させていた。残り八時間は小麦粉の袋を持ち上げる作業で、間に二回の三〇分休憩をとり、清掃係のためにラインを整えて、〇時半過ぎ(しばしば一時過ぎ)に工場を出る。へとへとになって帰ってきたらまずシャワー、その後ビールを飲みながら深夜番組を見て緊張をほぐし、床に就く。寝るのは多くの場合二時半過ぎで、テレビの前で眠ってしまうこともよくあった。よく眠れたが、真夜中に手が爆発しそうなほど膨れる感覚に襲われ、しきりに叩き起こされたものだった。歯を食いしばって一日中小麦粉の入った袋を摑んでいるとこういうことになる。午前九時か一〇時ごろになって同じことを繰り返すため起床する。自由な時間? 中々つくれたものではない——まして体力になると、買い物したり運動したりはおろか、散髪屋に行く程度の単純なことさえ難しかった。

けれど私の状況は他の従業員たちより遥かに楽だったといえる。工場勤務は一時的なものだったから、救いがあるだけでなく、「人生」を後回しにしたり、一旦無視したりすることもできた。そんなことはほとんどの従業員にはできない。私には家族もなく、縛りも少なく、経済的な問題もなかった。アパートに帰れば静かだったし、何もせずにいるという贅沢が許されていた。他の従業員の場合はそうはいかないだろう。ほとんどの者は家族を抱えていたし、他の仕事と掛け持ちしている者も多かった。同じ工場で夜勤シフトを兼ねる人たちもいた。一人が回想している。

いつも疲れています。最悪なのは、私が第二シフトで働いているから妻子といられる時がほとんどないことです。家にいる時は普通、寝ています。帰ってくるのは午前一時ですよ。妻は第一シフトですから私が帰ってきた時には布団です。子供達の面倒があるから一緒のシフトでは働けません。朝起きたら妻はもう仕事に行っているので子供らが学校へ行く支度は私がします。いつも何かあります、靴が見当たらないとか、あれが無い、これが無いとか。もうテンテコ舞いですよ。学校へ送ってやると私は戻って仕事へ行く前にもう一眠り。それから出勤、妻は向こうを出る頃です。子供達と午後を過ごせるよう、妻は時間どおりに帰ってきます。ただ、どっちも子供をみられない時がたまにありまして。何かあるといけないのでそれは避けたいのですが、せいぜい一時間くらいのことですし、一番上はもう一三歳ですから。日曜日には妻といられます。冗談を言うことがありましてね、お互いこれ以上子供をつくる気がなくてよかった、って。私たち夫婦は子供をつくれるほど顔を合わせることがないんですから！(原注6)

悲しい皮肉がある。工場での務めは日常生活にお決まり業務の重荷を課すが、それは「普通の」生活を可能にするものではない。日々の暮らしのありふれた行ない、つまりおかずを買いに行くとか、子供を寝かしつけるとか、夫婦で仲睦まじく過ごすとか、そういったことすら難しくなってしまうのだ。どちらの方がつらいか、簡単には言えない——解体業務の重苦しい単調作業か、工場ゲートの外で日常生活が送れなくなることか。

不人情の乳液——工業化と高泌乳牛

アンネ・メンデルソン

乳牛から搾り出せるかぎりの乳を搾り出し、監禁施設は世界最古の食のひとつを牛乳のまがいものに造り変えている。ことの発端は二世紀前。新鮮な牛乳を求める声がにわかに高まり、酪農業は工業規模の生産を目指しはじめた。乳を出す牛の生物としての限界は、不都合な障害とみなされた。

次の文のどこがおかしいか、分かった人は手を挙げよう——「去年、私は農場をおとずれサラという名の一七歳の乳牛に出会いました」。

現代の酪農に通じている人ならすぐに間違いを見付けられるだろう。今日の商業的酪農場には一七歳の牛など存在しない、どころか七歳の牛すらほとんど見られない。環境がよければ健康な牛は自然の寿命でおよそ二〇年を生きられる。けれども現実をみれば、酪農業者は普通、牛が二歳になる頃からあなたの朝食シリアルにかける牛乳を搾り始め、三年から四年のうちにそのほとんどをハンバーガー工場に送ってしまう。

お察しのように、サラは商業的酪農場ではなく、ニュージャージーのチーズ工房を兼ねた小さな農場にいる。農場主のジョナサン・ホワイトは因襲になった畜産法を打破しようとしている人物で、この農場も通例とは大きく異なった経営方式をとっている。あるとき述べた抱負は「酪農業を百年前の状態に戻す」——それは一七歳の雌牛がめずらしくなかった時代。そこからどのようないきさつを経て、私たちはこの現代にたどりついたのだろう。

新鮮牛乳——歴史のなかの新参者

新鮮牛乳が販売され始めてから現在まで、たかだか二世紀ほどしか経っていない。歴史をさかのぼれば、あたたかい時期に乳腺を発達させた牛から乳を搾るとたちまちの内に近くの細菌がコロニーをつくってしまうのが自然のなりゆきだった。乳糖（ラクトース）を乳酸に変える種類の細菌は競争上一定の優位を築けた。このためアフリカからイングランドに至る酪農地帯の人々は一般に、搾った乳を単純なフレッシュチーズや、もしくは今日のヨーグルトや培養バターミルクに似た発酵乳製品のかたちにして食べていた。「甘い」ミルクは発酵したものより腐りやすいばかりでなく、人類の圧倒的多数にとって消化のむずかしい食物でもあった。それは人間の乳糖不耐性による。

乳糖耐性をもつ少数の人々は方々に散らばっていたが、そのうちヨーロッパ北西部とブリテン諸島に住んでいた集団はその後の世界の食に大きな影響をおよぼすことになる。一八〇〇年をすこし下った頃、これらの地域やその植民地の人々は、酪農種の家畜のなかで最も好んでいた牛の生乳を、発酵を経ずに飲みたいと切望するようになった。新鮮牛乳の販売に特化した都市の市場が形をとりはじめた傍から、漠然とした科学理論がそれを支え、数世代のうちに牛乳摂取をすべての人の、とりわけ子供の食事における、ほとんど義務といってもいいようなものにまで昇格させた。先見の明をもった企業家たちは突如あたらしい可能性を見出した。飲料用の新鮮牛乳の販売は他のどんな乳製品よりも商売になるかもしれない——。

一八三〇年頃になるとアメリカ北東部の大都市で新鮮牛乳の需要が高まっていた。しかし都市で牛乳を得るには都市へ牛を連れてこなくてはならない。昔は個人の販売業者がしばしば街道に牛や山羊を駆り立ててきて買い手の鉢やポットに数杯分のミルクをそそいだり、またはバケツに入れたミルクを呼び売りする風景があった。それが今度は都会へとなると現実的な話ではなくなってくる——が、利益追求に凝った多くの者は数十数百の牛を駆って、ウイスキーの醸造所や蒸留所に隣接する不潔な搾乳小屋に押し込め、飼料に使うため蒸留粕(かす)を買い上げた。一世代以上もつづいたこの恥ずべき行ないが大量の牛を病気にし、殺した。そしてその水っぽく青白い、いやな味のする「残滓(ざんし)牛乳」がおなじ被害を人におよぼしていることを知って、健康を気づかう人々は恐怖の怒号をあげた。

よりよい代替飲料があらわれたのは一八四〇年代で、農村の牛乳が密閉された缶に入れられ、鉄道や汽船で都市に運ばれだした。この時代にニューヨーク州オレンジ郡などの地区に設けられた東海岸の施設は今日からみると小さなものだったが、おかげで都市に暮らす数万の住民が比較的安全で値段も手頃な日用食品として牛乳を摂取できるようになった。そしていまやそれは常食の域を超えて必需食とみなされるようになっていた。

ちなみに医学的知見もこのときには足並みがそろい、新鮮な牛乳を飲むことは子供にとって欠かせない習慣で、すべての人にとって健康的であるとの説に達していた。南北戦争から二、三〇年のうちに、氷による冷却法のような温度調整の技術や拡大する鉄道網のたすけもあって、農村と都市をつなぐパイプラインは全国にはりめぐらされた。

丁度おなじ時期に畜産業者と流通業者は、牛乳生産量をさらに増すと期待される「科学的」酪農の到来を歓迎していた。他が瑣末に思えるほどの大きな課題といえば一つ、それは、いかにして牛からより多くの乳を搾り出すか、であった。

造り変えられた乳牛

個々の家畜からより多くの産出を得ようという目標は新しい発想ではない。けれども畜産業者が夢を現実に変える手段を得るのは二〇世紀もだいぶ経ってからのことだった。達成にともなう代償を予測できていた者はだれもいなかったろう、慢性的な牛乳の余剰によって農家の収益が下がることも、慢性的な病によってアメリカの乳牛たちの命が縮められることも――それに、巨大監禁施設の周縁に位置する町々の慢性的な大気汚染も。そんな監禁施設が今日、アメリカの牛乳生産の主体になっている。

こうなるはずではなかった。一九五〇年あたりまでは、牛乳の成分を化学分析するかたわらメンデルの遺伝学を応用して牛を品種改変していけば、何の問題もなく生産を無限に拡大できるように思われていた。牛のなかには食べたもの飲んだものを他の牛のように体重維持にまわすのでなく、より多くの乳に変えるものがいる。酪農学者ははるか以前からそれを知っていた。このような牛をもとに生み出された様々な「乳用種」は一九世紀のあいだに認知されだし、今日まで存在している。ここで架空の牛「ベッシー」と正真正銘現実にいる「エレン」とを例にあげよう。

ベッシーはアントニー・トロロープが一八六六年に発表した作品『ベルトンの屋敷』の愛すべき挿話に登場する可愛らしい小さな牛で、登場人物のウィル・ベルトンがいとこのクララ・アメドロズに彼女を紹介する。「目はやさしくおだやかで輝いていた。脚は鹿のようで（略）その一挙一動をみていると（略）彼女はアメリカ赤鹿や羚羊（れいよう）の遠い子孫にあたるのではないかと思えてくるのだった」。ベッシーは現在でいう「ジャージー種」だった。とすると体重は六〇〇ポンドから七〇〇ポンド（約二七〇kgから三二〇kg）くらいにしかならない。平均してどれくらいの乳が出ただろう。おそらく一日二八クォート（約二六リットル）には届かなかったものと思われる。この数値は、特に産出量の多い牛の六週間以上にわたる記録として、ジョージ・ドッドの一八五六年の著作『ロンドンの食品（The Food of London）』に載せられている。

エレン、正式名「Beecher Arlinda Ellen」は時代を映し出している。乳牛はもはや鹿や羚羊を連想させることはなく、代わりに反芻動物のアメリカ車を思わせるものになった。ホルスタイン・フリージアン種の彼女は成熟して一七五〇ポンド（約七九〇kg）に達し、一九七五年には一日平均七六クォート（約七二リットル）以上の乳を出して酪農業界を騒がせた。この大達成は以来何度か抜かれることがあったが、彼女をしのぐのも同じ血統の牛ばかりである。次世代に優れた乳牛の性質を伝えるための科学的品種改変は勝利をおさめ、一九六〇年から二〇〇八年のあいだにアメリカ国内の牛乳総生産量を一二〇〇億ポンド（約五四〇億kg）からおよそ一九〇〇億ポンド（約八六〇億kg）にまで跳ね上げた。と同時に乳牛の数は約一八〇〇万頭から八五〇万頭に縮小した。ということは、一頭の牛から採られる乳量の平均は五〇年足らずで二倍半にふくれあがった計算になる。

しかしながら品種改変だけが決め手ではなかった。乳量が増えたのは甚だしい飼料革命の反映でもある。人間でもそうだが、乳牛にもよく乳を出す牛と出さない牛とがいる。多く出す牛は食べる量も多いのが普通で、それによって乳の分泌に充てた栄養分の埋め合わせをする。ベッシーのような改変されていない牛の場合、取り込むカロリーと泌乳につかうカロリーとのバランスはよく保たれていて自律的に調整できる。一方、異常な高産出を目的とする遺伝子選抜は話を複雑にする。すなわち、最良とされた牛は代謝機能が常に闘いの状態にある——問題は「負のエネルギーバランス」、ひらたくいえば不適切なカロリー摂取である。乳牛の飼養はややこしい難題と化してしまった。

一八六六年のベッシーは牛が消化すべき食べ物を食べていたに違いない。牧草と、またもし冬になっても乳が出るようなら乾草が足されていたかも知れない。同じくらい間違いなくいえるのは、一九七五年にエレンが食べていたのは「濃厚飼料」を中心とする餌だったことで、ほとんどはトウモロコシと大豆からなる。このような「高エネルギー」の飼料は乳の生成をうながす。けれども不幸なことに、反芻動物が自然には食べない穀物や大豆を基本とする濃厚飼料を大量に食べさせられることで、牛は病気におちいってしまう。

使い捨てにされる牛たち

一九一〇年には一〇〇歳の老人など珍しかったが、二〇一〇年には一七歳の牛がおなじくらい希少な存在になってしまった。しかしそれももう不可解なことではないだろう。

すでに遺伝子選抜により負のエネルギーバランスに達するまで追い詰められた現代の乳牛にはコンピュータ管理された飼料が与えられ、大量の乳を生成するか、深刻な病気を引き起こすかのギリギリの境界線をコントロールされながら、システマチックに生かされている。典型的なレシピには切り刻まれた乾草、トウモロコシの茎その他の発酵飼料（サイレージ）、粗挽き（あらびき）トウモロコシ、大豆粉末、綿実、ビートパルプ、糖蜜などがさまざまな調合で含まれている。そこに化学的緩衝剤が加わることはいうまでもない——重炭酸ナトリウム、燐酸二カルシウム、それに石灰の粉末が、第一胃酸毒症（アシドーシス）と知られる状態に対処するため投与される。

第一胃酸毒症とは要するに、第一胃のpH（ペーハー）が危険なレベルに低下した状態をいう。牛の第一胃には一兆もの細菌がいて牧草や乾草の繊維を分解する役割をはたしているが、餌が濃厚飼料に偏り過ぎると様々な細菌種の正常なバランスが崩れ、胃の酸性が強まって胃壁に潰瘍が生じてしまう。

アメリカの乳牛のどの程度が第一胃酸毒症の急性、亜急性の発作に繰り返し襲われているのか、知っている者はいない。不幸な牛は食欲を失い、それがさらに負のエネルギーバランスを加速させる。癒されないのどの渇きを癒そうと一層おおくの水を飲む。それがさらに乳を出させる（もちろん、薄くなるが）。症状が進行すると、潰瘍を生じた胃壁から感染性の細菌が放たれ、ときに肝臓へ達して膿瘍を形成する。あるいは蹄の内側へ移動し、蹄葉炎とよばれる足の痛む炎症を生じさせる（なお、全米人道協会が二〇〇八年はじめにカリフォルニアの屠殺場で「へたり牛」（一六ページ参照）を秘密撮影したが、あの牛が電気棒で追いたてられ無理に歩かされていたのも、この蹄葉炎が原因であったと思われる）。また、第一胃のpH値の低下は病原性大腸菌の成長をもうながす。O-157が含まれることも稀ではなく、牛の消化過程の全てを生きぬいて最後には糞便やそこからつくられる肥料に行き着く。

「もっと多くのミルクを」という挑戦によって現代の牛たちはさらに、一年をとおして乳房炎に苦しめられている。六頭に一頭がこの病気にかかり、乳首が腫れて痛むといった目に見える症状があらわれることもあれば、乳とともに体外へ出される体細胞（おもに白血球）の数が増加することでかろうじてそれと確認されうる無症状のケースもある。乳房炎と戦うために農家は乳液中の体細胞数をこまめにチェックし、病気の牛を特定して抗生物質をあたえなくてはならない。コストは莫大なものになる。法律により、処置中の牛から採られた牛乳は抗生物質の残余がなくなるまで廃棄されなくてはならないからである。

一頭あたりの牛乳生産量を急上昇させる試みと並行して、寿命の短縮が進んでいた。当然だろう、寿命を縮めるおもな原因の乳房炎や第一胃酸毒症、蹄葉炎などは、すでにもっとも多くのストレスにさらされている牛、つまり高い生産性を誇る牛に、とくに多く発症するのだから。それでも足りないというのか、一九九〇年代の中頃から多くの農家は牛ソマトトロピン（BST）ないし牛成長ホルモン（BGH）の名で知られ

度重なる出産と徹底的な搾乳によって、乳牛の体はボロボロになる。足や乳首の炎症もひどいが、産むたびに子を奪われるストレスも甚だしい。Photo courtesy of PETA

るホルモン剤を注射し、多くの乳を出す牛からなお多くを搾り出そうとしてきた。「品種、飼料、限界の超越」――すべての要因が重なって、五歳か六歳をむかえた多くの牛は、肉体的に完全に燃え尽きてしまうのである。

農家のジレンマ

牛をストレス攻めにして農家の暮らしは楽になったのか。とんでもない。合衆国で今もなお酪農を続ける農家は、毎年数千人の規模でこの業界から手を引いている（今日残っているのはおよそ七万五〇〇〇人ほどであろうと思われる。一九七〇年の六四万八〇〇〇人という数と比較されたい）。彼等のつくる食べ物をだれもが当たり前のもののように考えているが、基本的な点が理解されていない。実のところ、新鮮牛乳を提供する酪農家自身がほとんどの場合、彼等独自の「負のエネルギーバランス」に溺れている。牛乳一単位あたりの生産費用と、合衆国政府の複雑怪奇な連邦生乳取引制度（ＦＭＭＯ）が保証する市場価格とが釣り合わず、その差が広がり続けている。北東部のいくつかの州では、両社の開きが三五％から四〇％にまで達した。生産費用から一銭一厘を削ろうとするのは、選択肢ではなく生死を分かつ絶対義務なのである。

酪農は元来、最も体力をつかう畜産の形態だったが、今日のそれは信じがたいほどに資本力をつかう職種となっている（ただし、すべてを機械化しようとする努力はすさまじいとはいえ、資本力中心になったのは労働力が不要になったからではない）。現代の酪農業は搾乳機や管路システム、冷蔵タンクなどの必要物品のため、驚異的な設備投資と維持費が要求される。二〇世紀の酪農家たちは、これらすべての高いハードウェアは（それに特別な乳牛管理や記録保持プログラムも不可欠であるから、ソフトウェアも）大量飼育と規模の経済の原理によって元が取れるものと考えていた。「小さな」酪農場で飼われる牛はおよそ八頭から一〇頭だったのが、やがて五〇頭から六〇頭になり、世紀の終わりには九〇頭から一〇〇頭にまで膨れ上がった。もちろん必要とされる放牧地もそれに比例して拡大し、その維持に費やす労力もまた大きくなった。とくに一五〇〇ポンド（約六八〇kg）もあるホルスタイン・フリージアン種が相手なら尚更だろう。また一方で酪農学者たちは「混合飼料（ＴＭＲ）」を賞賛した。乾草と高エネルギー濃厚飼料とを決められた割合で混合した飼料のことで、農家が前もって混ぜておくか販売業者から仕入れるかして用意する。農家ははじめＴＭＲを使いながら牧場で草も与えたが、時がたつにつれ大勢が放牧を頭痛の種にし、監禁飼養をもっとも簡単な方法とみなすようになっていった。

そして北東部および中西部北方の酪農地帯で働いていた農家ないしその大部分に災難が降りかかる。一九八〇年代中葉から酪農の中心は、太平洋岸およびロッキー山脈にひろがる州の巨大施設へと移行しはじめたのである。三代四代つづいてきた東部の農場とちがい、これらの組織は充分すぎるほどの資本投資を後ろ盾にした新進の工場式畜産場で、いわゆる「おじいさんの納屋」の形式にもとらわれなければ二つの乾草畑を隔てる距離にも影響されない。規模の経済は従来の農家なら頑張ってもわずかばかりしか利用できなかったが、新しい工場式畜産場はそれに全面的に依拠することができた。今日のカリフォルニア州やコロラド州をみるとよい。そこの酪農場――あるいはともかく、畜産を経営する組織と称するもの――は、一万五〇〇〇頭から一万八〇〇〇頭の牛――あるいはともかく、〝生きている〟という欠陥を抱える流れ作業ラインの牛製機材――から牛乳を搾り出す。あらたにできた畜産場の大部分は監禁飼養施設の形態をとっている。牛は檻につながれるか、その場で乳を搾られるか、あるいは畜舎で多少の動きをゆるされ、搾乳室（ミルキングパーラー）とのあいだを移動させられる。家畜の群が数百頭以上になると放牧地で充分な監督をすることがむずかしくなってくるので、このような大量飼育施設では乳汁を分泌しているあいだ牛が牧場の草を食むことは決してない。「有機（オーガニック）」と銘打ったいくらかの牛が限られた時間、外に出られるだけである。ホルスタイン・フリージアンの彼女たちの父親は、娘がよく乳を出すということで登録されている一握りの種雄であり、例外はほとんどない（業界観測筋のなかには、ホルスタイン・フリージアンの遺伝子プールをはなはだしく狭める動きが遺伝学的危機をまねくと見る向きもある）。

西部の巨大畜産場はその規模ゆえの問題をはらむ。カリフォルニア州サンホアキン・バレーの酪農業者は、常態化した大気汚染をめぐり地域の保健局と摩擦を起こしている。汚染源のメタンやアンモニアは牛の第一胃（ルーメン）細菌から放出されるのにくわえ、反芻の際にも放出される。また一度二度の乳汁分泌のあと、だれも気付かないあいだに何千頭もの牛が乳房炎や第一胃酸毒症、蹄葉炎に襲われる。

これが単なる地域の失態でしかなく自分の食生活には関係ないと思うようであれば、考え直した方がよい。西部の新たなる怪物はそのとてつもない規模でもって聖杯に手を伸ばし、すべての人々を何代にもわたり苦しめてきた——新鮮な牛乳（というより新種の牛乳）の生産費用を、政府の価格保証制度下での売上げで元が取れてしまう程にまで引き下げたのである。

ミシシッピ川東部の多くの州では、現地の農家がつくった牛乳よりもカリフォルニア州やコロラド州で生産され輸送されてきたものの方が小売価格の面で安くなる。時勢についていこうとする絶望的な努力のなか、東部や中西部の酪農家には比較的孤立した近隣地帯に独自の監禁型畜産場をつくろうとする者もあらわれてきだした。世に逆らおうとする中小農家は高騰する財産税と地価によって抹殺されつつあるが、工場式畜産に鞍替えすれば彼等よりは生き残れる可能性が出てくる。

今日では素人のよそ者だけでなく冷静な専門家も、アメリカの酪農産業を苦しみ悩む巨人とみている。度を超えた自らの重みによって今にも倒れそうな姿、と。そんな瓦解はすぐには来やしない——そう思って、あなたがこの国の農業遺産に敵する者となる必要はないはずである。

サイズが肝心だ——食肉産業とダーウィン主義経済の堕落

スティーブ・ビエルクリー

食肉産業の適者生存競争が行き着いたのは数十年にわたる企業の集中化であり、それが自営農家を苦しめることとなった。食肉産業はコストを削減すると同時に縮小していく利鞘から最大の収益をあげるため、大量生産の理念と流れ作業の生産方式を採用した。地域に合う多様な食料生産システムの復活が求められる時代にあって、市場は一握りの小売業者と食肉処理業者に独占されている。

第二次世界大戦につづく数年はカリフォルニア州の牛肉産業にとっては特に好ましい時代だった。押し寄せる人の波がまたとない大きな市場を形成した。温かい気候も牛にとって過ごしやすく、暑すぎる砂漠や最も高い山の峰々を別にすれば全ての場所で繁栄することができた。カリフォルニア州の黄金色の大地に点々と影を落とす牛たちはさながら散り散りになった紙吹雪かカシミヤ織の模様を思わせた。州の牛肉産業は一九五〇年代から一九六〇年代初頭、合衆国中でも最大級の規模を誇っていた。アイオワ州も牛肉にかけては当時の牽引役をつとめ、育てている牛の数でいえばこちらの方が多かったが、そのほとんどはシカゴの食肉処理場へ輸送されていた。テキサス州、カンザス州、オクラホマ州、ネブラスカ州、コロラド州で飼育された牛もほとんどは北部へ送られた。ただカリフォルニア州だけが地元で育った牛を受け入れられる大きな食肉処理加工会社を有していた。州の食肉会社は中規模から大規模の地域であれば殆どどこにでもあった。

この時代はスーパーマーケットの勃興期でもあった。戦後世代の中産階級が南カリフォルニアに流入し、ロサンゼルスやその近郊の賑わっている地域には独立チェーンの食料品店が並び立って繁栄を謳歌したが、州の北半分ではスーパーマーケットのビジネスが二社のチェーン、ラッキーマーケットとセーフウェイによって支配されていた。特に後者のセーフウェイは強豪で、大量の仕入れによって様々な生鮮食品の州内市場価格を決定できる立場にあり、その品目に牛肉も含まれていた。

セーフウェイは単純な形式にもとづいて牛肉市場を形づくった。週一回、決められた日に、会議呼び出しを受けてカリフォルニアの主要牛肉処理業者の販売人が集まり、セーフウェイの仕入係と顔を合わせる。そこで仕入係がその週の購入額を提示するという段取りだった。電話による会議呼び出しは当時の新技術だったので、販売人は何か高度に洗練された交渉の場に居合わせているような気分になったに違いない。だが蓋を開けてみれば、セーフウェイの購入法は一九世紀以来つづく牛肉売買と変わるところがなかった。つまり、注文、承諾、取引、である。処理業者は選択肢が少ないことを自覚していた。州には他により好い値段を提示してくれるような強いスーパーマーケットはなかった。だがいかにケチな注文でも、ともかく多少の金を牛肉生産者が得られることだけは保証されていた――ただそれが充分な額でなかったという話である。セーフウェイにとっても、牛肉会社の倒産は望ましいことではなかった。

ところが一九六〇年代初頭のある日、恒例の会議呼び出しの場でセーフウェイの仕入係は、熱心に耳を傾ける販売人たちを前に、アイオワ・ビーフ・パッカーズと提携する旨を発表した。アイオワ・ビーフ・パッカーズは設立間もない新入り企業で、食肉加工場はアイオワ州デニソンにある。カリフォルニアの牛肉業者にはまったく訳が分からなかった。この中西部の新米から仕入れるとなると、セーフウェイは何千マイルもかけて牛肉を輸送しなくちゃならないんじゃないか？　その通り、輸送は必要だった。が、アイオワ・ビーフ・パッカーズは新しい商売を心得ていた。当時、アメリカの牛肉処理業者はいずれも枝肉をそのまま輸送していたが、ここはそうしなかった。代わりに、部分肉（プライマル）と呼ばれる真空包装された肉を輸送した。セーフウェイは脛（すね）肉や脊柱など、売り物にならず引き受けたくない廃棄物に悩まなくてもよくなったのである。それに加え、大草原のアイオワ・ビーフ・パッカーズはシカゴ州なみの労働賃金を支払う必要がなかったので、ここから肉を購入すれば、時間帯二つ分の距離があることを加味しても、セーフウェイは週に何十万ドルもの金を節約できるのだった。セーフウェイの仕入係がカリフォルニアの牛肉販売業者を前にこれら全ての説明を行なった日、それがこの州の牛肉処理産業の終わりの始まりだったといえる。一九八〇年までにロサンゼルスやバーノンの処理業者は奮闘するほんの数軒のみとなった。サンホアキン・バレーに拠点を置くハリス・ランチ・ビーフ社も輸出に力を入れることで生き残っていた。しかし今やロサンゼルスの業者さえもが消え去ったのである。ハリス・ランチその他数軒はまだ経営を続けていたが、彼等はまるでゴーストタウンに残された最後の業者のように思われた。

かの日は食肉産業の現代的構造が形を整えた時でもあった。処理業者や加工業者ではなく、小売業者が支配の座を占めたのである（その後ファストフード・チェーンが支配に加わる）。上から価格調整の圧力を加えることで、小売業者は処理業者の生き残る道を唯一つに限定した――屠殺場の操業は、業界でいう「規模の経済」に則（のっと）らなくてはならない、と。まもなくＩＢＰの名で知られることになるアイオワ・ビーフ・パッカーズ、長年そこの会長を務めてきた故ロバート・ピーターソンは、この「規模の経済」を噛み砕いて「物量勝負」と言い表わした。小売業者が圧力をかければ処理業者は端金（はした）から収益を上げるしかない。実際の儲けを帳簿に反映させたければ手は一つ、かつてない規模の巨大食肉処理場で、膨大な家畜を処理するのみ。

元来、牛肉からはそれほどの金が得られた訳ではなかった。一九六〇年代からこのかた、牛肉産業にあてはまる経験則がある。食肉加工業者——挽肉やハンバーガーパティ、ホットドッグ、ソーセージ、調理済み食品、ジャーキー、ランチョンミート等をつくる会社——はおよそ二%の利鞘で運営する。食肉処理業者——家畜を屠殺し、まず「二分体」へ、それから部分肉や更に細かい小割りに処理していく会社（処理された肉は食肉加工業者やスーパーマーケットに売られる）——は一%の利鞘で運営する。しかし時に儲けが上がる。家畜の価格が安く消費者の需要が大きい時には彼等も稼ぐことができる。逆の場合は、二〇〇八年に実際そうなったが、金を失い、ことによってはバカにならない額が消える。

スーパーマーケットとファストフード・チェーンは他の分野に力を注ぐことで通常そのような動向から身を守ることができるが、食肉業者は自らの思うようにならない気候や経済、政治の力と対峙し格闘しなければならない。気象の例では二〇〇七年、フロリダが旱魃（かんばつ）に見舞われ、一大産業の牛肉市場が混乱に陥った。また西部山間地を襲った長い旱魃は一九九〇年代中期から二〇〇六年まで続き、牛は冬の厳しい北の方へ追いやられた。

アメリカの牛肉業界は生産量のおよそ一割を輸出しており、海外の需要や同盟国の変化によって打撃を被ることもある。一九八六年、EUが牛成長ホルモンを与えられた牛の肉を輸入しない決定を下した際には、底辺層の企業がシビレ（膵臓（すいぞう）や子牛胸腺（リードヴォー））をはじめとする内臓肉市場から撤退した。それらの部分は国内の消費者には売れないので、アメリカの牛肉会社はヨーロッパに大量輸出していたのだった。中国は牛革製品を低予算でつくれたので、アメリカの処理業者はさらに国内市場を失う破目に陥った。二〇〇八年には政府のエタノール推進政策によってトウモロコシその他の穀物価格が記録的な上昇をみせ、値上がりする家畜価格と景気後退に起因する需要縮小とに圧迫されて処理業者が悲鳴を上げる一方、数百の養牛業者が職を失った。二〇〇九年は現代史上初めて、牛飼いから肥育業者、処理業者、加工業者、小売業者にいたるまでの一切の牛肉チェーンが、牛肉からの収入を得られない年となった。

まとめると、有無を言わさぬ経済的諸力がダーウィン主義経済をゆがめ、食肉業界を強者生存の堕落へと導いたのだった。資本主義経済では買い手は出費を控えようとし、売り手は収入を増そうとする。双方の力関係がほぼ釣り合っているならそれは関係者すべてにとってうまく機能することが多い。というのも、そこでは歩み寄りのみが合意に至る唯一の道だからである。しかしアメリカの食品業界では経済的な力の大半が小売業者とファストフード・チェーンの手中にある。理由は二つ――第一に、彼等は自社グループ内での統合をすすめることで巨大化していき、圧倒的な購買力を誇るようになったこと。第二に、スーパーマーケットとファストフード店はチェーンの中で最も消費者に近いところに位置すること。恐らくそれほど自覚してはいなかろうが、消費者は全体の中で最終的な決定を下す立場にある。ごく一握りのスーパーマーケット・チェーンのみが基本的に食品市場の価格決定を行なう（もっともそれは、二〇〇一年にアメリカ最大の食品小売業者となったウォルマートがまだ決定を下していない商品に限ってのことだが）。食肉大手が巨大化したのは仕入業者が巨大化したことによるが、仕入業者全体の数は減った。食肉会社は通常、他の買い手を見付けることができない。小売業者とファストフード・チェーンはそれを分かっている。

第二次大戦以来、食肉会社とその取引先、そして家畜供給業者が進めてきたことの本質は、肉――すなわち、元を正せば生きものから得る産物――の生産、流通、販売を、産業モデルに仕立てることだったといえる。したがって大手のスーパーマーケットやファストフード店で人々が購入する肉は、もはや単なる農産物ではない。それは商品であって、銅や屑鉄と同じく魂は宿らない。経済的要因が、それを特別なものではなく商品とするよう要求しているのである。処理業者は処理業者で、食肉用の家畜を供給する肥育業者に価格圧力を加えている。家畜は重量で売られるから、肥育業者は要求に応えるため可能な限り手早く家畜の体重を増す方法、例えば肥育場（フィードロット）を用いる。農場主や養牛業者が生産量と飼料効率について話をする際には、生産費用と時間の兼ね合いが焦点になる——出荷可能な体重にまで家畜を肥育するのにどれだけの時間が要されるか、それに比して費用はいかばかりか。養牛業者や養豚業者らが肥育に時間をかければ、それだけ家畜は彼等にとって高くつくことになる。肉牛の場合、牧草飼養にすると安定した体重増加は見込めるが、いわゆる「仕上げ」を施された牛と比べて増量速度は遅い（「仕上げ」とは業界用語で、よく太る穀物飼料を与えながら最期の三、四カ月を肥育場にて過ごさせることをいう）。

例外もないではない。スーパーマーケット・チェーンの中でもホールフーズ社は店舗近くで経営する小規模の地場農家から食品や食肉の大部分を仕入れる仕組みを考案したことで有名になった。が、同社は他と比べて格段に商品の値が張ることでも有名であり、やはり価格の圧力には逆らえない。たとえば同社の仕入れる牧草飼養牛の肉はウルグアイから来ているが、これは地場のものよりはるかに安いからである。しかしそれでもなお、合衆国における食品小売業者の大枠の中で考えれば、ホールフーズ社は（同業他社の中では抜きん出た最大手であるにも拘らず）食品市場のほんの一部を動かす程度の力しか持たない。

食肉処理業者や加工業者が参加している経済は一種の奴隷契約となっているが、そのことについて意見を求めれば彼等は肩をすくめるだろう、変える力はないのだ、と。「もっと小さな工場を使って地域のスーパーマーケットだけに出荷する、それでお金になるのならやりたいところですがね」——大手小売業者、ファストフード・チェーンと大々的な取引をおこなっている処理業者の一人が口にした。「でももう地域の独立したスーパーなんてそんなに無いんですよ。なんでもチェーンです。売りたいと思えばチェーンが欲しがる量を売る。マクドナルドも同じです。つくった牛挽肉を買うのは地域のマクドナルドじゃないでしょう、買うのはどこかの仕入店だ。そこが供給業者の認定リストをみて決められた値段で挽肉を買うんです、それも大量に。もうね、小さい会社はそういう経済についていくことなんて出来ないんですよ」。

シアトルのマーラー・クラーク法律事務所に所属するビル・マーラー弁護士は、病原性大腸菌の混入と感染によって発生した健康被害の件で数社の食肉会社を相手に裁判で勝訴を収めてきた。「病原菌汚染の原因と責任が議論になる時、小売業者は追及を免れます。これは誰にも知られていない現実です」と彼は二〇〇八年七月に語っている。「供給業者から提出される安全記録の監査に不備があった件で、ウォルマートとコストコを訴えたいと考えていますが、彼等には監査の義務がないため手が打てません。責任追及がないので彼等は好きなだけ供給業者に拍車をかけることができます、責任は供給業者が一手に引き受けることになりますから」。

大勢を占めるスーパーマーケットとファストフード・チェーンが購買力を誇って量産を要求する、その力が食肉会社を圧迫し、食品ビジネスで収益を上げるための更なる大量生産、更なる高速化へと彼等を駆り立てる――と、こうした経済要因に加え、今日の食肉産業を形作った要因はもう一つあった。連邦政府の規則にともなうコストである。アメリカでは州境を越えて商品を売ろうとする食肉会社は農務省の食品安全検査局（FSIS）が管轄する連邦食肉検査規則にしたがわなければならない。公共の利益に資するとの理由から検査の実費は税金で賄（まかな）われる（これは農務省による枝肉の格付けが、市場を活発にするために実施するとの理由から、業者によって費用負担されるのとは対照的といえる）が、検査はともかく検査規則に合わせるためのコストは業者みずからが負担しなければならない。

コストは年々高額化しており、特に一九九三年のO - 157：H7発生を受けて、その傾向に拍車が掛かっている。O - 157の発生はシアトルにあるジャックインザボックスのレストランで提供された生焼けのハンバーガーに端を発し、これを食した子供四人が死亡、数百人の老若男女が病気に見舞われた。この悲劇によって古い食品検査システムが見直されることになったが、それは一九〇六年に可決された連邦食肉検査法にさかのぼるものだった。食肉業界からの勧めもあって、ＦＳＩＳは旧式の方法を完全放棄する代わりに「危害要因分析必須管理点（Hazard Analysis Critical Control Points）」、頭文字をとってＨＡＣＣＰ（ハセップ）と呼ばれる手続きを採用した。(訳注1) ＨＡＣＣＰは食肉工場に対し、生産工程のなかで最も細菌等による食肉汚染のリスクが高い点を特定してそこを監視し、修正していくよう求める。

食肉処理場では重要な必須管理点は「畜殺室（kill floor）」とされている。ここでは家畜の屠殺、放血、剥皮（はくひ）、内臓摘出が行なわれる。病原細菌は皮膚や胃袋その他の部分に潜伏し、除去には法外な費用がかかる。例えば皮を剥ぐ前に表面に付いた泥や糞尿を落とすため、禍々（まがまが）しい洗車機のような機械が使われるが、値段は一〇〇万ドル以上にもなる。その費用は消費者の方へ回せるものではないから、小さな会社はこの奇怪きわまる、しかし効率的なマシーンを購入することができない。枝肉の脂肪に付いた病原体を取り除く蒸気真空装置、有機酸による殺菌洗浄、汚染を発見するための電子光学機器――いずれも設置と稼働に巨額の費用を要するものばかりである。主要食肉加工会社数社が則（のっと）る「検査と保留」の処置は、生産単位ごとに病原体の検査を行ない、検査結果が返ってくるまではその製品を流通させないといった処方が含まれる。貴重な目録が作成されることにはなるが、その費用を捻出できるのは充分な資金力を持つ少数の業者に限られる。

このような経済の荒波に襲われ、食肉会社は身を守るため合併を進めている。現在、アメリカの牛肉産業は三社、タイソン・フーズ（二〇〇一年、ＩＢＰを買収）、カーギル、およびＪＢＳスイフト（二〇〇八年一〇月、スミスフィールド社の牛肉部門を買収）が支配する。ブラジルのＪＢＳ Ｓ・Ａ（エッセ アー）傘下のＪＢＳスイフトは今日、世界最大の食肉会社である。上位三社の管轄する牛肉処理施設は合衆国では七五％にあたり、ブラジル、オーストラリアをはじめとする他の牛肉生産国でも相当部分を占めている。豚や家禽を扱う企業はこれほどではないが、それでも集中度は高い。大きな者がより大きくなっていく――経済的にみてそれが合理的と思われる限り、そして、独善に陥っている司法省（ＤＯＪ）がトラストを規制する必要を感じない限りは。

これも思い出してほしい、わが国の国民は他のどこの国の人々よりも食費を抑えているのである。そして、ホールフーズのように市場の穴場をみつけて成功している高級食材店はあるものの、我々が繰り返し行動で示してきたのは〝今以上に食品に金をかける気はない〟というメッセージだった。つまるところ、食肉生産企業の統合も含め、アメリカの農畜産業を形成した本当の立役者は、消費者なのである。持続可能性や環境保護、家畜に対する人道的な扱いといった価値を重んじ、家族農家への回帰を実現する食品産業、巨大よりも小規模を、遠距離輸送よりも地産地消を、外国人労働力よりも地域の労働力を重んじる食品産業、人間味を排して工業的であるより、生命の法則に沿って友好的であるような食品産業――我々がそれを求めるのであれば、それにお金を支払う気がなくてはならない。

カリフォルニア州にかつて存在した多彩な牛肉処理産業は数百もの小規模農家と数千もの処理場労働者とを支え、州に広がる何十という地域社会において中心的な産業となっていたが、それはあるスーパーマーケット・チェーンの仕入配給店が下した一つの決定によって為す術なく崩れ去っていった。その決定は経済の基本原則にもとづいていた。最も効率的なるものが最も良きものである――この原則が変わることはないだろう。だが、「効率的」の定義は変えられる。

訳注1　ＨＡＣＣＰ　現実には、このモデルが導入されたことで食肉検査の裁量権は政府（農務省）から企業の手に移り、政府派遣の検査官の数は大幅に減らされ、解体ラインの速度は上がり、全屠体を調べていた検査が一部の屠体を抜き出す抽出検査に代わり、肉に付着した糞便などの見落としは多くなった。その他の問題点およびＨＡＣＣＰが日本に導入された経緯については久慈力著『Ｏ‐１５７と無菌社会の恐怖――ＨＡＣＣＰシステムの問題点』（緑風出版、一九九八年）を参照されたい。

浮かぶ豚舎――工業的水産養殖が水の民を害している？

ケン・スティアー
エメット・ホプキンス

工業的農業が「緑の革命」を展開している水面下で、国際開発の推進者らは新たな食料供給源として養殖業を奨励しはじめた。「青の革命」は有害な作用を及ぼすことなく世界の食料危機を解決してくれると彼等は論じる。しかし養殖産業が発展するにつれ副作用が浮上してきた――水質汚濁、野生魚の減少、水生生物の生息域破壊、それに非効率的な資源浪費。事実、魚やエビを囲った多くの養殖場は、海に浮かぶＣＡＦＯと化している。

豚舎が海に浮かんでいる、と想像していただきたい。海の一角にて無数の動物が押し込められ、糞便と抗生物質の混ざった廃棄物の山が流れにさらわれている。ある種の養殖場の現実は、この想像からさほど離れていない。養殖鮭のグリルや生簀育ちのマグロの焼き魚を食べる時、多くの人は現代の水産養殖が環境に及ぼす影響のことを考えたりはしないだろうが、それは陸の工場式畜産と同程度の破壊をもたらす可能性を秘めている。

批判者たちは工業的な養殖魚について、海洋生態系に多大な犠牲を強いる堕ちた贅沢嗜好品だとの評価を下している。海産食品の選択肢として、養殖は漁業を補い、場合によっては最終的にそれに取って代わる

――ということはなかった。そのいくつかの部門は現実には海を汚染し、漁村を荒廃させ、世界の漁場に脅威をつきつけている。一方、年間七八〇〇億ドルの収益を上げる水産養殖業界は、(原注1)養殖の技術はより環境にやさしいものへと進化しつつあり、また他種の養殖手法を確立していく一方でおいしい養殖鮭をこれからも食べ続けたいと考えるのは至極当然のことだと主張する。

真相に迫ることは今後の海洋漁業を考える上で大きな重要性を持つ。というのも、私たちの食べる海産食品の半分、年間にして六〇〇〇万トン以上は水産養殖で得られたものであり、(原注2)無計画な乱獲を続けながら私たちはますます水産養殖に依存するようになっているからである。大きな軌道修正がなされなければ、世紀の半ばまでに全ての主要魚介類は過去の商業水準の一割以下にまで減少するおそれがある。

とんでもない排出――汚染と生態系破壊

工業規模の水産養殖にともなう問題の中でも、廃棄物投棄は恐らくもっとも許しがたいものだろう。陸のCAFOと同じく、養殖場でも大量の糞便が比較的小さい区域に集中する。魚の排泄物と餌の残りが窒素、燐(リン)、化学物質残留物を海へ放つ。(原注3)ワールドウォッチ研究所はワシントンDCに拠点を置く世界的に注目されている調査機関であるが、ここが近年発表した報告書によると、二〇万尾の魚を収容する施設から出る糞便の量は二万~六万人都市の下水汚物のそれに等しいという。(原注4)このような大量の汚物の流出によって海が富栄養化すれば、貝類の汚染や毒性藻類の繁茂、さらには生物多様性の喪失につながりかねない。

さらに、窮屈な生活環境のせいで魚は病気に罹りやすくなる。対処として養殖業者は抗生物質や海虱(うみしらみ)殺虫剤などの医薬品を用いる。(原注5)国連食糧農業機関(FAO)は二〇〇五年の報告書で、アメリカの鮭養殖に使わ

工業排水の汚染風景にみえるが養殖場の実態である。密飼いのせいで餌の残滓や糞便が溜まり、逃げ場を失った魚のエラを塞いで窒息に追いやる。病原体の大発生も珍しくない。Photo: Anonymous for Animal Rights

れる抗生物質の量を一エーカー当たりおよそ一五〇ポンド（約六八kg）と見積もっている。(原注6) 養殖場が海にある場合、化学物質は外へ流され他の生物に摂取される。(原注7) 衛生関係の専門家は、低レベルの抗生物質を使い続けることで抗生物質耐性菌の成長が促され、後々人間の健康に対する脅威となることを危惧している。(原注8)

養殖魚が毒性のポリ塩化ビフェニル（ＰＣＢ）を含むことを示した研究も複数存在する。(原注9) ＰＣＢは生物蓄積され、大きな魚が小さな魚を食べる過程で食物連鎖を通過していく。(訳注1) 二〇〇三年、環境活動グループ（ＥＷＧ）の依頼で行なわれた試験の結果では、平均的な養殖鮭のＰＣＢ濃度は野生鮭の一六倍、牛肉から検出された濃度の四倍、他の海産物の三・四倍であることが示された。(原注10) このような研究結果を知れば、消費者は養殖鮭の購入を検討し直すのではなかろうか。

生簀(いけす)内で病気が蔓延しやすくなっていることに加え、養殖魚は野生生物をも危険にさらす。

一九九五年にはオーストラリアのマグロ養殖場付近から発生した疱疹(ヘルペス)ウイルスが南太平洋で感染の大流行を引き起こした。ウイルスは一日三〇㎞の速度で拡がり、一〇％以上のイワシを死滅させたことで(原注11)、カツオドリやペンギンその他、大量の海鳥を餓死に追いやった。感染源をマグロ養殖場に特定することはできていないが、海洋学者たちはそこが原因だとしている(原注12)。アメリカでは北東部および西部の二〇以上の州で、旋回病とよばれる神経疾患が養殖マスから天然マスへと伝播していったことが報告にある(原注13)。伝播は一九五〇年代に初めて発見され(原注14)、現在も続いている。また二〇〇八年にはチリの鮭養殖場が度重なる感染性鮭貧血症（ISA）の発生に悩まされた。チリのNGOエコセアノス（Ecoceanos）代表のフアン・カルロス・カルデナスによれば、ウイルスは養殖場内の鮭に一日一％の割合で拡がっていき、一年でチリ南部から一二〇〇マイル（約二〇〇〇㎞）の外洋にまで達したという(原注15)。

二〇〇八年に初めてISAが発生した際、沖合養殖を営んでいた企業の多くは養殖場をまだ感染症の出ていないチリ南部へ移した。しかし問題が収まるどころか、養殖場が来たことでISAは南部水域にまで範囲を拡げた。業界筋のイントラフィッシュ（Intrafish）は、チリの鮭生産量が二〇〇九年には実に八七％の減少を示すだろうとの予測を立てた。二〇〇八年の生産高二七万九〇〇〇トンから三万七〇〇〇トン、多く見積もっても六万七〇〇〇トンにまで減るという(原注16)。危機に備える努力はしているものの、チリの鮭は壊滅的な被害を被っており、世界の食料供給に支障が生じることは避けがたい。感染症が発生する前、チリは鮭養殖にかけてノルウェーに次ぐ世界第二位の地位にあり、アメリカへの最大の輸出国だった。しかしこの危機

訳注1　生物蓄積と生物濃縮　生物蓄積は一生物体内に環境中の濃度を上回る量の有害物質が溜まる現象。生物濃縮は食物連鎖の上位捕食者に行くほど体内の有害物質濃度が高まる現象。一生物に焦点を置くか、食物連鎖に焦点を置くかの違いがある。

によって世界の大西洋鮭の養殖生産量は二〇〇九年に一八％の下落を見せ、二〇一〇年にも恐らく同程度の下落があるものと予想されている。(原注17)

生物多様性への影響――弱い遺伝子、水に飢える魚

養殖場から脱け出るのは病気だけではない。魚自身が逃れることもよくある。毎年およそ二〇〇万尾ほどの鮭が北大西洋に逃げ出し、(原注18)実質、野生の鮭を海の少数派にしている。ノルウェーだけでも毎年二五万から六五万尾の鮭が海へ逃れ、沿岸の河川に産卵する鮭の三分の一は彼等が占める。(原注19)野生鮭にとっては大きな問題になっており、それというのも遺伝的に脆弱な養殖鮭と交われば種の遺伝子が劣化を来たすからである。乱獲や産卵地の破壊など既に数々の障壁に直面しているその集団にとって、最も好ましくないのは脱出鮭との遺伝子交配により、誕生から次の世代を残すまでの長い旅を生き抜く力のない、おとなしい子孫が出来てしまうことだろう。海の生態系を支えるのは力強い野生種の遺伝的多様性であるが、開放型ケージを使う水産養殖は魚の逃亡を許し、その長期的繁栄を妨げる。

水産養殖施設に均衡を乱されるのは野生魚だけではない。多くの工場式養殖場は陸の生態系にも危機をもたらす。ある種の水産養殖は淡水に大きく依存する。鯉(こい)やテラピアの集約飼育では肉一ポンド（約四五〇g）につき二〇ガロン（約七六リットル）以上もの淡水が使われる。(原注20)エビでは更に多くの淡水が必要になる。(原注21)カンザス州の肥育場やノースカロライナ州の養豚施設同様、これら水に飢える養殖場は周囲の帯水層を枯渇させ、淡水に頼る生態系と地域住民をも危険にさらす。アメリカ地質調査所は水産養殖のため一日のうちにアメリカの土壌と地表水とから汲み出される淡水の量を三七〇〇ガロン（約一万四〇〇〇リットル）と見積も

っている。(原注22) 養殖業が水を飲み干す結果は、アメリカを含め世界各地で目にすることができる。タイのラノート郡では一九八〇年代後期にエビ養殖池が乱立し、汲み出しによって地下水位が三年間で一二フィート以上（約四ｍ）も低下したと伝えられている。(原注23) 養殖ビジネスと地域住民とが自然資源を取り合ったら、後者――そこには人も生態系も含まれる――にはまず勝ち目がない。水の確保をめぐる間接的な争いとともに、養殖区域に生息する生き物にはより直接的な危害も加えられる。

アジアから南米にいたる地域では、エビ養殖のため沿岸の生態系、とくにマングローブ林が一掃されてきた。(原注24) このような乱伐はマングローブ林で蟹（かに）や貝を収穫して暮らす人々から食料を奪う一方、海岸浸食やサンゴ礁の損傷を招くことにもなる。

動物相の根絶、破壊、侵略も、水産養殖施設の問題となることがある。意図的な攻撃もあるが、水生生物が網に絡まってしまうケースや、多くの海洋生物の糧（かて）になる野生魚を減らしてしまうケースなど、無配慮による原因もある。(原注25) 養殖と直接には関わらない海洋哺乳類、鳥類、魚類であっても、その運命はますますこの成長を続ける産業に左右されゆく傾向にあるといえる。養殖産業が拡大するにつれ、ケージの魚を肥やす魚粉の需要も高まった。そしてこの鰻（うなぎ）昇りする魚粉市場から、海の生態系の核となっている小さな魚たちの枯渇が見えてくる。この小さな魚たちは、商用になる野生魚、海洋哺乳類、海鳥類を支える存在であり、これまでは海に溢れ返るほど泳いでいた。

魚が魚を喰らう世界――蛋白質浪費工場

フランシス・ムア・ラッペはおよそ四〇年前、その著『小さな惑星の緑の食卓』の中で牛の穀物肥育システムを「蛋白質浪費工場」と喝破した。というのも穀物肥育は得られる肉に比して遥かに多くの植物性蛋白質を必要とするからである。同じような原理が世界の水産養殖産業にも存在する。とくに、食物連鎖の頂点に位置する肉食の魚介類、鮭やマグロやエビを食べたいという人々の貪欲を満たそうとする時、この傾向は著しいものとなる。

「水産養殖業は現在、野生魚を飼料として用いることに過度に依存していますが、これは生態学的にみて大変な危険をはらんでいます」と語るのは、スタンフォード大学環境科学政策センターに勤める先駆的な環境学者ロザモンド・ネイラーである。「代替案の実行が商業的に大きなスケールで可能とならなければ、主要な漁場のいくつかは持続可能性の限界に追い込まれます。海の食物連鎖を形成する多くの種にとって、それは食料が減ることを意味します（原注26）」。

養殖産業は野生魚の漁獲高が停滞した時、隆盛をむかえた。それが一九七〇年以来、年間九％の伸び率で成長を遂げてきたのは、この時期に倍近くまで膨れ上がった世界需要を満たそうとしてのことであり、それが水産養殖を食品業界の中でも最も成長いちじるしい分野へと変えた（原注27）。

驚くべき達成にはしかし、落し穴があった。養殖が求めたのは餌の大量投入で、その中心は「小魚」、つまり私たちが直接に食べたがる種類の魚を育てるための「餌料（じりょう）」「餌用魚」である。そうした小さな遊泳魚は魚粉と魚油に加工され、他の成分と混ぜ合わされてペレットになり、囲いの中の魚に与えられる。産業全体を見渡してみると、養殖魚はいまや餌の元が取れなくなった（つまり野生魚投入量と養殖魚産出量との比が平均一以下になった）のであるが、多くの魚種はなお体重より遥かに多くの野生魚を要求する。一例をあげると、大西洋鮭の体重を一ポンド増やすのには大体五ポンド程度の遊泳魚（カタクチイワシ、サバ、ニシンなどの外洋魚）が必要になる（原注28）。

企業開発や公的資金による研究は効率性を高めることに尽力してきた。また一方、飼料につかう魚粉や魚油を減らそうという努力もしてきた。デビッド・ヒッグスはカナダ政府の水族栄養学者であり、ブリティッシュコロンビアに拠点を置く年収四億五〇〇〇万ドルの鮭養殖企業と共同研究を行なっている。彼は次のように語る。「コスト、（略）資源の持続可能性、それに人間の健康に対する懸念といったものが研究者たちを動かし、魚粉や魚油に代わる餌が模索されることになりました」[原注29]。魚成分を減らせばＰＣＢの生物蓄積も減り、企業イメージの向上にも役立つ。だがこのような革新も養殖産業の爆発的な成長により相殺されている。水産養殖の分野中最大の鮭養殖は近年、肥育に必要な野生魚餌の量を若干減らすことができたが、産業全体の総生産量は大きな割合で増加している。

さらに危惧される傾向としては、例えば養殖される魚種の急速な拡大が挙げられる。その中にはこれまで以上に多くの餌用魚が求められる種もいる。養殖マグロは生餌（いきえ）を食べるが、どこか近所の寿司屋に一ポンドのマグロ肉を供給するとなると、およそ二〇ポンドの遊泳魚を投入しなければならない[原注30]。養殖マグロは野生魚が捕獲されたもので、海に繋ぎ留めた囲いの中で飼養される。というのも、日本を筆頭に各国が粉骨砕身しているにも拘らず、いまだ卵からマグロを育てることに成功した者がいないからである[訳注2]。

訳注2　卵からマグロを育てることに成功した者がいない　近畿大学水産研究所は二〇〇二年六月にマグロの完全養殖を達成した（「近大マグロ」の名で販売）。同研究所によると、近親交配による悪影響は確認されていないため、二〇一五年の現時点では外から親魚を新たに導入してはいない。ただし餌料の確保は大きな課題として残っている。現在は産まれたての段階ではプランクトンを、次の段階で南米産イワシ等の魚粉を原料とする配合飼料を与え、半年程度したところでイワシやアジ、サバ、イカナゴといった小魚類に切り換えていく形をとっているが、そうした小魚類も減少している状況にあり、目下、大豆粕をはじめとする植物性原料を混ぜた配合飼料を開発中であるという。

「問題なのは我々が一足飛びに食物連鎖の頂点に目をつけたことです。ときどき論じられますが、マグロやシマスズキやタラを育てるというのは虎を肥育するのと同じことなのです」とワールドウォッチ研究所の主任研究員ブライアン・ハルウェイルは語る。「底辺から始めなくてはなりません。貝の養殖は推奨できるでしょう。貝は健全な海洋生態系を構成する基礎単位です。次が藻類を食べる魚類。魚を捕食する魚はそれからです。ところが全ての関心がマグロやタラに向けられ、しかもそれが信じられないほどの収入になっているというのは、生態学の見地から考えましてて大変破壊的であるといわざるを得ません」(原注31)。

環境活動家も企業も現在の養殖は持続可能だと論じるが、魚介類の数にも底があることは言うまでもなく、かたや需要の伸びがとどまる気配は今のところない。ブリティッシュコロンビア大学漁業センターの二〇〇六年調査によれば、なんと漁獲された海洋魚の三七%は飼料の魚粉になっているという(一九四八年には七・七%でしかなかった(原注32))。そのほとんどは中国に行く。世界の養殖の七割はそこで営まれている(原注33)。

世界中でつくられた魚粉や魚油の多くが家畜、とくに豚や家禽の餌になっているというのは驚きかも知れない。しかし今や水産養殖がその最大の消費者になった。一九八八年には一〇%の消費だったのが、二〇〇九年には六〇%以上に上昇、劇的な飛躍といえる(原注34)。シェアは拡大し続けるだろう、というのも魚粉価格の値上がりにともない、他の家畜産業は水産養殖に先立っていち早く植物蛋白による代替へと移行したからである。現在の傾向が続けば、一〇年もしない内に魚油の需要は供給を上回り、二〇五〇年までには魚粉も同じ事態に陥るだろうとネイラーは警告する。その傾向は野生魚の希少化と並行した魚粉価格の値上がりに現われている。

更に野生魚を減らすものに、養殖魚の繁殖用としての利用がある。アジアの一部では陸上養殖を行なう業者が若い野生魚を捕らえ、養殖池に放っている。同じように、工業化されたエビ養殖場では野生のエビ幼生を捕えて養殖用にする。[原注35] 飼料としての魚粉利用と並んで野生種の利用まで行なわれるとなると、水産養殖が乱獲の解決策になるものかどうか、非常に疑わしく思えてくる。

貧者の魚——食料確保と漁業共同体

国際開発に関わる機関が当初、水産養殖というものを世界の飢餓に対する処方箋と考えていたのだとしたら、彼等はそれが代償を伴わないものであるという思い違いをしていたことになる。皮肉なことに、この産業は小規模の漁労民や先住民の伝統的居住地を浸食し、野生魚をめぐる争いを起こすなどして、多大な被害を及ぼしてきた。タイ南部のアオ・クン村では、エビ養殖池が居住区沿いに造られたことで村民の生活が劇的に変貌した。海陸を問わず投棄される養殖池の廃棄物によって、村民の支えになっていた野生のエビが殺され、ココナッツは毒され、井戸水も汚染された。[原注36] 無責任な水産養殖業の到来が、地域伝統の経済と生活を破壊したのである。

バングラデシュのクルナ管区もエビ養殖業者による破壊を目の当たりにした。クルナはエビ養殖禁止区域に指定されたにも拘らず、取引業者は政府役員と共謀して地帯設定を撤去し、エビ養殖池を設けるため、既にある農耕地を破壊した。紛争によって住民の死傷者も出た。女性はエビ養殖場の従業員に性的暴行を受け、土地の没収に抗議した数百人の村民が殺害された。[原注37] 似たような話は世界中の漁村にある。

より広い目で見ると、養殖業は貧困者の食べる魚介類を減らす方向に働いている。水産養殖産業が野生魚に依存することで、途上国の食料確保をめぐるジレンマが生じている。世界自然保護基金（ＷＷＦ）ドイツ支部は、近年西アフリカからの不法移民がヨーロッパに大挙して流入していることが地域の漁況不振と関連を持つのか否かについて調査を続けている。ペルーはカタクチイワシ産業において世界の先頭を行きながら、市民の多くは貧困状況にあり、魚肉蛋白質の欠乏徴候を示している。毎年ペルーは二〇〇万トン以上の魚を輸出するが、(原注38)その中心はカタクチイワシであり、中国その他の国々における水産養殖用の魚粉にされる。(原注39)水産養殖に費やされる小魚の率が増大するに従って、健全な漁場の基盤は崩れ去り、野生魚を貴重な蛋白源としていた人々は糧を失っていく。

野生魚の代替物を模索し、漁場を数十年にわたる乱獲の被害から回復させる代わりに、水産養殖業は海の生態系の土台を掘り崩している。海洋科学者たちは現在、南極オキアミの数が激減しつつあることを憂慮している。オキアミはクジラやペンギンなど多くの大型海洋生物にとって生存に欠かせない海の構成員であるが、その数は温暖化によって既に減少傾向にある。しかるに今日、オキアミ養殖に携わる企業は養殖魚の飼料や健康サプリメントとしての利用目的から大量のアミを掬(すく)い上げている。

南極オキアミ保全プロジェクトによると、ノルウェーの多国籍企業アケルASA（Aker ASA）が操業するトロール工船サガ・シー号（Saga Sea）は数百万のオキアミを連続して吸い上げることができる。(原注40)他の企業も同様の技術に注目している。養殖企業は四億〜五億トンのオキアミがなお海に残っていると推定するが、イギリス南極研究所はわずか一億一〇〇〇万トンにまで減ったと見積もる。(原注41)条約による漁獲量の上限は四〇〇万トンと定められており、(原注42)新たな吸い上げ型漁獲技術が開発されればこの量を得ることは一層容易になる。「クジラにペンギンにアザラシ、アホウドリもウミツバメも、みんな南極にいなくてはならない主人公たちでしょうが、彼等はオキアミに頼っています」とグリーンピース・インターナショナルの海洋保全専門家リチャード・ペイジは語る。「オキアミは世界の共有財産の一部であり、地球に存在する手付かずの環境の一つを形作っています」。(原注43)

代替案――伝統養殖と持続可能な産業形態

今日の養殖マグロや養殖鮭とは対照に、アフリカの一部地帯やアジアで営まれている長い伝統を持つ養殖業の中核をなす魚種、ナマズやコイやサバヒー等は、草食性ないし雑食性であるため、餌用魚の投入量は最終的な産出量より少なくて済む。伝統的な養殖業者からすると、一を得るため数倍の魚粉を与えるなどという考え方は甚だ愚かしいものに思われるだろう。「肉食魚養殖を減らし草食魚に目を向けること、とどのつまり、ここに本当の解決策があります」。ブリティッシュコロンビア大学の著名な研究者U・ラシッド・スマイラはそう述べる。「望みかどうかは別として、それが根本的な解決なのは確かです」(原注44)。

最初期の養殖として知られるのは中国の鯉(こい)養殖で、それが人々を数千年のあいだ養ってきた。しばしば畑に沿って小さな鯉の池が並び、隣り合う豚や家鴨(あひる)の小屋から出る糞尿が鯉を育てる一方、池の底に溜まった肥沃な土は肥料となり、年に数回、池に接する畑に撒かれた。唐王朝になると、ある言語上の偶然事によってこの伝統的な養殖の発展は廃れてしまう。時の皇帝李淵(リエン)の「李(リ)」が「鯉(リ)」に通じるとの理由から、皇帝と養殖魚を結び付けるような危険を犯したくないと考えた業者たちは他の魚種を探し始めたのであった。かくして中国の多種養殖が産声を上げた(原注45)。

今日でも中国伝統の養殖池は世界的にみて最も生産性の高い淡水水産業となっている。秘訣の一つは廃棄物なる概念がほとんど無いという点にある。ある生き物の廃棄するものは他の生き物の食料になる。今日の工業的水産養殖の多くでは、消費されなかった栄養分に細菌や虫、鳥が引き寄せられ、魚のための栄養分が減らされる。これらの施設では密封されていない廃棄物により生態系が地獄を見る。

中国の伝統的な養殖池はそれとは違い、閉じられた環境の中、それぞれの魚がそれぞれの生態的地位におさまり、バランスのとれた共同体を構成する。白鰱（ハクレン）やテラピアは植物プランクトンを食べ、黒鰱（コクレン）は動物プランクトンを食べる。草魚（ソウギョ）、武昌魚（ブショウギョ）、真鯉（まごい）は飼葉（かいば）を食べ、真鯉、黒鰱、ケンヒーは池底の澱（おり）を掻き回して餌を漁（あさ）る。中国からインド、タイにわたってこのバランスのとれた養殖法が用いられ、現代養殖のような予期せぬ事態を引き起こすことなく地方に暮らす多くの人々を養っている。（原注46）

伝統的な養殖池に着想を得た二一世紀の水産養殖業者のなかには、技術的に更に複雑な栄養循環の実現を目指す者も現われ始めた。起業家や研究者は多様な栄養循環の方法に目を向けている。近隣の耕作地への施肥、魚による汚水の処理、池水面を利用した水耕栽培などである。先を見据えた水産養殖モデルとして、陸上養殖における淡水の利用、再利用、再循環の方法も模索されている。ただし水利用に関して政府が課税制度や充分な規制を設けなければ、利益優先で行動する企業が水の節約を検討することはないであろうし、また排泄物や魚が自然界へ出るのを防ぐ努力も、養殖場とその外の水源との間に適切な遮断物を設ける努力もないがしろにされるおそれがある。

ＷＷＦは企業がこうしたより持続可能な運営へと移行する必要があることを認め、主要な環境リスクの軽減ないし排除を目的とした業界自主基準の策定を奨励してきた。またＷＷＦは二〇〇四年以来、生産者、消費者および複数のＮＧＯによる共同出資の対話プロセスを促している。近年拡大したＷＷＦの水産養殖チーム指導者のホセ・ヴィラロンは「これが私どもの最優先事項です」と語る。基準は認証制度になる。最初の二種、テラピアおよびナマズのパンガシウスの認証は民間の意見聴取によって進められた。基準案はテラピア養殖業者に立地、水質、抗生物質の使用、飼料効率、労働条件の達成目標を示している。他種の基準については意見が割れており、エビと鮭については最低でも二〇一〇年までは議論が続く見通しである。

一方、持続可能性の基準は一様でなく、中身を決めるのは大部分、合衆国の水産物の七割が消費されるレストランの手に委ねられる。（原注47）「私どもはシェフとして海の生物多様性を尊び、一種類の食材に偏向することを慎まなければなりません」とマンハッタンにあるサボイ・レストランのオーナー、ピーター・ホフマンは言う。彼は一〇〇〇人を超えるシェフ協会の役員も務め、協会は「店が購入し、お客様に提供する海産物の持続可能性についてシェフに教育する」ことを使命とする。これは創造的な挑戦の一環でもあり、例えばテラピアをキハダのたたきのような味わいに調理するといった試みも行なう。我々の関心がナマズやテラピア、鯉などの草食魚や、牡蠣（かき）、紫貝、帆立貝などの二枚貝の方へ向けば、蛋白質浪費の問題をなくすことができる。

食物連鎖を下っていくことで健康上の利益が損なわれることはない。一方でそれは好ましい生態学的効果を引き出すことにつながる。そう考えてみると、日陰の存在だった素朴な貝類が光彩を放ち始める。ロングアイランド湾からワシントン州ピュージェット湾にかけての地域では牡蠣の種苗（しゅびょう）放流が行なわれ大きな成功がもたらされている。牡蠣その他の貝は健康に良い（牡蠣はテストステロンの生成に必要な亜鉛に富む）ばかりでなく、自力で生きていくことができる。

更に、少々汚れた水の中でも生存できる牡蠣はかけがえのない生態系サービスもおこなっており、一匹の牡蠣の成体は一日に五〇ガロン（約一九〇リットル）もの水を濾過（ろか）できる。ジェームズタウンを築いたジョン・スミスが四〇〇年前、後にチェサピーク湾となる辺りの海を初めて渡った時、その舟は牡蠣のつくる高さ二〇フィート（約六一〇cm）、長さ数マイルの群落を迂回しなければならなかった。『牡蠣の地理学――通（つう）の教える北米カキの食べ方ガイド（Geography of Oysters: The Connoisseur's Guide to Oyster Eating in North America）』を著わしたローワン・ジェイコブセンは、このアメリカ最大の牡蠣礁（しょう）は数日ごとに入江全体を濾過していたと記している、「牡蠣を昔の状態に戻せたら、彼等は大きな変化をもたらしてくれるでしょう」。今日ではチェサピーク湾から採れる牡蠣の量は年間二五万ポンド（約一一万kg）であるが、一九世紀の牡蠣黄金時代には一億ポンド（約四五〇〇億kg）が毎年採れた。しかし、その頃に戻りたいというジェイコブセンの夢までには遠い隔たりがある。今もなお、ほとんどの食客にとっては鮭とエビこそが何よりの御馳走なのだから。

第 4 部　多様性の喪失

序論——消滅は続く

農耕民は数千年にわたって自分たちの周りを取り囲む自然の生物多様性を縮小し、望ましい種をもって景観を満たした。家畜の場合、人間は周囲の豊富な野生動物の中から特定種を選び出し、捕食者から守り、食料を与え、利用のため徐々に飼い馴らしていった。鶏は野鶏（やけい）の子孫にあたり、牛は古代の草食獣オーロック、豚は疎林（オークサバンナ）〔木々の立ち並ぶ草原〕に集団生活していた野生種を祖先に持つ。今日の家畜化された動物はそうした野生動物の系統から生まれた唯一の現存する代表者たちである。

農業は世界中に広まったが、動物の飼育には幾分か地域性が残された。世界には寒い所もあれば暑い所もあり、高地もあれば低地もあり、乾燥地帯もあれば湿潤地帯もある。家畜はその土地その土地の条件によく合うよう入念に品種改変された。しかし、二〇世紀に現われた工業的農業と集中家畜飼養施設は、多様性への更なる攻撃を企てた。ＣＡＦＯの経営方式は種の均一性、産出の最大化、集約監禁に基礎を置き、食物生産の風景を根本から覆した。産業的な選抜が、嘆かわしくも様々な次元の多様性を消し去った——好まれる家畜品種と、彼等が現在および将来の農業従事者に与える何物にも代えがたい遺伝子遺産の多様性、仕事に携わる農家の多様性、それに農場風景から姿を消しつつある膨大な土地固有種の生物多様性も。

数多（あまた）の伝統家畜品種が今も愛されているが、一世紀前から世界の食料供給は少数の極端に手を加えられた品種への依存（いぞん）を強めていった——酪農牛ならホルスタイン、豚なら大ヨークシャー、卵用鶏は白色レグホン、肉用鶏のブロイラーは白色コーニッシュ交配種、という具合に。産業思考の育種家は乳牛や豚、肉用鶏や卵用鶏に急速な成長ないし生産性を要求し、限界まで追い込まれた彼等は成長の追い付かない弱々しい骨や慢性的な疾患に苦しめられている。「一つの特徴だけを追求する品種改変は悪い結果を引き起こす」とコロラド州立大学の動物行動学者テンプル・グランディンは記す、「自然はあるとき災厄をもたらすだろう」(原注1)。

一九世紀中葉のアイルランドでは単一品種のジャガイモを育てていたため、その脆弱性が原因となって農家が壊滅的被害を受けたが、同様に将来あらわれる病気は均一化された家畜を襲うことになるだろうと科学者は警鐘を鳴らしている。そうなれば大規模な食料不足が生じるだけでなく、急速な変異を遂げる病原体が動物を滅ぼし人間社会にまで蔓延していくことが考えられる。大惨事に対する最善の保険は、地域条件により形を異にする災禍や逆境に充分な抵抗力を持つ豊富な品種、遺伝的に多様な品種にあると専門家は訴える。が、この保険は損なわれやすい。二〇〇七年に国連食糧農業機関（ＦＡＯ）の行なった研究によれば、先立つ七年のあいだ少なくとも毎月一品種の家畜が消滅しているという(原注2)。世界の牛、山羊、豚、馬、家禽の品種の二割が、現在消滅の危機にある(原注3)。消滅のたびにその品種の持っていた遺伝的特性もこの世から消え去る。気候の変化や新たな家畜の病気といった未知の災難が訪れた時、対処を試みる農家にとって計り知れない助けとなるのは、この伝統家畜品種の多様性なのである。

農業人口もまた減少傾向にあり、農業の多様性とともに何代にも渡り受け継がれてきた知恵も失われつつある。農業応援団体ファーム・エイドによれば、アメリカでは二一世紀に入ってから毎週三三〇の農家が仕事から足を洗っている。一九三〇年代から今日に至るまでにアメリカの農場は五〇〇〇万件も数を減らしてしまった。国内の農家の半分は四五〜六五歳であり、三五歳未満は六％しかいない。この傾向は世界各地で顕著になってきた。

多くのアグリビジネス企業は垂直的な統合をする。つまり「受精時からパッケージまで」といわれるように、販売する商品の流れ全体を統御する形態をとる。垂直統合した企業は、誕生時ないし人工授精した時から家畜を所有し、食肉加工から乳製品、肉製品の販売にいたるまでその所有権を保持し続ける。数十年ものあいだ、自営農家の団体は市場の集中化と専属供給（事前供給確保）に抗議し、反トラスト法〔独占禁止法〕の執行を請願してきた（専属供給とは、屠殺や流通を受け持つ企業が、処理にかける家畜の所有権をも有することをいう）(原注4)。

標準的な経済理論では、市場の競争性が失われるのは上位四社の市場占有率が四〇％に達した時とされ、これは「上位四社集中度（CR4）」が四〇に達した状態、と表現される。ミズーリ大学の農村社会学者メアリー・K・ヘンドリクソンとウィリアム・ヘファーマンは、アメリカの畜産分野がほぼ全て上位四社に支配されていると指摘する。各分野のCR4をみていくと、牛肉処理業者は八三・五％、豚肉処理業者は六六％、肉用鶏五八・五％、七面鳥五五％、大豆搾油八〇％となる(原注5)。

家族農業の伝統と自営による食物生産の能力が絶えれば、地域の食と農のシステムに欠かせなかった息の長い技術もまた失われていく。家族農家は伝統的な家畜品種と先祖伝来の作物品種をまもる理想的な世話役といえる。小さな家族農家は普通、自分の農場ないしその近くに暮らし、周囲の環境を将来世代のために保全していこうと努める。そのような農家は地域の中に既得権を持つため、持続可能な農法を用い自然資源と人の健康を守ろうとする――土地固有の環境に合った理想的な動物を飼うこともその一環である。

私たちは農産物のつくられ方をめぐる、決して小さくはない革命に直面している。社会は公共政策や消費活動を通し、また農業の形や市場を通して、自分たちがどんな景観を守るのか、どれだけの種の多様性を守るのかを決定する。難しい話ではない。耐久力と適合性を求めるのなら、すべての多様性をそのままの形で尊重し擁護していくことが唯一の道なのである。全米家畜品種保存機構（the American Livestock Breeds Conservancy）やスローフードの「味の箱舟（Ark of Taste）」、その他もろもろの組織が家畜の多様性を保存することに専心してきたが、私たちは彼等の牽引する取り組みが世界全体にこの努力を促すよう願う他ない。

消滅は続く。

マクドナルドおじいさんのゆかいな多様性――変転やまぬ農業の未来における伝統品種の役割

ドナルド・E・ビクスビー

農業は遺伝的多様性のおかげで安定を保つことができる。しかし国連食糧農業機関（FAO）は二〇〇七年、二一世紀に入って以来一カ月に最低一種の家畜品種が消えているとの推測を発表した。農畜産業における生物系とそれ以外の環境における系とを分かつ根本的な違いは、前者では人間の選抜が広汎に行き渡っている点にある。農場に暮らす生物の居住環境は本質的に人間の活動がつくるものであり、家畜や作物の遺伝的多様性を長く保つにはその居住環境の多様性を守っていかなければならない。

一万年以上ものあいだ家畜は人間社会にとって欠かせない存在であり、食料、繊維、牽引力、土地管理、安全確保、移送など、多岐に渡る人間の要求を満たしてきた。また家畜は文化にも深く根を下ろした存在であり、童謡や童話にも登場して、しばしば人が最初に覚える動物となる。家畜はつねに農業と一体であり続けてきたし、今日おこなわれている農業多様化の取り組みにおいても彼等は中核的な役割を担う。

家畜の利用は、畜産物を得ることと、家畜自身の働きから恩恵を得ることとの二つに大別される。もっとも広く認められている畜産物は肉、卵、乳製品などの食料だろう。農作物を補うものとして、条植（じょうう）えに適さない地域では家畜が育てられる。彼等は人間が食べることのできない飼葉（かいば）の栄養分を吸収し、人間に消化できる良質の食肉になる。草を食べる家畜は人間の食用作物と競い合うのでなく、作物を補う役目を担うのである（適切に管理されているかぎりは）。

他の畜産物としては羽毛、羊毛、カシミヤ、モヘアなどの天然繊維がある。化学繊維が敵わない品質のため、それらの需要は依然高い。皮革も貴重な畜産物であり、衣服や調度等に用いられる。糞は肥料として世界中で最も広く利用され、化学肥料では得られない重要な土壌栄養素となる。動物は動き回れるため、農場を移動しながら必要なところに糞を落としていく。

家畜自身の働きには、草を平らげ、低木を掃い、力になり、病害虫被害を防ぐなどの効用があるが、こちらの恩恵は現世代の農家にはあまり知られておらず、一般人には尚更知られていないもので、よく考えてみる価値がある。こうした働きは多くの場合、化学物質や化石燃料、機械の仕事を補う、あるいはそれに取って代わる唯一のものである。さらに、管理の行き届いた家畜の利用は浸食をおさえ、植物の多様性を増し、繁茂する低木の侵入から牧草地を守るというように、環境に好ましい効果をもたらす。

草その他の飼葉は放牧による負荷のもとで発達した生物系の一部をなす。草原の植生を維持していくには放牧を続けなければならないが、近年ではアメリカ西部の一世紀におよぶ過放牧の影響が認識され、放牧は厳密な監視下におかれることとなった。

過放牧は急速に自然資源を損なう。一方、よく管理された放牧は草原環境の質を高める。管理された飼葉の栽培は、荒らされた土地を治癒し回復させる優れた方法になる。現在使われている土地が痩せてきたら、条植え作物の畑にするのをやめ、永久的ないし半永久的に収穫できる飼葉用の作物を育てるのに利用できる。条植え作物が減ると流水や土壌浸食がおさえられ、有機物の生成と土壌中への炭素隔離が促される。更に、牧草を与えて家畜を育てることで、畜産物の栄養と風味が高められる。成長を続ける市場では過小評価されてきたが、その価値は研究によって明らかとなっている。

山羊、羊、それに数種の牛は素晴らしい草食獣であり、若木や低木などの木本植物や、葉菊草、ブラックベリー、葛、漆などの強い有害植物を食べてくれる。山羊は低木を食べ、可燃物が蓄積するのを妨げることから、火事の危険を軽減するのに利用される。豚はみずからブルドーザーの役を引き受け、耕作地を平し、収穫の後には落ち穂を拾い、堆肥を切り返して使えるようにしてくれる。

牽引力と移送力も牛や馬、ロバやラバの恩恵として無視できない。世界的にみると牽引力として最も広く利用されているのは雄牛だが、アメリカでは馬の方がはるかに一般的になっている。動物の力は融通が効き、応用が効き、経済的でもあるということで、特に化石燃料の価格が上昇している現在、その評価は高まりつつある。牽引力に秀でた動物は伐採した木材の搬出に利用される。家畜を利用すれば土壌や残った木々に与えるダメージは少なくて済む。

総合的な病害虫管理の一環として家畜を利用する考えにも注目が集まっている。豚や家禽は菜園や果樹園の病害虫被害をよく防ぐ働きをする。大量の農薬を使用し始めるまでは羊が果樹園に放たれることもよくあった。また羊は有機農法を行なっている畑では雑草を取り除く役目も果たす。セントクロイ種の羊は現在でもハワイのマカダミアナッツ農園で放牧されているし、サウスダウン種はバーモント州のクリスマスツリー農園やカリフォルニア州のブドウ園で放牧されている。売買可能な食料や繊維が得られる一方、動物の働きを利用することには二つの利点がある——働きそのものが好ましいのに加え、家畜は化学農薬や化石燃料のような高価でしかも実際には有害な投入物に取って代わることができる。

動物の働きの真価が理解されたなら、人と家畜の間にある複雑微妙な繋がりが明らかになるだろう。人と家畜と特有の環境、三者の絡み合う相互関係を最大限に活かした農業はまた、家畜と家禽の在来品種が持つ有用性から最大限の恩恵を得る形態でもあるのだ。

遺伝的多様性の大切さ

一生物種の遺伝的多様性とは、その種の持つ特徴ひとつひとつに対応する膨大な遺伝的変異の顕われを指す。これのおかげで種は環境の変化に対し、最も優れた変異体を選び出して適応していくことができる（例えば長い毛をもつ変異体は短い毛の変異体よりも寒い気候に適応しやすくなるなど）。遺伝的に均一な集団は特定の環境に対しては非常によく適応できるかも知れないが、環境が変わった場合や選抜の目的が変わった場合は、過ぎた特殊化により課題に対処できなくなることが多い。完全に均一な集団は変化に対して何の選択肢も持ち合わせていない。

遺伝的多様性は熱帯雨林や湿地、干潟、大草原など、種々の自然に関わるものとして、地球規模での重要性が広く認められている。生息環境、種、遺伝子の多様性は、速い進化を継続させるので、環境に大なり小なりの変化が生じた際にはその都度生物が適応していける。相互作用する生物たちにとって、適応は周囲のものと共に生活し機能し続ける上で欠かせない。

同じように、農業もまた遺伝的多様性のおかげで安定を保てる。農業における生物系とそれ以外の生物系とを分かつ根本的な違いは、広汎におよぶ人為選抜の有無にある。農場の生物居住環境は本質的に人間の活動がつくるものであり、家畜や作物の遺伝的多様性を長く保つにはその居住環境の多様性を守っていかなければならない。

今日の農業は様々な新技術とともに、周囲の世界に生息する遺伝的に多様な動植物から適切なものを選び出し利用することで確立された。

将来、これまでとは異なる特徴が選抜対象になり、新しい品種が産み出されるとしたら、それは今存在する集団の遺伝的変異に完全に依拠することになる。かつて北米の家畜育種家は、必要とする遺伝的多様性を取り入れる立場にあったが、いまやその多様性の相当部分が失われてしまった。未来に必要な遺伝資源は誰かが持っているだろうと考えることは、もはや出来ない。現存する遺伝資源を守る世話役の務めが最優先課題とされなければならない。

家畜の遺伝的変異は野生動物のそれとは異なる形で顕われる。前者は人為選抜の影響によるところが大きい。野生の近縁種はほとんどが絶滅しており、家畜は彼等の系統を継ぐ唯一の現存種にあたる。彼等はしたがって、地球生命すべてのつくる生物多様性の、かけがえのない構成員なのである。

家畜の変異体を分類する最初の単位が「品種」であり、野生動物の「亜種」の区分とほぼ一致する。品種は同一種内の他の集団から明確に区別される特徴をもち、掛け合わせるとこの特徴が再現される(つまり、子は親に似る)。地理や国の違いが品種を生み、人間による選抜や環境要因が加わって特定の形質を助長させる。外部の物理条件だけが品種を規定するのではない、という点が重要である。また、複雑な特殊行動や他の遺伝形質も品種の規定要素になる。「表現型」と呼ばれるそれらの形質はある特定の遺伝子と容易に関連づけられるものではない。それはむしろ何代にもわたる選抜と隔離のなかで発達した、遺伝子の特異な並びと組み合わせによって決まってくる。

血統書や記録簿を用いた正式な品種管理は一七〇〇年代に始まり、品種の遺伝的隔離が体系的に成文化された。家畜品種は互いに異なる発達を遂げ、互いに隔離された環境に置かれたため、特異な遺伝的内容、遺伝子配列のまとまりとして識別できる単位になっている。品種の数と同一品種に属する動物の数とは、個々の家畜種の遺伝的多様性がどのような状況にあるかを示す優れた指標になる。

遺伝的多様性の状況は品種の集団動態をみることで最もよく把握され得る。品種は家畜における最も重要な遺伝的変異の単位であり、また最も容易に関連情報を入手できる単位でもある。一品種の動物数が減れば、当の品種が持つ特定の遺伝子とその組み合わせも希少になり、一部は消滅してしまう。品種が絶えれば、その有していた特定の遺伝子、特定の遺伝子の組み合わせは、種全体から失われる。

品種集団の減少や消滅によって引き起こされる遺伝的浸食[訳注1]は、時宜を得た対応をとれば和らげられるが、効果的な保全は品種の状況が把握されて初めて可能となる。家畜品種の完全な評価を行なおうとすれば、一動物種における品種の数と、一品種における動物の数とを記録していかなければならない。その品種の遺伝的な広がり、つまり親世代の数も、同程度に重要である。

一動物種の品種数は有用な指標で、その種の多様性がそこから推し量られる。一家畜種が単一品種もしくは僅かな品種で占められるという現象は近年になって生じた。例えばホルスタイン種は牛乳産出量で他の乳牛品種を上回り、いまや世界中で支配的酪農品種となっている。ホルスタイン種の人気と普及は他のほとんどの酪農品種に犠牲を強い、いくらかの品種は消滅の危機に瀕した。しかしホルスタイン種は特殊化した動物であり、飼育には厳選された飼料と入念な管理が要求される。投入が少ない状況ではその長所も殺がれ、

訳注1　遺伝的浸食　希少生物の生息数が減って種の遺伝的基礎（遺伝情報の多様性）が狭められる現象。農業分野では特に、新品種の普及によって伝統品種の存続が脅かされる事態を指していう。単一品種ないし少数品種の作物、家畜が広汎に利用される今日では深刻な問題になっている。

他の品種の方が生産的になることがある。

豚も多様性が狭められた種の一例に数えられる。品種の消滅に加え、品種の選抜にあたって同一の特徴が求められ続けた結果、種の特異な特徴のいくつかは消されてしまった。最も重大かつ明白な遺伝資源の喪失は絶滅に相違ないが、品種の交雑により変異性の幅が狭められること（遺伝的希薄化）でも特異な遺伝子の組み合わせが失われ、種が本来利用できた一群の遺伝素材の全体性が損なわれる。牛乳産出量を増やすためオーストラリアのイラワラ種、赤ホルスタイン種、白ホルスタイン種の遺伝的形質がアメリカのミルキング・ショートホーン種に導入されたが、これによって後者の特異な遺伝子の組み合わせが脅かされ、イラワラ種の導入以前にいたミルキング・ショートホーン種は現在ではほとんど見られなくなっている。ただ幸いにも、牧草飼養に適した採食特性の利点と高級で独特な牛乳の質が認知され、こうした本来的ないし「在来」の品種にも注目が寄せられてきた。

農業における遺伝的浸食の意味

急速な遺伝的浸食は北米の家畜種すべての間で起こっており、一五〇種以上の品種が減少傾向ないし絶滅危惧の状況にある。C・M・A・ベイカーとC・マンウェルは次のように指摘する。「ある品種の普及や減少は単に、あるいは主に、相対的利点によって決まるとするのが通例である。現にそこには複雑に絡み合った社会的経済的事情が介在し、その長所短所が関わる部分はむしろ比較的少ないといえる」（原注1）。今日のアメリカ農畜産業にはそのような絡まり合った複数の要因がすぐに見出せる。画一的な産業式選抜、動物の自然の能力に取って代わった再生不可能な資源の利用、純血種の過小評価、畜産資源の合併、規格化を好む姿勢

酪農家のホルスタイン牛たち。生産性の追求からこうした極端な単一品種の飼養へと向かった結果、遺伝的多様性が損なわれ、動物は病気に対して脆弱になった。Photo courtesy of PETA

がそれである。一般にこれらの要因はすべての家畜種に関わり、直接ないし間接に家畜の遺伝的多様性を損なってきた。

伝統的には多くの品種が利用され、そのいずれもが複数の目的に貢献した。現在の選抜ではもっぱら一畜産物のために単一の品種や特徴を追い求める。結果、単一品種ないし極めて少ない品種が支配的になる。厳選されたそれらの家畜は産業品種として知られるが、その高い生産性は侮れない。彼等は我々の食べるほとんどの動物性食品の供給者なのである。と同時に、この信じがたいほど優れた家畜たちはごく最近になって現われた高額の特殊環境下で飼育される。農業史のなかでも、このような環境は前例がない。

画一的な産業式選抜

新しいテクノロジーが動物の繁殖にかかわる地理上の制約を払い除けている。人工授精、胚移植、クローニングは、最も生産性のある動物を本来繁殖可能な数の数倍にまで殖やせる力をもつ。動物を育種に利用する機会が一層減るにつれ、その品種のもつ遺伝的基盤も世代を経るごとに狭められていく。均一性に向かうことは種にとって問題になる。しかも、一品種に属する個々の動物が均一化しているだけでなく、一動物種に属する全ての商用品種が高い生産性をもつタイプになるよう選抜されている。

自然の能力に代わる再生不可能な資源の利用

産業式の選抜は家畜の具える能力にはほとんど目を向けず、それを資本やエネルギー等の投入物で代替する。特定の気候に適応した品種、強い母性を示す品種、広々とした土地で放牧するのに適した品種などは、今日の集約的な産業生産システムとは無縁の存在として除外されるのが通例となっている。現代農畜産業では生産レベルの維持と拡大に様々な投入物を利用してきた。現在の家畜飼料は高エネルギーの穀物と蛋白質サプリメントからなる。そこにしばしば他の添加物や成長促進剤が加えられる。産業生産のために目標を一つに絞り、畜舎にハイテクを持ち込んだことで気候への適応は必要ないものとなった。一方、集約畜産は大量の家畜を畜舎に詰め込むため、獣医のサポートと健康状態の監視が必要性を増した。繁殖を成功させるための管理項目も増え、出産促進、助産、人工哺育なども必要になった。

純血種の過小評価

「雑種強勢」は異種や異品種の親を交雑することで子が優れた形質を獲得することをいう。雑種強勢はヘテローシスとも呼ばれ、現代の商業畜産の基礎になっている。雑種は純血種よりも優れた特性をもつと考えられているが、交雑の利用に関心が寄せられる中で、遺伝的に離れた品種を維持しておく必要性は広く無視されてきた。もしもすべての品種が選抜と交雑を経て遺伝的に均一になれば、本来の雑種強勢の利点は大きく損なわれてしまう。また純血種の価値が顧みられなくなったことで育種や多数の関連技術に対する評価も下がり、それらの技術もまた失われようとしている。

畜産資源の合併

第二次大戦以降、家畜を含む全ての農業資源の管轄は、より大きな少数の企業に合併されていった。遺伝資源についても集中化が行なわれ、産業に適さない多くの家畜が消えていった。我々が安価で多彩な食品に囲まれ、現代の生産流通システムの恩恵としてそれらを堪能する傍ら、予想もしなかった重大な事態が進行していた。農業施設の巨大化と特殊化は、畜産業を食用作物や飼料作物の栽培から切り離す結果を招いた。家畜は今や多面的な農業システムの不可欠の成員ではなく、単なる最終製品としか考えられていない。

私たちが口にする食品のかなりの部分は、僅かな多国籍の複合企業数社が生産している。育種、生産、食肉処理の統合は、均一で交換可能な単位としての家畜の選抜を促してきた。それが品種に与えた影響は計り知れない。工業的な条件下で最も優れた特性を示す品種は、資源投入の追加に応じて特性を伸ばすよう更なる改変を施されてきた。食料を産出する家畜の大多数は工業的条件に適うことだけを目的に選抜される。合併は農業における意思決定者の数を減らしてきた。それとは対照に、農業の歴史は独創的で技術に長けた数知れぬ個人の工夫の結晶に他ならない。

規格化を好む姿勢

以上の潮流と不可分なのがそれを支える姿勢、つまり家畜や管理体制の画一化を進めようとする姿勢である。画一的かつ多量の投入が必要なシステムを迎え入れる中で、畜産業はその成功基盤を浅慮のうちに崩し去ろうとしている――遺伝的多様性の抹消に他ならない。

産業界の生産者に好まれるただ一つのシステムは最大の産出を目指す集中管理である。集約型の密飼い畜産のみが現代的な家畜飼養法と目され、それだけが社会のあらゆる未来におけるあらゆる気候条件、地理条件にも適合するシステムと信じられてきた。研究の目が向けられる部分は狭まり、出てくる答も同じように狭まっている。研究当初の疑問と想定からこの程度のことはいえるという保証の範囲があるが、意思決定者の数が少なければ、研究成果はその保証範囲を超えてより広汎に実行、拡張される傾向がある。結果、農畜産業の形態は一層似通ったものとなり、受け入れられる遺伝資源の幅もなお限られていく。

例えばここ五〇年のあいだ、投資が少なくて済む牧草中心の畜産形態については実質なんの研究も行なわれてこなかった。費用を抑えられるこの形態は多くの農家にとって選択肢となりうるものであるにも拘らず、その実行を支える研究は行なわれていない。現代農畜産業の基底にある想定、例えば安価なエネルギーを永続的に使用できるといった想定が覆されれば、将来の農業で必要とされる家畜は今日貢献しているものとは違った種類になると考えるのが自然だろう。希少な品種を守るべき理由もここにある。彼等が「有能かつ生存能力のある遺伝的単位」として活用される時が来るかもしれないのである。(訳注2)

遺伝的多様性の保全

家畜の遺伝的多様性は遺伝的に区別された多様な品種に表われているが、それは次に挙げる社会的必要を満たすよう保全されなければならない。すなわち食料確保、経済機会、環境保全、科学的知見、文化遺産と歴史遺産の保全、そして倫理的責任の六点である。

食料確保

わが国の社会は安定した食料供給に支えられ、その食料供給は国内農業の存続を前提にしている。目下危機にあるのは、多彩な食料を生産するための遺伝的な広がりである。多彩な食料は様々な気象条件のもと様々な農法を駆使して生産される。また遺伝的多様性は地球温暖化や進化する病害虫、病原体、エネルギーの枯渇といった、将来訪れるかもしれない環境危機に備える上での土台にもなる。市場の需要や人々の必要とならんで、それらの困難も前もって知ることは非常に難しい。食用作物に遺伝的多様性が必要なことは一八四〇年代に起こったアイルランドのジャガイモ飢饉を顧みればよく解る。遺伝的に均一なジャガイモは胴枯病(どうがれびょう)に耐えられず、五年におよんだこの飢饉は数百万の人々を混乱と死に追いやる惨劇を引き起こした。幸いアメリカ大陸には胴枯病に強いジャガイモの品種があった。

家畜を襲う災難についても実例は目を引かずにはおかないだろう。羊の寄生虫を防除することはどこでも飼育上の課題とされてきた。現代になって駆虫剤があらわれ、寄生虫に抵抗できる羊を選抜する必要はなくなってきたが、にわかに現在使われている薬に完全な耐性を示す寄生虫の存在が報告され始めた。一方、ガルフ・コースト種とカリビアン・ヘア種は優れた寄生虫耐性を遺伝的に具えている。それは暑さ、湿気、元々の生息地にいた寄生虫の攻撃に適応する中で獲得された。口蹄疫や鳥インフルエンザの流行は、遺伝的

訳注2　品種を守るべき理由　以下に続く、経済機会や科学研究を念頭に置いた議論も含め、こうした功利的な理由による多様性保全論が動物福祉と両立しうるものであるかどうかは、批判的に検討されなければならない。

に均一化された産業品種のあり方を問う新しい疫病の脅威といえよう。古い格言は〝すべての卵を一つのカゴに入れる〟行ないを戒めている。遺伝的に均一な家畜、作物に頼るというのは正にこれである。長期的な食料確保の安定には多様性が欠かせない。

経済機会

品種の保全と遺伝的多様性は、長きにわたる経済的な可能性を秘めている点でも価値がある。自然色の羊毛、放牧鶏の肉や卵、牧草飼養された家畜の肉、一味違うチーズなど、多くの品種は価値の高い畜産物を産出する。希少品種もまた、国内産業が活性化して輸入依存している市場に参入していく上での基礎となる。例えば我々は現在、フェタやロックフォールなどの羊乳チーズのほぼ全て、それに子羊肉の一割以上を輸入に頼っている。このような機会を守ろうとするなら、消滅の危惧される品種、とくに商用品種からかけ離れたものの持つ特異な遺伝情報が保全されなければならない。今日稀になった品種は、明日の経済で重要な役割を果たす形質を具えているかも知れない。最近までセントクロイ種やバルバドス・ブラックベリー種などの直毛羊（ヘアシープ）は変わり種だと考えられていたが、羊毛市場を支えていたシステムが衰えるとともに、毛を刈って販売する手間のかからないこれらの品種は肉用種として重宝されるようになった。遺伝子の保全によって新しい品種をつくることも可能となる。セネポル牛はンダマ種とレッドポール種の交雑から生まれ、カタディン種の羊はウィルトシャー・ホーン種、ガルフ・コースト種、カリビアン・ヘア種の遺伝子から生まれた。

環境保全

農業は人と環境との関わりの中で最も重要なものに位置づけられる。遺伝資源を維持していけば農業は環境の変化に適応していくことができ、農業生産は環境面からみてより持続可能なものになり、さらには家畜の働きと畜産物が、環境にとっても経済にとっても高くつく化学物質やエネルギーなどの投入に取って代われるようになる。このような代替案は経済と環境の双方にとって一層理に適う。

それに加え、適切に管理された放牧は損傷を受けた生物の生息地、例えば露天鉱跡地や湿地、森林、大草原などの生物多様性を復活させ、過耕作や過放牧によって荒廃と土壌浸食が進んだ土地を回復させるのにも役立つ。また放牧は草原を長く健康に保つ上でも重要な働きをする。草原は他のいかなる生態系よりも地表の多くを占め、太陽エネルギーを集める大切な役割を担っている。エネルギーと水、ミネラル、そして酸素が地球を循環するためにも草原が欠かせない。多くの野生草食獣が滅んだ今、家畜となった彼等の仲間は生態学的にみて大変重要な存在といえる。

科学的知見

動物の世界を十全に理解したいと願うなら、遺伝的多様性は最大限守られなければならない。希少品種の多くは遺伝的に特異であり、適応や病気、寄生虫耐性、繁殖の差異、さまざまな放牧環境下での飼料活用などについて研究を進める切っ掛けを与えてくれる。オッサバウ島の豚はインスリン非依存型糖尿病や心血管疾患の研究モデルになり、気絶山羊は人間の先天性筋緊張症の類似モデルになる。

文化遺産と歴史遺産の保全

歴史的な家畜品種は人間の創造力と文化の賜物（たまもの）であり、言語や芸術や技術的発明品などの精緻を極めた人工物とともに守っていくだけの価値がある。今日の問題を解決する答は得てして過去の記録に見出せる。伝統的畜産に使われる多くの技法は今日でも通用する。ところが高等教育機関は過去に一般的だった英知をもはや評価せず、教えてもいない。未来世代への責務として、我々は農業の記録を出来る限り完全な形で後世に伝え、わが国の農業を根本から支えてきた伝統品種の活用について、将来の農家が過去世代から学べるよう手掛りを残していかなければならない。

倫理的責任

地球における世話役の務めは無数の野生動植物やその生息環境ばかりでなく、生命の網の目の一部をなす家畜や作物をも考慮に入れなければならない。家畜は環境を守り、働き手となり、仲間となり、食料その他の畜産物を産み出す。そのありがたみが分かる人なら、家畜にも野生生物と同じく、生を継いでいく権利があることが信じられるだろう。数千年にわたって人と共に進化し、互いに頼り合ってきたこの家畜という仲間たち、彼等を守っていく上で、人間は特別な責務を負っている。

搾り尽くされて——家族農家の喪失

トム・フィルポット

アメリカの牛乳販売の七割以上を支配しているのは多国籍企業四社、ランド・オーレイクス、フォーモスト・ファームズ、デイリー・ファーマーズ・オブ・アメリカ、ディーン・フーズである。合併は国中にあった中小の酪農場を駆逐した。農家は経営規模を拡大するため借金を抱えるか、宅地開発業者に農地を売り渡すか、安い工業製牛乳の氾濫する市場で生き残る道を探すしかなかった。

二〇〇五年、乳業大手のディーン・フーズ社（Dean Foods）はノースカロライナ州のアパラチア山脈東端にある町、ウィルケスボロの製乳工場を閉鎖した。ディーン社はアメリカとカナダの牛乳の三五％を製造している——最大のライバル会社三社の市場シェアを合わせた程の数字である。私の住むノースカロライナ西部の地域では全ての牛乳をディーン社が造る。他に農務省の認める製造工場がなかったので、まだ山岳に残っている数少ない酪農家たちは厳しい選択に迫られた。ウィンストン・セーラムにあるディーン社の別の工場まで、造った牛乳をさらに五五マイル（約八九㎞）運んでもらうために金を支払うか、それとも仕事を辞めるか。

ノースカロライナ州の小さな山の町、ウィルケスボロから西に四五マイル（約七二㎞）のところにあるベセルでは、一人の農家が第二の選択をし、一九五九年に始めた五〇頭の酪農場を畳んだ。始めた当初、ベセルには十数軒の酪農場があった。今は一軒もない。

より少ない企業がより多くの製品を支配する——そんな食品業界の合併を考える時、ベセルにあった彼の小さな農場が思い出される。

搾り尽くされて

多くの点からみて、かのベセルの酪農場は私たちの多くが持続可能な農業と考えるものだった。牛たちは暖かい季節には青々と茂る牧草をたっぷり食べ、冬になると牧場で採れた乾草やトウモロコシを食べる。農場の主は成長ホルモンを拒み、抗生物質を使うのも牛が病気に罹(かか)った時のみとして、予防目的の常用はしなかった。糞は肥溜め池で腐らせる代わりに農場に撒く、すると次の季節の牧草や飼料作物の肥やしになる。

農場は広く地域の人々に支えられていた。一日に四、五人が訪れる、その一人が私で、昼過ぎに乳搾りをしている小屋を訪ね、濃厚な生乳を空の容器に入れてもらっていた。そのままでもおいしかったが、コーヒーに混ぜたりヨーグルトやチーズにしたりすると一層格別の味がした。

それは、違法だった。ノースカロライナの州法では、殺菌していない牛乳は動物飼料としてのみ販売が許可されていた。それで私は農家の名前を持っている。その酪農場は製乳工場からガロン単位で仕入れた牛乳には倍の値段を付けていたから、それを買っていればもっと高くついただろう。

私たちの応援は酪農場にとって好い収入になっていた筈だが、それでも経費が賄えるほどではなかった。アメリカ全土、どこでもそうだが、ノースカロライナ州西部でも責任をもってつくられた地場のおいしい食品は需要が目に見えて高まっている。けれどもわざわざ自分の容器を持って寄り道をし、生乳の危険を説くうるさい警告を無視して、地域の酪農を支援するためだけに法律にも反抗するような人はそうそういない。当らず障らずで行ける道はスーパーマーケットに向かって伸びている。

という次第なので、その酪農家もやはり安定した給料を得るためディーン・フーズに頼らざるを得なくなった。彼もやはりアメリカ最大の製乳業者の工場へ牛乳を運んでもらわなければならなくなった。着いた先で彼の牛乳は、より大きな、より牧草地とは縁遠い酪農場で得られた牛乳と、無差別に混合され、殺菌され、均質化され、ボトルに注入され、南東部のスーパーマーケット各店舗へ配送される。

牛乳を販売するため搬送代金を支払うのは、製乳業者でなく農家である。ウィルケスボロの工場が閉じられた時、農家は突如いままでの倍以上にあたる距離の搬送費用を融通しなければならなくなった。ほぼ時を同じくして石油価格が上昇し、五五マイル分の追加費用が必要になったのみならず一マイルごとの単価までもが上がり、酪農はもはや儲けの出ない商売になってしまった。

持続可能な仕方でつくられた地場産の牛乳の需要は高まっていたし、それを供給したいと思っていた農家がいたにも拘らず、このうまくいっていたかも知れない事業は奈落の底に落ちて行った。

〝選ぶ〟という幻想

国内の酪農家が今後どうするかをめぐり、狭められる選択肢に向き合っている一方、消費者は消費者で食料品店にて似たような選択肢の欠如と向き合っている。合併は農家と消費者の双方にとって工業的食品システムから距離を置くことを難しくした。ベセルの酪農場のような小さい農場がなくなれば、私たちはどうしても食料品店の名も無い冷蔵庫に並ぶ乳製品を買うしかない。

スーパーマーケットの乳製品コーナーを見ると、沢山の際立ったブランド名が目を惹く――モーニング・グローリー、ゴールデン・ガーンジー、ヘリテージ、ラクタイド、ニューイングランド・クリーマリー、カントリー・フレッシュ、アルタ・デナ、バークリー・ファームズ、メドウ・ゴールド、シェナンドーズ・プライド、ホライズン等々。可愛らしい個性的なラベルがいくつもあって選ぶものには困らないように思えるかもしれない。が、その出所を辿ってみると、一握りの業界大手が姿を現わす。

たった四社の多国籍企業が、アメリカの牛乳販売の七割以上を支配している――ランド・オーレイクス(Land O'Lakes)(訳注1)、フォーモスト・ファームズ(Foremost Farms)、デイリー・ファーマーズ・オブ・アメリカ(Dairy Farmers of America)、そしてディーン・フーズ(Dean Foods)(原注1)。小規模の酪農家が収支のやりくりに苦労している間、これらの企業は株主からの出資を得る。いうまでもなく報償は企業収益の最大化に貢献した者に支払われるのであって、健康に良い牛乳、幸せな農家、安全で持続可能な酪農を保証するためのものではない。

乳業を牽引する企業を見渡してみれば、この業界が実際どれほど大きくなったか、そして国内の消費者に与えられた選択肢が実際どれほど少ないかが実感できる。ランド・オーレイクスはアメリカ一のバターの供給者であり、セネックス(Cenex)、ピュリナ(Purina)の二社とは数年にわたり提携してきた。二〇〇八年の収益は一億五九六〇万ドルにのぼる。(原注2)デイリー・ファーマーズ・オブ・アメリカ(DFA)は二〇〇九年、アメリカの牛乳の三割近くを生産した。さかのぼると、DFAの二〇〇八年売上高は一一七億ドル、その前年の二〇〇七年には『フォーチュン』誌に掲載されたアメリカ私企業トップ三五の中で二九位にランクインしていた。(原注3)

ディーン・フーズは先にも述べたようにノースカロライナ州ベセルの市場を牛耳る会社だが、ここがアメリカ乳業のピラミッドの頂点に居座り、国中の牛乳販売を支配する。買い物をしていれば一見それぞれ異なっているような無数のラベルに隠れてディーン・フーズの牛乳が並んでいるのが判るだろう。アドーア・ファームズも、アルタ・デナも、ボーデンもメドウ・ゴールドもネーチャーズ・プライドもシェナンドーズ・プライドもシールテストも、その他数十の商品もみなディーン・フーズ社の牛乳である。ホライゾン・オーガニック・ミルク、それに豆乳メーカーのホワイト・ウェーブも同社の傘下にある。この大企業は二〇〇七年、一億三一〇〇万ドルの収益を上げた。(原注4) そして、ベセルの酪農家と同様、アメリカ国内の酪農業者が週に一〇〇軒以上もの割合で潰れていくのを尻目に、ディーン・フーズのCEO、五一歳のグレッグ・E・イーグルスは、二〇〇八年に九六〇万ドルもの儲けを得た。(原注5)

大きな者がより大きくなる

企業が一連の供給業務を乗っ取る現象は乳業に限られたものではない。小さな酪農業者が面したのと同じ状況が、アメリカの食品業界のほぼ全領域に蔓延している。オレンジジュースの生産が殆(ほとん)どれもそうであるように、アメリカの食品業界は高度に集中化が進んでいる。ミズーリ大学の研究者、メアリー・ヘンド

訳注1　ランド・オーレイクス　二〇〇九年、動物の権利団体PETAの調査により、同社に牛乳を供給する酪農場が牛への暴力行使や飼育管理放棄といった動物虐待を行なっていることが発覚した。以下のサイトを参照されたい。
http://www.hopeforanimals.org/animals/milk/00/id=228（アニマルライツセンターの紹介記事）
https://secure.peta.org/site/Advocacy?cmd=display&page=UserAction&id=2515（PETAのオリジナル記事。潜入調査の動画も掲載）

リクソンとウィリアム・ヘファナンは食品企業の間で行なわれる合併を追跡しており、その二〇〇七年四月の報告書は厳しい現実を物語る。(原注6)

大学が調査をしていた時点では、タイソン、カーギル、スイフト・アンド・カンパニー、ナショナルビーフ・パッキングの四社が肉牛屠殺の八三・五％を行なっていた。二〇〇七年後期にはブラジルの牛肉加工大手JBSが市場に乱入、スイフトを一呑みに呑み下した。何カ月もしない内にJBSは、それまで第五位の食肉加工会社だった豚肉大手スミスフィールド・フーズの牛肉部門を買収。今日では大手四社、タイソン、JBSスイフト、カーギル、ナショナルビーフが、市場の実に八〇％以上を支配している。

豚、鶏の部門でも、大きい者がより大きくなる傾向に違いはない。二〇〇一年には、当時の上位四社、スミスフィールド、タイソン、スイフト・アンド・カンパニー、カーギルが五九％の豚を屠殺した。その後JBSがスイフトを乗っ取る事件があったが、二〇〇八年にはこの数値が六四％に膨れ上がった。鶏はタイソンとピルグリムズ・プライドのたった二社が屠殺の四七％を行なっていた。二〇〇〇年には上位四社が市場の五〇％を占めていたが、二〇〇七年には五八・五％にまで拡大した。

オバマ政権は農畜産業の合併について前任者たちよりも厳しい態度で臨むと公約した。ところが蓋を開けてみれば、二〇〇九年の一〇月にはJBSがピルグリムズ・プライドを買収している。(原注7) これによってJBSとタイソンの二社がスーパーマーケットの三大食肉、すなわち牛肉、鶏肉、豚肉の大部分を牛耳るに至った。(原注8)

これら少数の企業は市場を占有するにつれ、飼育業者の待遇についても支配力を強めていく。食肉加工会社が用意した第二の武器、それは専属供給だった。例えばスミスフィールド社は、アメリカを支配する豚肉加工会社というにとどまらない。毎年二七〇〇万頭の豚を殺しているのに加え、この怪物は二〇〇〇万頭以上の豚を自社の物として飼養しているのである（ここには同社が他国で飼育する二二万頭は含めていない）――

この数は、どこの施設と比べてもその三倍にはなる。(原注9) さらに同社は大規模肥育業者との契約を通し、手にかける豚の大部分を間接的に管理する。

豚肉大手のタイソンとカーギルも大きな専属の家畜を保有し、屠殺する他の豚も殆どを契約業者から買い付けている。市場支配力を駆使して価格を押し下げ、大企業は小規模の自営畜産農家に選択を迫る――値段で失った分を量で補えば大きくなれるかもしれない、さもなければ店仕舞いだと。小さな養豚農家はほとんど徹底的に駆逐され、養豚施設の規模は爆発的に拡大、そして集中化が促された。

アメリカ養豚業の先頭を行くアイオワ州がこの事情を示している。アイオワ州豚肉生産者協会によると、養豚場の数は一九七八年には五万九〇〇〇軒以上もあったのが、二〇〇二年には八三％が無くなり、およそ一万軒にまで減った。同じ期間に、一年あたりの豚の飼養頭数は一九九〇万頭から二六七〇万頭に膨れ上がっている。これは一養豚場で飼われる豚の平均数が当初の二五〇頭から一五〇〇頭以上にまで増えたことを意味する。そして養豚の行なわれる場所は、かつては州全体に散らばっていたが、今ではごく僅かな郡に集中している。(原注10) 国内養豚第二位のノースカロライナ州も同じような傾向にある。(原注11)

伝統的な野菜農家もやはり極度に集中の進んだ市場の現実に対峙している。野菜価格に影響をおよぼす力は、スーパーマーケットやファストフード・チェーンなどの大手仕入業者に卸売をする中間業者が握っている。ヘンドリクソンとヘファナンの報告では、ウォルマート率いるたった五社がアメリカのスーパーマーケット販売の半分近くを統轄しているという。しかし会社は各地に分散しているので、五社というのは控えめな数値だろう。どの地域でも、三社か四社のスーパーマーケット・チェーンが販売市場を支配するのが普通で、大抵はウォルマートが三位か四位の地位を占める。

例えば一農家が一〇〇エーカーのトマト畑をフロリダに持っていたとすると、大きな買い手の言い値に従うか、その言い値で喜んで商品を売りたがるメキシコ農家の方へ買い手を逃し、トマトが腐っていくのを眺めているか、どちらかしかない。

そんなに自由ではない市場

少数企業が食品の生産、小売の面でこれほどの支配力を得たのはどうしてだろう。一つの答はこうなる――人々が安い食品を求め、マーケットはそれを与えた。低コストが食品生産の目標だというのなら合併は理に適っている。大きな組織は規模の経済を実現できる。結果に議論の余地はない、値上がりしつつあるといっても依然アメリカの食品は世界一安く、それが所得の一角をなしているのだから。

とはいっても、これは料簡が狭い。農業市場は自由に機能していないし、当然ながら操作されている。肥育場や屠殺場の利益が経済的な力を産み出すと、それらは政界にも桁外れの影響を及ぼすようになった。自治体や州政府は肥育施設にその甚だしい環境汚染を解消するよう指導してこなかったので、その怠慢は悪名高い。[原注12]当局もまた露骨な労働法違反を見逃してきた。[原注13]それで近年のこと、法人屠殺場の労働環境があまりに劣悪なものとなったのを受け、ヒューマン・ライツ・ウォッチはしかるべき時と見て痛烈な報告を発表した。[原注14]環境破壊や労働者搾取についてはほとんど放免されているに等しく、それが事実上の補助金代わりになって、大手企業は本来なら必要とされる筈のコストを抑制でき、市場占有をほしいままにできてしまう。

このような傾向が五〇年も続いたので、ただ飼料作物の補助金を廃止させ、アグリビジネスの大企業に汚物の除染を要求するだけでは、健全な食物生産網を再構築することはできそうにない。国内のほとんどの地域では食のシステムの土台が崩壊しており、わずかに残る小規模農家は必要な投資金を貯めてはいない。[原注15]

合併に次ぐ合併の半世紀がもたらした損失を解消するには、実効力のある反トラスト法の執行を精力的に推進するとともに、公的資金を食のシステム再建のために割く必要があるだろう。私たちが小規模農家を支援して、そうして初めて期待できるようになる、いつか何千もの家族酪農家や小さな製乳業者がノースカロライナの地に活況を呈し、ディーン・フーズら食品産業大手に、店仕舞いだと告げる日が来ることを。

自然への猛攻——CAFOと生物多様性の喪失

ジョージ・ウースナー

工業的農業の支持者たちはよく、集約型の食料生産は危機に瀕する世界の生物多様性を守るのに貢献していると説く。しかし事実が示すのは、悲しい、うろたえんばかりの物語である。CAFOのシステムは野生生物と自然の生息地に破壊的な影響をもたらす。世界の土地を単一栽培の飼料作物で覆い、水系を枯らし、さらには生物種を滅ぼして授粉や捕食、水の濾過や炭素の隔離といった大切な生態系の働きを損なってしまう。

生物多様性とは簡単にいえば二つの言葉を縮めたもの、つまり生物学的な多様性のことである。ほとんどの人は単に特定地域の動植物の数のことだと考えがちだが、科学者の関心はある生物種がただ存在するかしないかの向こうにある。生物学的な多様性とは、生物の数と種類の両方をいい、とくに在来種に重点が置かれる。例えば別の大陸からやって来た外来種の豊富な地域では生物の数こそ増えるかもしれないが、同時に在来の野生生物とその生息地が犠牲となるかも知れず、その場合は生物多様性が減少してしまう。

生物多様性の定義にはさらに生物間の相互作用も含まれ、それは遺伝子、集団、種、景観の四つのレベルに分かれる。(訳注1) 生物多様性を守るには、種とその生息地を保つ生態系との主要な動きと働きを保護し、維持していかなければならない。例えば、狼は食物連鎖の頂点にいる捕食者として他の動物の数と行動を規定するので、一生物種としての存在を超えて決定的な影響力を行使するといえる。もしもある群集内に数頭の狼しかおらず、捕食する動物に有意の生態学的影響力を及ぼさない場合、生物多様性が喪失していることになる。

一般に農業はどのような形態であれ生物多様性を縮小する。中心目標は大量の太陽エネルギーとその土地の資源を選ばれた少数の動植物種に注ぎ込むことにある。こうした生態系の単純化は在来種の犠牲なしには行なわれ得ない。大平原（グレート・プレーンズ）にはかつてアメリカ赤鹿（アカシカ）やバイソン、枝角羚羊（エダツノレイヨウ）、鹿、プレーリードッグ、雉尾雷鳥（キジオライチョウ）その他諸々の種が生息していたが、その本来の多様な動物相を牛に置き換えると、生態系は単純化する。その土地本来の生物多様性の減少は種の喪失のみで測られるものではなく、遺伝子多様性や景観多様性の喪失、生態学的過程の喪失も考量される。地域に自生する植物の大部分を牛や羊のような外来種の消費に充てれば、多くの在来種の存続に甚大な影響を与えずにはおかない。あちら立てればこちらが立たず、である。

さらに、在来種と健全な生態系とは、授粉や病害虫防除、水の濾過（ろか）、炭素隔離、それに土壌中での栄養循環など、「生態系サービス」といわれる様々な働きを行なう。景観の生物多様性が単純化され、自然の過程が妨害ないし除外されると、多くの生態系サービスは失われるか、範囲が甚だしく狭められるかしてしまう。

単一栽培と放牧

工場式畜産とＣＡＦＯ生産事業は放牧と飼料作物栽培のため、不健全かつ手に負えないほどに土地に依

訳注１　景観　森、川、草原、池などの自然環境、および都市施設、公園、農場などの人工環境は、それぞれが一生態系をなすが、それらが組み合わさった全体の生態系を指して景観という。

存し、多様性の喪失に大きく関与する。衛星写真から推測するに、現在地球表面の一八％が作物栽培と畜産のために使用されている。うち四一％ほどの土地では重機と化学物質を使った集約農業がおこなわれ、自然の生物多様性に多大な犠牲を強いている。(原注1) 穀物や乾草、その他の飼葉作物を生産するため、本来ならば多様なはずの在来動植物の群集は単一作物に置き換えられるのが普通で、栽培は化学農薬や収穫を増やす肥料に頼り切っていることが珍しくない。単一栽培は何億エーカーにも渡るので生態系への影響は実に大きい。多様だった景観も徹底的に単純化される。

中小の混育型の農場、牧場と比べ、集中家畜飼養施設にどれだけの作物が投入されるかは簡単に答が出せないが、各種畜産を全て合わせるとその影響力がとてつもないものになるとは言える。統計を考えてみよう。世界的にみると、地球上の耕作可能地の三分の一は家畜飼料の生産に使われている。(原注2) 過去一〇年にわたってアマゾン川流域では広大な地域が焼かれ、大豆の工業的プランテーションに変えられてきた。栽培された大豆飼料はブラジル国内の肥育場やＣＡＦＯで消費されるほか、ヨーロッパやアジアの飼養施設に向け輸出もされる。アメリカの農地で生産されるものはそれに輪をかけて飼料作物に偏っている。

二〇〇八年、アメリカの農家は中西部を中心として八七〇〇万エーカーの土地に飼料用トウモロコシを植えた。(原注3) 一部はエタノール燃料をつくるためにトウモロコシの需要が増えたことにもよるが、大部分は家畜飼料に費やされる。それに比べ、私たちがそのまま食べたり缶詰その他の形で消費したりする食用のスイートコーンは平均たった三七万エーカー程度しか植えられなかった。(原注4) ここでひとつ比較対象を示すと、アメリカで四番目に大きな州のモンタナ州は、面積にして九三〇〇万エーカーの土地を占める。東西五五〇マイル（約八九〇㎞）、南北三〇〇マイル（約四八〇㎞）のモンタナ州の土地いっぱいに、ただトウモロコシだけが広がっている光景を思い浮かべてほしい。このように広大な土地が鋤き返され、外来種の飼料作物が植えられ、栽培に大量の水、農薬、肥料が投入されなければならないのである。

大豆栽培の用地も同じ程度に大きい。農務省（USDA）によると、二〇〇八年には七四五〇万エーカーの土地に大豆が植えられた。(原注5) そして、豆腐などの大豆製品は人気があるというのに、人間が直接に消費する分にはそのうち二％も割かれなかった。年につくられる大豆のほとんどは家畜飼料に回される。

紫馬肥（アルファルファ）も集約畜産に用いられる重要な作物で、主に乳牛と肉牛の飼料になる。アメリカでは年に約五九〇〇万エーカーが紫馬肥の栽培地にされている(原注6)（ちなみにオレゴン州の面積は約六〇〇〇万エーカー）。トウモロコシや大豆のような条植え作物と比べれば、まだ野生動物の生息地に適している方といえようが、差し引きすると紫馬肥の畑もやはり従来の生物多様性を損なう結果をもたらす。元々あった植生に置き換わり、しばしば大量の肥料が用いられ、刈り取りが頻繁に行なわれるので、多くの野生動物に隠れ家と巣を提供するという一時的な役割さえも台無しになってしまう。

合わせると、以上三種の家畜飼料用作物はアメリカ一国だけで最低二億エーカー以上もの土地を覆っていることになる。飼料と食料を対比してみると、アメリカの十大生鮮野菜、アスパラガス、ブロッコリー、ニンジン、カリフラワー、セロリ、タマチシャ（レタス）、ハネジューメロン、タマネギ、スイートコーン、トマトの栽培に使われる土地の総面積はおよそ一〇〇万エーカーに留まる。(原注7) またさらにアメリカで育てられる小麦の実に二二％が、人間の直接消費するパンやシリアルなどの食品となるかわりに家畜の飼料となっていることも考えねばならない。(原注8)

かつては草原や森があって虫を含め多くの在来動植物を養っていたであろう土地を、典型的な家畜飼料農場は一種か二種の外来作物で覆い尽くす。自生植物が絶えると、それに頼っていた生きものは大きな影響を被る。例えばアスペンやバルサムポプラはメイン州からミネソタ州にかけての北部一帯で普通に見られるが、多くの地域ではそうした自生種の木が伐り倒され、家畜飼料に使われるトウモロコシや乾草用の青草その他の農作物が植えられた。しかしアスペンとポプラは七種のヤママユ蛾、七七種の夜蛾（ヤガ）、七種のスズメ蛾、一〇種の蝶が幼虫期を過ごす場であることが知られている。蝶と蛾の、何と一〇〇種以上！　アスペンとポプラに限っても、関わり合う全ての虫、微生物、鳥、哺乳類、その他の生物を数え上げていけば数千種にのぼるのは間違いない。

アイオワ、イリノイ、オハイオ、ミズーリ等々の中西部の州を上空ないし車窓から眺めてみれば、どこまで行ってもトウモロコシか大豆、あるいはその両方が並んでいるのがわかるだろう。その栽培によって高草大草原（トールグラス・プレーリー）のような自生植物の群落は消滅寸前にまで追い込まれた。(原注9) 高草大草原は従来の四％以下にまで縮小し、アイオワなどの州に至っては元あった生息地の〇・一％も残ってはおらず機能的に死滅している。農場を取り囲む林地や湿地、柵の脇に伸びる土地などは農業基盤とともに在来の生きものをも支えていたが、「クリーン農業」はそのような自然の植生を根絶やしにしてきた。

畜産と作物栽培の双方を含め、農業こそがアメリカの生物種を絶滅の危機に追いやる第一原因となっている。(原注10) さらに、農業生産によって生息地が改変されれば外来種の多くは数を増やすが、その害を受ける種を加えるなら犠牲の数はさらに大きくなる。

水資源

農業生産は水生生物の生態系と多様性にも悪影響を及ぼしている。アメリカで最も多くの水を使うのは農業であり、集中家畜飼養施設は単独では最大の水の消費者となる。西部ではほとんどの貯水池に溜められた水が、何よりも灌漑農業に用いられる。国内向けの野菜や果物の多くを育てているカリフォルニア州においてさえ、最も灌漑用水を使うのは紫馬肥の生産である。地域や時期、施設の違いによって生産に必要な量は異なってくるにせよ、肉をはじめとする動物性食品は穀物その他の食品に比べ、製造に遥かに多くの水を使用する。その用途は飼料作物栽培の灌漑に留まらず、家畜への給水、ＣＡＦＯ内での汚物の移動、屠殺場の解体作業にまで及んでいる。

ダムや貯水池が関係する環境影響としては、鮭の移動を妨害する、水流や氾濫を変化させるといったことが挙げられるが、それは工場式畜産施設が生物多様性に与える影響のなかでは間接的なものに過ぎない。加えて乾草用の草など飼葉作物の栽培のため直接に水が取られており、さらにはテキサス州にはじまる南西部からサウスダコタ州へいたる乾燥地帯において、飼料作物、酪農、養豚施設、肥育場、食肉処理場のために地下水、とくにオガララ帯水層のそれが過度に汲み上げられ枯渇を招いている。畜産を水質劣化の最大の原因と捉える議論があるのも無理はない。(原注11)そして畜産の結果消えていく在来種の魚類、両生類、軟体動物、水生昆虫は相当の数にのぼる。

アメリカ西部の在来魚のうち五分の四が絶滅危惧種保護法（ＥＳＡ）のリスト入りをしているか、その候補者になっている。多くの場合、数を減らした最大の原因は畜産施設の引き起こす水の枯渇ないし水質劣化にある。例えばモンタナ州のビッグ・ホール川は牛用飼葉作物の灌漑栽培のため取水が行なわれ、それがモンタナ川姫鱒（カワヒメマス）(Montana grayling）を絶滅の縁に追いやる主要要因のひとつになっている。

河川が枯渇して魚が悪影響を受けるというのは解りやすいが、因果が微妙で間接的なこともある。例えばコロラド川のダムは灌漑用水の貯留のために造られ、飼葉作物の栽培に利用されてきたが、それによって自然に起こる洪水の水量や水流が大きく変えられた。こうした変化が在来魚の種を減らしており、猫背鯉（ネコゼゴイ）

（humpback chub）や細尾鯉（bonytail chub）、太尾鯉（roundtail chub）、大鉈魚（razorback sucker）、コロラド大顎主（Colorado squawfish）もその犠牲に数えられる。

公有地における牧場経営

あまり知られていないが、アメリカでは公有地のかなりの部分が私営の放牧施設に貸し出されている。公有地での放牧許可を得た者はおもに子牛育成農場と呼ばれる施設を運営する。母牛と子牛はそこの牧草地にて一年ないし数カ月を過ごし、それから肥育場へ送られ太らされ、屠殺食肉処理に向かう。公有地で育てられた動物のほとんどが最終的に肥育場送りにされるのであるから、そのような放牧施設もCAFO型の肥育事業に一大貢献をしているといえる。

土地管理局（BLM）や農務省林野部（USFS）が管理する西部の二億六〇〇〇万エーカーの公有地、それに大きさでは劣るが内務省（DOI）の魚類野生生物局（FWS）が管理する土地、さらには国立公園の一部さえもが「割当地」として放牧用に貸与されている（ちなみにバーモント州の総面積は六〇〇万エーカー）。一〇〇〇ポンド（約四五〇kg）の母牛とその子を一家畜単位（一AU）とし、牧場主はその飼養に月あたり一・三五ドルを支払う。つまり牧場主は公有地での放牧権を獲得するため納税者に金を支払っていることになるのだが、その額は実質的に一日あたり小銭数枚といった程度なので、市民からすればそんなものを得たところでハムスター一匹養うことすらできない。

アメリカの牧場主が使える土地は、メイン州からフロリダ州まで東海岸沿いの州すべてを足し合わせ、ミズーリ州をおまけした面積よりも更に広い。放牧権のため牧場主が支払う料金の安さは彼等にとって直接補助金の役割を果たし、ゆえにこの牧場主たちは政府の「生活保護」を受けているなどと揶揄(やゆ)されるが、その究極の代償は生物多様性が失われることにあり、回復は不可能ではないまでも困難になる。

それらの土地は概して乾燥しているうえ凹凸があるので、植生はまばらで生産性は低い。放牧が行なわれたことで更に生産性が落ち、大規模な土壌浸食が起こって自生植物の群落にも悪化が生じた。東部の湿潤地帯であれば牛一頭の放牧には数エーカーあれば事足りるが、西部乾燥地帯では一年育てるのに二五〇エーカーも必要になる。この生産性の低さが災いして放牧施設の悪影響が増倍される。

例えば多くの放牧割当地では毎年育つ飼葉の九割が家畜の餌にされる。これほどの草を牛に与えていれば在来種の動物、アメリカ赤鹿やジリスなどは影響を被らずにいられない。ただ家畜がいるというだけで在来野生生物にとっては脅威となる。アメリカ赤鹿や枝角羚羊など多くの種は、家畜がいるせいで社会的に排除されているのであり、追われた先の生息地は往々にして実りが少なく生活は苦しい。

問題は飼葉の取り合いだけではない。牛はユーラシア大陸の湿った高木林地の中で進化したので、その過去の環境に近い生息地、つまり河川の岸辺に伸びる緑の細道に群がる傾向がある。そこで多くの植物を食べ、湿った土を踏み固めていくことで脆い植生は傷め付けられる。西部の生物種の少なくとも八割はこのような岸辺を生息地として隠れ家と水と食物を確保しているので、そこが家畜によって壊されると多くは直接的な害を被る。赤コウモリから南メジロ蠅獲鳥(ハエトリ)（Southwest willow flycatcher）まで全ての生きものが岸辺を暮らしの場としており、その生息地が失われていくことで急激に数を減らしつつある。

岸辺の土は水を留める自然のスポンジであり、それを放牧された家畜の蹄(ひづめ)が時期もわきまえず過度に踏みつけ圧迫すると、下流では春の洪水が増えて人家が深刻な被害に見舞われることも多くなり、季節の終わりには流量が減ってしまう。さらに蹄が河岸を破壊すれば流れは広く浅くなり、魚にとって住みにくい環境になる。

公有地での放牧から生じる代償にはもう一つ、捕食動物と「害獣」の駆除がある。納税者は熊、狼、コヨーテ、ピューマなど、家畜を襲うおそれのある野生動物の殺害に金を投じていることになる。毎年何十万もの動物が殺される。狼のような絶滅危惧種も、公有地で放牧される私有の家畜を守るため殺される。いわゆる害獣は政府の動物駆除員の手で毒殺される。プレーリードッグなどは絶滅危惧種保護法のリスト入り候補であるにもかかわらず、家畜と飼葉を取り合うとの理由から牧場経営者に疎(うと)まれ、公有地で定期的に毒殺されている。

土膜(どまく)〔土壌表面の層〕が踏みつけられ、さらに選択採食の圧力で自生の植物群落が変化したことにより、外来種の雑草が押し寄せてきた。植生の変化は多くの在来種にとって災いになる。蝶や蜂を例にとると、多くは特定の自生種の花に依存しているので、外来種の植物がそれに取って代わりつつある現在、急速にその数を減らしている。外来種の侵入による影響は他にもある。

馬之茶挽(ウマノチャヤヒキ)は家畜放牧で好まれる外来種の一年草で、よく火に燃える。放牧によってその侵出が促され、多くの草原で火事が増えた。火事によって自生植物が焼き尽くされれば、馬之茶挽の更なる繁茂に都合の好い環境が出来上がってしまう。

自然のための生物多様性、人のための食料

農業の形態を小規模の混育農場に改め、肉の消費を完全には無くさずとも少なくすることができれば、これまでに述べてきたような環境への悪影響やそれによって引き起こされる生物多様性の喪失はかなりの程度

まで抑えられるものと思われる。何億エーカーもの土地で家畜用の飼料を育てるのでなく、その熱意を人のための食料をつくる方へ向けるべきだろう。そうして消費と生産を変えていけば畜産が環境に及ぼす影響も大幅に減る。農地の中、農地の外に広がる野生の土地と生物多様性を維持していくことで私たちが守る生態系は、無数の植物相、動物相の生存にとってかけがえのないものであるばかりでなく、未来世代の繁栄存続にとっても無くてはならないものなのである。

多様性喪失の果てに

食料生産の工業化はこれまで世界の農業および生物界の多様性に壊滅的な打撃を加えてきたが、現在もそれは続いている。伝統家畜品種が減っていくに留まらず、家族農家が消え、地域の生産能力が衰えていくことも損失に含まれる。そうした悲劇的顚末のいくつかについて、以下の小節に概略をまとめた。

狭められゆく家禽品種

食料を産み出す鶏は卵用鶏と肉用鶏ブロイラーの二種に大別できる。二〇世紀までは十数種の品種が卵肉兼用として重用されていた。今日の工業的鶏はそれとは対照にきわめて特殊な性質を備えるよう造り変えられてきた。卵用鶏は白色レグホン、それに数では劣るがロードアイランドレッドを中心とし、卵の産出量と家禽檻（バタリーケージ）の監禁状況に耐える力とを伸ばすよう品種改変されている。コーニッシュ・クロスを主とするブロイラーはたった七週間で屠殺重量に達し、最良の胸肉サイズ、機械で毟（むし）りやすい羽、食欲、驚くべき急成長といった目的に向け品種改変されている。一九二〇年代には合衆国の農場で育てられる鶏品種は六〇種を上回っていたが、今日ではわずか二、三種の工業的交雑種に依存する。たった二品種が商業的な卵生産、肉生産を支配しているのは、現代技術と工場式畜産の進歩を裏付ける事実かも知れない。しかしそれは同時に科学者や農家、動物保護活動家、ほか世界中の人々にとって深刻な懸念材料となっている。伝統家禽品種の膨大な遺伝子遺産が瞬く間に消え去ろうとしているのである。

アメリカの動物科学者たちは、商用の鶏品種があまりに狭められたため、種の本来有していた遺伝的多様性が半分以上も失われかけていると報告する。パデュー大学教授のビル・ミューアらは、遺伝的多様性がこのように不足してくると新しい病気に対し種が脆弱になると警告する。[原注1] 動物学者のテンプル・グランディンは、商用品種の雌鶏がカルシウム欠乏に苦しみ骨も弱くなっていると指摘する。ブロイラーは急成長を遂げるよう過度な選抜が行なわれたため、骨の生理機能を完全に狂わされ、多くは足を引き摺る身となった。[原注2]

家禽は世界でも桁外れに人気の動物性食品になり、合衆国一国だけでも毎年一〇〇億羽近くが育てられる。商用でない品種や野生の鳥も、彼等自身のために保護されねばならないだろう。また一方、伝統種を商用のものと掛け合わせることは、長期的にみれば産業の存続にもつながる。

肉牛、乳牛――伝統か工業か

世界には少なくとも八〇〇品種の牛がいる。伝統的には三つの利用目的があった。肉、乳、労働である。もちろん皮も使われる。様々な牛が様々な放牧形態、気候条件、気温に適応し、またその肉や乳、脂肪や筋肉にも独特の質があるが、牧畜はそのような高度に多様化した品種をもとに発展した。

現代の酪農品種は急激な変化の最中にある。合衆国では純血種として登録されている乳牛の八割以上が、白地に黒斑のホルスタインただ一種に占められている。牧草を食べる、より活動的なジャージー種、エアシャー種、ガンジー種、ブラウン・スイス種を合わせても、たった五品種が国内酪農牛のほぼ全てを構成する。

ホルスタイン種は現代の監禁システムにおいて豊富な乳量を産出することで知られるが、それは大量の飼料と獣医学のサポート、さらには廃牛と交換するストック牛を用意しておくことによるところが大きい。

ホルスタインと伝統酪農品種の交配は世界中で進んでおり、ウガンダにいる大きなアンコレ牛もその例外ではない。そしてホルスタイン種が世界の酪農産業を覆い始めたことを受け、遺伝的多様性の喪失を危惧する科学者たちも現われた。ミネソタ大学教授のレス・ハンセンによれば、現存するホルスタイン遺伝子の三割が、わずか二頭の雄牛、すなわち一九六二年生まれの一頭と一九六五年生まれの一頭とに起源を持つ。二頭は世を去ったが遺伝子は現代の酪農牛の内に生き続けているのである。(原注3)

乳牛は乳を搾り続けるため妊娠させなければならない。子牛の内、雌は半分だけであるから、数百万の雄牛は子牛肉(ヴィール)となるべく屠殺場へ向かうか、霜降(しもふ)り肉となるべく肥育場へ向かう。肉になる雄の子牛は穀物肥育に適した交雑種でなければならないため、酪農業界と牛肉業界は結び付きを強めつつある。

過去には多くの肉牛品種とその遺伝的多様性こそが牛肉業界を成功に導く鍵であり、それによって生産者は変化する市場の需要に応えていくことができた。しかし今日のアメリカでは肉牛の六割がアンガス種、ヘレフォード種、シンメンタール種のいずれかである。これまでのところは幸いにも、肉牛の飼養地が広範囲にわたり、市場参入の機会もあり、選抜の仕方にも確固たる方針がなかった等の理由から多様性が保たれてきたが、我々が真剣に考えなければこの遺伝的耐久力も変わり果ててしまうかも知れない。

馴染の豚と痩せ身の豚

今日我々の知る豚の品種は、大半がユーラシア大陸の野生豚(sus scrofa scrofa)の子孫にあたると考えられている。中東で見付かった考古学上の証拠からは、豚の飼い馴らしが早くも九〇〇〇年前に始まったことが示唆されているが、中国ではそれよりさらに遡れるかも知れない。飼い馴らしを始めた初期の農家は、早い成長、早い成熟、大きな糞、飼料効率の良さなど、多くの特性を利用した。

豚はアジア、ヨーロッパ、アフリカに広がり、遊牧社会や移牧社会よりも定住社会に適していることが分かってきた。理由は単純で、豚は群にして長距離を移動させるのが難しかったからである。スペインの征服者が北米に豚を持ち込んだ際、逃げた豚たちはすぐに国中の疎林に住み付いた。多くはヨーロッパや地中海地方の古い品種の末裔にあたり、祖先はフランスやスペインの特異な生態系のなかで進化を遂げた。豚が新天地の環境に適応していくにつれ、多くの品種が農家の手で産み出された――アーカンソー・レイザーバック種、ミシシッピ・ミュールフット種、パイニー・ウッズ・ルーター種、チョクトー種、それに塩水に強いオッサバウ種も。

一九三〇年代にはアメリカ市場向けに一五品種が育てられていた。今日では少なくとも六品種が絶滅しており、商用品種の七五％はハンプシャー、ヨークシャー、デュロック、計三種の系統に属す。

一九八〇年代以降、動物工場の養豚が始まり、小規模家族経営の養豚農場は激減した。それとともに動物の方も劇的な改変を経験した。

現代の産業品種は効率性操作の結晶といってよい。今日好まれる狭小な遺伝子プールからは、体脂肪が極端に少なく、また多くの人にいわせれば風味も遥かに劣る、「痩せ身の豚」が産み出される。痩せた豚は寒い冬の気候に弱いので、温度調整された室内に閉じ込められ、もはや草を食むことはない。人工授精が自然にまさる遺伝的統一性を保証するのに加え、ＥＵ加盟の数カ国以外では産業品種の成長を促し病気を予防する目的で抗生物質が乱用されている。

家族農家の衰滅

家族農場は何世紀ものあいだ、世界中の地方農業を支える屋台骨だった。健全な地域社会が家族農家に頼り、農家は一日中畑の面倒をみて管理をし、真っ当な牧畜を営んだ。今日、平均的なアメリカ農家は五五歳に達している。三五歳未満はこの仕事をやりたがらない。CAFOは現在、アメリカで売られる動物性食品の多くを生産し、さらに他の伝統的な農業社会、ポーランド、ルーマニア、ブラジル、メキシコなどにも裾野を拡げつつある。

とくに豚肉、鳥肉、卵の市場は少数の実に巨大な企業に乗っ取られている。その主力戦術となるのが「垂直統合」で、企業は家畜を生まれた時から食肉加工される時まで所有することができ、販売、流通、飼料調達においても相当部分を司る。農家が工場施設を建てるため莫大な借金を抱える一方、統合した巨大企業はそれ以外の部分を掌握し、品種から飼料、屠殺重量に至るまで、一切を産出量と均一性の名のもと統轄する。農家は家畜の所有権を有さないにも拘らず、大量の家畜廃棄物の排出責任を負わされるのが普通で、災害が起きた際には彼等に罪が着せられる。

食肉加工業者が家畜を所有するこの「専属供給」という制度は、価格設定の権限を独立の生産者から奪い、不当にも垂直統合した企業に与える。CAFO業者と契約した農家は多くの場合、動物工場の生産ラインで働く下請け業者になり下がる。例えば企業との契約で鳥を育てる家禽農家は、もはや農家とは見做されず「契約生産者」と称される。(原注4)

機会と条件さえ好ければ農業を始めたいと思っているアメリカ人は大勢いる。特に成長いちじるしい分野に有機農法と牧場畜産がある。そのような農場を整える投資はそう法外なものではなく、直接販売の機会を設ければ収益、生産性、その他もろもろの向上も期待できるようになる。いま足りないのは、生産力のある安定した家族農家が次代以降も数多く残っていけることを保証する共同努力なのである。

自営農家の消失

他の国々でも同じ現象が広まりつつあるが、アメリカの畜産業は比較的自立した家族経営の小規模農場から、生産と流通のチェーンがより緊密に結び付いた、より巨大な工業施設へと劇的な変貌を遂げた。

工業経済モデルを農業に応用することの問題は、農作業それ自体の性格にある。農場は工場ではない。農場は生物の世界に組み込まれている。健全な農場は自然の多様性に富み、工場のような精密性や特殊化とは相いれない。健全な農場は単純化を極める単一栽培地ではなく、植物種と動物種の複雑な共同体をなす。それに健全な農場は土地の回復力からして何が持続的に育てられるかを考えた上でつくられるのであって、地域の水資源を過剰に吸い上げることもなければ、肥料として安全に撒くこともできず近隣の人々にとっても堪えがたい廃棄物をもって周囲の土地を荒らすこともない。

「憂慮する科学者同盟（ＵＣＳ）」によれば、ＣＡＦＯ産業が急速に拡大したのには複数の要因が絡んでいる。第一に、補助金制度によって大規模生産者は穀物飼料を割引価格で購入し、操業コストを削減できるようになった。第二に、過酷な監禁状況に合った動物を造り出す品種改変の躍進がある。第三に、抗生物質の多用によって病気を防ぐ。第四に、ＣＡＦＯは家畜糞尿の安全処理コストを回避できる。第五に、現行の反トラスト法と環境規則のによる規制がされていない。第六に、契約と所有権を通し市場の支配が行なわれる。

そして第七に、施設近隣の住民に及ぶ集約生産の悪影響が無視されている。(原注5)

　アメリカでは巨大施設が小規模農場に取って代わり、一九八〇年から二〇〇〇年のあいだに、その飼養する家畜の割合が畜産すべての分野で飛躍的に増大した。(原注6) 家禽、乳牛、肥育牛の飼養施設が合併に向かう傾向を示し始めたのはそれより大分早かったが、工業的豚肉生産の集中化はこの時期に加速した。国内の養豚施設は一九八二年の五〇万件近くから二〇〇六年の約六万件へと、およそ一〇分の一にまで減少した。(原注7) しかし豚の数はこの期間ほぼ変わらなかった。ということは豚肉食品の需要が上がっていても施設の大型化は必要ではなかったのである。大きな者がより大きくなり、小さなものはただ消えていく。この事態は世界中で進行している。

第5部　CAFOの隠されたコスト

序論――経済学者は勘定の仕方を忘れてしまった

どう割り引いて考えても、工業的な肉製品、卵製品、乳製品は社会に多大なコストを強いており、その価格はレジのカウンターには反映されない。大規模な工場式畜産業は世界の食料生産をみごとに増大させたと論じるのは可能かも知れないが、本章の諸編はそのシステムの隠されたコストがもはや無視できないものであることを明らかにする。イキモノ呪わば穴二つとでもいおうか、CAFO生産事業の思いもかけなかった結果の数々が、人間様のもとへ帰って来つつある。コストは予想だにできない経路から私たちの生活に忍び入る――水路から、あるいは大気を漂う粒子の汚染を通して、あるいは租税補助金という形で、あるいは食品チェーンにおいて、あるいは農業地帯の地下排水網を介して、あるいは、私たちの民主主義のまさに命綱といえるものを引き裂く仕方で。

「憂慮する科学者同盟（USC）」のダグ・グリアン・シャーマンは『CAFOの真実――監禁家畜飼養施設の語られざるコスト（CAFOs Uncovered: The Untold Costs of Confined Animal Feeding Operations）』の中で、それらの隠されたコストを記録し数値化する試みを行なっている。第一は大量の糞尿廃棄、近くに充分な耕作地がない場合はこれが問題になる。第二は悪臭で、近隣の住宅所有者にとっては生活の質が損なわれる上、不動産価格も下落する。第三は中小自営農家の消滅、第四は膨らみ続ける租税補助金、第五は病原菌と病気

の蔓延である。[原注1]

差し迫った危機は、公益抗弁弁護士〔公益保護のため、市民への法的助言や訴訟を受け持つ弁護士〕にして保全活動の勇士ロバート・ケネディ・ジュニアいうところの共有財産の侵犯で、それは共有資源だけでなく、我々の価値や自然遺産、社会形成の過程にも及ぶ。ケネディは地方支部の「リバーキーパー」と「ベイキーパー」からなる活動組織ウォーターキーパー同盟を立ち上げ、一〇年以上にわたってCAFO業者を相手に抗議運動を展開し、水質に及ぼす破壊的影響についての責任を追及してきた。それには合衆国水質浄化法の充分な執行を求める積極的な政治参加も含まれる。

『ファストフードが世界を食いつくす』の中でエリック・シュローサーは食品由来の疾病と工業的肉製品との結び付きを指摘し、アメリカ人すべてが肉偏重の食事をとることについて、その健全さに大きな疑問を投げかけた。

食品中毒の原因をあつかった医学論文は、持って回った言い回しと無味乾燥な科学用語にあふれている。大腸菌レベル、一般生菌数、ソルビトール、マッコンキー寒天培地、等々。しかし端的な説明がその裏にある。どうしていまやハンバーガーを食べると重い病にかかってしまうのか――肉に糞が入っているからだ。[原注2]

事実、食肉の中に糞便が入っているおかげで、大腸菌O‐157：H7やサルモネラ菌の発生はますます日常化しており、アメリカでは工業的肉製品の大規模リコールなどがニュースになるまでに丸一週間ないし丸一カ月が過ぎてしまうらしい。工場式畜産システムからは毎年、より多くの伝染性病原体が現われる。[原注3]製薬会社がＣＡＦＯから発生するおそれのある将来のウイルス感染に備え、巨額の資金をワクチン開発に注ぐ一方、食肉業界は規則と検査体制の強化に反発している。シュローサーの指摘するごとく、食肉加工会社は人々を病気にすることは避けたいと考えるが、食品汚染の責を負うのも避けたいと考える。食肉加工の取り締まりが徹底的に見直されなければ、リコールは事業計画の望まれざる部分として付きまとい続けることだろう。

ホットドッグ、アップルパイ、それに民主主義の自由はアメリカ的生活の一部であり、多くの人々がそれらを当たり前のものと考えている。人類学者のケンドール・スーは、食物生産の形態から社会について多くのことが学べるという点は認める。が、彼の学んだ事柄はあまり魅力的な内容ではない。ＣＡＦＯは他でもない我々の民主主義の自由を脅かしていると彼はいう。手始めは地域社会に対するあからさまな侵犯行為で、息苦しい悪臭によって住民は外にいられなくなり、毒物の排出によって空気と水路は汚染される。それからＣＡＦＯ業者は肥育場の撮影や農産業への批判を違法化し、多くの州で言論の自由を侵害してきた。ついには我々の前に農工複合体が立ちはだかり、地域共同体と私たちの大切にしている民主的な手続きとを人質にとる。

違反による大気汚染、水路汚染の浄化費用を元凶のＣＡＦＯ業者に負担させる代わりに、多くの公共政策は実のところ〝汚染者加担〟に傾いた歪(ゆが)んだものになっている。租税補助金、農業法プログラム、そして工場式畜産設備に梃入(てこい)れする目的で用いられる政府規則――弁護士のマーサ・ノーブルはその足跡を追い、大きな政府と規制機関、工業的アグリビジネスの三者による共謀の世界を明るみに出す。政府プログラムには、飼料生産の補助金や毒物浄化費用、肥溜め池の設置費用、メタン発酵装置の開発費用などとともに、重要研究の費用も含まれるが、この資金は適切な代替生産法を生むでもなく、むしろ業界を後押しする。真の敗者は小さな家族農家や労働者であり、地域社会であり、消費者であり、もちろん納税者である。

　数十年前には地元の肉屋が人々の目の前で皆の大好きな肉の切り身を捌（さば）いてくれたものだったが、今日では滅多にそんな風景は見られない。クリストファー・クックは現代食肉産業のジャングルを探検する。アメリカ人の食べる肉の量が記録を更新し続けるのと並行して加工会社の統合は進み、日々需要に付いていかなければならない屠殺場の労働者には更なる重圧がのしかかる。食肉加工業界の実態を暴いたアプトン・シンクレアの小説『ジャングル』が世に出ておよそ一世紀が経った今、クックが見たのはなおも甚だしい人間の犠牲を出す食肉産業、残酷な切断業務の世界だった。それだけではない。屠殺産業がより少数のより巨大な施設へと統合されていき、企業が自営農家を排除して契約生産者を好むようになれば、多様で公平な市場という風景は更に切り裂かれることになる。近くの施設に食肉加工を頼めなくなれば、多くの自営生産者はたとえ価格の面では渡り合えても商品を流通と販売に回すことができない。そのような統合は農家と消費者、両方を害する。

　アンナ・ラッペが記すのは、より人心を欺（あざむ）く、しかし同じくらい深刻なＣＡＦＯ生産の隠されたコスト、すなわち、動物性食品の生産が地球温暖化と気候変動の大きな原因になっている問題である。飼料の消化、糞の分解、家畜の移送、飼料作物への施肥、さらには世界の食が肉と動物性食品中心のものへと変化していく趨勢（すうせい）を通して、食用家畜の畜産は大気中に温室効果ガスを排出しており、その影響は全輸送機関の合計排出量をも上回る。テーブルに食事を並べるまでの間に、我々は文字どおり、この星を温めているのである。

農場から工場へ——共有財産の強奪

ロバート・F・ケネディ・ジュニア

工場式畜産場のとてつもない大気汚染および水汚染はCAFO産業の経済的、政治的影響力の副産物である。動物工場を管轄する企業は民主主義を葬り、大気と水を守る法規制を弱め、また日常的にそれを犯し、さらには地域の生活の質を貶めることによって利益をむさぼる。時代遅れの法とビジネスびいきの政治家を後ろ盾とするCAFO産業は、重工業や大都市にも匹敵する有毒廃液を垂れ流しにしていながら、それらと同等の規則からは免れている。

工業的食肉企業の巧みな宣伝は大多数のアメリカ人を説き伏せ、私たちの肉製品や乳製品はいまもなお、のどかな家族農場から来ると思い込ませている。しかし現実にはアメリカの動物性食品の圧倒的多数を支配するのは血も涙もない一握りの専売企業であり、動物たちは工業的な収容所に閉じ込められ、筆舌に尽くしがたい不必要な残虐行為に苛まれる。この動物工場が一方で家族農家と地域社会を滅ぼし、危険な汚染物質を大量に吐き出し、アメリカの最も大切にされてきた景観や水路を汚している。

ノースカロライナ州では今日、豚の出す糞の量が全人口のそれを上回る。しかも人間の汚物は処理が義務付けられているのに対し、豚の排泄物はただ環境中に投棄される。巨大収容施設では一〇万頭もの豚が狭い檻に押し込まれ、日光に浴することもできず、鼻先で餌を探すこともできず、藁（わら）の寝床も与えられず、仲

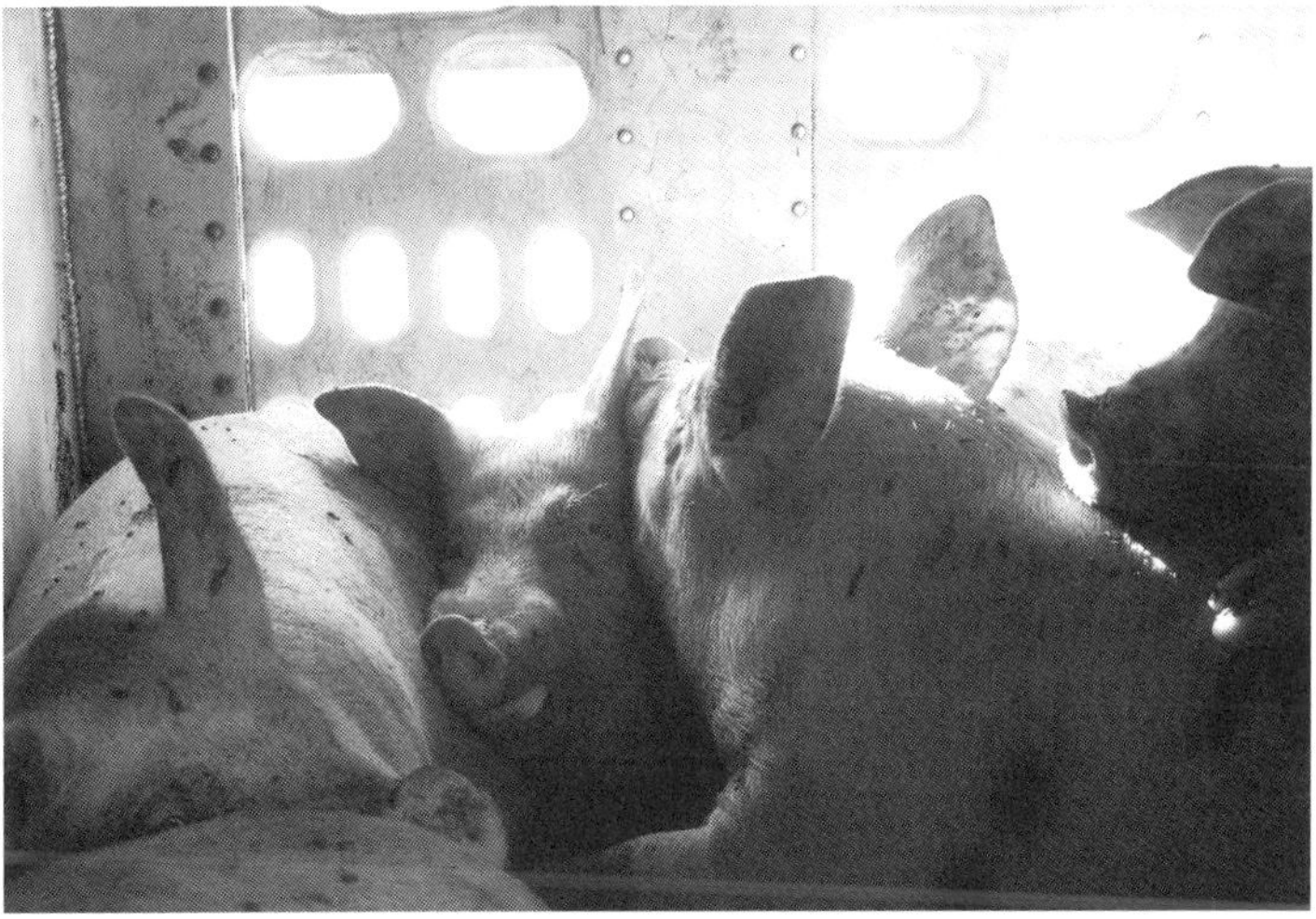

屠殺場へ向かう移送トラックの豚。飼育施設に劣らぬ過密環境、餌と水を奪われた長時間輸送などが原因で、アメリカでは年間100万頭の豚が屠殺場への到着前に死亡する。Photo courtesy of Anita Krajnc/Toronto Pig Save

間と触れ合って何かしらの喜びや誇りを感じる機会も得られず、ただ凄絶で苦悶に満ちた生涯に堪えている。コンクリートでできた排水路は腐敗する汚物を集め、広さ一〇エーカー、深さ三階分の吹きさらしの大穴へと運んでいく。毒気は周囲の住民を息詰まらせ、近隣の人々の健康を害し、資産価値を暴落させ市民生活を破壊する。施設から出る何十億ガロンもの豚の糞便は河川に滲み出し、魚を殺して漁師の仕事を奪う。流出汚物は有害な藻類や細菌を発生させ、富栄養化した水路はその格好の生育環境になる。魚の大量死を引き起こすウオコロシ〔第三部「豚の親分」参照〕もそのような毒性微生物の一種であり、科学者は人間がウオコロシに汚染された魚や水に触れると脳の損傷や呼吸器系の疾患につながると確信している。

　肉牛、乳牛、家禽、豚、羊、それに彼等を収容する施設には毒性農薬がふんだんに盛られており、監禁した動物を生かし続け、肥やし続けるため、抗生物質やホルモン剤も使われる。化学物質の残余は水路に拡がり、薬物耐性を持った超細菌の成長をうながす。

新しい工業科学技術によって少数の巨大多国籍企業は私たちの貴重な風景と食料供給をほしいままにし、百万もの養鶏農家、それに国内自営養豚農家の大半を、生産の場から放逐した。ノースカロライナ州をみると、近年養豚から手を引いた自営農家の数は二万七〇〇〇軒におよび、取って代わったのは二二〇〇軒の工場——そのうち一六〇〇軒はたった一社、スミスフィールド・フーズが所有ないし操業する。このようにしてアメリカの地域共同体は打ち砕かれ、国民の価値観や幸福にはほとんど関心を示さない大企業が私たちの風景を占領してゆく。トマス・ジェファソンの想い描いたアメリカの民主主義は家族農家の持つ幾万もの独立した自由保有権からなり、その制度下では一人一人が柱となるものだった。しかし、大企業が行なっているのはそんな彼の構想を斬って捨てようとする試みである。数百万の市民に代わって食料供給の手綱を握り、無慈悲な法人が国の安全を損なおうとしている。

家族農場に置き換わった汚臭ただよう工場では、頻繁に入れ替わる労働人員が細分化され、アメリカで最も不快かつ危険な仕事を奴隷賃金で受け持つ。法人食肉工場が市場を支配しているのは効率性に秀でているからではない。汚染を黙認されているからである。どこから見ても違法なこのシステムは巨額の政治献金の上に成り立つもので、農業ビジネスの億万長者は大気と水の汚染を禁じる国内の法規制を掻い潜ろうとする。政治的影響力にものをいわせて市場を崩し去り、政府補助金をたんまりとせしめ、さらに汚染を拡げる。もしも現行の環境法がこれらの多国籍企業を取り締まれば、彼等は伝統的な家族農家と競り合うことなどまるで出来ないに違いない。

ウォーターキーパー同盟は一九九九年の創設以来、アメリカの食料生産を占有しようとする企業行為に対し最前線で戦ってきた。我々は二〇〇六年一月、アメリカの豚肉最大手、スミスフィールド・フーズを相手に訴訟を起こし、ノースカロライナ州にある二七五件の食肉工場を浄化するよう求めた。これは記念すべき和解に終わり、国内の工業的食肉生産者に今までよりも高い達成水準を目指すよう通告する結果となった。この和解で何より重要だったのは、周囲の水系と地下水について食肉企業に汚染とその影響を調査させた点であり、これは史上初めてのことだった。スミスフィールド社の一件をはずみとして、工業的食肉企業の改善を求めるウォーターキーパー同盟の「清き農場、浄き水（Pure Farms/ Pure Water）」運動は次の段階に差し掛かった。農業会社はいまや、新しい畜産形態を考え出して飲み水の汚染および漁場と共同体の破壊をやめるか、さもなければ食品業界から立退く時である。

とはいえ、改革は環境活動を勝利に導くだけで成るものではなく、個人の選択にも懸かっている。偉大な料理人が昔から知っていたことを、多くのアメリカの消費者が理解し始めている――一番良い肉は、善き農牧によって得られる、ということだ。

家族農家の中には今でも互いに結び付き、動物を牧草地に放ち、ステロイドも治療量以下の抗生物質も人工物質の成長促進剤も含まれない、自然の餌を与えている人々がいる。このような農家は敬いの心をもって動物に接し、最良の農牧を行なう環境の世話役となって、消費者には味わい深い極上の肉を提供する。彼等は私たちに、良い食を選ぶことで善い行ないをする機会を与えてくれるのだ。

私たちが最上質の食を求めるのであれば、それは私たちの農家、私たちの民主主義、私たちの子孫の健康、そして国民の安全を支えることにつながるだろう。ウォーターキーパーは伝統を守る国中の農家、牧場主、漁師とともに、持続可能なアメリカの食料生産を志す構想を分かち合い、活動を続けている。この構想を育て上げてきた農家の人々は最低限の生活賃金を稼ぐ一方で、直接に国の経済、環境、政治の健全化に貢献している。

　したがって有機食材の市場が拡大しているのは我々にとって励みになる。グルメの食材だったそれらは一般のスーパーマーケットにも並び始めた。料理人やレストラン経営者は食に対する消費者の意識を率先して形づくる役を担うが、彼等の中でも持続可能な食材を使う方針に切り換える人々が増えている。有機食材の小売売上高は二〇〇三年時点では一〇四億ドルだったが、二〇〇八年には経済不振が続いていたにも拘らず二二九億ドルにまで膨らんだ。食品市場の売上五五〇〇億ドルの中ではまだ微々たるものに過ぎないが、有機食材を除く食品産業全体の販売伸び率が年間二～三％なのに対し、有機食材は何と一七～二〇％の成長を続けている。口にすればアメリカ人は良い食というものを理解でき、たとえ出費が増すとしても持続可能性の方を選択することができる。

　よい味わいの食と国の価値観を守ろうと立ち上がった農家、漁師、料理人、消費者の声が響き合っている。持続可能な食はより良い味を誇る。とともに、あなたにとって、あなたの家族にとって、環境にとって、より栄養に富み、より安全でもあるのだ。

けがれた肉——規制撤廃は食事を危険行為にする

エリック・シュローサー

何千人ものアメリカ人が肉に潜む危険な病原体のせいで毎年病気に冒されている——が、政治的に連結した食肉産業は規制にあらがい責任を逃れる。農務省は食肉の安全を保証すると同時に、食肉の販売を拡大する役目も担うが、繰り返す病気の発生と大々的な汚染肉のリコールを受けてなお、汚染牛肉をスーパーマーケットの棚に並べることを許しており、規制を守らせる肝心な執行力を欠いている。肉から危険が解き放たれるということは、肉を造る会社が規制から解き放たれていることを意味する。

ブッシュ政権と議会の共和党員は食肉加工会社に国の食品安全システムの統制権を明け渡した。航空会社が9・11までの年月、空の安全の責任をまかされていたようなものである。食品安全の規制を撤廃するのは航空安全の規制を撤廃するのと同じくらい理に反している。こんにち肉を食べる人はいずれも、食肉加工会社がどんなものを好き放題に販売しているのか、じっくり考えてみた方がいい。

食品安全をめぐる議論の中心には微生物検査の問題がある。消費者擁護の立場からは、肉に危険な病原微生物がいないかどうかを連邦政府が検査し、何度も検査にひっかかる会社には厳しい罰則を課すべきだとの意見が上がっている。およそ一世紀のあいだ新しい食品安全対策と戦ってきた食肉加工業界は、しゃにむに首を横に振っている。アメリカ科学アカデミーが任命した調査団は一九八五年、合衆国の食肉検査システムは時代遅れだと警告した。当時農務省（USDA）は汚染された肉を発見するのに目と鼻だけを頼りにしていた。一九九三年にジャックインザボックス（アメリカの大手ハンバーガーチェーン。アイダホ州、カルフォルニア州、ワシントン州、ネバダ州）で発生したO-157騒動の後、クリントン政権はこの病原性大腸菌の潜伏有無について牛挽肉のランダム検査を実施していくと発表した。食肉加工会社はすぐさま農務省を提訴し、連邦裁判所で検査の廃止を要求した。

腸管出血性大腸菌O-157：H7はジャックインザボックスのレストランで発生し、以来数十回におよぶリコールを引き起こした病原菌で、感染すると重篤な疾患ないし死亡につながるおそれがある。とくに子供、高齢者、免疫力の弱い人々など、病気にかかりやすく虚弱な対象が餌食にされやすい。アメリカ疾病管理予防センター（CDC）は、毎年七万三〇〇〇人のアメリカ人がO-157に感染していると試算する。また、同じく牛挽肉と関連する別の病原性大腸菌による犠牲者三万七〇〇〇人がそこに加わる。屠殺場で動物の糞や胃の内容物が肉に撒き散らされると、こうした病原微生物が拡散する。

農務省は一九九三年の一件に勝訴し、O-157：H7のランダム検査を開始したのに加え、一九九六年には「科学に立脚した」調査システムを導入して食肉加工会社と政府との協力による様々な微生物検査を義務付けた。が、その新しいシステムは業界の反対と法的訴えによって骨抜きにされ、もはや以前のシステムよりも効力を失ってしまったきらいがある。現在は危害要因分析必須管理点（HACCP、第三部「サイズが肝心だ」参照）のプランが食肉加工場の生産を規制するが、これによって食品安全業務の多くが農務省の検査官から企業の職員へと受け渡された。

この譲渡と引き換えに、農務省はサルモネラ菌の検査と、検査に幾度もひっかかった工場の閉鎖を行なう権限を得た。サルモネラ菌は主に糞便を介して拡がる生物で、挽肉の中にこの菌がいると、他にも危ない病原体が潜んでいる可能性がある。一九九九年一一月、農務省はサルモネラ菌検査に繰り返し不合格となった食肉加工工場を閉鎖した。工場を運営していたテキサス州の企業、シュプリーム・ビーフ・プロセサーズ社（Supreme Beef Processors）は当時たまたま全米学校給食プログラムの最大級の挽肉供給者だった。食肉加工業界の強力な後押しを得てシュプリーム・ビーフ社は農務省を提訴、最終的に裁判に勝ち、二〇〇一年一二月には農務省のサルモネラ菌規制をくつがえすことに成功した。サルモネラ菌に感染するアメリカ人は毎年およそ一四〇万人を数え、さらにCDCは厄介な抗生物質耐性菌も挽肉に関係しているとの見方を示している。にも拘らず、目下サルモネラ菌にひどく冒された牛挽肉を販売することは違法でも何でもなく、それどころか農務省の認証印まで付けて売り付けることができてしまう。

アメリカの食品安全システムは市民の健康を守るためでなく、食肉加工産業を責任追及から守るために巧妙に設計されている。それをつくり上げる過程で食肉業界は何十年にもわたり共和党から大いなる助力をたまわってきたが、この助っ人の仕事は、議会の妨害だったらしい。というのも、議会は食品安全に関する農務省の権限を拡張しようとしてきたからである。「責任ある政治センター」によると、二〇〇〇年の大統領選では食肉・畜産関連企業からアル・ゴアに二万三〇〇〇ドルの、ジョージ・W・ブッシュに六〇万ドルの献金があった。これはしっかり消化される。ブッシュ政権時代に農務省の長官主席補佐を務めたデイル・ムーアは、元々全米肉牛生産者協会の主席ロビイストだった。ブッシュから農務省検査官に任命されたエリザベス・ジョンソンは同協会の食品政策参事。同じくブッシュ政権の任命で農務長官の議会対策次官補に就任したメアリー・ウォーターズは食肉大手コナグラ社の専務理事だった。

ブッシュ政権は大手食肉会社に甘かった、などというだけではやさし過ぎるだろう。二〇〇一年から二

○○四年まで農務省の食品安全担当次官を務めたエルザ・ムラノは議会証言の場で、省が汚染肉リコールを命じる権限を持つ必要はないと発言した。またサルモネラ菌汚染を理由に挽肉工場を閉鎖する権限も新たに持つ必要はないと言ってのけた。

食肉加工会社とすれば、消費者を病気にすることは避けたい。けれども病気の責任を負ったり発生の予防に余計な金を掛けたりするのも避けたい。懲戒的な意図から現在ジャックインザボックスに適用されている食品安全システムが敷かれれば、ファストフード・チェーンの挽肉費用は一ポンドにつき一セントほど値上がりする。他の大手ハンバーガー・チェーンも危険な病原体が極力少ない肉をよこすよう供給業者に求めている――それでいてその求めが加工会社を倒産に追い込んだ例(ためし)はない。

食品が完全に滅菌されることはないし、我々もそんなことは期待すべきではない。が、規制にほんの少し簡単な変更を施せば、食べた物が原因で病気になるリスクはぐんと減らせる。農務省に即刻、汚染肉のリコールを命じ食肉加工会社に罰金を課す権限を与えるのが一つ。二つ目は肉に含まれる病原体の量に法的制限を設けることである。

そして何より、私たちの食品安全を導くものは、良識でなければならない。汚れのない肉をつくる会社には販売を認め、汚れのひどい肉をつくる会社には認めない、それが当然だろう。共和党と大手食肉加工会社の癒着は民間からの多大な支持を反映したものなどではない。食品安全は中絶や銃規制と違って、多数の有権者が根本から激しく対立する意見に分かれているのでもない。食肉加工会社の仕事を知ったら大概の人はおぞけ立つ。怒りに政党の壁はない。民主だろうと共和だろうと、喰わねばならないことに変わりはないのだ。

しかし改革を考えるなら、確固たる執行力を備えた独立の食品安全機関を新たに設けるのが最も重要かつ有効な打開策となるのは間違いない。農務省は板挟みの立場にある。国内の肉の販売を促し、なおかつ危険な肉から消費者を守っていくことが求められている。この両立しがたい任務を農務省が受け持つ間は、消費者みずからが牛肉を購入する際、どこで買うのか、どう扱うのか、どれだけうまく調理できるのかを、細心の注意をもって考える必要がある。多くの国民はテロの脅威を恐れるが、それより余程さし迫った脅威が全ての国民の食卓に上っている。食品安全システムが根本から改められるのでなければ、ミディアムレアのハンバーガーを味わうのは今後も危険行為のままであり続けるだろう。

ＣＡＦＯは皆のすぐそばに――工業的農業、民主主義、そして未来

ケンドール・スー

工場式畜産が共同体と環境を破壊する、という点については多くのことが書かれている。それに比べ、極度に集中した畜産業が直接に民主的意志決定の土台を突き崩す、という点についてはあまり議論が交わされない。何年ものあいだＣＡＦＯ業者は法廷で立ち回り、政府の役員や機関と協力し、政府規制や写真撮影、さらには言論の自由から我が身を守ってきた。

カラハリ砂漠に暮らすクン人の狩猟採集、マヤ文明やアステカ文明の集約農業、アメリカ南部のプランテーション、西欧の封建領主制、そして今日のカナダやアメリカにみられる養豚工場――いずれをとっても、我々はそこから基本的な人類学の知見を引き出すことができる。食料が集められ、育てられ、人々に配られる、そのあり方は人間社会の基礎を形づくるのである。先史時代、歴史時代、現代を通して、人間は周囲の環境に適応していったが、その記録には顕著なパターンが見て取れる。すなわち、食料システムが中央に集中すると、政治、経済、更には宗教のシステムまでもが同じように集中化する傾向があるらしい。農業の役割として時々聞かされる話とは裏腹に、今日のごとく土地や食料を所有支配する者が急速に集中化を進めても、それで他の社会成員が自由になるとは必ずしもいえず、豊かな食料を得るにはやはり土地を耕さなければならない。それどころか、集中化は社会の住人を遠のけ抑え込む働きをする。現在、世界の農業生産、処

理加工、流通は、より少数の企業が管轄するものへと集中化しつつあるが、それはやがて更なる抗争、紛争を生む火種となるのではないかと危ぶまれる。

サスカチュワンやノースカロライナにある工場式養豚施設の近隣住民に、経験したことを語ってもらえばよい。生活の質が落ちたと語るだろう。あるいは地表水と地下水の汚染を、身の毛もよだつ悪臭を、社会の激変を、隣人や友人や家族との間に生じた亀裂を、それに家族農家の排斥と地域の衰退を、こと細かに物語るだろう。またさらに、力を失った地方村落や有色人種の生活区に押し付けられる不当な負担、空気に運ばれてくる排出物に健康を冒される不安、地方官吏や企業の使者による脅迫、業者と政府と研究機関の共謀について、聞かせてくれるだろう。そのような地区はそれ自体、注目に値する。全てあわせると、社会の重要基盤を掘り崩そうとする根深い病理の姿が、否応なく立ち現われてくる。

工場式養豚施設が急増し、豚の所有が少数企業の手に集中したのは、技術的な変化と時期を同じくしてのことだった。何より注意を引かれるのは、それまで開放型の牧場が主体だった畜産が、一九七〇年代の初頭から、動物を完全に監禁する形へと切り換わったことである。監禁畜産は温帯地方の業者にとって都合が好い。厳しい気候条件は家畜の成長を妨げ出荷の時期を遅らせる。豚が寒さから身を守るため自らの体に貯め込んだ栄養素の大部分をエネルギーの形で消費したり、あるいはうだる暑さで体重を減らしたりすると、飼料効率は低下する。閉じ込め型の飼育ではその心配はなくなる上、給餌や繁殖も一層厳密に管理できるようになる。が、これらの効率性には衝撃的な結果が付いて回る。

畜産の工業化によって多種多様な環境問題、公衆衛生問題が生じた。(原注1) 地表水と地下水の汚染は大量の糞尿排出に端を発する。開放型の養豚場から出る豚の糞は固形だが、監禁型では液状の糞尿を貯留管理し、流動性も一箇所への集中度も固形よりはるかに増す。豚が一日に出す糞尿は人間の排泄量の倍以上であり、水で薄められていない状態では人間都市の生下水とくらべ生物化学的酸素要求量(訳注1)（ＢＯＤ）が一六〇倍にも達する。のみならず、主に成長促進を目的として飼料とともに家畜に投与される大量の抗生物質も、大部分が液状糞尿とともに排出される。抗生物質は耐性菌もろとも窒素や燐や重金属、その他の糞成分と合流して地表水と地下水に浸出し、水質を損なう。合衆国ではこの問題があまりに明白となったので、環境保護庁には現在、大規模畜産施設に都市の工場と同じ程度の排出枠を定める新規則を制定することが求められている。

水質浄化法はもともと連邦政府によって一九七二年に公布されたが、見直しがあって二〇〇二年一二月に畜産施設に関する新しい規則がつくられた。そこに、主要問題群は大規模畜産施設に由来すると明記されている。理由の一つは、大規模施設がより小規模の施設にくらべ、往々にして充分に広い家畜堆肥の利用地を確保できないことにある。固形の糞は肥料になり、かつては一定地域の様々な持続的農業のなかで広く用いられていたが、現在では始末に負えない液状の工業汚染物質になって水と空気を汚している。

少しでも農場の近くで過ごせば、農業には特有の臭いがつきものであると分かる。しかし何十万ガロンもの液状糞尿を一箇所に集中させるのは不自然きわまる処方であって、近隣の農家その他の住民は生活の質を大きく損なわれる。液状の豚糞からは一六〇種ほどの揮発性有機物が放たれ、悪臭は臭いに慣れきっている農家や住民にとってさえ堪え難いものになる。数千頭の豚を収容する工場式養豚場には貯留施設があり、液状糞尿を何十万ガロン、あるいは何百万ガロンも溜め込んでいる。畜産場内部も決して健康的な環境でないことは外壁に点在する巨大な換気扇を見ても明らかで、現にそれは粒子やガスを外へ出すために設けられている。施設内部ではガスと粉塵の混合物に曝露され、それが直接の原因となって働く者の実に三分の一が一つないし複数の慢性的な呼吸器系疾患を患う(原注2)。硫化水素やアンモニアといった成分が粉塵や内毒素と混ざり、近隣の者に被害を及ぼす。液状糞尿が大量に貯留されている場合は特に危ない。

工場式養豚施設の周辺に住む人々は村の暮らしについて共通の視点、価値観、期待、経験を持ち合わせていることが多い。家族や仲間、家、信念を何よりも大切にし、それらを中心に生活を営む。家庭生活を通してそういった価値に具体的な形を与えられることが、生活の質にとって特に重要な意味を持つ。ところが工場式畜産施設が住居や土地の近くにまで侵入してくると、屋外での暮らしに関わる自由、自立は剥奪される。ついには裏庭でのバーベキューや家族友人の訪問といった最も基本的な活動さえもが奪い去られ、自由の喪失は違反と侵害の実感へと道を譲る。その土地では子も孫も外でのびのびと時を過ごすことができない。トランポリンや自転車で遊ぶことも、プールに入ることも、庭で花を摘み虫と戯れることも、友達を遊びに誘うこともできない。悪臭の影響が子に及べば親は憤り、それが徐々に効果を及ぼして鬱積となり憤懣となり家族の不和となる。

こうなると家はもはや野外活動を楽しむ場でも媒体でもない。代わりに防壁になって、しつこい汚臭のただよう外部を隔てる。臭いは数々の年中行事をはじめ、暮らしの基本要素を打ち壊し、一方で住民は何の対応策もとれずにいる。手が出せないのは一九六〇年代にできたいわゆる農業権法（right-to-farm laws）が原因で、これは現在までに五〇州すべてに敷かれた(原注3)。同法はもともと、都市の拡張によって農場が圧迫されたり、通常の農作業について理解しない近隣住民や土地保有者が生活妨害を理由に農家を告訴したりするケースから、家族農家を保護するためにつくられたものだった。しかしながら近年では工場式畜産業界がCAFOを農場と位置付け、農業権法における自らの権利を認めさせるに至っている。これにより郡政府や土地区画委員会（市町村の土地利用管理委員会）は敷地設定に制限を設けることができない。要するに土地の環境

訳注1　生物化学的酸素要求量　水質の汚染度を測る指標の一つ。水中の有機汚染物質を微生物が分解するのに要される酸素量。この値が大きければ、分解にそれだけ多くの酸素が求められるので、汚染度が高い。

を一番よく分かっている地域住民や近隣住民から、CAFOについて意思決定を行なう権利が奪われているのである。公衆衛生に関する近年の調査では、巨大養豚施設の近くに住む市民は健康問題を抱える危険が著しく高くなっているとの結果が出た。(原注4) 近隣住民には上気道に関連する健康被害の徴候が多くみられるようであり、巨大養豚場近くの住民とそれ以外の地域住民とを比べると、激しい咳や喘(あえ)ぎ、胸の圧迫感、眩暈(めまい)、息切れなどの症状は前者に多く認められる。ガスその他の関連物質に曝される工場式畜産場労働者の間では毒性ないし炎症性の呼吸器疾患が蔓延しているが、調査結果からすると近隣住民が襲われる一群の症状も、詳細に記録されたそれらの病状に似ていることが判る。

工業スケールの畜産業が社会にも経済にも環境にも公衆衛生にも悪い結果をもたらすことが山のような証拠で示されているとなると、当然こう尋ねたくなる――なぜ? なぜ単純に、政府の代表者と会って科学研究の結果と近隣住民の話を説いて聞かせ、制度を変えさせようとしないのか。つまるところ、個人の自由を守り公益の尊重を誓う代表民主制の自由な政府が本当に存在するものと思われている。しかし、工業化した農畜産業にまつわる途方もない問題の数々を前にしながら、なおも政府が実効性のある行動をとらないことを考えると、最も根深い侵犯行為は空気の汚染でも水の汚染でもなく、地域共同体の衰退でさえない。最大の問題は、産業界の統合に続いて政治権力も集中し、それによって自由と民主主義が浸食されることにある。言論の自由を失い、政府や科学研究や法廷に関わっていく道が固く閉ざされた状況では、どうして水や大気を、経済的低迷を、地域社会の激変や地域住民の健康を、修復できるというのだろう。規制を妨げるべく不穏この上ない執念を燃やし、独立の農業研究を阻み、工場式畜産場に対する市民の批判を封じ、不本意な農畜産業の宣伝費用を政府に納めよと自営家族農家に迫る現状――そこからみえてくるのは、自由と民主主義への志向ではなく、独裁と権威主義への傾倒である。

一九九六年のこと、アメリカの人気トークショーの司会オプラ・ウィンフリーは菜食主義の活動家ハワード・ライマンをゲストに招き、狂牛病と畜産業についての議論をおこなった。そこで、狂牛病が牛から人に感染する可能性がある、という話が出た。興奮したオプラの言葉が聴衆の喝采を浴びる、「もうハンバーガーなんて食べません！」。彼女にとってこのトークショーは複数の仕事を兼業する中の一つに過ぎなかったろうが、それはテキサス州の牛肉業者を原告とする法廷での争いに発展した。テキサス州牛肉生産者組合の訴えは、オプラと番組ゲストが牛肉を誹謗（ひぼう）して消費者の信頼に深刻な影響をおよぼし、業者に多大な経済的損失をもたらしたというものだった。テキサス州が他の一二州と同じく、農業についての誹謗を禁止する「食品悪評禁止法」を可決させていたことを、オプラは見落としていたに違いない。サウスダコタ州の法律はその代表例で、「誹謗」の意味を次のように定義する——

誹謗とは、特定の農畜産食品が消費者にとって安全でないと公言ないし示唆する情報、もしくは一般に認められている農業慣行や管理慣行が、農畜産食品を消費者にとって安全でないものにしていると公言ないし示唆する情報、以上に該当するものの内、話者自身が虚偽と認識する情報を、公衆に広めるあらゆる行為をさす。（原注5）

オプラは最終的に勝訴した。しかし、害もなく目立ちもしないように思われる法律が、実際には真っ向から合衆国憲法修正第一条の核心、すなわち言論の自由に牙を剥くという蛮勇をふるっている。食品悪評禁止法が制定されている州では、食品安全について公の場で話さないこと、また「一般に認められている農業慣行や管理慣行」が皆を守っているという州の主張を受け入れることが、市民に求められる。厚顔にも憲法を侮辱する恥知らずの他、一体誰が「一般に認められている農業慣行や管理慣行」なるものの内容を決めるというのか。工場式畜産施設の近隣に暮らす人々は、まさか業界の最前線に立って「一般に認められている」行為の概略を示したりはしないだろう。

食品悪評禁止法はその本質からしておのずと懸念材料になる。あいにくこれは単独の事例ではなく、工業的農業の問題をめぐる自由発言を先手を打って抑え込もうという、同種の新しい企ての一つに過ぎない。例えば二〇〇二年にはイリノイ州の農業会社ロビイストらが、監禁畜産施設の写真撮影を全面的に違法化するよう州議会に要請した。家畜のひどい飼育環境を告発した動物福祉団体の写真撮影に対する直接の報復だった。二〇〇三年にはテキサス州議員が屠殺場へのカメラ持ち込みをクラスBの軽犯罪とする議案を提出し、ミズーリ州議員は「場所のいかんを問わず畜産施設の一部」を写真撮影ないし動画収録した者を重罪とする発議をおこなった。(原注6) 結果としてはどちらの企ても失敗に終わったが、CAFO業者は同じような保護措置を申請し続けており、工場式畜産場と屠殺場の閉ざされた扉の向こうで何が起こっているかについて、市民を無知の内に留めておこうとしている。

CAFOに環境規制を課そうという試みに対しては、政治的妨害を行なった例が山ほどある。二〇〇三年に公表された合衆国一般会計局（GAO）の報告書では、環境保護庁（EPA）がCAFOを対象に実施する規制プログラムの運用が評価されていた。(原注7) 報告書ではEPAの全地域支部が評価され、続いて大型CAFOが規制免除によって監視の目を逃れているとの結論が述べられた。規制免除の結果、国内水路の汚染源であるとEPA自体が確信しているCAFOについても、多くが監視されずにいる。GAOはEPAのプログラムによるCAFO監視を強化するよう勧告した。実際には逆のことが起こった。クリントン政権のもとで公布されたCAFOの規制は実効力を有するものだったが、企業と手を結んだブッシュ政権がすぐさまそれを無効化してしまったのである。抗議の意図で辞職した高位のEPA法執行官たちによれば、副大統領ディック・チェイニーはEPAの民事執行官に対し、指定されたCAFO業者の取り締まりを中止するよう命じたという。(原注8) 二〇〇四年にもまたEPAは業者からの圧力に屈し、大気中に既知の汚染物質を排出するCAFOのため「承認圏協定(Safe Harbor Agreement)」の案を提出し、最終的に立法化した。硫化水素やアンモニア、揮発性の有機物などの排出を減らす代わりに、EPAが取り組む排出監視技術の開発に協力しさえすれば、CAFOの経営者は大赦が得られる話になった。大気中への毒物排出についてCAFOはお縄知らずのフリーパス券を与えられた、というのが事の本質だろう。そして市民の健康を守ることが使命である筈のEPAは、ほぼ完全に、汚染者を泳がせるための組織になり下がった。

抑え込みの問題は科学研究にも及び、政府資金による事業も土地付与大学〔第一部「序論」参照〕の研究もその影響下に置かれる。科学は公共政策の決定や政府機関の活動、司法判決の土台にもなると期待されているのだから、研究者が研究業務と成果発表の面で拘束のない自由な立場に置かれることは極めて重要である。が、工業的食品カルテルの手は研究機関にまで伸びている。アグリビジネスにとって好ましくない研究の数々は数十年のあいだ抑え込まれてきた。一九四〇年代初頭、人類学者ウォルター・ゴールドシュミットは農務省の農業経済局(BAE)後援のもと、カリフォルニア州セントラルバレーにおける工業的農業の影響調査を始めた。対象に選ばれたのはよく似た二つの都市で、一方は小規模の自営農場に、もう一方は法人の巨大施設に周りを囲まれている点が違った。ゴールドシュミット博士は丹念に両者を比較し、小規模自営農場に囲まれた町は巨大施設に囲まれた町にくらべ、貧困者が少なく教会が多く、市民活動がより活発で生活の質が高く、学校も公共のレクリエーション施設も多く、社会形成のあり方もより民主的であるとの結論を出した。三〇年後の一九七二年、博士は上院小委員会に向けて議会証言をおこない、アメリカ経済と世界経済の中での巨大企業の役回りについて述べた。

> ［一九四〇年代はじめに］ワシントンの事務局長から、研究の第二段階は行なわないようにとのお達しがありました。強い政治的影響力を持つ団体からの度重なる圧力行為に応じてのことです。実際この圧力がもとで調査報告書の刊行自体、故マレー上院議員の助力（略）がなければ差し止められるところでした。皆さん、私は研究の公式文書がクリントン・アンダーソン氏の机に文字通り、しまわれていたと聞かされたのです。そしてマレー議員は閲覧を許された代わり、農務省の公開文書でこの研究に一切触れないという条件を飲まなければならなかった、と。こういった公表に対する圧力の話でしたら食傷気味になるくらいお聞かせできますよ。例えば私どもの小さな研究チームは毎日（略）ランチの時間帯にラジオで叩かれていましてね、そのニュースキャスターの後援をしていたのが、カリフォルニア州農業組合です。(原注9)

ゴールドシュミットを後援していた事務局は解散させられた。

合衆国の多くの自営家族農家も、統合の進んだ農業システムの圧力がつくりだす現実に直面している。国内農家は農畜産物を売ろうと思えば統合化した商品管理組織に「賦課金」を支払わねばならない。豚肉業界をみると、養豚農家は一九八五年制定の連邦法「豚肉の生産、調査、消費者教育に関する法律」のもと、豚を売る際、一〇〇ドルの儲けにつき四〇セントを支払うよう要求される。豚肉寄付金（ポーク・チェックオフ）として知られるこの資金には建前上の目的が複数あるが、その一つが国内消費者への豚肉宣伝である。しかし多くの家族養豚農家はこの宣伝にも、それがつくりだそうとする風潮にも納得していない。例えば豚肉を「もうひとつの白身肉」

と宣伝するのはベーコンやハムの売上げを殺ぐおそれがあるため彼等は反対する。また家族農家の支払う宣伝費は、自身等の家族農場でつくられた肉でなく、大規模統合企業のブランドを販売促進するために使われていると彼等は抗議する。事実、養豚農家には毎年五〇〇〇万〜六〇〇〇万ドルの寄付が課されるが、それはただ一部業者の利益につながる宣伝にしか使われない。

このシステムに対抗する訴訟は家族農業キャンペーン（CFF）によって二〇〇一年に起こされた。CFFは多数の家族養豚農家を含む四つの下部組織からなる農家の擁護団体で、このときは寄付金計画の廃止を求めた。計画の本質は家族養豚農家に対し、彼等自身が信頼もせず、同意もしていない宣伝の費用を拠出するよう強いることにあり、憲法修正第一条に違反している、というのがその主張だった。裁判では一方にCFFの姿があり、その向かいに二者、すなわち、州の商品管理組織にして豚肉寄付金から資金の一部を得ているミシガン州豚肉生産者組合と、それに合衆国農務省の姿があった。つまり、連邦政府の一省庁である農務省が豚肉寄付金計画に味方して、私企業の活動と公共統治の境を意図的に曖昧にしたのだといってよい。連邦政府は意図して農家に州の事業への出資を強い、その資金で家族農家の利益に反するメッセージを一般大衆向けに宣伝していた。二〇〇二年一〇月、地方裁判所は裁定を下す——

農業が薄利である今日、自営農家が一般広告以外の目的に資金を用いるのはきわめて重要なことである。ただし、当の出資金が競争者の宣伝に使用され、そのために特別商品の宣伝や、宣伝を一切要しない必需品（例えば家畜の飼料など）の購入に向ける資金を奪われる場合、一部農家の不満は積もる一方になるものと思われる。抗議する農家の者は現今の評価と言論が彼等自身の利益向上に充分資するものではないとの経済分析をしているが、その妥当性いかんによらず、右の点に変わりはない。端的に述べれば、哲学的、政治的、商業的、いずれの見地から検討してみたところで、当の宣伝はジェファソンの嫌悪した一種の違法性を有している。国民に自らの憎む言論への出資を強いることは、政府を専制的なものにする。かかる制度は根底から違憲的であり、腐敗しているといわねばならない。以上の理由により、当法廷は「豚肉の生産、調査、消費者教育に関する法律」の委託評価制度が、原告の言論および組合の自由を侵犯するものであり、したがって違憲であるとの判定を下す。(原注10)

ところが恐るべき巻き返しがあり、最高裁判所は二〇〇五年、寄付金による宣伝は政府言論と解すべきであり、修正第一条に反するものではない、との裁定を下して、地方裁の判決を覆した。要するに政府は家族農家自身の豚に税金を課し、しかもその金を農家の利益に反する言論のために使えるということである。そして農家には打つ手がない。

市民の置かれた基本的な現実を知りたいと思えば、一般国民はこういった一地方なり一地域なりの紛争の裏にある、より大きな背景を知る必要がある。公正で持続可能な食のシステムを維持していくことは民主的な社会を保証するうえで不可欠といえる。ある地域の問題を解決するということは、近くにある大規模農産企業を他の人々の隣地、他の地域、他の地方、あるいは世界のどこか他の国に追い出すことを意味するのであってはならない。集約畜産場のような施設が引き起こす数知れない問題群に対処するには、毅然とした態度で政界の動きを監視し続けていくことが必要になる。さもなければ我々はみな暴政のもとに隷従し、工業規模の農畜産業がつくる荒野の住人となるしかない。

しかしここに素晴らしい試みが始まっており、アメリカとカナダで市民の問題意識を高め、種々の運動を促している。西はカリフォルニア州から東はノースカロライナ州まで、北は田舎のマニトバ州から南はテキサス州まで、ＣＡＦＯの不正と戦う市民グループや連合会が生まれている。例えば一九七八年にノースカロライナ州の地方市民が中心となって結成された「ティレリーの憂慮する市民団（ＣＣＴ）」は、集約畜産に対する地方条例の制定を州で初めて実現し、さらに一九九七年には州内でのＣＡＦＯ新設を暫定禁止に追い込む上で活躍した。イリノイ州のＣＡＦＯ近隣住民は州全体で団結し、「きれいな空気と水をまもるイリノイ州市民団（ＩＣＣＡＷ）」の名で活動している。二〇〇八年春には環境保護庁に公式の陳情書を提出し、水質浄化法で保証された権利の回復に乗り出した。陳情書は中西部全体から寄せられる訴えと共通したもので、環境保護庁のイリノイ州支部はＣＡＦＯの所在地すら把握しておらず、連邦法により定められた監視が出来ていない、したがってＣＡＦＯの承認と監視に関する州の権限を取り去ってほしい、との内容だった。これらの不正は単なる地域問題ではない、という認識が該当地区の住人の間で広がっており、希望が持てる同様の展開は国全体に芽吹いている。この自由と基本権の浸食は、ケンタッキー州やアーカンソー州、ノースカロライナ州、アイオワ州などの地方集落のほか、工場式畜産場が極度に集中した地域に限られたものではない。権利と保護の衰退は全ての市民を餌食にする。ＣＡＦＯは皆のすぐそばにある。

汚染者に加担する――動物工場は租税補助金をむさぼっている

マーサ・ノーブル

世界最大手の食肉企業を含むCAFO業界の情報戦略ではCAFOが「経済効率に優れている」との主張がなされ、毎年国庫から抜き取られる数十万ドルの費用や、汚染に伴い市民に課されるコストについては言及されない。真実を覗いてみれば、インフラや汚染処理施設、汚染処理装置の整備費用、エネルギーや飼料穀物に適用される補助金、さらには農務省が後援する高額の調査費用といった名目で、CAFOに公的資金が支給されている。

地域住民、地域社会、公共用飲料水の処理施設、ほか多くの人々や組織が、産業化した動物工場から押し寄せる怒濤のような大気汚染物質、水質汚濁物質と格闘している。こんな生産の仕方は連邦なり州なりが阻止してくれるだろうと思うかもしれない――けれども真相は逆。世界最大の肉、乳、卵製品会社は、狡猾にも巨額の租税補助金を利用してきた。交付金、資本構築費用の共同負担、連邦政府や州政府の調査費用、税額控除など、業界は様々な形で公的資金を受け取り拡大を図る――それも大抵、「環境保全」や「汚染防止」を装って。

「憂慮する科学者同盟（USC）」によれば、CAFOによる汚染の後始末をするため毎年アメリカの納税者が支払う額は最低でも七〇億ドル、それに漏出を起こした肥溜め池の修繕費用四一億ドルが加算される年が続いている。[原注1] 動物工場の廃棄物、排出物を制御して、空気と水と国民の健康を守るのは事業主の仕事だろう。しかしこの「汚染者負担」の原則をCAFOに適用する代わり、動物工場業界は政界を動かして、公的資金による「汚染者加担」の構想をつくりあげた。歪（いびつ）にも、大規模動物工場の汚染問題が大きければ大きいほど、より巨額の公的資金を掻き集めやすくなる。連邦政府、州政府、自治体の金庫から出ていく公的資金は、一層多くの汚物を垂れ流す、一層大きな動物工場の経費に充てられる。結果、全米カトリック地域生活連盟の前専務理事ブラザー・デビッド・アンドリュースのいう「糞の大洪水」が訪れる。

業界の戯言（たわごと）とは違い、CAFOは家畜や家禽を育てる唯一の方法ではない。農家や牧場主の中には作物、牧草、飼葉の栽培と、家畜、家禽の飼育を組み合わせることで、農場内の栄養分を均衡させ、保全と土地管理によって外部への汚染漏洩を最小限に食い止めている人々が大勢いる。彼等はほどよい規模を保ち飼料を自家栽培するので、跳ね上がるエネルギー費用やインフラ整備費用など、工場式畜産業につきものの出費を避けることができる。[原注2] こうした持続可能な農業を営む生産者は工場式畜産業者と市場シェアを競ってしかるべきだが、そのすぐれた経営に宛てられる公的資金は小額、もしくはゼロである。

農業法補助金――飼料から糞便まで

連邦政府によって五年から七年おきに改められる農業法は、動物工場に支給される公的補助金の最大の源になっている。農業法の農産物計画により補助金支給対象とされた安いトウモロコシ、安い大豆、その他の飼料作物が業界を水面下で支えてきた。タフツ大学地球開発環境研究所の見積もりでは、農業政策の補助金が飼料価格を抑えた結果、一九九七年から二〇〇五年までの間に工場式畜産業界は三五億ドル以上の費用を節約できたという。(原注3) 混育農場で飼料穀物を栽培しながら家畜を肥育していた中小農家は僅かながら政策の恩恵を得ることができたが、牧草地での放牧を実践していた経営者はほとんどがこの農産物補助金を受け取れなかった。

安価な飼料価格という「暗黙の補助金」は、購入飼料を用いる工場式畜産にとってこの上なく有利な条件となる。このシステムの最大の勝利者は市場を支配する食肉会社。再びタフツ大学の調査を例にとると、一九九七年から二〇〇五年までの間に飼料価格の引き下げ分からなる暗黙の補助金として企業が得た額は、鶏肉市場の二〇%以上を占めるタイソン・フーズ社の場合、二六億ドルにのぼると試算されている。同じ期間、豚肉市場の三〇%を占めるスミスフィールド・フーズ社は二五億四〇〇〇万ドルを得た（つまりその分だけ節約できた）。

環境改善奨励計画（EQIP）は農業「使用地」に適用される農業法保全計画の中核をなすが、これもまたCAFOにとっての大きな資金源になった。EQIPの資金は元来おもに小規模畜産業者が安全な廃棄物処理の方法を開発する手助けに使われていたが、二〇〇二年の改正時に企業が政治的影響力を駆使してEQIPを自らのドル箱に変えてしまい、以後その資金は環境法令遵守（じゅんしゅ）という建前のもとCAFOのインフラ整備に費やされている。大きな肥溜め池、家畜糞尿散布システム等の廃棄物施設を対象とする融資には制限があったが、それも取り去られた。EQIPの五年契約支払い上限は五万ドルから四五万ドルに引き上げられた。また更に、この額はCAFOの投資者一人一人に支払われるものなので、投資者がたくさんいる大きな施設であれば名目上の支給上限の数倍に相当する融資を受けられることになる。EQIPを実施する農務省の自然資源保全局（NRSC）は、最も費用効率のよい出願者から最も汚染を引き起こすおそれの大きい出願者へと優先権を移行した。二〇〇二年からこのかた、農業法は実質何億ドルもの税金を注ぎ込んで国内各地のＣＡＦＯの汚物を嵩増ししている。多くの州では同保全局がこともあろうにＣＡＦＯ用の特別基金を創設し、正味でいえば環境悪化を招く場合でさえも、ＥＱＩＰの融資を保証している。

「憂慮する科学者同盟」の報告は、ＣＡＦＯの受け取ったＥＱＩＰ資金を、二〇〇二年から二〇〇六年までの間が年一億ドル、二〇〇七年には増額して一億二五〇〇万ドルに達したと見積もる。その後の動向を追った家族農業・環境キャンペーン（ＣＦＦＥ）の調査では、酪農および養豚を行なうＣＡＦＯ一〇〇〇件の受け取る資金が二〇〇二年以降年額三五〇〇万ドルと推計され、さらに金額は不明であるが家禽、肉牛、水産養殖その他の工場式飼養施設への支給がそこに加わるとされている（原注4）。農務省はＣＡＦＯに割り当てるＥＱＩＰの支給額を厳密な数値で算定することはできないと主張する。同省がＣＡＦＯ専用の独立したＥＱＩＰ基金を創設したことを考えると、これは相当信じがたい。また、ＣＡＦＯの経営者はＥＱＩＰ融資対象となる事業内容を記した契約書に署名することになっているが、プライバシー保護との理由で議会はこの個人情報の開示を禁じてきた。一方、議会はデータの集計は禁じなかったが、農務省はＣＡＦＯに関する包括的かつ正確な集計データの公開を頑なに拒んできた。国民は公的資金の利用について農務省からより詳しい説明を受ける権利を有している、それでなくともこの融資は私たちの空気と水を正味では悪化させることにつながりかねないのだから。

なお見逃せないのは、近年可決された二〇〇八年農業法で、ＥＱＩＰによる動物工場への支給額はさらに増額された。二〇〇八年から二〇一二年までの会計年度には七三億ドルのＥＱＩＰ融資が認められ、その大部分は工場式畜産場に支給される。ＣＡＦＯはＥＱＩＰの一般融資に加え、同プログラムの一環として新たにできた「大気質改革」の恩恵にも浴し、計一億五〇〇〇万ドルを受け取ることになる。多くの州ではこの融資の対象は大規模ＣＡＦＯとされる。二〇〇八年農業法ではＥＱＩＰの支払い上限を今後六年間三〇万ドルとする引き下げが決定されたが、契約が「環境改善の上で特別な重要性」を有する場合は例外として、事業者に六年間四五万ドルが支給されることになった。これは「重要な環境改善」を目的とする技術革新のためだという。要は最大量の汚染物質を産出、排出する最大規模の工場式畜産場がEQIPの最大受給者に名を連ね、メタン発酵装置や肥溜め池の覆いといった付加物の費用を公的資金で賄えるというのである。

補助金が促す水質汚濁

家禽舎のゴミをCAFOの高度集中地区から外部へ輸送するため、多くの州ではEQIPの資金、水質浄化法の資金、その他の公的資金が使われる(原注5)。二〇〇四年、アラバマ州の自然資源保全局はEQIPの資金による家禽ゴミ再配分計画を作成し、家禽ゴミを栄養分の飽和した地区から外へ運び出す費用を捻出することとした。しかし当該地区でCAFOを新設ないし拡大することには何の制限もない。作物、家畜、家禽、全てを一農場内で育てる混育を促す代わりに、この計画は公的資金の流れをつくりだし、既に栄養過多による汚染が起こっている流域に一層多くの家禽CAFOを並び建たせている。化学肥料の代わりに家禽ゴミ(＝家禽厩肥(きゅうひ))を使うのには利点があるかもしれない。しかし、アラバマ州の家禽ゴミ相談員が指摘するところでは、家禽厩肥はほとんどの場合、土地の窒素含有量を基準に散布される。これは土壌中への燐(リン)の蓄積につながり、燐が水路へ流れ出す危険性も増大させる。さらに、各種の栄養分管理計画で定められた冬期および雨天時における施肥の制限、厩肥保管時の包装義務などは、厳密に守られてもいない(原注6)。こうした安全措置なしでは、家禽ゴミの輸送はつまるところ水質汚濁の問題をCAFOから他の地区へ移すことにしかつながらないだろう。

デルマーバ半島はデラウェア州、メアリーランド州、バージニア州にまたがり、チェサピーク湾と接する。

ここでは毎年六億羽のブロイラーが肥育される一方、二〇億ポンド（約九一万トン）の家禽ゴミがＣＡＦＯから生じている。それを土壌中の養分が高濃度の地区から域内の別の地区へと運ぶのにＥＱＩＰの資金と州基金が使われる。家禽ゴミの栄養分には有益な点もあるかもしれないが、たとえ栄養濃度が調整されるとしても非常にややこしい問題がある。工場施設から出る家禽ゴミには重金属や医薬品、病原体などの汚染物質が含まれる。ジョン・ホプキンス大学の研究者は家禽ゴミ中の砒素（ひそ）が特に危惧される汚染物質であるとしている。家禽肥育業者は寄生虫感染を防ぎつつ鳥の成長を促すため、飼料に定期的に砒素剤を加える。そのほとんどは排泄され、家禽ゴミに混ざって土壌中から地表水や地下水へと浸出する形状をとる。多くの植物も土壌中から砒素を吸収する。砒素は様々な疾患や先天性異常と関連する人の健康への脅威と目されている。[原注7] 長い目で見れば、公的資金による家禽ゴミの輸送はチェサピーク湾周辺地域に砒素汚染を拡げる結果となりかねない。

ＥＱＩＰによって数十億ドルの資金がＣＡＦＯに流れていながら、それが環境改善の面で最終的に純利益となる保証はない。情報公開は禁止されており、自然資源保全局の記録管理も杜撰（ずさん）なので、市民は自分たちの収めた税金がどう使われるのか知ることはできず、融資によって環境がどうなるかも分からない。考えられるのは、ＣＡＦＯの大気汚染と水質汚濁が増大し、市民はＣＡＦＯの高額な設備投資を負担し続ける、というシナリオだろう。

州の資金提供

連邦政府の補助金に加え、大規模な動物工場は州政府からの直接融資もさらってきた。目に余る事例はインディアナ州で三万二〇〇〇頭の乳牛を収容するCAFO、フェア・オークス乳業（Fair Oaks Dairy）に与えられた総計一五万五七二三ドルで、これは糞便由来のガスから電力を生むメタン発酵装置の建設費用として支給されたものだった。二〇〇二年、同社は連邦政府から九万五七二三ドル、商務省インディアナ州支部エネルギー政策課から三万ドル、そしてさらに州政府からメタン発酵装置の共同開発投資として三万ドルを受け取った。(原注8) 動物監禁乳業の資産については酪農場所有者らがかなりの部分を管轄し、またフェア・オークス社はミシシッピ川以東最大の酪農企業であるが、市民の税金は今後もなお、その酪農場で実施される利益を生む開発のため、搾り取られるのかも知れない。

州政府によるCAFOへの融資、そのもう一つの事例はミシガン州ラベンナ村に拠点をおくティモシー・デン・ダルク一族所有の酪農場が受け取った一〇〇万ドルであり、やはりメタン発酵装置の建設費用としてミシガン州公益事業委員会から贈られた。この酪農場は二〇〇六年の情報で、収容数が四〇〇〇頭、糞尿排出量は年間一億五五〇〇万ポンド（約七万トン）とされている。ティモシー・デン・ダルクの資産には、カリフォルニア、ニューメキシコ、ミシガン、オハイオ、インディアナの各州にある、最大三万頭の牛を収容する酪農場の持ち株、それに他五州の、未経産牛（出産を経験していない乳牛）およそ六万頭を囲う飼養施設の持ち株もあった。施設の一つ、ニューメキシコ州のクオリティ・ミルク・セールス社だけでも一日にタンクローリー三五〇台分の牛乳を産出し、年間売上高は六億ドルに達していた。これだけの財源がありながらこの裕福な酪農場は市民の血税を受け取り、エネルギーを生んで更に施設運営費を相殺できるメタン発酵装置の設置費用に換えたのだった。また驚くには当たらないが、デン・ダルク家に属する二人の人物はフェア・オークス乳業の共同所有者マイケル・マックロスキーと手を結び、フェア・オークス・ファーム・サプライ・カンパニーを創設して、二〇〇二年から二〇〇六年の間に農務省の農産物計画により九〇万ドルを頂戴した。(原注9)

海外投資家の誘引

ＣＡＦＯへの補助金はまた、意外なプログラムにも組み込まれている。一つが連邦政府のＥＢ‐５投資ビザ計画で、これによる国内農村地区への移民規定により、合衆国内の営利事業、再構築事業、成長事業に最低五〇万ドルを投資した個人ないし団体の海外投資家は、アメリカ永住権、グリーンカードを優先的に取得でき、さらに投資が五つの直接、間接雇用を創出した場合は優先権が保持される。ＥＢ‐５計画は地域センターと連携し、センターはそれぞれ特定の事業創設に焦点を当てている。

ＣＡＦＯとの関わりでいえば、ＥＢ‐５計画は様々な役割を果たしてきた。投資案件の事業は本拠地の環境や住民の健康を保護、改善する義務を負うものではない。さらにＥＢ‐５は受動的投資を認め、対象地区の不在所有（土地所有者がその土地にいない状況）を増やす。[原注10] アイオワ州のＥＢ‐５地域センターはもっぱらヨーロッパの若年家族農家を誘惑し、四〇〜八〇エーカーの土地に二五〇〜五〇〇頭の牛を囲う酪農場を建てさせようとしている——但しこれは規模こそ大きいが巨大酪農場というほどではない。[原注11] 一方、農村問題センターの調べによれば、サウスダコタ州の地域センターはＣＡＦＯ巨大酪農場への受動的投資に重きを置く。同州のＥＢ‐５計画は最低一七〇〇頭を囲う巨大酪農場の少なくとも九社に融資を行なっており、費用は一社につき推定六八〇万ドルにのぼるという。[原注12]

サウスダコタ州のＥＢ‐５計画を批判する一人がミネソタ州マーシャルに住むビル・デュボアで、ＥＢ‐５による投資資本の殺到が州内の巨大酪農工場の発展に拍車をかけ、小規模酪農家を脅かすとともに租税補助金の増額を促していると指摘する。デュボアが属する「生活の質向上を求めるＩ‐２９市民連合」は、工業的酪農場が道路や建築物等の必要設備を租税補助金で整えているとして、その施設増殖に抗議している。さらに同団体の試算では、巨大酪農場の糞尿処理施設が費用の実に九割を公的資金で賄っているとの結果が出た。（原注13）

国民の信頼を裏切る政府機関

空気や水を汚染し人々の健康を損なうといった形で、本来ならば廃棄物処理にかかる筈のコストを周辺住民や周辺社会に押し付ける、それを連邦政府も州政府も地方自治体も揃って見て見ぬ振りをするという、この黙認が、CAFO業界の得る最大の間接補助金の一つとなっている。効き目のある法執行が遅れるのは連邦政府の持病といってよい。環境保護庁（EPA）は二〇〇三年、CAFOを対象とする水質浄化法の新規則を発効、それは裁判所が一九九七年から出していた命令に従ってのことだった。この規則ではCAFOから生じる糞尿その他の廃棄物を扱う栄養分管理方法の重要情報は非公開でよいとされたが、幸い二〇〇五年には他の問題点も含め環境団体の抗議が認められる。（原注14）するとそのお返しとばかり、EPAは二〇〇八年、一層ゆるい規則案を通す。大規模CAFOはもはや、汚染物質を排出する意図がないことを自主認定しさえすればよいことになった。自主認定は市民に通知されず、規制当局の監査を受ける必要もない。それどころか発生源を異にする多くの汚物漏出があってもその都度対応措置を取ったことを再認定してみせればよい。（原注15）ミシガン州環境質局はEPAに送った公開書簡の中でこの規則について「他の産業部門に適用される水質浄化法の規則から工場式畜産場を除外する、という利己的な意図にもとづき、ロビイストによって制作が進められたものと思われる」と正しい分析を行なっている。（原注16）

EPAはさらに大気汚染も取り締まろうとしなかった。CAFOの大気排出物に関する調査を保留したままEPAが業界と結んだ合意により、何千もの大規模CAFOは有害物質の大気排出について、大気浄化法（CAA）、包括的環境対処補償責任法（CERCLA）、緊急事態計画および地域住民の知る権利法（EPCRA）のそれぞれが定める報告義務から外されることになった。調査は二〇一〇年末まで終わらない予定である一方、規則の改訂は二〇一二年まで行なわれる見通しがない。(原注17) 総合的にみて、EPAは拘束力のあるCAFOの規制を避け、業者の汚染から公衆衛生と環境を守る法的使命を無視してきたといわざるを得ない。

議会はEPAの怠慢を知っていながら有効な規則をいまだ要求していない。二〇〇八年九月、下院のエネルギー商業対策委員会は一般会計局から提出されたCAFOに関する報告書の公聴会を開いた。「集中家畜飼養施設――大気、水質の保全のため、環境保護庁はより多くの情報および明確に定められた戦略を有さなければならない」と銘打たれたこの報告書は、EPAがCAFOの汚染物質排出量を示す肝心なデータの取得を怠ってきたため、人々の健康および環境がその大気汚染、水質汚濁によってどれほどの被害を受けているのかをいまだ評定できていない、と結論する。EPAも農務省も、操業許可を得たCAFOの数、所在、規模、排出物の量について、信頼に足る包括的なデータを示せてはいない。(原注18)

州単位でみると、企業は敷地設定の権限を郡から州に移譲させるとともに多くの州議会に圧力をかけ、CAFOの集中度、規模、設置場所を限定する地方計画や公衆衛生規則の設定を阻止することに成功してきた。州は州で汚染管理法規による取り締まりをせず、地域住民からCAFOの大気汚染や水質汚濁を訴える苦情が寄せられても、返答を長いあいだ保留し続ける。汚染の調査は時機を逸し、有効な監視もできていないが、それが却って州当局にとっては、CAFOが規制違反した証拠はないと主張する隠れ蓑（みの）になる。

数少ない例外はあるものの、州の環境規制当局はCAFOが繰り返し水質や大気の汚染を取り締まる規則に違反しても軽い刑罰で済ませている。規制が前に進まないのは慢性病といってよく、人命を脅かす事態が発生するか、市民団体みずからが州法や連邦法の執行に乗り出すかしない限り、対策がとられることは滅多にない。例えば二〇〇八年一月にはエクセル乳業（Excel Dairy）の巨大酪農場付近に住む数軒の家族が避難を余儀なくされた。ミネソタ州北西部にあるこの酪農場の肥溜め池から硫化水素が発生し、住宅周辺の毒性レベルが有害な値に達したためだった。州衛生当局は硫化水素の濃度レベルが州の大気質基準の二〇〇倍を超えたとして住民に避難勧告を出した。この避難はしかし、本来ならば必要とされなかったものである。州の地方長官とミネソタ州汚染管理局は共同でエクセル乳業を告訴すると宣言したが、何気なくその中で同社がこれまでに幾度も州の大気質基準や環境法規、肥育施設の操業許可制度に違反してきたことをもらした。(原注19) 地域住民は酪農場から出る毒気が頭痛や吐き気を引き起こすと何年にもわたって訴え続けていた。「汚染者がつねに正しい」とする政策の代わりに、州がしっかり監視を行ない、徹底した迅速な規則の執行に努めていれば、毒物対処の責任を地域社会に押し付けてはならないとエクセル乳業に知らしめることも出来たろう。しかしさらに許せないことには、住民の避難から数カ月後に、州の毒物学者が今なお巨大酪農場付近の住宅では硫化水素が危険な高濃度を保っていると発表した折、ミネソタ州汚染管理局はなおも巨大酪農場の所有者と汚染管理対策について交渉を続けていたのだった。州当局は元凶の酪農場を取り締まることも閉鎖に追い込むこともなく、代わりに地域住民に向かい、肥溜め池の浄化をめぐる交渉は二〇〇九年にもつれ込む、家を捨てるかどうかは各人の判断に任せる、と言い捨てた。(原注20)

多くの州は実のところCAFOの増殖を手助けしている。ノースカロライナ州政府は州内にある巨大養豚CAFOの開放型肥溜め池、流出を起こす散布場が、市民の健康と環境とに多大な負担をかけていることを何年も前から知っていた。養豚CAFOの新設は一九九七年から禁止されたが、この暫定禁止措置が発効された時には既に同州は国内第二位の豚肉産地になっており、東部には一〇〇〇万頭以上の豚がいた。しかも暫定禁止措置は新設のみに適用されるもので、既に存在するＣＡＦＯは不充分な汚染処理システムを今後も使い続け、建て直し、さらにはその低水準のシステムを備えた既存施設を拡大することさえ許されている。

ノースカロライナ州政府は二〇〇〇年、世界最大の豚肉加工会社にして数百の養豚ＣＡＦＯと契約しているスミスフィールド・フーズ社との間に協定を結んだ。これにより、州の海岸平野を覆う肥溜め池と散布場の代替案研究に一七一〇万ドル以上が費やされることになった。二〇〇六年、ノースカロライナ州立大学の研究者が報告書を発表し、養豚ＣＡＦＯから出るアンモニアと病原体を減らして、公衆衛生上、環境上のリスクを大幅に抑えることのできる五つの汚染処理システム代替案を示した。開放型の肥溜め池と散布場に比べれば費用のかかる技術ではあるが、導入のために出費しても業界は州内で僅か一二％ほど縮小するだけで済み、州民の健康と環境を守ることを考えれば採算は悪くない筈だった。

スミスフィールド社と養豚ＣＡＦＯ業者はしかし、この代替案を拒否する。代わりに州議会が二〇〇七年、企業の自発的参加にもとづく肥溜め池代替プログラムを採択し、肥溜め池と散布場に代わる汚染の少ない技術の導入費については、市民が最大九割を負担するものとした。(原注21)

これまでのところ、連邦議会と州議会それに規制当局が、持続可能な農業を営む農家や牧場主、農村住民や農村社会に言わんとしていることは明白である。ＣＡＦＯは環境法規を破っても罪に問わない、人々の健康を常時おびやかしてもよろしい、近隣住民と近隣社会は汚染対処のコストを負担し、残りの者ともども金を払って汚染者に加担せよ、糞の大洪水を増すような措置にも手を貸しなさい――。かたや工場式畜産業界は「経済効率」を吹聴しつつ、政府が没収した何十億ドルもの血税を租税補助金という形で掻き集め、ＣＡＦＯの規模を年々拡大しつつ集中化を進めている。持続可能な農業に従事する者は、世界最大の企業とその同盟者を相手に、公平を欠いた地平で競い合っていかなければならない。

薄切りにしてサイの目にして——あなたが食べる労働

クリストファー・D・クック

「安い」ということになっているアメリカ産食肉の供給は、安い労働力に依存している——しかし、移民が大半を占めるこの労働力の代償は天文学的な規模になる。組合の力が衰えたことで実質賃金は引き下げられ、労働者がトイレ休憩も与えられず、保健管理もなされない状況が日常と化している。作業員が高速の生産ラインで負傷するのも当たり前で、手根管（手首）その他に就業困難となるほどの障害を負う。長いあいだ隔離されていた労働者たちは今、この搾取的な食肉工場を法廷に訴え、組合や市民団体とともに「殺人ライン」に反旗を翻している。

スミスフィールド・フーズ社を親会社にもつプレミアム・スタンダード・フーズ社、ミズーリ州マイランに建てられたその工場は、ハームズ・ウェイと名付けられた道路（会社の共同創設者デニス・ハームズにちなんだのだろう）の外れに広がる駐車場から眺めた限りでは、情報化時代を象徴するような瑕ひとつない外観を備えている。監視の行き届いた入口のチェックポイントでは、従業員が指紋認証装置に手を滑り込ませて出勤時間を記録する。正面玄関の隣に銘が刻まれている——「仕事の安全は、ここから」。カウボーイ・ハットを被った数人のメキシコ人男性がチェックポイントを過ぎていく、さながらもう一つの国境を越えていくように。駐車場にはアイドリングしているスクールバスが一台、刺すような一月の寒空の下、一人また一人と従業員を乗せていく。夜行便の向かう先は雑然たる社員寮。英語を話す声はほとんど聞かれない。けれども包帯や三角巾に腕を包まれた多くの者の姿からは、世界共通の〝痛み〟という言語(コトバ)が聞こえてくる。

洗練された工場風景の裏側では、流れ作業ラインが毎日七一〇〇頭の豚を包装食品に加工している。ここはアメリカ最大の食肉加工工場ではないが、それでも容赦ないほど回転は速い。バラ肉切断係のホセは他三人とともにバラ肉プレートを一日一万四二〇〇枚の薄切り肉にする――一人のカット数、三五五〇回。「ものすごくしんどいですよ」とホセは漏らす。「一枚のカットは普通三秒くらいです、脂(あぶら)が多ければ一〇秒かかることもありますけど[原注1]」。

作業員はメキシコその他から来た貧しい移民がほとんどを占め、勤続年数は豚の寿命とさして変わらない。「毎週あたらしい作業員が入ってきて、今まで勤めていた人たちが出ていきます。二週間で二〇〇人が辞めるんです」。会社が流れ作業ラインのスピードを上げ続けるせいだという。薄い利鞘(りざや)を守るため、会社はラインの流れを人間の限界まで、そしてしばしば限界以上にまで、加速しようとする。

トイレ休憩はほとんどない。「仕事中は許可できないから先に済ませておけって、研修の時に言われました」とホセ。「四人で回しているんで、一人が用を足しに行ったら三人で同じ量の仕事をこなすしかありません。他の人をもっと追い詰めることになります」。

テキサス州エル・パソから来た包装ライン作業員のエマは、つわりの症状が出ていたにも拘らずトイレへ行くのを拒否された。気分が悪くなったらライン横のゴミ箱に吐くよう監督に指示された、と彼女は証言する。

医療看護にもほとんど時間が割かれない。セルジオ・リベラはプレミアム社で勤務を始めて二、三日後に刺すような痛みを覚えた。「手が痛くなって看護師のところへ行ったら一〇分でラインに送り返されました」。プレミアム社の工場から一マイル（約一・六km）ほど離れたところに開業している指圧療法士のシェーン・バンカスにとって、こうした処置は珍しくない。負傷作業員は「どれほどひどい痛みを伴っていても仕事に戻らなければならず、それがまた悪化を招くのです」。負傷に加え、移民労働者のほとんどは「健康保険への加入などしていません、実家に送金したいのですから」。ホセは手を握ると痛みが走ると訴える。しかし会社の医師に相談するのかと尋ねると、「まさか。会社の医師にかかったらお金を支払うよう上から言われているんです。移民の人たちは誰も健康保険なんかに入っていません。高すぎます」。

辺境のジャングルへようこそ――スーパーマーケットの清潔な通路から遥か彼方へ行ったところ、一世紀前にアプトン・シンクレアの描いたあの寒々しい光景とそう変わらない、この残忍な血生臭い世界では、新たな世代の移民たちが働き手を務める。危険に満たされた仕事場では、大概ビザも保険も持たない食肉加工作業員のおよそ二割が治療を要する傷害に苦しんでいる。工場は以前にくらべれば綺麗にも安全にもなったが、「いまでも命にかかわる危険な職場ですよ」と国際食品商業労働組合の労働安全衛生局局長補佐、ロビン・ロビンスは述べる。

二〇〇七年にアメリカで生産された食肉は九一一億ポンド（約四一〇〇万トン）、消費者各人に約二三〇ポンド（約一〇四kg）[原注2]と、肉の消費がこのように過去最高に近い水準を記録する中、食肉加工会社は経済的に救いのない移民労働者を導入し、情け容赦ない労働環境を維持している。過労を強いる環境と不法就労者の不安定雇用が原因で退職率は前代未聞、工場によっては二〇〇%にのぼる。

この大規模、薄利の産業ではラインの加速が収益を上げる第一の手とされる、と北アイオワ大学の人類学教授マーク・グレイは説明する。彼は大学での勤務に携わる一方、アイオワ州移民指導・統合改革センターのセンター長を務め、食肉加工業界を一〇年以上にわたり研究してきた。「次から次へ工場に動物を送り込む――それが彼等の儲け方です。だから反復運動損傷が生じるのです」。労働統計局によれば、反復運動損傷を抱える食品加工作業員は一二％近くにのぼる。すなわち全産業平均値の三七倍。

中世風残酷劇の舞台では、脂身と膿瘍（のうよう）の塊が浮かぶ血の池に労働者たちが並び、素早く通り過ぎていく屠体を狂ったように切り刻む。三秒ごとに肉に喰い込み切れ味の鈍ったナイフの刃は、時々ちがう肉を裂いてしまう――同僚はすぐ真隣にいるのだ。滑りやすい床で転倒して背中を痛める者も珍しくない。けれども最大のリスクは日常そのものにある――頭を、首を、膝を、脚を、臓を、腑を、延々と、休むことなく、切り刻む作業。ラインを流れる気の遠くなるような動物の肉また肉、それを目もくらむ速さで切断する作業は、一日数千回の反復動作、一肉片につき三秒前後という処理速度で成り立つ。

食肉加工はかつて、勇気のいる仕事ではあったにしても、アメリカ中流階級の夢をかなえるための堅実な一歩であった。一九八〇年代中期に起こった労働組合の激変は、ホーメル社に対する食肉加工労働者のストライキが大敗に終わった事件に象徴されるが、それ以前の組合労働者は年に最大三万ドルを稼ぐと語っていた。(原注3) 歴史家のジミー・M・スカッグスによると、一九七〇年代に一連の加工会社は町はずれのハイプレーンズに拠点を移し、肥育場のそばに屠殺場を移すことで、シカゴやカンザスシティー等、中西部諸都市の労働組合と高額人件費から逃れようとした。(原注4) 一九八〇年代後期にはアメリカに渡って来た難民――多くは「間違ったアメリカ外交の戦略と経済的略奪の産物」といわれる(原注5)――が食肉加工業の行なわれる中西部の地方市町村に身を寄せ、肌の白いアメリカ人ならまずやりたがらない危険な低収入の仕事に従事した。

現在では組合を認めない企業が大勢を占め、ひっきりなしに入ってくる貧しい移民が自給六～九ドルを神の恵みと拝むのをいいことに、その労働で工場を回している。労働統計局が一九九八年のドル価格で計算したデータによれば、作業員の実質賃金は一九八一年からこれまでに、時給にして五・七四ドルも下落した。それでも人がやってきて、劣悪な環境と高い退職率に変化がみられない。大きな原因は組合の力が衰えたことと、予備の移民が事実上いくらでもいることにある。

一九九〇年代には境界州の労働斡旋業者がメキシコや中米から来た移民を中西部の工場まで有料でバス移送するのが業界の習わしになった、と人類学者マーク・グレイはいう。大抵はビザを持たないため、職場ではあらゆる種類の搾取にさらされ、蔓延した人種差別意識の標的にされる。一九九八年には一般会計局の調べで、ネブラスカ州とアイオワ州で働く食肉加工作業員の二五％が不法就労者であることが明るみにでた。(原注6) 家禽業界でも状況は似通う。労働省が一九九八年に実施した調査では鶏肉加工業者の三〇％が遠隔地での人員募集を行なっていると判明した。全米鶏肉協議会副会長ビル・レーニックは、二四万五〇〇〇人の作業員の内、およそ半分が移民であることを認めている。

かすみの向こうの鶏たち

豚や牛の屠体をもしのぎ、合衆国では死せる鶏こそが動物中最速の速さで流れていく。安くて使い勝手のいい肉とダイエット効果を求める人々の需要は増し、それに応えるため捕獲係から吊下係(つりさげ)、内臓摘出係にいたるまで、全ての人員が低賃金と危険な高速作業を強いられ、毎年およそ九億羽の鶏を処理している。典型的な家禽工場は八時間の一シフトで一四万四〇〇〇羽の鶏を「お手軽調理」パッケージに変えられる。

華氏一〇〇度（摂氏約三八度）の鶏舎の中にはサルモネラその他の病原菌を媒介するアンモニアと糞便の粉が充満し、半狂乱の鶏たちが絶望の金切り声を響かせている。そこへ猛然と踏み入った捕獲係は鋭い嘴(くちばし)と爪を避けつつ鶏の足を摑み、解体工場行きのケージに放り込んでいく、数にして一日およそ八〇〇〇羽を。捕獲係の多くは切り傷、目の感染症、呼吸器の疾患に悩まされる――おびえた鶏から幾度も尿をかけられるのは言うまでもない。工場へ着いた鶏は吊下係によって一分に最大五〇羽、一日に二万羽以上というペースで鉄の掛け金に足を嵌められ、ラインのすぐ先にある鋭いワイヤーで効率よく首を落とされていく。吊下係の間では腱板損傷〔肩関節の疾患〕その他の反復運動損傷が広がっている。(原注7)

羽毟り(むし)を素早く行なえるよう大桶の中で熱処理された後、鶏は内臓摘出室へ直行する。現在ではほとんどの工場で機械による吸引が行なわれるが、手で臓器を取り出す所もあり、一分間に三五羽からそれ以上の鶏の内臓をねじ切り、引っ張り出す。作業員が一分に一〇〇回の摘出切断を行なう工場もある。ラインを更に行くと「除骨」作業員が肩を並べ、関節や腱や固い軟骨を切り取り削り取り、店でも一番人気の鶏肉食品、骨なし胸肉を加工している。ここでペースは「スローダウン」して、一分間に二〇ないし三〇回の捩(ね)じ上げ作業となる。ハサミやナイフはすぐ切れにくくなり、ぬるぬるの屠体を捌(さば)いていた作業員が手を滑らせて、自分や隣の者を切り裂いてしまう事故が頻発する。手根管症候群〔手首の神経障害〕その他の反復運動損傷で就業不能になるのは珍しくない。

一人当たりの年間鶏肉消費量は一九七〇年には四〇ポンド〔約一八kg〕だったが、今日では七五ポンド〔約三四kg〕にまで上昇しており、供給を間に合わせるため政府は流れ作業ラインの加速を許可している。弁護士マーク・リンダーが行なった調査によると、家禽業界はレーガン時代の農務省に圧力をかけ、既に目もくらむほど速かった毎分七〇羽という当時のライン速度を、今日の驚嘆すべき毎分九一羽のペースに速めるよう要求したそうで、これは政府文書によっても確認されている〔そもそも農務省にライン速度を定める権限があるというだけでも面食らってしまう。この省の務めが労働者の安全を守ることでなく、食料生産に拍車をかけることだったとは)。

リンダーにいわせると、この大加速が行なわれている間に反復運動損傷の件数は激増した。「今までに報告されたことのない一群の職業病のなかで反復運動損傷が占める割合は、一九八〇年から一九九三年までの間に一八%から六〇%にまで上昇した。一九九〇年、家禽処理産業は反復運動損傷の発生件数で上から数えて第二位を記録しており、常勤作業員一万人中、六九六人が損傷を負っていた。発生件数第一位は、関連する食肉加工産業だった」。政府の食肉格付員も無事では済まない。「農務省は省自体の格付員にも『限界点まで』の作業量を課し、それを容認している。ここから分かるのは、労働者が身体的苦痛や就業不能状態に悩まされず長生きしたいと考えていることなど、同省がラインの速度を決定する際には考慮されないという事実である(原注8)」。

巻き返し

政治、経済、社会、あらゆる領域に権力を拡げた食肉加工業界が労働者の生活に大きな支配力を有しているにもかかわらず、殺人ラインの残忍性に反抗する動きは増えつつある。労働訴訟は酷使と反抗の記録を着々と積み上げており、いくつかは勝訴している。もの言う負傷者たちは立ち上がり、アメリカ中の食肉工場を告訴している。しかし会社による脅しや嫌がらせ等々に個人で立ち向かうのは、勢いを増してきた抵抗運動の一側面に過ぎない。

国際食品商業労働組合、全米運輸労働組合、国際建設労働組合の三者は逐次連携し、また競合しつつ、食肉業界の労働者を組織している。鶏肉工場で働く作業員のおよそ二割が組合に加入しており、国内食肉加工業界の加入者数割合はそれより僅かに高い。もっとも、こうした数値が一面的なのも事実である。近年多くの勝利を収めている組合だが、現在は極度に統合された企業との間で苦戦を強いられており、この相手を前にしては彼等の交渉力も頼りない。それに彼等はまだ荒廃からの回復途上にある。レーガン時代の裁判所が組合に不利な裁判をおこない、また同時期に寡占化が進んだのが大きな要因となって、一九八〇年代、食肉加工労働者を組織する動きは労働賃金もろとも半減したのだった。(原注9)

実質賃金が失われ、業界内での賃金協定（個々の企業と条件の悪い契約を結ぶのでなく、組合が業界の賃金水準について交渉を行なうことでまとめられる協定）が無くなって数十年が過ぎ、近年になってようやく国際食品商業労働組合（ＵＦＣＷ）が賃上げを達成している。一九九八年、争いの果てに勝ち獲ったのは最も基本的な権利――トイレ休憩だった。食肉加工に従事する労働者は「企業の独断により、トイレを使うことを禁じられ」ており、「各人の持ち場で用を足すよう強いられることも多い」とＵＦＣＷは述べ、労働安全衛生局（ＯＳＨＡ）とともに膨大な労働者の訴状をまとめ上げた。そして多くの個別訴訟に裁定が下された後、ＯＳＨＡは全労働者に社内トイレの使用権を認めるよう業界に命じた。(原注10)

おそらく最も有望なのは現在増えつつある、労働組合と地域団体との協同活動で、その組織結成の射程は賃金、保健管理、ないし職場環境に留まらず、多くが移民からなるこの労働者たちの、より大きな社会問題にまで及ぶ。ネブラスカ州ではＵＦＣＷとオマハ市民団結地域協会（ＯＴＯＣ）が共同で実施した「組合／地域」運動が二〇〇二年五月、コナグラ社に属する一〇〇〇人近くの食肉加工作業員を組合に入れるという大きな達成を果たした。数カ月後、加わった労働者の五〇〇人が会社との二年契約に合意したが、ＵＦＣＷによるとその内容は「手頃な掛け金での良質な健康保険」、雇用主の小規模負担による退職金制度、休暇手当の増額、「各労働者に年間二足の安全ブーツを支給すること」、そして移民労働者が職を失わずに遠い

家族のもとを訪れることのできる最大三〇日の無給休暇、であった。[原注11]

これらの勝利は重要で励みになる事柄ではあるが、より大きな視野で捉える必要がある。食肉加工に携わる労働者のほとんどにとっては、いまだ賃金はみじめなほど低い。苦闘の果てに獲得したトイレ休憩と二足の安全ブーツという戦利品は、喜ぶべき結果であると同時に真の現状を知らしめるものでもある——食品加工作業員やその労働組合は、当たり前であるべき条件のために厳しい戦いを強いられている。そして一部の移民労働者がより良い環境をもとめて勇敢に立ち上がった一方、多くの労働者はあらゆる障壁に阻まれ、社会的にも文化的にも他から切り離され、教育も受けられず英語も使えず、経済的にもどん底の状態にあり、いまだ隔離され脅迫されるままでいる。

そして殺人ラインの速度は当分緩められそうにない。人々の怒りはマクドナルドを揺さぶり、ハンバーガーにされる牛を人道的に屠殺することを保証させはしたが、ハンバーガーを造る労働者に代わって同じような努力がなされたことはない。靴や衣服を造る会社が搾取工場で労働者をこき使っていると知ったら、学生や関心の高い市民はその商品をボイコットする——しかし搾取工場で造られた食品はどうか?

ラインが加速されるにしたがい総じて増加の一途を辿ってきた負傷率は、今や天文学的数値に達するが、政府は速度制限を現在以下の基準にしようとはしない。薄利で操業する企業が利益を優先すれば、解体作業の速度を落とす経済的動機はほとんどない。負傷と労災コスト、人員の入れ代わりを減らすのが企業にとってメリットになるという考えが生まれなければ改善は望めないが、そういった前向きな発想は見られない。

農作業分野も含む食品業界は、ただ安くて搾り放題というだけでなく、誰よりも低い賃金、誰よりも辛い仕事に慣れ、生活をも犠牲にする移民労働者たちの、驚くほどつましい望みからも利を得ている。こんな言い方は侮辱的に、あるいは陳腐に響くかも知れないが、もし移民の彼等が何かを欲するとすれば、それはアメリカ的水準からみて極めて基本的かつ謙虚な望みなのだ。先に紹介したバラ肉切断係のホセはこう言っている、「もうちょっと収入が多くて、もうちょっとラインがゆっくりだったら、みんな辞めてはいかないんでしょうけど。私なら辞めませんね」。

しかし人類学者マーク・グレイやUFCW等の評者が論じるには、食肉加工会社は労災補償の負担を免れ、組合の努力を退けるため、短期の不安定な労働者を好む。グレイによると、流れ者の移民を雇うことで、企業は労働者の母国に、離職手当や就労不能手当など「多くのコスト負担を回す」ことができる。「賃金や労働環境や負傷率をどうにかする代わりに、新しい労働者を入れて操業を続ける方法を考え出そうとするのです」とグレイは述べる。「企業の関心は結局のところ、安定した労働力ではなく一時的な労働力の維持に向けられています」。そして労働者たちは流れていく。バラ肉切断係のホセはセルジオ・リベラと同じく、工場を辞めてもっと良い仕事を探そうと思い立った。

温かな惑星のミートの食卓——家畜と気候変動

アンナ・ラッペ

エネルギーの集中投入が必要な飼料作物栽培にはじまり、作物畑をつくるための熱帯雨林破壊にいたるまで、動物性食品の生産は様々な形でこの惑星を温めている。国連食糧農業機関（FAO）によれば、人為による気候変動作用のうち一八％は畜産業に由来し、これは全世界の輸送機関が出す温室効果ガスの影響よりも大きい。お皿に盛られた気候変動を見据える時が来た。

一九七一年、私の母フランシス・ムア・ラッペは力強い洞察に行き着いた。世界規模の飢饉が差し迫っているというマルサスの予想とは裏腹に、この星は世界とその増大する人口を養うに充分過ぎるほどの食料を生産している（それは現在も同じこと）。飢餓は食料不足から起こるのでなく、民主主義が足りていないせいで起こる。母にとって民主主義が欠けている何よりの象徴は、豊かさの浪費、つまり人の食料をつくるのに適した土地を家畜の飼料栽培地に変えてしまうことにあった。このような所見をまとめたのが処女作『小さな惑星の緑の食卓』で、そこでは自然の豊かさを最大限に活かす菜食中心の食のシステムを論じている。(原注1)『小さな惑星の緑の食卓』初版が一九七一年に刊行されてからこのかた、私たちは合衆国と海外の至る所に肥育場方式が広まるのを見てきた。今日、合衆国のCAFOは私たちの食用にする動物の半分以上を飼養し、家畜廃棄物の六五％を産出している。(原注2)タイソン社やスミスフィールド社を筆頭とする国内最大規模の食肉企業は現在海外に目を向け、中国、ポーランド、ルーマニア、それに新たに勃興してきた諸々の市場へと勢力を拡大しつつある。(原注3) こうした畜産方式が環境や人々に犠牲を強いることは随分前から知られていたが、いまやそれが気候変動の面でも測り知れない代償をともなうことが分かってきた。

科学者の共通の見解では、人間の排出する温室効果ガスが大気中に蓄積されると、より多くの熱が閉じ込められ、温暖化のみならず世界の気候の攪乱(かくらん)、たとえば旱魃(かんばつ)や洪水の激化、竜巻やハリケーンなどの気象災害の増加につながる。気候変動の元凶を想い描けといわれたら、多くの人々はいまでも工場の煙突や石油に飢えたジェット機の姿を想像し、豚の切り身は後回しにするだろうが、人為による気候変動作用の一八%は畜産業に由来し、(原注4) これは航空機、列車、自動車を含む世界中すべての輸送機関が出す温室効果ガスの影響力を上回る。

畜産業は二酸化炭素だけでなくメタンや亜酸化窒素のような一層強力な温室効果ガスも排出しており、二酸化炭素とくらべた場合、メタンの温室効果は二三倍、亜酸化窒素は二九六倍にもなる。(原注5) また、二酸化炭素に着目すればこの業界が出す量は人間が排出するうちの僅か九%にしかならないが、メタンについては三七%、亜酸化窒素については六五%が畜産から生じている。(原注6)

地球上で飼われる家畜の数だけを考えても、このような排出は指数関数的に深刻さを増しているといってよい。一九六五年、家畜の飼養数は常時八〇億頭、屠殺数は年間一〇〇億頭だった。今日ではCAFOが成長の加速と生存年数の短縮に拍車をかけたこともあり、飼養中の家畜は常時二〇〇億頭、屠殺される家畜は年間五六〇億頭以上にまで膨れ上がった。(原注7) 世界動向の予測が正しいとした上で、畜産の規模が二〇五〇年までに倍になるとすれば、地球上の家畜は人口の一〇倍に達する計算になる（なお、この数値には水生の食用動物は一切含まれていないことを考える必要がある）。

畜産が激増した一つの要因として、肉中心の洋食の需要が増えたことが挙げられる。一九七〇年代まで、肉や乳製品を主とする高カロリー食は産業発展を遂げた国々だけのものだった。しかし一九七〇年から二〇〇二年の間に途上国の一人当たり食肉消費量はおよそ三倍に増加、年に二五ポンド（約一一kg）だった量が六四ポンド（約二九kg）に伸びた。(原注8) 中国では過去わずか一〇年の間に一人当たりの肉の消費量は二倍になった。(原注9) ただし、この消費増が尋常でないのは確かだとしても、途上国の年間六四ポンドは合衆国の一人当たり消費量二二二ポンド（約一〇一kg）に比べれば足下にも及ばない。(原注10) 国連の予測では、この傾向が続けば世界の食肉生産量は二〇〇〇年の二億二九〇〇万トンから二〇五〇年には倍以上の四億六五〇〇万トンにまで増加する。(原注11) そこで、先述した畜産業の気候変動作用を念頭に置き、それを倍にしてみてほしい。

どこからこれほどの影響力が生じるのか。まず最初の段階、反芻消化の基礎から話を始めよう。地球規模でみると、畜産業から出るメタンの多くは反芻動物の消化管内発酵から生じたものである。国連の試算ではその年間総排出量は八六〇〇万トンとされ、スウェーデンとノルウェー両国の国家全体の総排出量を足し合わせた値に匹敵する。反芻動物、たとえば牛やバッファロー、羊、山羊などは第一胃(ルーメン)に住む微生物の働きで消化管内発酵をおこない食べ物を消化する。この発酵からメタンが生じ、多くは動物の鼻から（反芻を介して）、そして少量は放屁を介して、外に出される。こうした過程を経ることで反芻(はんすう)動物は人の消化できない繊維質の草を食べるのであるが、それが一方で気候変動の大きな要因にもなっている。

更に、監禁肥育施設からは大量の家畜糞尿が生じ、それはシステム内で堆肥として循環させることができない。単純にいって、多過ぎる。またCAFOは飼料生産地から地理的に遠く離れていることが多く、それがさらに糞尿を飼料畑に戻して循環させることを難しくする。代わりに糞尿は液状ないし粘土状の廃棄物になり、肥溜め池や貯留槽、タンクや穴に溜められ、温室効果ガスを排出する。毒性の悪臭と健康への悪影響にくわえ、肥溜め池の中では微生物による分解が進み、メタンやアンモニア、硫化水素などの望まれざる副産物が生じる。ＣＡＦＯの数は増え続けており、家畜の飼養規模も大きくなる一方なので、糞尿処理の問題は悪化の一途を辿っている。合衆国は今日、肥溜め池からのメタン排出にかけては他国の先頭を行くという信じられない栄誉に輝いており、その主な排出源は巨大養豚施設に求められる。[原注12] 過去一五年の間に合衆国の養豚業から出る糞尿由来のメタンの量は三七％の増加を示し、酪農業のそれは五〇％増加した。[原注13]

飼料作物と肥料の影響

世界の耕作可能な土地の三三％が飼料作物のために割かれており、その栽培には多量のエネルギーが使われる。[原注14] 何を隠そう集約畜産に使われるエネルギーの半分は飼料作物の生産に費やされるもので、その用途は肥料の製造から作物の植え付け、刈り入れ、加工、飼養施設への輸送にまで及ぶ。[原注15] そしてトウモロコシのような飼料作物は、化学肥料を過剰に用いる栽培法が広まった事情もあり、亜酸化窒素排出の大きな原因となっている。合衆国とカナダでは、全肥料の半分が飼料作物に用いられる。[原注16] イギリスでは七割近くになる。[原注17] 窒素肥料が土壌に散布されると、嫌気条件（酸素の無い環境）のもと微生物によって分解され、温室効果をもつ亜酸化窒素になって放出される。この排出は、無駄になる肥料の量を知れば一層おそろしく思えてくるだろう――合衆国のトウモロコシ畑に撒かれる窒素肥料の何と半分が、揮散（きさん）や浸出や流出によって失われるのである。[原注18]

肥料の製造自体、極端に多くのエネルギーを使用する。窒素は大気中にあまねく分布するが、それを窒素肥料として使える形に固定するには膨大なエネルギーが要る。穀物の生産と消費がともに世界一の中国では、窒素肥料の化学合成が石炭火力工場で行なわれる。その肥料製造にともなう二酸化炭素排出量は毎年一

屋外飼育の酪農場。牛の体が埋まるほどの、この大量の糞便が気候変動の大きな原因である。温暖化対策で車やエレベーターの使用を控えても、動物性食品の消費をなくさない限り、焼け石に水でしかない。Photo courtesy of PETA

四三〇万トン、世界の肥料製造から生じる総排出量の四分の一にもなる。[原注19]

肥料の弊害はこれだけではない。飼料の生産地と消費地が隔てられているのと同様、肥料の原料も肥料が実際使われる場所から遠く離れた所で生成採取される。例えば合衆国は現在、原料については純輸入国となっており、二〇〇六年には窒素の六二%、カリウムの八八%を海外から仕入れた。[原注20] 二〇〇七年の輸入原料は半分以上がカナダ、ロシア、ベラルーシ、モロッコの僅か四カ国から来ていた。[原注21]

肥育肉にひそむもう一つの非効率も考えよう。肥育場の牛は一ポンドの肉を増やすのに一六ポンドもの穀物や大豆を必要とするが、これは家禽の一ポンド体重増加に必要な飼料の三倍を上回る。ジャーナリストのポール・ロバーツは、本当の飼料効率はもっと悪いと論じる。いわく、牛には骨や皮など食べられない部分があるので、「一ポンドの肉を得るのに丸々二〇ポンドの穀物

が要る」、鶏ならば三・五ポンド、豚でも七・三ポンドの飼料で済むのだが、と。(原注22)

輸送の影響

ＣＡＦＯが関与する輸送がらみの排出は、工場式畜産場への飼料輸送だけでなく、肥育施設への動物の移送、屠殺場への移送、さらには流通センターから消費者を対象とする販売店への食肉搬送まで、まことに長い道程に付き纏う。そしてその各所で私たちはわざわざ難しいことをしたがる。二〇〇七年の牛肉と子牛肉の輸出入をみると、合衆国は国内で生産された量の五・四％に当たる一四〇億ポンド（約六三五万トン）を輸出用に回し、(原注23)代わりに三一億ポンド（約一四一万トン）を輸入した。(原注24)肉製品の国際取引は世界規模で加速している。例えばブラジル。ここは一九九〇年代の後半まで主要食肉輸出国としては地図にも載っていなかった。それが今日では最大輸出国の一つになって、(原注25)牛肉と子牛肉の生産では合衆国に次ぐ第二位の地位に就いている。(原注26)

土地利用の変化——森林伐採と土壌圧縮

飼料生産や放牧が土地に与える圧力も気候変動に大きな影響を及ぼす要因で、森林伐採や過放牧、土壌圧縮や土壌浸食によって温室効果ガスが排出される。管理がいい加減で土壌が圧縮されると亜酸化窒素の排出が増えることが知られている。(原注27)そして畜産業は世界で最も多くの土地を使っている。(原注28)「気候変動に関する政府間パネル（ＩＰＣＣ）」によると、世界の温室効果ガス総排出の一七・四％は土地利用の変化によるもので、家畜を放牧するための森林伐採や飼料生産もそこに含まれる。(原注29)先述したように耕作可能地の三三％が飼料作物の栽培地であるのに加え、[原注30]氷に覆われていない土地の二六％が放牧に利用されている。[原注31]アマゾンだけをとっても、かつて森だった土地の七〇％が牧草地に変えられ、残りの土地の大部分は飼料作物畑にされた。[原注32]家畜とその飼料のために森を切り拓くことで、私たちは炭素排出の影響を緩和する貴重な炭素貯蔵庫を失っている。

家畜が温室効果ガスの大きな排出原因であることが知られてきて、将来をめぐる議論が熱を帯びだした――技術が解決するのか、食と農のより根本的な変革が必要なのか。排出を抑えるため、畜産業界は付け焼き刃の、システムを本質的に変えることにはならない処方に注目している。例えば肥溜め池に設置されたメタン発酵装置は何種類かのガスを捕らえ、熱や電力として利用できる形にする。他の畜産業者はメタン排出が少なくなる飼料や、[原注33]鼓脹症（こちょうしょう）予防のワクチン接種、[原注34]新品種開発プログラムなどの工夫を弄している。

しかし真に持続可能な解決とは現在の生産システムからの完全な脱却を意味する以上、こうしたいわゆる是正措置に支給される政府補助金が本当にＣＡＦＯに改善を促すものであるといえるのか、環境活動家は疑問を拭えずにいる。技術的対策のいくつかは多少なりとも功を奏するかも知れないが、排出量を現在の水準に留めるだけでもやはり大幅に畜産業界を縮小しなければならないことはもはや疑えない。このレベルの削減は下手な工夫だけでは成し遂げられない。畜産業の成長に歯止めをかけ、同時に生産のあり方を持続可能なものへと変えていくことが必要なのであり、牛のような反芻動物を進化の土地である草原へ返すこともその一環になる。

牛を牧草地へ

家畜の複雑な生活史を理解するには明らかにもっと多くの研究が必要だが、はっきり解っていることもある。牧草地で適切に牛を管理すれば土壌劣化や化学肥料の多用にともなう温室効果ガスの排出を減らすことができる。牧草を与えれば穀物を与えた時に比べ反芻が増えるという研究報告もあるが、新鮮な緑の牧草が生える放牧地へ牛を移動させる輪牧を行なえば、定期的な移動がない場合にくらべ、牛の出すメタンを最大二割減らせるという報告もある。(原注35) さらに草原——とくによく肥やしの撒かれた草原——は、森林に匹敵する量の炭素を隔離できることも研究で示されている。(原注36) どのようにすれば牧草地に基礎をおく農法がメタン産出量を減らし、炭素隔離を促すのか、それをより詳しく調べるには研究を俟たねばならない。(原注37)

とはいえ、重要な科学的見解の一致を俟つことはない。既に環境負荷の少ない家畜の育て方については基本的なことが解っているし、工場式畜産の気候変動作用が深刻であることも既に解っている。また家畜が持続可能な食のシステムのなかで重要な役割を担い得ることも解っていて、小規模農場で事実そのような位置付けにあるばかりでなく、特に途上国にとっては蛋白源や乳成分、また肥料になる糞を供給する存在として、その果たし得る役割は大きい。小規模農場で単純な技術を用いれば糞をバイオガスに換えることができ、それは家への電力供給源としてもストーブの燃料としても、さらには薪のための伐採を減らす手段としても、コスト面で優れた資源になる。全体がひとつになった農業システムの中で家畜は自らの役割を担える——にも拘らず、拡大を続ける今日の大規模畜産は不幸にも反対の方向、持続可能性から遠ざかる方向へと、私たちを導くのである。

前進する個々人の責任

肉の消費を控えるか大幅に減らすかすれば、私たちは畜産由来のガス排出を抑えることに貢献できる。研究者ギドン・エシェルとパメラ・マーティンが行なったアメリカ人の食事に関する研究では、動物性食品からのカロリー摂取をたった二割減らし、それを野菜に置き換えただけで、典型的なアメリカ人が高燃費のアメリカ車からプリウスに乗り換えたのと同じ程度の炭素排出削減になることが示された(原注38)。肉から完全に脱却したくはない人々でも削減はできる――一つの行動が、一人一人の生活維持に必要な土地面積を大幅に減らす。例えば農業工学高等教育短期大学のクロード・オベールは食肉生産と豆科植物栽培のそれぞれに使われるエネルギーを比較分析した上で、牛肉の生産は豆科植物から同量の蛋白質を得るのに比べ、気候変動に二〇~三〇倍も影響するとの試算結果を出した(原注39)。

肉や乳製品を消費するにしても、肥育施設より遥かに排出の少ない牧草飼養や有機農法を応援する手がある。例えば有機のトウモロコシはそうでないものに比べ栽培面積一エーカー当たりのエネルギー投入量が三分の一で済み、ある試算によると私たちがただそちらを選ぶだけでエーカー当たり化石燃料使用量を六四ガロン(約二四〇リットル)も節約できる。肉の場合もやはり有機に切り換えればエネルギー消費を大幅に減らせる(原注40)(但し、CAFOにくらべ有機畜産や牧草地飼養が厳密にいってどれくらいの温室効果ガスを節約するのかについては、どういう要素を分析に計上するかしないかによって答が変わってくることもあり、牧草を飼料とする諸々の伝統的畜産システムについての比較分析が行なわれてはいるものの、今のところその結論は一致をみていない)。

一九七一年、母は『小さな惑星の緑の食卓』を著わし、人間は肉無しでも生きられる、それどころか豊かに暮らせると言ってのけたことで異端視された。私に語ってくれた話では、全米肉牛生産者協会は栄養士のチームを編成してまで母の菜食レシピが食用に適さないことを証明しようとしたという。そうした批難があったにも拘わらず、私たちが植物から充分過ぎるほどの蛋白質を摂取できるというその栄養学上の議論は、健康と環境のためになる堅実な道しるべであることが判明した。母は肥育施設の肉製品、乳製品が生態系や社会にどのような代償（コスト）を強いるかについて論じたが、それと並んで私たちは今や、もう一つの代償を知るに至った——気候である。今日、肥育施設で生産された肉製品や乳製品がテーブルから減る、あるいは消えるとすれば、それは小さな惑星の食卓というばかりでなく、温まっていく惑星の食卓としても、望ましい姿であるといえよう。

第6部　テクノロジーの乗っ取り

序論――農場からハイテクへ

科学技術はほぼ全ての面でＣＡＦＯ生産事業の先を行っている。新薬を開発してストレスや過密飼育からくる疾患と戦う、品種改変や遺伝子操作によって、より抵抗なく人工監禁状況を受け入れ、より短期間で肥育し屠殺することができる動物を造り出す、生産行為から全面的に人力を除外する……等々、科学者たちはシステムの回転を更に速めるため、今なお努力を続けている。

農業の課題に工業的処方を適用する際、問題となるのは我々が大抵「技術的修正」を施すに終始してしまうことで、一つの障害を解消するように思われた技術が、最終的には想定外の結果を次々と産み出す。よく引き合いに出される例が二〇世紀後半に支持された緑の革命であるが、これは世界の穀物生産量を増やすため、作物の品種改変に加え、化学農薬や殺虫剤、大量の水資源やエネルギー資源を積極的に投入するというものだった。緑の革命による増産と発展は、当時にあっては驚異的と映ったものの、他方で土壌侵食や環境汚染、生物多様性の喪失、帯水層の枯渇といった予期せぬ問題を引き起こし、持続的発展の意味を歪めた。短い目でみれば人類は大飢饉を免れつつ人口増加を果たしたことになるが、環境と社会と経済とに恐ろしい代償を強いたことは否めない。

ほとんどの技術はＣＡＦＯ産業のアキレス腱を克服できていない――それは〝大規模の弱み〟である。新疾病や新型病原体の発生など、ＣＡＦＯで何か問題が生じるとそれは瞬く間に施設内の動物全体に広がる。また巨大加工施設の中には複数の動物から得た材料を混ぜて挽肉や牛乳などを製造する工場もあるが、そこでは同じくらいの速さで病原体が人間の食品に伝播していく。食品安全や効率性を求めて金の掛かる技術的解決に頼ろうとすると、支払いのため一層多くの家畜を集中飼養する結果となることが多い。動物行動学者テンプル・グランディンは述べる、「企業が考え付く問題解決策は巨額の費用が掛かるものと決まっているので、沈まないでいるには生産の強化、つまりより多くの豚を飼うことが必要になる」（原注1）。

生産量を上げるために導入される技術は市場に安い食品を氾濫させ、結果として中小農家に打撃を与える。そして固定費用を相当数の「家畜単位」に振り分けられる生産者だけが薄利の市場で生き残る。

食品、繊維製品、医薬品の生産を目的とする家畜クローン技術にはじまり、養殖魚や家畜の遺伝子操作、不健康な食品を「安全」にするための放射線照射その他の技術にいたるまで、どんな手を使ってでもＣＡＦＯを存続させようと、企業とその研究班は尽力している。そうした技術は多くの場合、長期影響に関する試験がなされていない。代わりに、市民や食品消費者は当然、このすばらしい新技術を集中投入した食品システムを信頼するだろうと考えられている。まず根本に、工業的生産なくして現在の食料需要を満たす現実的かつ実践的な解決策はない、という想定がある。

クローン技術の安全性については合衆国農務省と食品医薬品局の取り決めがあるにも拘らず、クローン動物由来の食品は既に市場へ浸透し始めている。廃肉処理（レンダリング）された歩行困難動物、クローン動物の乳、バイオ企業が販売するクローン牛の精子、人用医薬品の生産、経路は他にもある。私たちが好むと好まざるとに関係なく、欲する欲しないにも関係なく、試験が適切に行なわれているか否かにも関係なく、クローン動物は食品製造の過程に組み込まれつつある。一度でもより広範囲に導入されたら、クローン食品を食料供給の中から、また農業の世界から選り分けることは、これから更に難しくなるだろう。

菜食主義の活動団体「動物の倫理的扱いを求める人々の会（PETA）」は二〇〇八年、「試験管鶏肉」の商業生産に一〇〇万ドルの懸賞金をかけた。コンテストに挑戦する者は二〇一二年一月三〇日を期限として、鶏肉と区別がつかない味わいの人造肉をつくることが求められた。しかも全ての必要な保健機関から承認を受け、最低でも一〇州で販売できるだけの量を製造しなければならない。しかし最大の課題は何か。それは、息をする生きた鶏から得た肉でなしに、実験室の中で製作された「培養肉」でなければならない、という点である。

多くは菜食主義者からなるPETAの会員の間で、この発表は大きな論争に発展した。しかしコンテストと組織の使命との関係は明白だった。アメリカでは毎年四〇〇億以上の鶏、豚、牛、魚が、多くはむごたらしい仕方で飼育され、屠殺されている。試験管肉は彼等のひどい苦しみを緩和できるのではないか——。この「ハリウッド的明快さ」をもつ考えはSF映画から借りてきたようにも思えるが、事実「分化組織の構築」は真剣に模索されており、いつか合成動物食品が供給網に乗る日がくるかもしれない。二〇〇八年にはノルウェーで国際シンポジウムが開かれ、産業規模での筋繊維作製について進捗状況が報告された。これはそそられるような、おいしそうな話だろうか。

工場式畜産の未来を展望するのに遠くを見やる必要はない。羽毟りの手間が掛からない羽無し鶏、隣同士でつつき合いの喧嘩をしないよう遺伝子操作でくちばしを縮められた鶏が造られるかもしれない。あるいはオメガ3脂肪酸に富む丸々と肥えた鶏胸肉が、とうとう生きた動物を全く必要とせず、ペトリ皿で培養できる日がくるかもしれない。

ハイテク工場式の手法は動物を育てる唯一の道ではない。同様に、代替案は必ずしも技術や革新を拒むものでなくてもよい。ただし、ＣＡＦＯに代わるシステムでは動物の世話にもっと人が関わっていくべきであるし、新技術が動物の行動や広範囲の環境にどのような影響を及ぼすかを注意深く監視していくことも求められよう。運営管理も検討されねばならない。スタッフの訓練がどれほど行き届いていても、苦痛に無関心な管理者ないし利益や効率のことばかりを気にする管理者がそれを台無しにしてしまうこともある。適切な技術、程良い規模、健全な生産、動物福祉の真の規範、その融合は可能であるばかりか、急速に工業化を進める食のシステムに均衡を取り戻すため、明らかに必要とさえいえるのである。

抗生物質の乱用――CAFOは大切な人用医薬品を無駄使いしている

レオ・ホリガン
ジェイ・グラハム
ショーン・マッケンジー

抗生物質は「過去五百年の間に起こった保健医療の奇跡」といわれていた。しかし工場式畜産のなかで成長促進を目的に過剰使用されてきたため、この保健衛生の奇跡も危機に瀕している。ノースカロライナ州だけでも、食用家畜の成長加速に使われる抗生物質は全米中で人用医薬品として使われる総量を上回ると見積もられている。結果、抗生物質耐性をもつ病原体はさらに流行し、人の疾患を癒す抗生物質の効果が損なわれる。

アレクサンダー・フレミングは一九二八年にペニシリンを発見した科学者だったが、後年になって、不適切な抗生物質の使用は病原体の耐性を発達させることになる、との予言を残した。いわく、「いずれ誰もが店頭でペニシリンを買えるようになる日がくるだろう。そうなれば、無知な者が安易に服用することで体内の病原体を致死量以下の薬に曝し、薬剤耐性の発達をうながすなどという危険が生じるかも知れない」[原注1]と。抗生物質の黎明期から一部の科学者は抗菌薬（抗生物質よりも広義の語で、抗ウイルス薬、抗真菌薬を含み、天然物か合成物かを問わない）が一般に人間にとって替えのきかない資源であることを理解していた――事実、それは無差別ないし無分別に用いれば消えてしまいかねない。

　抗生物質は人間社会に病や死を拡げるおそれのある数々の感染生物に対抗する上で重要な防御となる。工場式畜産では現在、毎年何十億もの食用家畜を飼養し、定期的に「治療量以下」[原注2]の抗生物質を投与するという手法が主流になっているが、これは抗生物質耐性を具えた病原生物（「病原菌」や「病原体」と呼ばれる細菌など）の急速な進化をうながし、病気と戦う医薬品の効力を損なってしまう。このような不適切な慣行は終わらせなければならない。

抗生物質療法の誕生

　抗生物質の発見は保健衛生の歴史における最も重要な出来事の一つに数えられている。医薬品となった最初の抗生物質ペニシリンは、長きにわたり人類を悩ませてきた病気との戦いにおいて実に大きな効果を発揮し、「奇跡の薬」と称賛された。抗生物質が様々な感染症の治療薬として活躍しているため、一九〇〇年のアメリカでは肺炎と結核と下痢症が三大死因になっていたこと、それが全死亡例の三割以上を占めていたことは、今日では想像するのも難しい[原注3]。しかし現実には二〇世紀最初の一〇年、五歳から四四歳までの死亡者のうち四〇％以上は感染症にかかっていたのであり、結核は二五％以上を占めていた[原注4]。

　一九四〇年代に入って抗生物質は広く使われるようになる。一九七〇年代には効果的な抗生物質療法が大きな役割を果たし、五〜四四歳の人々の中で感染症により死亡するケースは僅か三％にまで減った[原注5]。世界保健機関（ＷＨＯ）は抗生物質とその持続的効果について「過去五百年の間に起こった保健医療の奇跡」[原注6]という評価を与えた。

工場式畜産における抗生物質の使用

今日の工場式畜産が用いる手法を知ったら、アレクサンダー・フレミングは激怒するに違いない。少量の抗生物質を家畜に投与すると、飼料を体重増加にまわす効率が上がり成長を速められることが判明した。そこで工場式畜産では定期的に、しかも大々的に抗生物質が使用されるようになった。飼料添加物にされる抗生物質の量は、ノースカロライナ州だけでも全米で人用医薬品として使用される総量を上回っているとの試算があるが[原注7]、これは深刻な結果をともなう。抗生物質を治療量以下の用量で使用することで、工場式畜産は生産性に変化をもたらすのみならず、〝耐性〟病原体の誕生をも促すのである。そしてたとえ低度でも抗生物質の圧力が維持されている環境では、耐性病原体は耐性を持たない病原体に対し、繁殖と拡散の面で優位に立つ。

病原体（例えば病原性大腸菌など）は自分達を殺すため人間が用いる物質に対し、適応進化によってほぼ常に耐性を発達させる。あるいは、病原体を駆逐するために造られた薬剤に対し、彼等はその毒性の裏をかく力を獲得する、といってもよい。広く日常的に抗生物質が使われると進化の過程が速められる、それが原因で今や抗生物質の効力減退が人の健康を脅かす深刻な問題になっており、薬の効かない感染症が増加するといった形でその結果が表われている。

オランダ[原注8]、カナダのオンタリオ州[原注9]、合衆国アイオワ州[原注10]で近年おこなわれた研究では、豚と豚の世話をする人々とから同系統のメチシリン耐性黄色ブドウ球菌（ＭＲＳＡ）が検出され、動物から人へと病気が感染したことが示された。アメリカではＭＲＳＡによる二〇〇五年院内死者数はエイズよりも多い一万八〇〇〇

肉用鶏（ブロイラー）の鶏舎は排泄物の堆積した不衛生な過密環境であるため種々の有害物質や病原菌が発生し、鶏の全身を炎症や膿瘍に覆う。病気は抗生物質その他の薬剤で強引に抑え込むが、この対策はよく失敗する。
Photo courtesy of PETA

人以上と推定されている。[原注11] これまでMRSAの調査は院内感染に焦点を当てたものが大半だった（MRSA感染の八五％は院内感染によると考えられてきた[原注12]）が、近年になってそれよりも注目されだしたのはいわゆる市中獲得感染で、そこには農畜産業が原因の感染も含まれる。

抗生物質の効力減退に関する議論は往々にして人用医薬品の抗生物質を問題とし、適正使用を徹底することが重要だとの提言がなされがちだが、実際にはアメリカの抗生物質の六〇〜八〇％が工場式畜産の成長促進剤として使われている。[原注13] それと比べれば病気の動物に処方される割合は小さいが、畜産業者はデータを公表する義務を負わないため厳密な数値は明らかではない。また治療目的で薬が必要になるのも、大量の食用家畜を小さな不衛生な空間に無理やり押し込むことで病気の拡がるリスクを増やし、不自然な食事を家畜に与える（例えば牛に牧草ではなく穀物を与える）など、ほとんどは工場式畜産の慣行に直接の原因がある。人間を混雑した不適切な不衛生な環境に収容すれば感染症の蔓延をうながすというのは周知のことだが、この知識は工場式畜産には活かされてこなかった。(訳注1)

耐性供給源

食用家畜の成長促進に抗生物質を使うことの更に厄介な問題は、病原体が抗生物質耐性を暗号化した遺伝子を共有できる点にあり、これが耐性微生物の急速な進化に弾みをつける。遺伝子の共有は異種間でも起こり得る。耐性遺伝子のそれは、市販の肉製品に潜んでいた糞便系大腸菌の調査で明らかになった。(原注15)

さらに、科学者の注目はしばしば特定の病原体の特異な耐性パターンに絞られる――「一病原体が一薬剤耐性」という考え方である。(原注16) しかしこの考えは、耐性の程度と伝播を決めるのが遺伝資源の単体ではなくその群集、いわゆる「耐性供給源」であるという事実を軽視している。(原注17) 耐性供給源とは抗生物質に耐性を示す細菌のことで、病原性のものも非病原性のものも含まれる。これらの細菌は遺伝素材（耐性遺伝子）を運搬し、人の疾患を引き起こすおそれのある生体にそれを伝達する。病原体は抗生物質耐性を獲得するので、疾患の対処は一層むずかしくなる。食用家畜に投与される大量の抗生物質は生態系を根本的に変える「圧力」となる可能性が高く、耐性菌を宿す動物と動物を消費する人間とを隔てる防壁が頼りない状況で、耐性の拡散はさらに速められる。

保健衛生の面からみると、工場式畜産の抗生物質使用を廃止するのが明らかに合理的な選択だろう。畜産に抗生物質が使われなくなれば耐性病原体は大幅な減少へと向かう。(原注18)

便益と危険

家畜飼料に抗生物質を投与するのは経済的便益が期待されるからだが、近年の研究はこれに疑問を呈している。かつては抗生物質で成長を促せば、薬剤の出費にまさる経済的利益が得られると考えられていた。しかし家禽と豚を対象とする二つの大きな研究が行なわれた結果、その金銭的な見返りは僅少ないし皆無であり、同じ程度の利益は畜舎の衛生管理を改めるだけでも達成できると判明した。[原注19] また、たとえ抗生物質の成長促進作用による生産性の向上が認められたとしても、耐性病原体の増加によるコストを計上すればその便益は完全に相殺される。病気の対応策が失われ、保健費用が増え、感染症がより長期にわたりより深刻な被害を及ぼすものになる――こうしたコストは社会の方に「外部化」され、肉の価格には「内部化」、つまり反映されていない。

業界団体は畜産に抗生物質を使っても人々の健康を脅かすことはないと論じる。[原注20] が、家畜飼料に抗生物質が投入されていることと、薬剤耐性生物の蔓延が増加していることとの間に密接な関係があるとの指摘は、数多くの研究によりなされている。その病原体は食品や環境を介して健康上の脅威を突き付ける。

アメリカとヨーロッパでは耐性病原体は肉製品中に多数潜伏し、中には有効範囲の広い抗生物質であるペ

訳注1　抗生物質　日本の畜産業ではどれだけの抗生物質が使われているか。抗生物質の定義や集計の仕方によって具体的な数値が変わってくるため厳密な把握は難しいが、日本子孫基金・編『食べ物から広がる耐性菌』（三五館、二〇〇三年）によると、家畜用が飼料添加物の分と医薬品の分を合わせて九〇〇トン、養殖魚用が二〇〇トンであり、病院で用いられる一〇〇トンに比べ圧倒的に多い（なお、作物にも農薬として一〇〇トンが使用されている）。

ニシリン、テトラサイクリン、エリスロマイシンに耐性を示すものも存在する。（原注21）抗生物質入りの飼料を与えられる家畜は、有機農場で抗生物質を与えられずに育つ家畜にくらべ、多剤耐性大腸菌をより多く宿し、（原注22）両者の畜産物である食品を比較しても同じような差異が認められる。（原注23）

廃棄物の投棄は耐性病原体が工場式畜産施設から環境中へ侵入する主要原因となっている。監禁された食用家畜が出す糞尿は乾燥重量にして年間三億三五〇〇万トンと推計されるが、（原注24）これは公共処理施設から生じる人間の排泄物の下水汚泥（おでい）（二〇〇五年、七六〇万トン）と比較すると四〇倍以上に相当する。人間の下水汚泥に処理規則があるのと対照に、家畜糞尿については投棄（おもに栽培地への散布）の際に病原体の集中度を軽減させるための特別な規則がない――抗生物質耐性のものも含め、病原体の含有率は多くの場合、人の排泄物中より高いにも拘らず、である。（原注25）更にノースカロライナ、メリーランド、アイオワの三州では、養豚場付近で採取した飲料用地下水源から耐性大腸菌と耐性遺伝子が検出されるが、（原注26）地下水はアメリカ農村人口の九七％以上に飲み水を供給している。しかも一方、地表水からは工場式畜産で用いられる抗生物質が低濃度で定期的に検出される。（原注27）耐性病原体は工場式畜産施設から空気を伝って移動することもある。換気システムを使う養豚施設の周辺では、風上三〇ｍ、風下一五〇ｍの地点で空気中の耐性病原体が確認されている。（原注28）

施設近郊に暮らす農家や一般住民は、抗生物質使用のあおりを喰らう危険が誰よりも大きい。耐性病原体の保有者となるリスクが高まることは複数の研究によって示されている。（原注29）

抗生物質使用の倫理

抗生物質耐性と表裏をなすのは抗生物質の効力で、これは有限かつ更新のきかない資源であると考えてよい。ある病原体がある抗生物質に対する耐性を発達させれば、効力を復活させることはできないだろう。効力が減退するのは資源の喪失に等しい。(原注30)このような理解に立って倫理を考えれば、治療目的以外での使用は良くても「いかがわしい」という評価になる。貴重な資源の大部分を食用家畜の成長促進に用いることで、その効力が「消耗」されるとしたら、社会はこれを許せるだろうか。抗生物質の効力を自然資源とみる考え方自体は新しいものなので、この資源が大して重要でもない目的のために空費されることの倫理的意味を市民が議論してこなかったのは驚くに当たらない。

政策の転換

二〇〇三年、アメリカ公衆衛生学会（APHA）は次のように述べた――「食用家畜に与えられる抗生物質が、人に感染する抗生物質耐性生物の発達に寄与しているという点で、科学者の見解は一致に向かっている」。世界最大の公衆衛生機関であるAPHAはさらに、「試算によれば、飼料とされる抗生物質の二五～七五％が、そのままの形で糞尿中へ混入する」と指摘した。(原注31)世界保健機関（WHO）は「保健面での安全評価が行なわれない状況では、人の治療に使われる抗菌薬を成長促進剤として用いる行為を［政府が］廃止、もしくは速やかに漸次撤廃すること［が望ましい］」と忠告している。(原注32)

成長促進のため習慣的に抗生物質を使っていた業者は廃止の案にうろたえるだろう。しかし一九九九年にそうした使用を禁じたデンマークの事例に目を向けられたい。二〇〇二年、WHOは報告した――

デンマークでは成長促進を目的とする抗生物質の使用を禁じたため、それらの成長促進剤に耐性を示す腸球菌の保菌者である食用家畜が減り、ゆえに臨床上重要な複数の人用抗菌薬への耐性を暗号化した遺伝的決定基（耐性遺伝子）の供給源が減少した。(原注33)

WHOの報告書にはまた、動物の健康状態にも生産者の収益にも大きな違いは見られなかったと記されている。EUも後を追い、二〇〇六年に成長促進剤の禁止令を発効した。

「工業的畜産に関するピュー委員会」は、アメリカが「治療目的以外で（例えば肥育促進を目的として）食用家畜に抗菌薬を使用する行為を、漸次ないし即時撤廃する」ことを奨励した。そしてさらに「動物に対する、治療目的以外での抗菌薬使用を新たに承認」しないよう求め、既に承認されているものについては調査の実施を要請した。(原注34)

医療共有物の悲劇

ある生物が別の生物から身を守るためにつくり出す物質――多くの場合、抗生物質はこの自然の産物から得られるものであり、その意味でそれは空気や水や土と同じく、「共有物」のひとつとして捉えるのがふさわしい。営利目的の製薬会社はしかし、抗生物質を造る立場にあってこの特別な「共有物」を大きく支配し、様々な用途に合わせたその製品の中には畜産で使われる成長促進剤もある。あるかどうかも分からない、あったところで食肉生産の僅かなコスト削減にしかならない経済的利益のために、極めて重要な人の健康に関わる便益が犠牲にされている。

ある意味、我々の畜産業はアレクサンダー・フレミングが警戒すべしとした「無知な者（おろか）」の代役になってしまったのだといえよう。業者は過少量（治療量以下の用量）の抗生物質――医学的に重要なものも複数ある――を家畜に与え、病原体の耐性進化を速めている。

医学的に重要な抗生物質の使用を段階的になくしていこうとする努力は正しい方向への歩みに違いないが、畜産から生じる抗生物質耐性の問題は、より大きな問題の徴候とみなければならない――すなわち、食用家畜生産の工業モデルがもつ、持続不可能な性質である。短期的には、例えば抗生物質の使用状況を監視し、抗生物質耐性の拡散ルートを追跡調査するなど、この慣行がもたらす害を緩和する措置もあろうが、長期的な解決は、工業モデルの全廃しかない。

抗生物質の悪用は、工場式畜産に内在する無数の問題の一つに過ぎないものの、人の健康に差し迫った深刻な危機を突き付ける問題でもある。科学に指針を得た大胆かつ包括的な政策転換が求められるが、それは見識ある国民の手で進められなければならない。行動を怠れば、「無知な者（おろか）」はなおも私たちの健康を脅かし続けるだろう。

フランケン・フード——家畜クローニングと工業的完成への冒険

レベッカ・スペクター

家畜優生学、といってもいい。食肉産業は人間の消費用として、遺伝的に「すぐれた」動物をクローニング〔クローン作製〕している。しかしクローニングは危険な新レベルの生物種操作であり、生物多様性を脅かし、遺伝的に均質な集団の罹患可能性を高める。ホルモンバランスの乱れや細菌汚染の増加など、食品安全上のリスクが想定されるにも拘らず、食品医薬品局はクローン動物由来の食品は安全であるとし、ラベル表示なしでの流通販売を認めた。

同じようにサシの入った極上牛肉が、スーパーの棚に小奇麗に並んでいる——そんな光景を思い浮かべてほしい。アイダホ州ボイシに本拠を置くJ・R・シンプロット社の会長スコット・シンプロットは、そんな最高品質の肉が当たり前となって、もっと良いステーキが創れるようになる日を想い描いている。「とびきりの忘れられないステーキに勝るものはありません」とシンプロットは語る、「そこで私どもはそれを再現する手段を見付けようと決めたのです」(原注1)。複製された全く同じステーキは、まさにそれがどこまで行っても全く同じであるがゆえに、とびきりにもならなければ忘れられないものにもならない、という真実は、完璧な均一性を夢見るシンプロットの頭からは抜け落ちているらしい。

化学の力で優れた動物を創造しようとする探究は、シンプロットの完璧なTボーン・ステーキの話では終わらない。蛋白質五〇％増しの牛乳なんてどうだろう。健康なオメガ3脂肪酸に富んだベーコンは？——こういったものがバイオ企業の目標なのだそうで、彼等はあなたが好むと好まざるとに関わらず、あなたにクローン動物由来の肉製品なり乳製品なりを売りつけたがっている。

バイオ企業は動物クローニングから得られると期待される利益について大声で吹聴し回っている（ちなみにそれはまだ研究室での実験段階でしかない）が、クローニングの工程とそれが動物に与える忌まわしい影響、考えられる食品安全上の懸念などについては殆ど話をしない。隠したがるのも無理のないこと。人々は知りたくないだろう、自分の食べている完璧なステーキが、醜く肥大化し、ことによると畸形を伴い、生まれた時からホルモンと抗生物質を山のように盛られてきた牛から造られていることを。

ドリーちゃん、こんにちは——作製における悲劇

ドリーと名付けられた羊が、成功裡にクローン化した初の哺乳類として一九九六年に新聞の見出しを飾って以来、彼女の存在そのものが持つ意味と問題とをめぐり、人々の間で議論が交わされてきた。

二〇〇八年、合衆国食品医薬品局（ＦＤＡ）はクローン動物由来の肉製品、乳製品は食べても安全だとの報告を発表し、その商業販売に道を開いた。(原注2) ＦＤＡはラベル表示も義務付けなかったので、消費者はこの新しい食品を知らず知らず買わされることになった。

生まれて間もなく、ドリーはバイオ企業のポスター・アイドルになったが、それらの企業が目指すところはクローン動物の商業利用、つまり肉製品、乳製品、医薬品、さらには動物の身体で造った身体器官を人間に移植するという異種間移植用の身体片を、商業生産することにあった。ドリーを作製したイギリスの発

生学者イアン・ウィルムットは、議会に出席した際「現代のガリレオ」と讃えられ、クローン技術はニュートンによる重力の法則の発見になぞらえられた。

ドリーを絶賛する鳴物入りのバカ騒ぎの中で見過ごされていたのは、動物クローニングの全てにひそむ驚くべき失敗率の高さである。クローニングの失敗は、頻繁に起こる胎児の自然流産、膨大な畸形の発生、早期死亡、そして分娩を乗り越えた多くのクローンが抱えるその他の健康障害による。何を隠そうドリーにしたところが、進行性の肺の病、ヒツジ肺腺腫（はいせんしゅ）に冒されていたのである。彼女は二〇〇三年、六歳で安楽死させられた――平均寿命の、およそ半分の年齢だった。（原注3）全くもって奇妙なことだが、FDAはクローン羊に関してだけは食品としての利用を認めなかった。あわれなドリーを除き、その健康状態を示す「情報が不足している」というのが表向きの理由らしい。

しかしそれでも、クローン家畜で儲けようとする企業はFDAを説得して、クローンから得られた食材は食べても安全であると認めさせ、FDAはFDAで長期試験もラベル表示も無しにこの奇妙な食品を市場に乗せることを許可している。また同局は二〇〇八年報告書の中で、成体もしくは健康な幼体のクローン動物からつくられる食用製品は、クローンでない同種の動物からつくられるこれまでの食品にくらべ「食品消費の危険性を増すものではない」と述べた。（原注4）しかしながらクローン動物は健康状態や生存率の面で劣る傾向にあり、特に成長初期の段階は危うい。FDAはそれを分かっていながら、人を煙に巻こうと言及を避けている。またこの結論の根底には、クローニングに関連した健康障害をもつ動物は「審査を通過できず、供給食品に混入することはないものと思われる」（原注5）という想定がある。クローン家畜では不健康な子の発生率が高いとされるが、FDAは要するに障害児由来の品はきちんと識別され、食品システムに混入する前に除外することが可能であるし、事実そうするつもりである、との考えに立って先の見解を述べたのである。

悪魔は細部に――クローニングの工程

バイオ企業はクローン技術が単に人工生殖技術の「道具箱に収められたもう一つの道具」に過ぎないという見方を人々に植え込もうとしているが、動物クローニングはその実、人間と動物との関係を根底から変えてしまうほどの意味をもつ。史上初めて人類は、現存する動物を無作為に選び出し、その遺伝的「複製」を造る造物主として振る舞うことになる。行き着く先は動物の苦しみの劇烈な増大に違いなく、クローニングが商業ベンチャーとして広く行なわれるようになれば、この残虐は一層辛辣の度を極めよう。

動物クローニングでは体細胞核移植（ＳＣＮＴ）という手法が用いられ、現存する動物、普通は成熟したドナーの細胞から遺伝物質（核）を取り出し、あらかじめ核を除去した卵細胞にそれを注入する。卵割〔受精卵の細胞分裂〕の開始が促され、それが持続するようであれば、受精卵は代理母、つまり「借り腹（ホストマザー）」の子宮に移される。クローンはドナーの親と遺伝子型が同じであるため、多くの人は両者を「一卵性双生児」と同じものだと錯覚している。この言い方はしかし、危険な誤解を招く。クローンの遺伝子発現はドナーのそれと大きく異なる可能性がある。(原注6) クローンがドナーと異なることを二〇〇三年の研究で明らかにした分子生物医学教授のジョージ・ピエドライータはこう述べる、「要はこういうことです。クローンは遺伝的には同一ですが、クローニングの工程でＤＮＡを改変するので特定の遺伝子の働きに影響が及んでしまい、大きさや体重や毛の質といった身体的特徴については、まず同じにはならないのです」。(原注7)

遺伝物質の新しい採取法と移植法が何年ものあいだ研究され開発されてきたが、哺乳類のクローニングは大半が失敗率九九％の代物である。(原注8) よしんば核移植された受精卵が胚に成長して無事代理母に移植できたとしても、成体にまで育つ子が生まれる確率はたった三～五％でしかない。[原注9] ウィルムットは二七七個のクローン羊胚を代理母に託したが、着床したのは僅か一三個に過ぎず、正常に出産できたのはドリーだけだった。[原注10] 失敗したクローンの多くは無惨きわまる欠陥と畸形を抱えていた。

ＦＤＡは性急なクローン動物食品の承認を正当化し、クローニングの進歩が動物の苦痛や健康不良、食品安全に関わる問題を解決できると主張した。これは全く正しくない。クローン科学の世界的権威であるマサチューセッツ工科大学のルドルフ・イェーニッシュは二〇〇五年、『クリスチャン・サイエンス・モニター』誌の中で述べた、「正常なクローンは造れません。生存できるものは早死にするものより異常の度合が少ないだけです。クローニングをより安全にするという点では、過去六年のあいだ何の進歩もみられなかった——何も、です[原注11]」。

動物という機械

食用のために飼われる動物の扱いに大勢の関心が集まる中、動物クローニングは単に科学が「神を演じる」領域に踏み込んでしまったという倫理上の新しい厄介なジレンマを突き付けるのみならず、受け入れがたい剥き出しの残忍性をも体現するようになった。恐ろしい苦しみはクローンだけを襲うものではなく、代理母たちもまた死苦に遭う。動物クローニングでは胎児が正常のものよりも肥大化する「巨大児症候群（ＬＯＳ）」という疾患が頻繁に生じ、代理母は通常の出産時期よりも大幅に前倒し（まえだお）する形で、極めて多大なストレスをともなう強制分娩をさせられる。[原注12] ある牛クローニング事業では一二頭の代理母のうち三頭が妊娠中に死亡した。[原注13] ＦＤＡは牛クローニングについて、「妊娠損失が懐胎期間のあらゆる段階で生じうる」点で人工生殖技術の中でも特殊なものだと認めている。付け足せば、FDAが慎重かつ懐疑的な姿勢で臨んでいるらしい他の技術と比較しても、クローニングはある種の障害を発生させる率が遥かに高い。例えば巨大児症候群は他の生殖技術ではほとんど生じないが、クローンでの発生率は五〇％にもなるという研究結果が出ている。(原注14) 水症（胎児水腫）は死産、早期死亡、代理母の死亡につながる異常であるが、クローニングにおける発症率は実に四二％にも達する。(原注15) 自然な繁殖もしくは他の生殖技術を用いた場合、水症の発生は七五〇〇頭のうち一頭と、きわめて少ない。(原注16) FDAの理屈に従うなら、五人中二人に癌を発症させる事態は、七五〇〇人中一人に発症させる事態にくらべ「単に程度が」異なるだけということになる。

誕生を乗り越えたクローンも数々の健康障害に苦しめられることが多い。運よく生まれてきたクローン家畜は、交尾によって生まれた子よりも多くの健康管理を要する傾向にある。牛クローニングの分野で研究を行なってきたコーネル大学のジョナサン・ヒルが推測するに、クローンの二五〜五〇％は酸欠状態で出生している。(原注17) 新生児のほとんどは健康状態が悪い。イリノイ大学アーバナ・シャンペーン校の動物繁殖学者レベッカ・クリッシャーは言う、「病院でなく農場で生まれるのだとしたら、そうした動物はほとんど皆（略）生きられないでしょう(原注18)」。

異常は日常と化している。ニュージーランド政府の検査機関アグリサーチの科学者たちは二〇〇二年末、施設で生まれたクローン牛の二四％が離乳を向かえるまでに死亡したと報告した。これはクローンでない子牛の死亡率が五％であるのと対照をなす。加えて五％のクローン牛が離乳後に死亡しているが、これも交尾によって生まれた子牛が離乳後死亡率三％であるのと対照的といえる。(原注19) 商業クローニングの施設アドバンスト・セル・テクノロジー社（ACT）の研究幹部らが著わした調査報告書レビューでは、クローンの牛、羊、豚、マウスの二五％近くが生後まもなく重篤な発達障害の症状を示す旨が記されている。大きな数値だが、これでさえ問題を過小評価しているきらいがあり、それというのもレビューで取り上げられた研究の大部分は生後数週間から数カ月を対象としたものであって、[原注20]成長後期に発生する多くの健康障害はここに反映されていないと思われるからである。

より近年に行なわれた研究では、出生時に健康そうに見えるクローンでも、肝機能障害や、脆弱な免疫系が原因で起こる肺炎、および癌など、様々な疾患を抱えていることがあり、見た目ほど正常でない可能性が否めないと示唆された。[原注21]障害を引き起こす原因として一番考えられるのは胎児の発育時に発現する遺伝的異常である。ルドルフ・イェーニッシュとマサチューセッツ工科大学ホワイトヘッド研究所に所属する彼の同僚らは、研究で使用するクローンマウスの数百の遺伝子が不適切に発現しているのを確認した。これらの遺伝子は様々な異常を引き起こし、その範囲は極めて些細なものから命にかかわるものまである。[原注22]実際「健康」そうなクローンが突然死したという記録は枚挙にいとまがなく、科学者はあまりに多くの問題を目の当たりにしてきたため、一人がそれを「成体クローン突然死症候群」と命名したくらいである。[原注23]

多様性の破壊、一度に一つのカーボンコピー

企業は同一高品質の動物を創り出すと請け合うが、科学者たちはクローニングが破滅のレシピであると警鐘を鳴らしている。ある大学研究者が二〇〇五年に発した警告によると、「遺伝的変異性がなければ疾病は全ての動物に同時に発生する恐れがあり」、集団を一掃する可能性がある。[原注24]現代の家畜育種法は既に多くの家畜の遺伝的多様性を損なってしまった。アメリカの乳牛の九割以上はホルスタイン種であり、豚をみれば二〇世紀中葉まで育てられていた一五品種のうち八品種が消滅した。同じように、アメリカの家禽のほぼ

全ては五品種が占め、白卵のほぼ全ては一鶏品種、白色レグホンから採取されている。(原注25)

大規模な商業的動物クローニングは家畜の多様性をさらに浸食するものと思われる。全ての集団がただ一つのゲノム〔三五七ページ訳注1参照〕を共有することになるかも知れない。自然に生じた遺伝的差異をもつ集団の中には特定の病気に対し自然の抵抗力を具えた動物がいるのが普通だが、遺伝的に均一なクローンでは多様性にもとづく防御が失われる。クローニングが商業化されれば、動物集団ないし種に組み込まれた脆弱性や有害作用を元通り抹消することは、不可能ではないにしても困難になるだろう。

クローン食品は、あなたの近所のスーパーに

頻繁な畸形児の出産をはじめとするクローン科学の困難を前にしてなお、バイオ企業は牛肉、豚肉、鶏肉、卵、乳製品業界にクローニングの技術を売り込みたがっており、ゆえにクローン家畜から造られる食品の安全性も大きな懸念材料になっている。度重なるクローニングの失敗に直面したイアン・ウィルムットは、クローン動物由来の肉製品、乳製品の商業販売は大規模な対照試験が行なわれるまで開始すべきではないと言った。『ニュー・サイエンティスト』誌の中でも、クローン動物の研究ではクローン食品のサンプル一つに注目するのでなく、そこに含まれる動物の健康状態や寿命にも目を向けるべきだと述べている。さらに、動物のホルモン、蛋白質、脂肪レベルの僅かな不均衡だけでも肉、乳製品の品質と安全性を損なうおそれがあると警告した。(原注26)

バイオ企業は既にクローン食品の安全性を堂々と口にしているが、科学者たちはまだ大々的かつ包括的な研究を実施してはいない。全米研究評議会（NRC）は二〇〇二年八月に公表した分析の中で、胚細胞ク

ローンの動物から造られた肉製品、乳製品の安全性に関する研究はほとんど存在しないと記している。(原注27) 体細胞核移植クローニングについては、食品の安全性はさらに不明瞭であるという。

体細胞を使用する動物クローニングはさらに近年のものとなる。サンプルのサイズ、健康状態、および作製のデータが限られており、クローニングの実験計画案も急速に変化しているので、体細胞クローンおよびその子孫から得られた乳製品、肉製品、その他の食品の安全性については、結論を出すのが困難な状況である。(原注28)

そして更に、FDAは生後六カ月を過ごせたクローンは健康であると論じるが、マサチューセッツ工科大学のイェーニッシュはこれに同意しない。「クローンマウスでは生後一五カ月になって問題が生じる。牛であれば［問題の評価までに］一五年は待たなければならない」(原注29)。ここから分かるように、健康障害は後年になっても生じうるのであり、クローニングの安全性を評価するには長年にわたる研究が要される。恐らく最も目に余るのは、二〇〇八年にFDAが実施した穴だらけのリスク評価だろう。例えば同局は、クローン牛、クローン豚、およびその子孫から得た食肉に関する査読済み研究報告を、一つとして見付けられなかった。クローン牛の牛乳については僅か三件の報告しかなく、その全てで牛乳に差異が認められ、更なる研究が必要なのは明らかだった。しかし研究が不足しているにも拘らず、FDAの評価では以上すべてのクローン動物およびその子孫から得られた肉、乳製品は、通常の動物由来の食材と「同程度に安全」であるとされた。なおまた、外見上健康と思われたクローンの健康障害を示すデータが多くの研究に認められるにも拘らず、FDAはクローンないしその子孫の産生する想定外の新蛋白質やその他の代謝物質に起因する食品安全

上の危険を調査した研究を、これまた一つも見付けられなかった。(原注30)

二〇〇五年、バイオテクノロジー産業協会(BIO)の広報担当官が、研究者から「予備的」研究と称された某研究に目を付け、クローン食品の安全性が「科学的に明白である」ことを証明したといって讃辞を贈った。(原注31)ところが実際は、当の予備的研究はクローン肉牛二頭、クローン乳牛四頭の乳を調べただけのものだった。

遺伝子の異常発現はクローンの健康障害につながりやすいが、この異常発現が肉や乳に影響するおそれがあると警告する科学者もいる。この懸念については実証根拠となる研究も否定根拠となる研究もない、とNRCは二〇〇二年に記した――「これまでのところ、体細胞クローン、その子孫、伝統品種、三者の肉製品および乳製品の組成を評価した比較分析データは(略)発表されていない」。(原注32)

クローニングで使われる大量のホルモンと抗生物質もまた安全上重大な問題となる。妊娠の失敗率が高く新生児には特有の病的性質があるため、クローニングの工程では高濃度のホルモン剤と抗生物質が使われる。科学者はクローン家畜の代理母に多量のホルモンを投与して着床の成功率を高めようとする。クローンは優秀な親の遺伝的子孫にあたるのが普通だが、代理母はそのような価値を有してはおらず、多くは出産から間を置かずして屠殺場へ送られる。クローン自体もしばしば免疫系に甚だしい欠陥をもった状態で生まれてくるため、大量の抗生物質や他の薬剤が頻繁に投与される。(原注33)クローン動物に多くの抗生物質が使われることとは健康状態の悪さを仄(ほの)めかすだけでなく、抗生物質耐性病原体の脅威をも生み出す。畜産において大量の抗生物質を使用することで、人間の感染症対策に使われる一般的な抗生物質の効き目が失われる可能性は著しく増大する。(原注34)クローニングの商業化は病的で免疫系に欠陥のある動物を食品システム内に拡散させ、同時にまた人間が病気と戦う能力を抑制するものと懸念されるが、FDAはそうした重要な食品安全上の問題に向き合ってはこなかった。

食用家畜のクローニングを商業化すると、大腸菌感染症など食品を媒介とする健康被害も増えるかも知れない。ストレスに曝された動物は病原体を発生させることが知られているが、クローニングはまさに動物のストレスを高めるものと考えられるからである。(原注35) NRCの研究報告には、「発達障害によるストレスが原因で［クローン家畜の］糞便中に病原体が混入し、それによって屠体に望ましくない微生物が多量に付着する恐れがあるので、若年の体細胞クローン動物から製造された食品、とくに子牛肉などの安全性は、間接的な(略)懸念材料になるであろう(原注36)」とある。

規制による一括承認

FDAはリスク評価のなかで、動物クローンの多くが不健康であり、食用に適さないことを認めてはいる。が、同局と農務省が一体となってそれらの動物を食品供給から除外することは可能であるとし、乳製品および肉製品はいわゆる健康なクローンから造られた物のみとすることを確約して憚(はばか)らない。ここに名を連ねたのが、無数の食品中に含まれていたサルモネラ菌からも病原性大腸菌からも消費者を守れなかった御仁らであるわけだが、それが今度は食品に入るクローンについて、安全で健康なものに限る、それは保証できると言い張っている。国民が今になって彼等を信用するなどということがあるだろうか。

規制の穴はもう一つある。生後まもなく死亡した障害児、あるいは食品供給から除外されたクローンはどこへ行くか——。こうした動物は、僅かな例外が無いではないが、廃肉処理(レンダリング)して動物飼料やペットフード、さらにはフェイスクリームや口紅といった化粧品にすることが認められているのである。いずれもラベル表示はない。

クローン動物導入への懸念が広まる中にありながら、FDAは商業利用の承認を推し進めている。二〇〇六年、食品安全センターと消費者団体、宗教団体、動物福祉団体等がFDAに請願書を提出し、連邦食品・医薬品・化粧品法（FEDCA）の動物用医薬品審査規定にもとづきクローン食品の出荷前強制審査を行なうよう請願した。こうした審査では現行の非科学的でバイアスのかかった「リスク評価」手順に代わり、クローン動物由来の食品について市場へ出荷される前の厳密な安全性試験が行なわれなくてはならない。FDAはこの請願を二〇〇八年に却下し、クローン食品が他の動物由来の食品、例えば成長が促進された遺伝子組み換え鮭などと違い、なぜかかる厳密な新薬審査から除外され得るのかについて不充分な説明をするに留まった。そればかりか業者に対し、クローン動物やその子孫から造られた食品の行き先を把握しておくことも、ラベル表示することも求めなかった。上院は二度の投票でFDAの決断を遅らせ、アメリカ科学アカデミーと農務省の手で更なる安全性、経済性に関する調査がなされるまではクローン動物の件を保留させておくよう試み、一方で一五万人のアメリカ市民がFDAに投書してクローンとその子孫を国内消費食品として認定しないよう求めた。

アメリカ政府が動物クローニングの危険性に対してザルの姿勢で臨んでいるのと対照に、欧州議会農業委員会はEU諸国内での食用動物クローニングはもとより、クローン動物とその子孫、およびその畜産物の輸入を禁ずるよう呼びかけた。欧州食品安全機関はさらに、動物クローニングに内在する健康と福祉の問題にも触れている。クローニングにともなう動物福祉と倫理的意味の問題はクローニングを許容しやすいものへと改良していくことで満足に解決できる、という主張についても、「科学と新技術に関する欧州グループ」は納得していない。（原注37）

動物クローニングを充分に評価、規制しようと思うなら、ＦＤＡは数世代に渡る研究を行ない、クローニングの過程で生じる予期しなかった蛋白質等の代謝物質が食品安全上の脅威になる可能性をも併せて調査していく必要がある。また食用クローン動物が環境に及ぼす長期影響については不確実性が伴うので、クローニングに使われるものを中心とする新たな動物用医薬品を対象に、使用時の環境影響を記した完全な評価書を作成しなければならない。食品安全の問題に加え、動物クローニングの倫理問題を扱う連邦政府の諮問（しもん）委員会を創設し、ＦＤＡとの連携を図りつつ難しい倫理的諸問題について専門の立場から助言を行なっていくことも求められよう。

現行の食品安全規制、動物福祉規制は、クローニングに関連する動物への残虐行為、および予想される食品汚染の問題に対処するには不充分といわざるを得ない。改正がなされるまでは、クローン家畜を素材とする食品の商業生産を連邦法により禁じることだけが、許容できる唯一の選択肢となる。しかし禁止法が施行されるまではラベル表示のみが市場における消費者の選択を可能とする。供給食品の動物クローニングを扱う規制機関の先頭役として、ＦＤＡは最低でもこれらの新規食品を対象にラベル表示の義務だけは課さなければならない。それ以下の対応では国民の信頼を失う結果となるだろう。

遺伝子組み換え家畜――自然を工業の鋳型に嵌め込もうとする厚顔な企て

ジェイディー・ハンソン

企業の科学者たちは「母性」遺伝子を雌鶏から取り除くことで産卵を促し、豚の消化器官を改造して排泄物を今より「好ましい」ものに変え、挙句の果てには動物を遺伝子操作して有益な医薬品を造り出そうとしている。工場式畜産の戦慄すべき環境を変える代わりに、アグリビジネスは動物の方を工業仕様に合うよう造り変えつつある――政府の安全措置は皆無に等しく、規制は至るところに穴が開いている。

遺伝子組み換えバーガーがあなたの近所のレストランに姿を現わす日は近いかも知れない。バイオテクノロジー産業協会（ＢＩＯ）によれば、二〇種ほどの動物が食品医薬品局の承認待ちだという。[原注1] 工場式畜産場を改め動物の心身の要求（および限界）にシステムを合わせようとする代わりに、畜産業界は動物に目を向け、遺伝子レベルで恒久的な改造を施し、ＣＡＦＯのシステムに適合した存在に変えようとしている――生物学的機能そのものを改めることで動物はより「効率的」な生産マシーンとなり、それによって企業の利益は最大化されるという目論見（もくろみ）である。

遺伝子組み換え動物は遺伝子導入（トランスジェネシス）と呼ばれる作業により、ゲノム中に他の動物や細菌、真菌などの遺伝子を組み込まれる。[訳注1] 新しい遺伝子を機能させるため、遺伝子組み換え動物の開発者は普通、対象となる動物の胚に遺伝子を構成するＤＮＡないし複数の遺伝子を組み込む。方法は複数あるが、目的はいずれも新たな遺伝子を望ましい配列で宿主動物のＤＮＡに挿入し、なおかつその有害作用を最小に抑えることにある。「適切な」混合ができたら、開発者は多くの場合その動物のクローンを造るか、あるいは伝統的な品種交配の技術を用いて子孫をつくろうとする。

　動物を根本から変えるこの操作が用いられる事業は幅広い――母性行動の再プログラミング、業者の給餌習慣に合わせた消化器官の改造（後述のEnviropig（エンバイロピッグ）は豚肥育施設から出る大量の糞便中の燐（リン）を減らすと期待されている）、乳房炎にかからない大きな乳房を具えたジャージー牛の開発、混雑する囲いの中で速く成長する遺伝子導入魚の開発、……。

　このような遺伝子組み換え（ＧＥ）生物の開発と商業化に業界は殺到しており、かたや技術の進展は規制当局を置いて遥かかなたへ行っている。食品安全と動物福祉、それに環境保護にも責任を負うはずの連邦政府機関は透明性のある政策を打ち出してはおらず、それどころか国民を動物改造のリスクから守るため食品安全審査を設けるかどうかも決めていない。[原注2] さらに食品医薬品局（ＦＤＡ）は、特に遺伝子組み換え動物の安全性評価を行なうために新しい規則を設けることもせず、全てのＧＥ動物を「新規動物用医薬品」の規程で扱うことを決定した。[原注3] この手続きでは、ＦＤＡは導入された遺伝子による変化を「新規動物用医薬品」ととらえ、試験では導入された遺伝子に動物が耐性を示すかを見る。医薬品ということで、ＧＥ動物に関してはＦＤＡの承認がおりるまで機密事項が保持されるが、ＧＥ動物を開発した企業等の団体が承認待ちしている旨（むね）を公に告げることもある。本稿で取り上げる動物は、開発者がＦＤＡに承認申請したもの、ないし申請中のものが大半を占める。最初のＧＥ山羊は二〇〇九年に承認されたが、その時おこなわれたのは環境影響評価書にもとづく評価だけで、対象となったのは山羊の育てられた二つの土地の内ただ一つ、そして他で育てられた未承認の動物が食品システムにまぎれ込んだ前史があるにも拘らず、食品安全試験は実施されなかった。

何より背筋が寒くなるのは動物の基本的本能を改変しようと熱意を燃やす業界の姿だろう。ウィスコンシン大学の研究者が採卵用七面鳥にしていることをみればよい。工場式畜産場の家禽檻（バタリーケージ）に幽閉され動く余裕も与えられない雌鳥は、機械的に卵を奪われ、卵をあたためようとする基本的な母性を否定される。これは計り知れない心痛の種となり、雌鳥の産む卵は減って企業の利益に損失をもたらす。解決案の一つは放し飼いであり、雌鳥が自然に卵を産んで自然に温められるようにすればよいのだが、それでは工業的採卵業者の求める利益は得られないだろう。代わりにウィスコンシン大学の研究者らは雌鳥の「母性遺伝子」を同定し、それを「抑制」することで抱卵本能を除去したという。(原注4) ミシガン州立大学の農業倫理学者ポール・トンプソンは、密飼いする鶏たちを「倫理的に」助けてやるため、遺伝子組み換えで盲目の鶏を造ってはどうかと提案した。(原注5)

家畜改造を目指すもう一つのおぞましい事業はEnviropig（エンバイロピッグ）と称されるもので、豚肉産業が環境負荷の大きい廃棄物の問題を解決すべく考え出した、奇怪な遺伝子操作による打開策である。(訳注2) カナダのオンタリオ州に位置するゲルフ大学の科学者たちは、唾液成分と消化系を改造した遺伝子導入豚を開発した。豚の糞には

訳注1　遺伝子、DNA、ゲノム　DNA（デオキシリボ核酸）はデオキシリボースという糖とリン酸、および四種の塩基からなる核酸の一種。DNAの内、遺伝情報を担う部分が遺伝子。一生物の生命維持に最低限必要な遺伝子一式がゲノム。

訳注2　Enviropig　二〇一二年、資金提供元のオンタリオ・ポークが融資を打ち切り、ゲルフ大学は豚をすべて殺処分して開発を中止した。しかしその遺伝子はカナダ農務・農産食品省のCanadian Agricultural Genetics Repository Program（カナダ農業遺伝学保存プログラム）に保存されている。

高濃度の燐が含まれ、地下水や湖、河川や海洋に流れ出すと毒性を発揮する。このすばらしき新改造豚は穀物飼料中の燐をよりよく分解するよう造り変えられているので、糞の排出と使用に絡む環境問題を軽減できるということらしい。しかしながら開発者たちはこの事業について、養豚業者が環境容量を超える燐の汚染を回避し、既に充分巨大なその工場式養豚場に一層多くの豚を収容できるようにすることが目的であると認めている。ゲルフ大学の科学者の一人は、「一ヘクタールで飼える動物の数には環境上の制約がありますが、これは単に［養豚］業者を悩ませるだけです」(原注6)と述べた。ゲルフ大学の科学者たちはＦＤＡに承認を申請しているが、自国のカナダ政府からこうした動物を食用にすることが認められるとは期待していない。(原注7)

利益を最大化しようとする業界の奮闘はまた、更に巨大で更に成長の速いＧＥ動物を追い求め、動物の健康や環境への影響などにはほとんど目もくれようとしない。合衆国では何年もの間、メリーランド州ベルツビルにある農務省の研究センターに市民の税金が注ぎ込まれ、豚にヒト成長遺伝子を組み込むなどという事業にそれが費やされている。(原注8)研究主任ヴァーン・パーセルは巨大豚の創造を目論み、ヒト遺伝子を導入することで豚の成長を加速させようとした。実験は悪名高い失敗に終わって、豚は筋肉系が骨格を圧迫し、脚が弓形に広がり、立つこともできなくなり、見るも恐ろしい姿となってしまった。これらの失敗があるにも拘らず、似たような農務省の遺伝子導入(トランスジェニック)家畜プロジェクト、例えば遺伝子導入ジャージー牛の開発事業などが今日まで続けられている。(原注9)

遺伝子導入豚の研究プログラムはまだある。イリノイ大学アーバナ・シャンペーン校では雌豚に牛の遺伝子と合成遺伝子の二つを導入し、乳の分泌量と子豚の乳汁消化能力を増大させようと企てている。研究が済んだら全ての遺伝子導入豚を処分するようＦＤＡは実験チームに命じたが、二〇〇一年の四月に遺伝子導入豚から生まれた子豚三八六頭が家畜取引業者に買い取られた。(原注10)

食用以外の目的で遺伝子改変された動物も食品に紛れ込む可能性がある。二〇〇一年にはフロリダ大学の遺伝子導入豚三頭が職員の手で売られソーセージになった。アメリカの消費者がそれと知らずにＧＥ肉を食べたのはこれが初めてだろう。豚は目の機能に影響するロドプシン遺伝子のコピーを運搬するよう改造されていた。(原注11) 他の企業の社員は、遺伝子を組み換えた動物の肉を自分で食べてみたことがあるかという点については語ろうとせず、例えばサウスダコタ州にあるヘマテック社（Hematech）の社員にしても、狂牛病の原因とされるプリオン蛋白を生成しないＧＥ牛などを開発していながら、コメント拒否の姿勢は同様である。(原注12)

遺伝子研究者は自然以上の大きさと成長速度を誇るＧＥ魚の作製において、より大きな成功を収めた。初めはヒト成長遺伝子を鮭に導入する試みを行なっていたが、やがて他の様々な魚の成長遺伝子の方が効果的であると判明する。マサチューセッツ州に本拠を置くアクアバウンティ社（AquaBounty）はこの従来の養殖鮭の倍の速さで成長する遺伝子組み換えスーパーサーモンを販売すべく、二〇〇〇年、ＦＤＡに申請を行なった。スーパーサーモンには別の鮭の遺伝子とウナギのような姿をした北極ゲンゲの遺伝子が入っている。研究者たちは、このようなミュータントの魚が「トロイ遺伝子（Trojan genes）」（後述）を具える可能性があると警告する。もしそれらの魚が放流されるか、あるいはたまたま自然界へ逃げ出すようなことがあれば、種全体を絶滅に追いやるおそれがあるというのである。遺伝子組み換え植物と同じことで、こうした魚を承認するのはその「保有者」にとっては得があろうが、消費者と環境にとっては得などない。

バイオリアクターとしての動物利用

ＣＡＦＯに合わせて家畜を改造するに留まらず、アグリビジネスの研究者は今や機械装置に代わる生化学反応器（バイオリアクター）として動物を利用し、金になる製薬や工業化学薬品を製造する正真正銘の工場へとその身体を造り変えている。[訳注3] 科学者たちはバイオ製薬動物（biopharm animals）と呼ばれる様々な動物の開発に取り組んでおり、ワクチンその他の医薬品を合成するよう遺伝子操作された動物もいる。牛や山羊の遺伝子組み換えでは乳汁にヒト抗体や成長ホルモンを含ませる試みが行われてきた。ヒト遺伝子を導入され、血液蛋白や血液凝固因子を生成するよう改造された動物もいる。ＦＤＡが初めてＧＥ動物を承認したのは二〇〇九年二月六日のこと、乳汁中に医薬品を含む遺伝子組み換え山羊がそれだった。[原注13] 人間の食用としては認められなかったものの、この承認は諮問委員会の検討会議も経ず、ＦＤＡの遺伝子導入動物承認指針が定める意見公募期間も無視されて行なわれた。[原注14] ＧＴＣバイオセラピューティクス社はウェブサイトで自社のＧＥ山羊のことを「トランスジェニック生産プラットホーム」と呼んでいる。怪奇めいた例の最たるものは蜘蛛の糸を産生する山羊だろう。防弾チョッキへの利用を目指し、米軍とカナダ軍からの資金を受けて行なわれたこのプロジェクトはしかし、思ったような機能が得られないということで打ち切りになった。[原注15]

今のところ、このような動物の肉や乳を遺伝子工学者が市場に出してはならないとする国内法はなく、またＧＥ動物の子、あるいはバイオ製薬動物の乳を飲んで育った動物が、食品経路に入ることを防ぐ法律もない。ＦＤＡはそうした動物の肉や乳に規制をかけるかどうか明言してはおらず、一方でそれを食品として売りたがっている生産者がいる。

消費者はこれまで、遺伝子導入動物を人用の食品にしようとする試みに抵抗してきた。オランダのバイオ企業ファーミング・ヘルスケア社（ＰＨＩ）[原注16] は血友病を治すヒト蛋白質を生成する遺伝子導入牛を開発した後、地域の食料銀行（フードバンク）にその肉を寄付することを提案したが、現地住民が安全性を問うたことでこの申し出は取り下げられた。[原注17]

遺伝子導入動物に由来する乳製品の製造も懸念の的になっている。後に考えを変えたが、ＰＨＩはかつてバージニア州クレイグ郡にある遺伝子導入牛の畜産場近くに製乳工場を建てる予定でいた。(原注18) このＧＥ牛乳は人用の牛乳を製造する施設で扱われるのか、そうだとすれば加工業者は汚染をどう防ぐのか――これらはいずれも定かではない。

人の健康と食品安全をめぐる懸念

アグリビジネスが遺伝子操作された動物を販売する準備を整えている状況にあってなお、この新食品が引き起こしうる数々の健康被害について市民が議論する機会は滅多にない。厄介という面では抗生物質耐性マーカーを含むＧＥ動物が一番だろう。マーカー遺伝子は外来の遺伝物質が宿主に導入されたことを生産者が確認するために開発されたものだが、これがＧＥ動物の肉や乳などの形で食品供給網の中に入ると、多くの貴重な抗生物質が人の病気を治す上で役立たずとなってしまうおそれがある。

研究には、ＧＥ動物を人間にとって「より健康的な」食品とする試みもある。ミズーリ大学の遺伝学者とクローン科学者は線虫ＣエレガンスのＤＮＡを豚に組み込み、心臓病の予防に良いとされるオメガ３脂肪酸を豊富に含む豚を造り出した。(原注19) 研究者は正しい位置に遺伝子が入った豚（既に死んでいた）のクローンを作

訳注３　**生化学反応器**　生体内の酵素反応を模して目的の生成物を得る装置。本来的には、水に溶けないよう支持体に固定した酵素や微生物菌体（固定化生体触媒）を容器に詰め、容器入口から原料を流し込むと出口から生成物が出てくる、といった形の装置を指すが、本文で言及されているのは動物の身体そのものをヒト用組織の生成装置に変えるという利用法である。

製し、そのクローンは彼等が意図した通りの「成功例となる」遺伝子導入豚を五頭産んだ。企業がこの技術を豚肉製品に用いると宣言した例は今はまだない。のちヴィアジェン社（Viagen）に買収されることとなるプロリニア社（ProLinia）[原注20]のクローニング研究に対し、スミスフィールド・フーズ社は二〇〇二年に資金提供を行なったが、二〇〇八年には国内の豚肉生産二大大手である同社とホーメル社が、商品にクローン動物を使うことはないと発表した。いずれにせよ、ミズーリ大学の豚を利用したい企業は市場販売の承認をＦＤＡから得なくてはならないが、審査ではこの線虫遺伝子を組み込まれた豚も、新医薬品を体内に含む動物として評価される。

遺伝子導入動物による製薬や移植用身体部位の生産には、動物ウイルスを人間に広めるリスクを高めるという大きな懸念がある。ヒト免疫不全ウイルス（ＨＩＶ）から鳥インフルエンザウイルス、豚インフルエンザウイルス、さらには狂牛病を人に移す異常プリオンまで、数多くの動物病原体が人の疾患、ことによると流行病を引き起こすおそれがあり、検出は往々にして困難を伴う。しかるに遺伝子導入動物の造る製薬や器官を商業販売しようと考えるバイオ企業は、いまだ人間社会に蔓延するであろう病原体を発見、除去する手段を持ち合わせていない。このような危うさを考えるに、ＧＥ動物の医療製品を大規模商業販売することには大変な問題があると言わざるを得ない。

ＧＥ動物を造るための実験もまた、新型ウイルスの脅威を生むことが危惧される。研究者は動物細胞にウイルスのベクター（ＤＮＡの運び屋）を感染させて新しい遺伝物質を導入させるという手法を用いるが、このベクターは動物体内のウイルスと結合して動物と人間とが罹患（りかん）する新たな病気をつくりだすおそれがある。[原注21]また、もしも遺伝子導入動物が消費されるようになれば、こうしたウイルスもまた食品内に混入することが考えられる。

動物遺伝子の改変自体も肉の安全性を損ないうる。遺伝子その他の物質を動物の細胞に注入することで新しいアレルゲンやホルモン、毒性物質がつくられるかも知れない。遺伝子導入動物の作製に用いられる顕微注射という技法では、新しい遺伝子を対象のゲノムのどこに挿入するかを特定できず、宿主の遺伝子が活性化されて毒性物質やアレルゲンが生成される可能性もある。最悪のシナリオでは、狂牛病の原因とされるプリオン蛋白にも似た物質が顕微注射によって形成ないし活性化され、それが遺伝子導入動物の肉製品を介して社会に蔓延するなどということにもなりかねない。

動物福祉

人間は自らの食品安全を守るため声を上げることができるが、家畜たちは――すでにとてつもないストレスと不快、さらには尽きぬ虐待行為に苛まれているというのに――いかなる声も持たず、またいかなる連邦法によってもその幸福を保護されてはいない。更にそこへ加わった動物の遺伝子改変という脅威は、工場式畜産の問題を悪化させ、動物の幸福に新たな危機をもたらす可能性を孕んでいる。

主たるリスクは、カリフォルニア大学デービス校のジョイ・メンチによると、DNA顕微注射が正確性を欠くことにある。(原注22) DNAを動物に注入するとき、作製者は遺伝子の入る場所を指定できず、失敗すれば畸形や遺伝的欠陥が生じうる。用いられる技術は非効率なこと甚だしく、工程の中で死を免れる動物は四%もいない。生存が叶ったところで遺伝子を適切に発現するケースは少なく、多くは身体や行動に異常をきたす。こうした遺伝子の発現におけるバラつき故に、動物の生活にも技術の評価にも困難がつきまとう。(原注23) いくつかの技法は作製の失敗率が極めて高い。豚、牛、羊、山羊の場合、作製効率は〇～四%であり、八〇～九〇%

は初期発生の段階で死亡する。反応が微妙で変化に富むため、やはり評価は難しい。そして規制が改善されない限り、失敗作とされた「得るところのない」動物は食品として出回る可能性がある。

遺伝子工学で一般に使われる人工生殖技術、例えば試験管培養や精液採取、卵子採取、それにクローニングなども、動物のストレスになることがある。例えば試験管培養とクローニングは牛の「巨大児症候群」と関係があるとされており、出産時の困難と子牛の発達障害につながるおそれがある。クローン動物の半数近くが巨大児症候群の問題を抱える。多くのGE動物がクローニングされる、あるいはクローンから生まれてくるとなれば、発症率は更に高まり、代理母と当のGE動物、双方の生存にとって計り知れないリスクとなることが考えられよう。

動物バイオテクノロジーと倫理上の危惧

企業が研究を推し進め、商業化に心血を注いでいる以上、市民の間で活発な議論が交わされ、重大な疑問に取り組んでいくことが課題となる。バイオ製薬を造るため動物にヒト遺伝子を導入することは倫理的に受け入れられるのか。そのバイオ製薬は安全なのか。(原注24) 生産性のない雄の子や、雌に生まれても有用な時期を終えた遺伝子導入動物は、どうなるのか。動物工学が特定の哺乳類品種に与える影響、および連邦の絶滅危惧種保護法に基づく彼等の保護は、どのようなものになるのか。

これらの倫理的問いは、動物工学が環境におよぼす影響を考え合わせるとより具体性を増す。生物多様性の未来と種の存続に深刻な危機が迫っている。パデュー大学高品位ゲノミクスセンターのウィリアム・ミュアー博士は、遺伝子導入生物を外来種になぞらえ、彼等は新天地に浸入し、生態系を破壊し、他の種を駆逐するおそれがあると指摘する。(原注25) 絹の生産を増やす意図で東海岸地方に持ち込まれたマイマイガは、絹は産出せず急速に繁殖し、国中の植生を破壊した。ミュアーによると、遺伝子導入生物が逃げ出した場合にも、その新しい遺伝子が外部の環境に適応し、生息範囲を拡大することができたとしたら、同様の被害をもたらしかねないという。例えば淡水魚のナマズが海水にも耐えられるよう改造され、それが後に逃げて海に入れば、元々そこにいた種を絶やしてしまうこともありうるだろうと博士は指摘する。(原注26)

このような思わぬ増殖の脅威はトロイ遺伝子のシナリオを現実のものとする。ミュアーは、脱走した遺伝子導入動物が野生動物と交配すれば、場合によっては環境に適合しない新しい遺伝子が集団に伝えられ、その動物の総合適応度を下げることにつながるとしている。最終的にはこの遺伝子が持ち込まれることで、逃げた遺伝子導入動物の集団もその野生の近縁種も共に絶滅することが考えられる。ミュアーのいう「逆立ちダーウィン」の過程では、トロイ遺伝子は初め遺伝子導入動物を野生種よりも優位に立たせるが、それから自然選択の皮肉な曲折により、その遺伝子が長期的な適応度を下げ、種全体を滅亡の危機へと追いやってしまう。魚の雌は概して小さな雄よりも大きな雄を交尾の相手として「適している」と判断するので、正常よりも大きくなる遺伝子導入魚の雄が逃げ出すと、繁殖面で他より遥かに優位に立てるだろう。すると組み換え遺伝子は野生集団に急速に伝播しかねない。遺伝子改変メダカを研究してきたミュアーは、魚に組み込まれた成長遺伝子が子孫に深刻な不適応性をもたらし、死亡率が三三%も高まることを発見した。(原注27) ここでは自然選択が種を滅ぼしたことになる。ミュアーによれば、このトロイ遺伝子の計算結果は厳しく、正常な魚六万尾の集団にたった六〇尾の遺伝子改変魚を放っただけでも、四〇世代で魚集団は完全に絶滅するという。この寒気をもよおす筋立ては魚に限らず、移動力をもつ種の実質すべてに差し迫った懸念事項である。

規制の欠陥

深刻な危険を告げる兆候がいくつもあるというのに、連邦政府機関は遺伝子導入家畜や遺伝子導入魚をどう取り締まるのか、否そもそも、取り締まっていくのかどうかさえ決めていない。多くの連邦法が間接的にGE動物に関わってはいるが、特にこの新テクノロジーについて規定した法律がない上、政府機関はFDAが二〇〇九年一月に発効した拘束力のない指導要領(原注28)に代わる新規制の作成を怠ってきた。国内に持ち込まれる遺伝子導入動物についても、農務省とFDAは基準を定めていない(原注29)。

規制によって解決されていない脅威の中でも最も危惧されるものを数点列挙すると――

・逃走した遺伝子導入動物が環境におよぼすと考えられる破壊的影響はいまだ充分に研究されているとはいえず、規制機関による監視もない。
・遺伝子操作技術は不正確な点が多いのに加え、家畜に健康障害および残忍で非人道的な苦痛を与えることが知られており、遺伝子導入家畜に関連する動物福祉の規範が明らかに欠如している現状にあっては、動物が危険に曝される。
・遺伝子導入動物によって産生された製薬が人の健康に及ぼす影響については不安な点があるが、それらは充分に評価されているとはいえない。
・食品供給に載せられたGEの肉製品、乳製品をめぐっては人々の間に懸念が広まっているにも拘らず、遺伝子導入動物から造られた製品の分別を保証する規制や、使われなかった製品の後処理に関わる法規はなく、更にはこの重要な問題に市民の意見を反映させる手段が極めて限られている。遺伝子操作実験により死亡した動物は廃肉処理され、化粧品や動物の餌にされる可能性がある。

ＦＤＡ獣医学センター（ＣＶＭ）が遺伝子導入動物に関する規制として主に典拠とするのが、新動物医薬品申請（ＮＡＤＡ）制度である。ＮＡＤＡに従えば、ＧＥ動物に挿入された遺伝物質は動物の「身体ないし機能に影響する」との理由から、新たな動物用「医薬品」と見做される。この制度は包括的な規制を行なう機会を提供するものであるが、現在のところＦＤＡはその実施を怠っている。また、この法規は従来の医薬品を念頭において作られたものなので遺伝子導入動物への適用には向かず、たとえばリスク評価に穴がある、食品安全を保証する基準を欠く、遺伝子導入動物の子孫を管理規制することが難しい、などの短所がある。さらにＦＤＡは、環境と生態系に関わる遺伝子導入動物のマクロな懸念事項に対処する明確な権限を有さず、この制度も甚だ中途半端なものに終始せざるを得ない。

農務省もＧＥ動物に関して多少の規制力を持ちはするが、承認制度を独自に設けるのか否かは明らかにしていない。農務省の動植物衛生検査局（ＡＰＨＩＳ）には動物健康保護法により、何種かの遺伝子導入動物についてその移動と環境中への放棄を取り締まる権限が与えられているが、同法の範疇には「家畜」しか含まれず、他の動物は対象外とされている。また対象とされるのも家畜に疾病や病害虫の問題を引き起こすおそれのある遺伝子改変に限られ、規制範囲はＧＥ動物の輸入および州間での移送のみとされる。(原注30) 動物福祉法は実験動物の人道的扱いを促すために制定されたが、家畜は例外とされており、化学薬品や医薬品の製造に使われる遺伝子導入家畜が対象になるのかどうかは定かでない。農業に「害をおよぼす」とみられる遺伝子導入動物には獣害防除法が適用されうるが、これは脱走したＧＥ動物の対処を除けばＡＰＨＩＳに大きな権限を与えるものではないだろう。（原注31）総合的にみると規制の現状は恐ろしいほど寒々しい。遺伝子導入動物に関する特別規範がない状況では、どのようにこれらの法を運用していくのかも不明であるし、また今ある法制度も今のままでは明らかに役不足で、遺伝子改変動物の孕む多くのリスクに満足のいく対処ができない。

それに劣らず問題なのは規制システムが透明性を欠いていることである。例えばＦＤＡの動物用治験薬（ＩＮＡＤ）申請手続きにおける許可プロセスでは情報が部外秘とされる。一般人は、いつ、どの製品についてＩＮＡＤの申請書が提出されたのかを知る術がない。この機密性があるおかげで申請者は科学的な疑問や遺伝子工学技術の提起する新たな争点を回避できる。しかも合衆国ではＧＥ食品やＧＥ動物のラベル表示義務がない。オレンジジュースを濃縮液から造ればラベルにそう表示せねばならないというのに、消費者は自分の買う食品に異種の遺伝子が人為的に組み込まれているかどうかは知ることができない。

更に問題なのはＧＥ動物に関するＦＤＡの輸入許可水準で、これは合衆国内の新動物承認水準よりも一層ゆるいものとなっているきらいがある。（原注32）アクアバウンティ社などの企業は、合衆国のように遺伝子導入鮭の規制が厳しくない国で自社の鮭を育てるだろう。中国はクローン動物とＧＥ動物の開発国として大きな地位を占める。ＦＤＡは杜撰なチェックだけして中国の動物監視体制は十全であるとの評価を下すかも知れない。

ここから先、私たちはどこへ向かうのか

ＦＤＡは遺伝子組み換え動物の安全性保証を怠ってきたが、今こそ新しい規制、それも秘密裡でなく公にＧＥ動物の安全性と環境影響を評価する規制が求められる。

現行規制には不鮮明な点があり、家畜や魚介の遺伝子操作にともなう重大な懸念事項を覆い隠すことにつながっている。GE動物の承認に際しFDAがこれまで通り機密性の高い新動物用医薬品の規程を用い、透明性のある手続きを作成することがなければ、消費者は基本的な安全性に関する情報を奪われたままでいることになるだろう。CAFOに適合する動物や製薬を産生する動物の開発は、科学界と農業界に前代未聞の数多くのリスクをもたらすと予想されるので、遺伝子導入動物の商業化が行なわれる前にそれらのリスクを軽減する措置が取られなければならない。FDAによるクローン動物のリスク評価は、最大でもたった一五頭の調査に留まったという半端ぶりで、守秘的性格の濃いGE動物の承認手続きをなお問題あるものにしている。(原注33) しかも、多くのGE動物はクローニングと遺伝子改変の両方を経る可能性が高い。

役人がこうした問題にほとんど対応してこなかった以上、一切の製品販売を始める前に数多くの段階を設け、環境と動物福祉と人間の健康とを守らねばならない。

第一に、より独立した研究が行なわれ、GE動物が環境と人の健康に与える影響を余さず記録することが求められる。(原注34) さらに、FDAの発行したGE動物承認に関する一般手続きは同局にも申請者にも何ら法的拘束力を及ぼさないので、遺伝子導入動物の関連問題に特化した包括的な規制を早急に設け、抜け穴や規制漏れを生じかねない現行の措置に依拠することをやめなければならないだろう。

第二に、GE動物が安全かつ人道的な工程を経て食品にされることはいかなる長期研究によっても証明されていないので、オバマ政権、農務省、ないしFDAは、クローン動物およびGE動物に由来する一切の食品の市場販売を即時停止する強制措置を発令すべきである。食品以外の製品、例えば医薬品を造るために利用されるGE動物については、動物自体もその副産物も人間の消費用としては承認されておらず、もし消費すれば深刻な健康被害につながるおそれがあるため、厳しい規制と対策によって他の動物や他の食品から区別する。そうしたGE動物およびその子孫による汚染を防ぐため、通常の農場への持ち込みは同じ諸規制によって禁じる。会社が遺伝子導入動物の開発から手を引くことは充分考えられるので、承認に際しては、企業が無くなった後も動物は生き続けることを前提にしなければならない。

最後に、GE家畜に由来する全ての製品について、ラベル表示と流通経路の把握を義務付けることである。ラベル表示の義務化は、食用以外の遺伝子導入動物の使用状況について、消費者が情報にもとづき選択を行なう上で必須の条件となる。FDAによれば、ラベル表示が求められるのは企業が動物の健康上の優位を主張した場合、すなわちその動物が伝統的な対応種よりも健康面で優ると主張した場合のみとされる。農務省はしかし、乳製品にそれぞれの動物種名を明記するよう既に義務付けている。ならば他種遺伝子を含む遺伝子導入牛の牛乳にもラベルが付されてしかるべきではないか。

思うに何より大切なことは、機密性と不徹底な規制のベールが剥がされ、この信用しがたい新たな工業的農畜産業の形態を白日のもとに曝け出した上で、民間の議論がなされることだろう。新たな規制は透明性を持ち、承認手続きには市民の意見を反映する道が確保されなければならない。様々な事態が危ぶまれる以上、遺伝子導入動物の使用について市民が知識を習得し、議論を行なっていくことが肝要である。甚だしい欠陥を抱えたCAFOのモデルに合うよう動物の遺伝子を改変したところで、工場式畜産の深刻な問題が解消される筈はなく、むしろ大変な悪化を招くことが予想される。企業の効率性と利益を名目に行なわれるこの最新の不穏きわまる自然改変を阻止するには、人々がそれに意識を向け、監視し、批判を加えていくことが欠かせない。オバマ政権は、透明性のある意思決定を行なうために科学を使うと公言した。食品安全、動物福祉、環境影響、これらを一切のGE動物研究の基礎に据える法案の起草、そしてその法案や関連する諸規制が形になるまでの新規承認の保留――科学にもとづく政策決定は、ここから始めるのが妥当といえよう。

核の肉——放射線と化学物質で食品の〝安全〟を確保する

ウェノナ・ホーター

畜産施設を適切な大きさにするでもなく、解体ラインの速度を落とすでもなく、食肉業界は大衆に向け食品安全を保証するため、「技術的修正」に手を伸ばしている。あいにく、これは言うほど簡単にはいかない。X線の一億五〇〇〇万倍という強い放射線を肉に浴びせるやり方は、照射食品の副産物による遺伝子や細胞の損傷を引き起こしてきた。それなら化学的解決法を選ぼうか——汚染された肉は、発癌性物質で殺菌してしまおう。

何はともあれ、執念深さだけは放射線業界の自慢だといっていい。数十年に渡る論争を戦い、あの手この手で消費者を説得しにかかり、皆が生理的嫌悪を乗り越え、胸部X線の一億五〇〇〇万倍に匹敵する放射線に曝された食品を食べるよう勧めてきた放射線利用の推進者たちは、なおも諦める気配を見せない。毎年何十万ポンドもの挽肉が、市場に出荷される前に放射線照射を受ける。しかし、もし食肉業界が我を通すとしたら、これはほんの序の口に過ぎないかもしれない。というのも業者は、もっと広範囲での放射線利用を許可するよう政府に圧力をかけているからである——デリミート〔成形肉〕からホットドッグ、乳児用食品、海鮮食品まで。農務省は二〇〇二年、全米学校給食プログラムを含む政府の栄養プログラムのために照射肉を購入する自由裁量を議会から認められたが(原注1)、その背景にも同じ圧力があった。さいわい世論の激しい抗議があって学校は「核の肉」の受入れと仕入れを踏み止まった。が、市民の反発をものともせず、食肉業界は放射線照射の大々的な利用促進、利用拡張のため、ロビー活動に精を出している。そしてこの全面的な放射線擁護の裏にある根本的理由は明々白々たるものである。

工場式畜産場の最終兵器

業者と規制当局は、核物質の利用が工場式畜産業の行き詰まりを解決する最終兵器になるとみている。アメリカの肥育施設と屠殺施設の恐ろしい環境は何十億もの動物に言語に絶する拷問を課すばかりでなく、病と死の原因となる病原体の誕生、拡散をも引き起こす。(原注2)

公衆衛生の危機に対処せよという咎め立ての声が大きくなる中、CAFO操業主らとアグリビジネス企業は放射線照射に注目しており、これで工場式畜産システムから発生拡散する有害細菌等の病原体を殺傷しようと目論んでいる。CAFOと食肉加工場の衛生規則を設けて病原体の温床を除去する代わりに、彼等は放射線照射を提案する。工場のラインは肉の汚染原因であり、もちろん無数の事故と動物虐待の発生源でもあるが、その速度を落とす代わりに彼等はやはり放射線照射を提案する。CAFOの浄化とラインの減速は金がかかるため、企業と企業に味方する政府の同盟者とは放射線照射に期待をかけ、これが巨大工場式畜産場と巨大屠殺場の存続を可能にすると考える。

農務省もまた、政府による万全の食肉検査、万全の微生物検査に裏打ちされた徹底的な衛生基準、安全基準を立ててCAFOと食肉工場を従わせるといったことはせず、代わりに放射線照射や化学薬品による洗浄など、無数の病原体を「浄化」するための技術的調整の実施を勧めてきた。

こうした化学洗浄等の技術は大変つよい威力を発揮し、糞便の色や密度を変えてしまうので、それはもはや「糞便」とは見做されなくなる。変質した糞便は公式に認められた「糞便」の定義に合わなくなるので屠体は問題無しとされる。結果、糞便が目に見える形で付着した肉も生産ラインに載せられ、化学洗浄を経て、後に消費者に売られることとなる。(原注3)

食品から突然変異原へ——放射線照射による健康の危機

食品安全の万能薬といわれる放射線照射であるが、これはこれ自体、毒肉の素(もと)である。食品照射では医療用X線の何百万倍、何千万倍も強力な高エネルギーのガンマ線、電子線、ないしX線を使い、肉や穀物その他の食品に潜んでいるかも知れない細菌や虫を木端微塵(こっぱみじん)にする。(原注4)放射能は自然界でも最大級の破壊力を誇るので、ここに単純な論理が成立する——生物を殺傷するに充分な照射量とは、食品そのものを根本的に変質させてしまうにも充分だということ。いくつもの科学調査がこれを実証しており、放射線攻撃は確かに細菌や虫を殺しはするが、同時に食品中のビタミンを壊し、その化学的組成をも大きく変えてしまうと結論している。電離放射線は細胞を通過して電子を軌道上から弾き飛ばし、化学結合を解いて反応性の高い遊離基(フリーラジカル)を後に残す。遊離基は再結合して放射線分解生成物(照射によって食品中につくられる化学物質)になるが、そこには他の化合物と並んで、発癌性のあることで知られるベンゼンやホルムアルデヒドなども含まれる。(原注5)

食品医薬品局(FDA)が主な食品について放射線照射を許可しているため、これらの研究の圧倒的多数は突然変異誘発効果を明らかにしてはいないのだろう、と人々が思うのは自然かも知れない。が、そうではない。生体実験を行なった結果、照射物質を投与された、もしくはそれに曝露された動物ないし細胞に突然変異誘発効果が確認された旨を、少なくとも一二の刊行誌記事が報じている。また、他に結腸腫瘍（けっちょうしゅよう）の促進やヘモグロビンへの作用といった健康影響との因果性を調べた研究もある。（原注6）

公にされた研究の数々が、ぞっとするほど明確な言葉で照射食品の危険性を記している。

・「照射直後の（略）餌を両系統の雄マウスに与えたところ、交配した雌の子孫の早期死亡が四週目で増加を示し、七週目でさらに増加した（原注7）」

・「各グループに属するマウス三〇匹の発達中の精原細胞について「細胞DNAに関連する」細胞遺伝学的調査をおこなったところ、照射小麦粉を与えたグループには対照群と比較して有意に多くの細胞遺伝学的異常が確認された（原注8）」

・「交配前のマウス（雌雄とも）に二カ月間、五メガラドの放射線を照射した完全食（固形飼料）五〇％を与えると、着床前の胚死亡が有意に増加する（原注9）」

・「照射直後の小麦を食べた子供には倍数細胞および数種の異常細胞がみられ、小麦の摂取期間が長くなるにしたがいその数は増加した。照射小麦の投与を中止すると徐々に基礎値の〇（ゼロ）へと戻った。非照射小麦を与えられた子供に一切の異常細胞が生じなかったのと著しい対照をなしている（原注10）」

照射食品の安全性に疑義を呈する科学的証拠は増え続けている。最新の研究は肉製品の照射副産物の中でも特にシクロブタノンという化学物質群に注目しており、これは食品中の脂肪酸を照射した際に生じる。これらの副産物は肉製品を照射した際に必ず生成され、しかも深刻な健康被害につながる可能性が示唆されているため、調査は特別な重要性を有する。

三〇年前、マサチューセッツ大学の研究班は、一般的な食品である卵や牛肉、豚肉、子羊肉、鶏肉、七面鳥肉などに含まれる数種の脂肪分に放射線を照射すると、シクロブタノン類という特殊な化学的副産物が生じることを発見した[原注11]。非照射食品には存在しないシクロブタノンが、照射された肉製品にはあまねく存在し、食品サンプルに一〇年かそれ以上に渡り残留する[原注12]。何しろ照射食品中のシクロブタノンを検出するのが実に容易なため、研究者はそれの有無をもとに照射が行なわれたかどうかを確かめられるほどである。

一九九八年、ドイツの権威ある照射研究施設、連邦食品栄養学研究施設の科学者たちは、一般的なシクロブタノンで、パルミチン酸の照射副産物である2‐ドデシルシクロブタノン(2‐DCB)が、ヒト細胞およびラット細胞の遺伝子損傷、細胞損傷を引き起こし、さらにこれを給餌された生体ラットの遺伝子をも損傷することを明らかにした。パルミチン酸は牛肉、豚肉、子羊肉、鶏肉、七面鳥肉に最も多く、あるいは二番目に多く集中している脂肪酸である。またソースやピザ、スナック菓子など、数多くの調理済み加工食品にも多い[原注13]。こうした知見よりももっと不安を呼ぶのはおそらく、シクロブタノンが人の健康におよぼす影響について、他にほとんど研究がなされていないという事実だろう。2‐DCBの他にも、一般的な脂肪分を照射した際に生じる数々のシクロブタノン類が研究により発見されている。照射食品に含まれるにも拘らず、それを消費した人に細胞や遺伝子の損傷が発生する可能性については試験が実施されてこなかった[原注14]。

過去一〇年の試験から、シクロブタノンの生成に要される放射線量は食品照射のレベルより遥かに下であることが分かっている[原注15]。FDAはそれらの研究を充分承知している。またシクロブタノンが照射食品に何年ものあいだ残留し、調理によっては殆ど、ないし全く無くならないことも知っている。このような危険な化学物質が私たちの食べる食品中に存在することは疑う余地がない。一部の研究によって細胞と遺伝子への損傷を引き起こすことが示された食品を、なぜ私たちは食べているのか。これが安全でないと証明した研究をＦＤＡがほとんど取り上げず、それどころか無視までして、照射技術を承認するなどということは信じがたいように思われる。けれども現実は正にそれだった。

核を救済する試み

一九五三年一二月八日、ドワイト・Ｄ・アイゼンハワー大統領は国連の舞台に立ち、破壊的ではなく建設的な原子力利用を特色とする新時代のプランを発表した。それから間もなく彼の「平和のための原子力」計画の中で、原子力利用のアイデアを盛り込んだ長大なリストが作成された――原子力航空機から腕時計、保温効果をもつダイビングスーツ、はては燃料補給なしに百年間も湯を沸かし続けられるコーヒーポットまで。ほとんどは御苦労にも歴史のクズカゴに葬られたが、放射性物質を食品「処理」に利用するという発想は生き残った。

過去数十年のあいだ放射線照射を扱う政府部署は交代劇を演じてきた。一九六〇年代には軍が初期研究を行ない、ＦＤＡにベーコンの照射を認めさせた。しかし後の更なる研究によって照射ベーコンを与えた動物に重篤な健康障害が生じることが判明し、この承認は取り消される。(原注16) 二〇年後には軍が照射研究プログラムを放棄した。

一九七〇年代には他の官僚たちが食品照射への興味をくすぶらせていたが、それは食品安全や貯蔵寿命のために資するところがありそうだったからではなく、セシウム137のような核廃棄物を国内で利用する方法を確立すれば、原子力産業につきまとう問題を解決できそうに思われたからである。エネルギー省（DOE）は副産物利用計画を策定し、核爆弾の製造によって生じた高レベル放射性廃棄物を食品照射に利用するとともに、一部を私企業に売ることで処理しようとした。しかし一九八八年、この構想は終わりを向かえる。セシウム137を使用していたアトランタ近郊の施設で、重大な事故が発生したせいだった。放射性物質が貯水プールに漏れ出し、照射を受けていた食品や医薬品に汚染水が降りかかったのである。従業員数人は家や車に放射能を持ち込んだ。四〇〇〇万ドルを超す浄化費用は、市民の血税で賄われた。(原注17)

初期の食品照射推進者のなかにラジエーション・テクノロジー社（Radiation Technology, Inc.）の会長マーティン・ウェルトがいる。社はニュージャージー州その他いくつかの州に照射工場を設けたが、一九七〇年代から八〇年代の間にニュージャージー州ロックアウェイの施設が犯してきた様々な違法行為で三〇回以上も裁判所から召喚されており、例えば放射性廃棄物を一般ゴミとともに投棄したり、作業員を守る安全装置を準備していなかったりといった前歴を持つ。ウェルトはよく話題にのぼる放射線照射の推進者で、政府を騙そうとした陰謀や連邦検査官への嘘の申告など、六件の連邦法違反のかどで有罪判決を受けた人物である。(原注18)

このように商業的食品照射産業への道程は出だしからして波乱に満ちたものだったが、実質的な改善はその後もなされなかった。一九六〇年代の昔からアメリカでも他の国々でも食品照射施設で発生した事故はいくつも報じられている。汚染水が公共下水道に流れ込むこともあれば放射性廃棄物が一般ゴミとして出されることもある。施設が火事になることもあれば設備の不具合も生じる。作業員は指をなくし手足をなくし、場合によっては命をなくす。新世代の照射施設では放射性のコバルト60やセシウム137の代わりに線形加速器（リニアック）と呼ばれる装置から出る光速に近い電子線を使うが、核物質を使わないからといって危険がないわけではない。このような電子ビーム施設から排出される地表オゾンは毒性汚染物質であり、スモッグの形成に関わる。そして少なくとも二人の労働者が電子ビーム施設で重傷を負っている。(原注19)

照射業界と政府のお仲間は大々的な放射線利用を推進し続けているが、照射施設の影響が忘れられてはならない。供給食品の大部分に照射処理を施すとなれば何百もの施設が必要になり、これまでより遥かに多くの市民や労働者が危険にさらされることになりかねない。

近くのお店に照射食品が?

幸い、まだ照射食品はアメリカ人の食事のそれほど多くを占めてはいない。まだ照射食品にはそれ用のラベルを付さねばならず、現状では売れ行きの芳(かんば)しくないそれらの商品を食品会社や加工会社は販売したがらない。実際、いま売られている照射食品はビーフパティのほんの一部(そのほとんどは南東部と北東部で売られる)、それにハワイのパパイヤの一部、インドのマンゴーの一部、ほか少数の食品に限られる。しかし販売できる商品が限られているにも拘らず、この瀕死の業界を生き返らせるべく新たな規制活動と広報活動が矢継ぎ早に打ち出されている。まだ出荷の目途が立っている会社はないが、FDAは二〇〇八年にホウレンソウとレタスへの照射を認めた。「調理済み」食品、例えばランチョンミートやホットドッグへの照射を許可申請している会社もある。農務省は食肉業者の申請を検討中で、これが通れば加工会社は屠殺場内でカット前の屠体すべてを照射することが可能となる。

そして業界の狙いは照射可能対象の枠を広げる承認だけにあるのではない。放射線照射の意義について型通りの主張を展開する陰で、食肉企業、食品加工企業、食品販売企業は、照射食品に対する国民の考え方を変えようと試みている。大勢の反対を前に企業は、単純にラベル表示の義務を緩め、どの食品が照射されたのか消費者が分からないようにしてしまおうとの考えに至った。現時点では、照射食品には「照射処理済み（Treated by Irradiation）」のラベルとＲＡＤＵＲＡマーク（普通は円の中に小さな緑の花を描く）が付されなければならない。が、久しく業界の圧力と議会の指示を受けてきたＦＤＡは、より穏やかで馴染みのある表現、例えば「殺菌（pasteurization）」などのラベル表示を許可する方向へ、規則を変えていこうとしている。

食肉汚染を隠し通すに飽き足らず連邦政府とアグリビジネスは食品照射を推進するが、そこには生鮮野菜から発生している近年の細菌感染症に対処する意図もある。例えば二〇〇六年秋には、大腸菌に汚染されたカリフォルニア産ホウレンソウが原因で三人が死亡、二六州で二〇〇人以上が病気に冒された。しかし目下、ほとんどの野菜については放射線殺菌が認められてはいない。そしてＦＤＡがそれを承認する正当性もないだろう。照射野菜の安全性、健康性を調べた研究はごく僅かしかなく、照射レタスと照射ホウレンソウについて食べても大丈夫かどうか確かめた研究は一つもない。(原注20) 生鮮野菜に放射線を浴びせるのではなく、工場式畜産施設の糞尿が畑へ流れ出すのを防ぐよう注意の強化を図るべきなのであって、カリフォルニア産ホウレンソウの一件にしても多くの人々はこの畜産施設からの流出が原因だと確信している。

食品照射や他の手っ取り早い技術的修正は、食肉産業が人の道に反した受け入れがたい慣行を続けていくことにしか役立たない。多くの食品が放射線照射を経る――そんな未来を防ぐには、草の根的な対応を通して食品企業と規制当局に知らしめなければなるまい、消費者が求めているのは清浄で健全な食べ物であり、放射線ではないのだと。

第 7 部　牧草地への一新

序論——人道的で、公正で、持続可能な食のシステムへ

工場式畜産業の改革を求める動きは科学界、国際機関、活動団体、料理家、そして憂慮を抱く市民の間でいよいよ広まりつつある。特定種のＣＡＦＯがこれ以上拡大しないよう暫定禁止措置を求める人々もいる。残忍きわまる監禁飼養法を禁止しようと戦う人々もいる。畜産での抗生物質使用を取り締まる法律はヨーロッパ数カ国で既に施行されているが、アメリカでも今や真剣に検討されている。市場独占の取り締まりと環境保全に関わる現行法の執行を徹底し、歪(いびつ)な補助金制度を撤廃することが久しく望まれていると論じる評者もいる。飼料栽培地として使われているアメリカ国内数千万エーカーの土地を放牧用の永久牧草地に改めるよう訴える声も高まっている。哲学者のピーター・シンガーや活動家エリック・マーカスらに代表される動物福祉の擁護者たちは更に先を行き、工場式畜産業の完全な廃絶に向け市民活動を呼び掛けている。

現在、ＣＡＦＯの改善で世界の先頭に立つのはＥＵである。変化の端緒はイギリス政府が設立した独立の諮問機関、家畜福祉審議会（ＦＡＷＣ）が一九九七年に作成した画期的な報告書にあり、そこではこれより以前に考案された諸原則、「五つの自由」が採用されている。

一　飢えと渇きからの自由——清浄な水、および健康と活力を十全に保てる食事を常備することにより達成する。
二　不快からの自由——安全な住まいや快適なくつろぎの場など、適切な環境を整えることにより達成

する。

三　痛み、傷、病からの自由──迅速な診断と処置により達成する。

四　自然な行動をとる自由──充分な空間、適切な設備、同種の仲間を揃えることにより達成する。

五　恐怖と苦悶からの自由──精神的苦痛をともなわない環境と処遇を保証することにより達成する。(原注1)

EUは最も浅ましい監禁形態を段階撤去することで合意に達した──採卵用家禽檻(バタリーケージ)は二〇一一年までに、妊娠豚用檻(ストール)は二〇一三年までに。EUに加盟する数カ国は屠殺作業も人道的なものとする対応をとっている。(原注2)また、一九九八年には養豚の盛んなデンマークが養豚業での抗生物質使用に厳しい規制を設けた。医薬品への依存を控えるようCAFOに要求すれば、監禁施設の縮小と慎重な動物管理が促される。(原注3)デンマークの規制は抗生物質耐性菌の発生を劇的に減らし、人の防御策であるそれらの薬の効力を長持ちさせることにつながった。

畜産に透明性を求める主張も増えている。例えば屠殺場や飼養施設にビデオ監視システムの設置や第三者機関による抜き打ち査察の受け入れを迫ることが考えられる。CAFOの操業者が抗生物質を袋(ふくろ)単位で購入して獣医との相談なしに使用するのをやめさせ、使用状況の正確な報告を求めるのもいいだろう。飼料の実際の内容物や糞尿の正確な配送先の記録を義務化し、一般が閲覧しやすいものとする案もある。政府機関内の情報を公開すれば、産業支援のため具体的にどこへ税金が流れているのか、市民が知ることもできるようになる。このような開示は事の本質に関わるものではないかも知れないが、業界が現在そうした透明性から遠ざかっているのは事実である。

しかし全く別の、遥かに健全な食と農のシステムを想い描くのも不可能ではない。初めは、長い時間をかけて牧草地農業に関わっていくところから。多くの人々が長きにわたってアメリカ農業の野心的な変革を願い続けており、土壌を浸食する飼料穀物畑を深根性の多年生植物に覆われた牧草地に変え、トウモロコシと大豆に支配された中西部の食料生産地を再び混育農場に改めることを望んでいる。実際、幾千もの家族農家は適度な大きさの農場の中、家畜に草を与えて肉、乳、卵を得るのであり、悪辣で不衛生な飼養施設など用いない。牧草地を基本とする輪牧様式は資源効率もよく、エネルギーや資本の集中投資、例えば冷暖房や換気設備、高額の建造施設、工業的輸入飼料、機械化された糞尿処理システムなどを必要としないのも利点といえる。彼等はまっとうな農牧の技術を頼りに家畜を健全な景観の一員となし、糞尿は土を肥やす資源として使う。ただし拡大は容易なことでなかろうし、その達成にはこの尊い仕事に携わりたいと意志する新しい世代の農家や多くの消費者、それに財政、生産、食肉処理の面で彼等を支える基盤が求められよう。

この目的を念頭に市民は政府補助金に期待をかけ、それが持続可能な食物生産を導く上で今までより遥かに大きく、責任ある役割を果たすよう求めている。農務省の農業法プログラムは現代農畜産業に何十億ドルもの大金を注ぎ込み、その規則の制定にも大きく関わっているが、これを改めれば牧草地畜産経済への移行に融資する真の道が開けると期待され、具体的には緑の支給〔環境保全型農業への資金融資〕などの奨励策が考えられる。二〇〇八年、カンザス州サライナにある土地研究所の創設者ウェス・ジャクソン、本書の寄稿者ウェンデル・ベリー、そして持続可能な農業の擁護者たちは、「五〇年農業法」キャンペーンの実施を要請した――農業法の平均施行期間は五年であるが、その五カ年計画を継続して五〇年をかけ、極度に浸食を起こしやすい飼料穀物生産を、多年生牧草地に基礎をおく畜産へと換えていく、というのがその内容だった。地域に根ざす食のシステムを再建するにあたって農業法プログラムが経済的原動力になると見る向きもあり、それには有機農業の研究支援、伝統品種や希少品種の保護、地域の畜産業者と消費者とを結び付ける事業計画の立ち上げ資金融資、そして小規模地域生産者を助ける巡回屠殺事業などが求められる。

業者が真のコストを負担し、事業内容を透明化するよう定めれば、食物生産と個々人の消費習慣はおのずと改まっていくだろう。「安い」動物性食品のため我々がいかに法外な代価を支払っているかをより多くの市民や政策決定者が理解するようになれば、トウモロコシと大豆に支給される補助金は見直され、土壌侵食や富栄養化のような環境影響の許容範囲は狭められるものと思われる。家畜はまだ当分のあいだ農業にとって欠かせない役割を果たし、人に食料を与える存在であり続けるだろう。しかし、もし「蛋白質の階梯」〔第二部「神話その七」参照〕を昇って大食することが、地域の生態系と、果てはこの惑星とを犠牲にするというのなら、いかなる人間もいかなる国家も、そんな食事を続ける権利はないということを我々は最終的に認めるに違いない。政府から個人まで、あらゆる層の行動がすぐにも必要とされている。今こそ、より地域的、持続的、人道的にして、より透明性のある、より正義に適った食の生産と消費のシステムを追求する時――すなわち、CAFOから牧草地への一新の時である。

持続可能性を目指して――エネルギー依存からエネルギー交換への移行

フレッド・カーシェンマン

今日、私たちの食品システムは全体として工業経済の一般図式に従っている。しかし世界は変わった。燃料価格は揺らいでいる。水資源は少なくなってきた。産業廃棄物を思慮もなく埋めてしまえるほどの「器」も、もうない。私たちはただちにエネルギーの一方的消費を脱し、エネルギー交換のシステムを創り上げなくてはならない。牧草地農業はまさにそれを可能とする。

動物は私たちの食料生産や農業生産に持続可能な形で組み込まれ得るのか、と、多くの市民は今日、そう問いかけている。持続可能性とは、もちろん、定義からして未来に関わる概念である。語源となる動詞「持続させる（sustain）」は、ウェブスター英語辞典で単に「維持する」「保存する」「進行を保つ」と定義される。つまり持続可能性（sustainability）とは一つの旅程、進行する一つの過程なのであり、規範や一連の指示といったものではない。そこで、どうすれば畜産を持続させられるか、という疑問は、畜産をどう営んでいけばいつまでもそれを維持できるのか、更に、その目標を達成する過程でどういった変化が必要とされるのか、を問うことになる。

畜産を持続させるには、したがって未来のもたらす課題と変化を想像するところから始めなくてはならない。ジャレド・ダイアモンドはその壮大な歴史研究の中で指摘した――現状を正しく評価し、訪れる変化を予測し、それにいち早く備えた文明は生き残った。かの文明は持続可能だった。同じ路を歩みそこなった文明は滅びた。かの文明は持続可能ではなかった、と。(原注1) 文明についていえることは産業活動についてもいえるだろう。

そもそも動物は私たちの食のシステムに含まれるのか、という疑問が意識の高い市民の間に広まりつつある。目にする研究報告によれば、気候変動に寄与する最も強力な温室効果ガスの一つにメタンがあり、その排出の主要原因は動物にあるという。別の報告書では、家畜飼料にされるトウモロコシの栽培や食肉処理に要される水を含めた場合、一ポンド(約四五〇g)の骨なし牛肉を生産するのにおよそ二〇〇〇ガロン(約七六〇〇リットル)の水が使われる計算になる、と述べられている。一貫して私たちが肉を食べ過ぎていると指摘する栄養指針も目にとまる。そこで、いっそ動物を一切合切、農業と食のシステムから除去した方がより持続可能になるのではないか、と思われてくる。

しかし生態学の視点からみると、この還元主義的な発想は意図していた方向とは反対の深刻な結果を招くことになりかねない。私たちが対峙すべき問題は動物たち自身にあるのではなく、動物を取り込んだ食と農のシステムにある。

分かっておきたいのは、今日の私たちの食品システム全体が工業経済の一般図式に従っているという事実で、そこには二つの基本前提がある――一つは、経済活動を活性化させる自然資源その他の投入物は無限にあるという想定、いま一つは、経済活動の廃棄物を受け容れる自然の「器(うつわ)」も無限に広いという想定である。現代の工業的食品システムは、工場式畜産も含め、まさにこの非現実的な想定にもとづく経済の一部をなす。

アルド・レオポルドは早くも一九四五年に工業的農業の魅力と脆弱性を理解していた。

工業化の大波が農業生活にまで及んだのは避けがたいことであったばかりでなく、明らかに望ましいことでもあった。しかし度を越してしまったのは明らかで、不安を取り除こうとした方法が今や、経済と生態系に関わる新たな不安を生み出している。その究極形は人間的にみて荒涼としており、経済的にみて安定を欠く。それはいずれ自らの過剰によって死滅する――野生にとって害となるからではなく、農家にとって害となる故に。(原注2)

そして二一世紀、レオポルドの察知した不安は姿を現わし始め、食のシステムのなかで作物と家畜を育てる今の方法を見つめ直すべき、差し迫った事由が生じている。半世紀以内に私たちが目にすると思われる変化の中でも、特に以下の三つは現在の工業的農業システムに変更を迫るものとなるだろう――貯蔵〝エネルギー〟の枯渇、〝水〟資源の枯渇、そして〝気候〟の変動。

工場式畜産を含めた現行の食と農のシステムに対し、これらの変化が特に疑問を投げかけることとなるのは、過去の工業経済が安価なエネルギーと豊富な淡水資源、それに比較的安定した気候を利用できることに土台をおいていたからに他ならない。

安価なエネルギーがなくなれば、限られた資源が工場式畜産業に初めて否応なく変化を強いる結果となるだろう。現代の工業的農畜産業はほぼ完全に化石燃料に依存している。家畜飼料の栽培に使われる窒素肥料は天然ガスをもととする。燐とカリウムは石油エネルギーを使って採掘され、精製され、農場へ輸送される。農薬は石油資源から製造される。農場設備は石油エネルギーによって製造され運転される。飼料は化石燃料で栽培され、集約畜産場へ搬送される。糞尿は化石燃料を費やして収集され、遠隔地へ運搬される。

化石燃料が安いうちは、以上すべての投入は大変な低コストで実現された。しかし在野の学者たちは私たちが今や石油生産のピークに達した、あるいは間もなく達するという点で見解が一致している。(原注3)

もちろん、バイオ燃料や風力、太陽光、地熱など、化石エネルギーの代替物はあるから、石油なり天然ガスなりを代替エネルギー資源に置き換えて工場式畜産を存続させるという案は、理論的には考えられよう。が、ここで向き合わざるを得ない現実は、私たちの工業経済が〝埋蔵され一箇所に集中したエネルギー〟のプラットホームを基盤につくられたことで、これは生産されるエネルギーとその生産のために投資されるエネルギーとのバランス、つまりエネルギー収支比の面で実に都合が良かった。対して代替の方は、いずれも〝散在する流動的なエネルギー〟をもとにしており、収支比は遥かに低い。ゆえに安価なエネルギーに依存した経済は未来では通用しそうにない。であるからこそ、化石燃料資源が枯渇すれば代替燃料による食料生産へ移行するだけでは済まず、新しいエネルギーシステムに移行する必要も生じてくる。創造的な新しい畜産形態は、その新しいエネルギーシステムの一部をなすと見込まれる。

考えなければならない真の移行とは、エネルギー投入型からエネルギー変換型への転向を指す。これこそが、現在の作物栽培、家畜飼養の方式を根幹から改める考えへと私たちを導くものだろう。将来は限定された単一栽培でなく生物多様性に根ざしたシステムが確立され、エネルギーの集中投入に頼る代わりに、個々の生命体が他の生命体とエネルギーを交換する共時的関係性の網の目が形づくられる。

工業的農業に欠かせなかった二つ目の自然資源は比較的安定した気候であった。私たちはしばしば、過去の世紀が収穫を産み出すのに成功したのはひとえに新しい生産技術の発達によると見誤る。確かな収穫は実のところ、稀有(けう)なほど好ましい気候条件にもよったのであり、その貢献は少なくとも技術と同程度に大きかった。アメリカ科学アカデミーの気候変動パネル(Panel on Climate Variations)は一九七五年の報告書で、

「現在の［安定した］気候は実のところ極めて異常である」、そして「地球の気候は常に変動してきたのであり、その規模は（略）壊滅的にもなり得る」と論じている。報告書はまた、「世界で発展してきた食料生産と人口のパターンは、今世紀の気候に人知れず左右されている」と述べる。(原注4) その上で、気候変動が「我々の活動」により悪化するおそれがあると示唆した。アカデミーの見解に従えば、「自然の」気候変化と私たち自身の工業経済（温室効果ガスの排出）が原因で起こる変動とが合わさり、農業の生産性に将来おおきな影響を及ぼす可能性がある、ということになるだろう。(原注5)

現在の土壌管理システムに見直しを迫る三つ目の自然資源は水である。レスター・ブラウンは、個人が一日に必要とする水は僅か四リットルで済むが、現在の工業的農業は個人の一日分の食料を生産するのに一日二〇〇〇リットルの水を消費すると指摘した。大部分は栽培に使われる。世界の淡水の七割以上は農業の灌漑に費やされているのである。(原注6)

アメリカに存在する灌漑用地の五つに一つはオガララ帯水層の地下水面から水を補給しているが、数点の報告書によればこの化石水の貯蔵庫は現在半分が空になっており、年間三兆一〇〇〇億ガロン（約一二兆リットル）という割合で中身が抜かれていくという。(原注7) そして私たちがエネルギー需要を代替燃料で充たそうと努力するのに伴い、いまや水資源に更なる負担が加わっているように窺われる。『デモイン・レジスター』紙に掲載された二〇〇七年の記事には、バイオ燃料の製造が水資源に大きな圧力を加えており、気候変動がその負担を更に強めることが予想される、とある。(原注8) 二〇〇七年にはカンザス州がネブラスカ州を相手に裁判を起こしたが、それは両州の灌漑等に利用されていたリパブリカン川の水をめぐってのことだった。訴えは、二〇〇五年から二〇〇六年の間にネブラスカ州が割当て以上の水を灌漑に用い、カンザス州に数百万ドル相当の損害をもたらした、という内容である。審判が行なわれ二〇〇九年、ネブラスカ州が現に割当てを超過していたことが判明し、さらに今後の水使用に関する同州の遵守計画も不充分なままであることが明らかとなった。旱魃と過剰使用が増すのに並行して、残りの水資源をめぐる衝突も増えている。[原注9]カンザス州は以前コロラド州を訴えたこともあり、それもやはり灌漑やデンバーの都市用水等の利用目的でコロラド州に引かれていたアーカンザス川の水が引き起こした争いだった。山岳地帯の雪塊氷原が気候変動によって減少すれば、世界各地で主要な灌漑用水とされる春の出水も減り、枯渇は更に深刻化するだろう。

困難の訪れを示すこうした初期兆候をみるに、新エネルギーと水と気候変動とは互いに思いもよらない様々な仕方で交わり合い、関わり合うことで、工業生産システムを一層脆弱にしていくことが解る。

この新たな現実こそ、食のシステムにおける動物の位置付けを再検討するよう私たちに促すものである。自然界では自己更新する一つの健全な生態系が、動物を生命の相乗作用の内へ取り込み、その相乗作用が生命の共同体を繁栄させる。動物に穀物を与えるのでなく、人間が直接に野菜や穀物の形で植物蛋白を摂るようになればエネルギーの消費を減らせるのは事実に相違ないが、作物栽培に適さない代わりに、放牧には理想的といえる土地も多い。例えばノースダコタ州にある我々の農場では、三五〇〇エーカーの内一〇〇〇エーカーが作物栽培に適さず、元の草原のままになっている。そこでは一五〇頭を超える牛が草を蛋白質に換える一方、草は草で、野生動物の棲家になり、炭素を隔離し、その他さまざまな生態系サービスを提供してくれるというように、見過ごすことのできない生態学的資本をつくりだす。

動物は健康な土壌を育てるのにも欠かせない。そしてつまるところ、私たちがみずからの身の丈に合った新たなエネルギー、水、気候の枠組みの中、どのように土壌を管理していくかが、未来の農業の持続可能性に大きく関わってくる。研究と農業の経験とから得た知識では、土壌には有機物の生成によって再生を繰り返す閉じられた円環があり、それに従って管理が行なわれた場合、水分の吸収と保持が大幅に促され、灌潤の必要が減る。またこれも農業の経験（と自然の弾力性）から知られることだが、混育は単一栽培にくらべ、気候条件が悪くなった際の耐久力に優れる。さらにやはり農業の経験から、投入／産出システムを再循環システムに改めれば投入エネルギーを劇的に減らせることも分かっている。再循環システムにもとづき土壌の健康を管理していくには、作物と家畜がよりよく融け合った農業形態が求められよう。

例えば、ジョージア州ティフトンにある農務省農業研究局に長年勤めてきたジョー・ルイスとその研究班は、害虫防除に「単一施策による」「治療的介入」戦略を採用するのは間違っていると明言した。指摘によれば、「望ましくない事象に対する最善の矯正策は、外部から直接それを迎撃することであると思われる」かも知れないが、実際は「そのような介入措置は決して望ましい持続的効果を生まない。むしろ、解決の企てが問題となる」。そこで「自生植物の防御機構、植物混合物、土壌、天敵、および他のシステム構成要素からなる完全な複合体を理解し強化する」という代替案を彼等は提示する。「自然に『組み入れられた』これらの制御装置は、交錯する自己補正環（フィードバック・ループ）のなか縦横に結び付き、更新可能かつ持続可能である[原注10]」という。

このように生態学の視点をもって害虫防除や雑草抑制、家畜の疾病予防を試みることは関係性の網とつながることを意味し、そこにはより生物学的に多様なシステムが要される。「例えば土壌浸食の問題は冬の被覆（ひふく）作物栽培や保全耕耘（こううん）をうながす大きな切っ掛けとなった。予備調査が示すところでは、被覆作物は安定環境（レフュージア）と中継地の役割も果たし、畑の天敵と害虫のバランスを安定させ、そのバランスを収穫期まで伝える」[原注11]。つまり、こうした自然なシステムの運用によって土壌の健康を復活させるとともに雑草や病害虫の被害も抑制でき、農家は農薬の悪循環から解放され、エネルギーの集中投入に頼る工業的農業から自己制御型、自己更新型の農業へと移行できるようになる。作物と動物の混育を行なえば、間違いなく自己制御型システムの確立は現実味を増す。

他の利点、例えば水保全の向上などは土壌の状態が改善されることでもたらされ、土壌の改善は閉じられた再循環システムの結果もたらされる。ワシントン州立大学のジョン・レガノルドらによる研究では、再循環方式の土壌管理が肥沃な表土を育て、有機物の含有量は二倍以上になり、生物の活動も活発になり、水分の吸収力と保持力も格段に上昇することが明らかになった(原注12)。

こうした土壌管理は、私たちがエネルギー〝投入〟でなくエネルギー〝交換〟を基礎とするシステムへ移行する、その手掛かりの例と捉えられる。しかし更なる革新が欠かせない。自然は実に効率性に優れたエネルギーの管理者といえる。自然の全エネルギーは太陽光から来て、光合成によって炭素に換えられ様々な生物に利用できる形となり、それが関係性の網の目を縫(ぬ)って交換される。大草原の草は土と太陽からエネルギーを得て、バイソンは草からエネルギーを摂る。バイソンは草地に糞を返し、糞は虫や他の生物にエネルギーを与え、そのエネルギーを彼等は土を豊かにする形に換え、その土が一層おおくの草を茂らせる。このエネルギー交換システム、これこそ、私たちが探し求め、工業化に代えて築かれる農業システムに取り入れなければならないものだろう。しかるにそれを農場規模で実現するための研究は、目下ほとんど見出せない。

幸い、少数の農家が既にそうした交換システムをつくり上げている。そして化石燃料をほとんど投入することなく農場の経営を成功させているように見受けられる(原注13)。農場をこの新エネルギーモデルに改めていくには大きな転換が求められるだろう。私たちの極度に限定的な単一栽培はエネルギーの集中投入によって成り立つが、それを複雑で高度に多様化した混育農場に変え、エネルギー交換の原理で機能させていくことが必要になる。この統合的な作物／家畜システムの現実性と数々の利点は研究を通して確証されているもの(原注14)の、更なる研究が行なわれ、この新型農業を多種多様な気候や生態系の中で営んでいくにはどうすればよいかが模索されねばなるまい。

システムを支えるインフラが既に発達している場合、それを改めるのは無論つねに難しい。しかし正しい方向を目指しさえすれば移行を始めることはできる。集約型の監禁家畜飼養施設は、糞尿の堆肥化や他の革新によって、より持続可能な未来形へと変えていける。

世界の多くの地域では動物の舎飼いに敷料〔藁、おが屑など〕を厚く重ねたカマボコ型畜舎を用いる。これは建設費用も従来のものにくらべて遥かに安く、生産効率の面でも敷料のない監禁システムに比肩しうることが示されており、動物にとってもより福祉に適う環境であることが認められている。(原注15) 厚い敷料は動物が本来的な機能を発揮しやすくする上、冬には動物にぬくもりを与え、糞尿を吸収する。その糞尿は堆肥に変えられ近辺の土地を肥やすのに使われる。カマボコ型畜舎は現在、豚、肉牛、乳牛、何種かの家禽の飼養に使われ、環境への影響とリスクを減らすことが示されてきた。(原注16)

以上のような方法を用いて単一栽培、監禁飼育の施設に修正を加えることは可能であるし、短期的にみれば明らかに必須であろうが、エネルギー、水、気候という資源が劇的な変化を遂げている以上、生物学的に遥かに多様なシステムへと移行する必要が生じるのは間違いなく、その新形態は生物の相乗作用に組み込まれることでエネルギーを交換し、土壌の質を改善し、水その他の資源を保全するものでなければならない。長期的な持続可能性のためには、工業経済から生態学経済への移行が求められるだろう。

善き農家——畜産への農本的アプローチ

ピーター・カミンスキー

豚肉産業が監禁と統合へ向かうかたわら、小規模畜産に回帰する養豚農家の団体は増えている。ナイマン牧場（ランチ）ポーク社の創設農家兼経営者のポール・ウィリスは、豚を豚でいさせる運動の牽引役になり、歩き回って地面を掘り返せる空間、寝床にできる新鮮な敷料、食べてもいい健康的な牧草を豚に与えている。ウィリスの農場を訪ねると、未来の農業モデルがみえてくる。

かつて数千万頭ものバイソンの群が歩き回り、頭上を行く何億もの旅行鳩が空を覆っていた大草原は、トウモロコシ栽培地帯（コーン・ベルト）に変えられてしまって、今やそう多くは残されていない。けれども、その草原生態系を一部なりとも復元しようとする運動は今日活発さを増していて、ナイマン牧場（ランチ）ポーク社の経営者兼創設者である農家ポール・ウィリスもそれに参加してきた。彼の植えた、あるいは自らの力で蘇った野の草花は、詩人が付けたに違いない名を持つ——姫油薄（ひめあぶらすすき）（bluestem）、インディアンの茅（かや）（Indian grass）、薄紅馬簾菊（うすべにばれんぎく）（pale purple cornflower）、黄泉百合（よもつゆり）（death camus）、柳唐綿（やなぎとうわた）（butterfly milkweed）、蛇毒消（じゃどくけし）（rattlesnake master）。

ウィリスは昔ながらの養豚農家だ。アグリビジネスの時代にあって彼は、他の過ぎ去りつつあるアメリカの現象（例えば九回まで投げ続けられる野球投手だとか、口パクなしに歌唱できる役者だとかいうような）と同じくらい珍しい存在になっている。

最初に訪れたとき、私は農宅〔農場内の家屋〕のキッチンでコーヒーとパイをごちそうになり、それからポールに連れられ農場を見て回った。路を横切って畑へ出ると、若い豚たちが草地に遊び、花々と青草の香りが立ち込める風の中、鼻をひくひく動かしている。分娩小屋の日陰には数頭の母豚が横になり、子豚たちは乳を吸ったり昼寝をしたり、一ところに落ち着かなかったりで忙しい。

「急に近付いちゃいけません、子を守ろうとしますから」

静かに寝そべる母豚の姿は、公園ではしゃぎ回る子供らをベンチから見守る婆やのよう。一頭が飼葉桶の方へ歩き出したのを見て、私はゆっくり彼女の小屋の後ろへ回った。波打ったアルミ板がカマボコ型の覆いをつくり、床には厚く敷かれた藁のほか何もない。そこに小さな子豚が重なり合って、お茶目に噛み合いっこをしている、その愛くるしさといったらどうだろう。口の形が人の微笑んだ表情にそっくりだから、幼な子たちの可愛らしさは一層つのる。

ウィリスをはじめナイマン社の農家はほとんどが農家雑種という豚を育てている。といっても、色々な調査研究を重ねた結果というのではなく、ウィリスがずっと育ててきた豚だから。遺伝的には色々な品種が掛け合わされていて、とくにチェスターホワイトやハンプシャー、デュロック、大ヨークシャーの血を継ぐのが典型的。交雑は肉の風味と体の丈夫さ、それに母性を基準におこなう。風味は消費者にとって一番大事な点だが、良い風味を得るには豚が屋外で健やかにいられなければいけないし、元気な子供を育てられることも条件になる（二頭の子を失った母豚には、九頭の子を乳離れまで育てる母豚にかかるのと同じだけの世話代が要る）。

「要は五〇年前のやり方、農家っていったら家族農家のことを指してた頃のやり方で豚を飼う訳ですよ」とウィリスは語る。「トウモロコシでしょ、それに大豆、鶏、一頭か二頭の牛も育てる。家の周りには果物のなる樹が植えてある。で、豚は豚のままでいさせるんです。充分なゆとりを与えて、おもてにも出して、地面を掘りたきゃ掘っていい、草を食みたきゃ食んでいい、それにふわふわのきれいな寝床、沢山の藁だ。冬にはこの厚い敷物が、食べて出したモンを吸ってくれます［ただしほとんどの豚は出られるなら外で用を足す］。腐れば自然素材の暖房です」。

動物たちの快適なくらしについて語らせれば、話題は彼の最も誇らしく思うことの一つへと移る。ナイマン牧場ポーク社は国内で初めて、その経営方式を動物福祉研究所（ＡＷＩ）から認められたのだった。基準をいくつか挙げると、第一に、豚を所有、飼育するのは自ら事業に携わる家族農家で、彼等は所有する全ての動物にＡＷＩの基準を適用しなければならない。第二に、骨粉その他の動物性飼料を豚の餌にしてはならない。第三に、窮屈な監禁豚舎は許されず、動き回り、地面を掻き回し、他の豚と触れ合うことのできる充分な余裕空間が与えられなければならない。第四に、成長ホルモンの使用は認められず、抗生物質の使用は病気の治療のみとする。第五に、尾切りは許されず、離乳は生後六週間を向かえるまでしてはならない。

まとめると、とウィリスは大人しい声でつぶやいた、「なにも難しいことじゃありません。豚を本当に豚でいさせてやる、つまり、自然だったらどうしたがるのかです」。

ウィリスが育った古い農宅は今では社の本部になっている。一二年間農場を離れていたが、結局彼は戻ってきて、また豚を飼い始めた。「かたや鶏の放し飼いなんてのを知ってて、それでかたや家禽工場だの養豚工場だのを知っていた」とウィリスがいう。「思い知りましたよ、単純に外で豚を育てるっていう、私らのやってたようなやり方は本当に珍しくなっているんだってことを。もっと大きい販路がなきゃいけない。で、自分らの育てた豚の肉をどこにどう売ったものかと考えあぐねて、たしか一〇年も経った頃でしたか、ビル・ナイマンに出会ったのは」。

ナイマン牧場ポーク社の名は、このビル・ナイマンにちなむ。彼はカリフォルニア州ボリナスに牛の牧場をつくり、その牧草で育った牛や子羊の肉は、アリス・ウォーターズという、新鮮健全な栄養分を求めるアメリカ市民の要望を予知した偉大な調理人の目に留まった。ウィリスはカリフォルニアを訪れた際、知己の紹介でナイマンに会った。

「私たちはサンフランシスコのバーガー屋で昼を食べました」とウィリスは振り返って説明してくれた。「やってることを話したら、地方育ちの豚の肉をくれた、彼の売ってるやつをね。カリフォルニアのブリズベーンにいる妹のところへ持って帰って、料理して食べてみたら……まあ悪くない、と」

このうまい言い方は聞き慣れていたので、私はポールをつついてみた。

「本当をいえば、可もなく不可もなくでした。アイオワに戻ったら、凍らしてあった厚切りとロースを箱にいれてビルに送りましたよ。そしたらアチラさんはそれを色んな顧客に売って回って、その一つがシェパニーズ［アリス・ウォーターズのレストラン］でした。そのときゃシェパニーズなんて聞いたこともありませんでしたがね。とにかくみんな豚肉を気に入ってくれた。で、ビルから『三〇頭を送ってくれ』って連絡がありまして。もう私らのやってた取引とは全然違いました。それまでは買い手に電話をかけて、土地で一番いい値を付けてくれる人間がいたら、こっちは豚を連れて行って向こうが小切手を書く、それで取引終了です。ビルのは違った。豚肉は週末に西海岸に行く。だから豚は水曜には屠殺場に入ってて木曜に屠殺、金曜に凍らして、そいで送り出すわけだ。向こうに着くのが月曜朝の五時三〇分。そりゃあわくわくしました。

ビルがね、『さてどうしよう、いくらがいい？』って聞くんです。農家やってて初めてでしたよ、こいつはただの商取じゃないって思えたのは。こっちの手元にあったのは、自分で値打ちを決められるものだったんだ。

それで話が決まりました。隔週で豚を送る、大体三五頭、それが三七頭に増え、四〇頭に増えで、数に追い付かなくなった時に近所とか知ってる農家の奴やなんかを探しました。最初に加わったのが地元のグレン・オールデン、それにソーントンのボブ・グリストフ。で、他の農家からも電話が来るようになりましたよ。秋には……二〇か、二五人くらいになってたかなあ」。

加工業者に売ってその場で現金を受け取るという当時の慣行から離れ、ウィリスは農家への新しい支払い方法を考えねばならなくなった。「『パッカーおよび家畜市場法』があるから農家には二、三日以内に支払わなきゃいけない。けどナイマンとの取引では収支の流れが違ってまして。農場から豚が届く、加工場へ送られる、それからカリフォルニアへ行って店に出て、で、農家はお金が戻ってくるまで何週間も待たされる。そこでその流れとは別に、すぐ農家に支払えるよう豚肉会社を立ち上げた訳です。豚が売れるごとに農家が出資する仕組みをつくりました。まず一ポンド一ペニーから。後でカリフォルニアのナイマンの牧場から返ってくる。つまり農家の積み立てたお金で会社が豚を購入できるようにして、それを親会社が返済するって按配(あんばい)ですな。この積立金が会社での農家の持ち分にもなりました。

食品ビジネスなんてのは、もっと多く、もっと安くに尽きますが、私たちは、一番の豚肉をつくってんなら、一番の額を受け取るべきだって考えでやってます。買付けは豚一頭につき相場よりも一五ドル高と決めました。地元の売れ行きがある程度以上振るわなくなった時のために最低額も設定してます。一九九八年には豚の値段が一ポンド八セントになりましたが、ナイマン牧場はその時でも四三セント半支払ってましたよ。良かった点はこれでみんなの農場を救ったこと、以前とはえらい違いです。弱った点は、当時農家全員の豚を全部買うことができなかったってことで」。

ウィリスは会社の履歴について、携帯電話にしょっちゅう遮(さえぎ)られながらも丸一日かけて詳しく語ってくれた。一緒に車に乗って、なだらかな起伏をなすアイオワの緑の田園地帯を走っていると、古風な赤い納屋がそこここに見られ、瀟洒なたたずまいに心を洗われる。一見した限りでは、何もかもが一九世紀以来の姿をとどめているように思われた――ただ点々と背の低い白い建物のみが、風景から切り離され、決して周りに溶け込むことなく、その三角屋根をちらつかせる他は。

「見えますか」とポールが言う、「あれが一五〇〇頭の豚を収容する施設です」。監禁施設のことだった。「みんな、あんなものが増えてくのは嫌だって言いますがね、農家の中にゃ困窮しちまって、あれを救いの手と思う奴もいるんです」。工場式畜産場と競争させられていることを小規模農家が悟った時、経済は彼等に降伏を強いる、長い目でみれば小規模農業には種々の利点があるというのに。

家族農家――この政治家から激賞され、それでいて公共政策により消滅へと追いやられつつあるものの象徴は、土地と、土地で育つ植物と、そこで飼われる家畜と、さらには畑の隅、林地、未耕地でどうにか食べていく道を見付けた野生動物との、一つの付き合い方を示している。私はこれを農業的方法、あるいは田舎の暮らしを研究する歴史家の言い方を借りて、農本的方法、と捉えたい。農本的という言葉には人民主義や土地の世話役を匂わせる響きがあって、単に最短期間で作物を植え、育て、刈り入れるのとは意味が違う。フロリダ州の砂糖プランテーション、アーカンソー州の養鶏工場、ノースカロライナ州やアイオワ州、イリノイ州、コロラド州、その他もろもろの養豚工場――そこで行なわれていることは絶対に農本的ではないし、農業的でもない。工業だ。工業は格付け、標準化、リスク管理の世界といえる。資源を消費し、枯渇させる。農本的アプローチは資源を持続可能な仕方で活用し、消費しながら生成し、収穫しながら更新する。私の知る限り、五百年ものあいだ存続してきた工場などというものはないが、農業的な方法で数千年とはいわずとも数百年ものあいだ管理されてきた土地は、世界のいたるところに広がっている――フランスのブドウ園、牛の放牧が行なわれるアルゼンチンのパンパ、スペイン西部の疎林(オークサバンナ)、インドシナの水田。工業モデルは自然を支配統制しようとし、農本モデルは管理活用しようとする。前者は産出を維持しようとより一層多くの資源を費やすけれど、後者はいつまでも実りをもたらす。

何代にもわたる小さな家族農場と、回復した草原の数エーカーと、木々が土壌を保つ林地とを持ち、飼っている動物の糞を使って土地を肥やせば、土地は作物を育み、作物は動物を養い、動物は円環を完成させるべく糞をして再びすべての巡りがはじまる、その巡りを巡らせる農夫ウィリスはアメリカ農業史の一本の糸を象徴する。もう一本の糸――終わりなき開拓と遺伝子組み換えと石油化学中心の「緑の革命」の糸は、アグリビジネスの出資者に対しては強引に利益を産み出したが、地球環境には破滅をもたらさざるを得ない。

それに代わるのは家族農家に象徴される混育農業、その幾分かを担うのはウィリスのような持続的農業の支持者たちだろう。現代流ビジネス手法で伝統農業を支える、そんな人物は稀だが、彼はその中でも最も影響力のある一人に数えられる。

「ポーランドで小農組合の会議がありまして」と、招待されたイベントを回想しながらウィリスが語る、「農場主がいて、獣医がいて、動物福祉団体、環境団体、それにこれは本当に印象的だったんだけれども、そこには哲学者もいましてね、しかも広告では同列に紹介されてるんですよ。でもこれは合点がいく。だって全体この話は、私らと動物たちとがどう生きていくかっていう根本を問うているんだから。そいで思った、『うん、次にアイオワ州で会議を開いた時にゃ、ひとつ哲学者を呼んでみたらいいんじゃないか』って。知ってのとおり農場ビジネスの世界ってのは、ちゃあんとした科学の裏付けがなきゃあ決定を下したがらない。けど科学は目的次第でどんな方向にも持ってくことができるから。哲学者は力になってくれるでしょう」

「じゃあ次の養豚会議に例えばウェンデル・ベリーを呼ぶとか？」

ウィリスはこたえた、「そう、そのとおり」

法を改める——改革への道

ペイジ・トマセリ
メレディス・ナイルズ

動物工場の食料生産が引き起こす途方もない荒廃、それを法的見地から評価するなら、批判の言葉に不足はない。まず私たちが法の制定を怠ってきたこと、それどころか法制定を通して工場式畜産場に違反フリーパスを与え、動物の権利規則や環境規則に背く行為を見逃してきたことがある。そして取り締まる法律があっても執行ができていない。ＥＵは法的改革の面で世界を牽引してきた。彼等に習い、その先を行くことは私たちの使命である。

カリフォルニア州にとって、二〇〇八年の選挙はホワイトハウスのことなどより遥かに重大な歴史的意味を持つことになった。史上初めて、合衆国最大の人口を誇る州の住民が、家畜の福祉に一票を投じるべく、投票所へ出向いたのである。焦点となったのは住民投票事項（プロップ）２——動物が自由に起伏し、充分に手足を伸ばし、余裕を持って身体の向きを変えられるだけの空間を確保するよう業者に義務付けることにより、子牛用檻（クレート）、採卵用家禽檻（バタリーケージ）、妊娠豚用檻（ストール）の使用を禁止する州法案だった。動物虐待と甚だしい食品安全への背反に終止符を打ち、州政府と連邦政府に更なる施策をうながすための活路として、国中の動物福祉団体、環境団体、健康擁護団体がこの法案を支持した。住民投票事項２の支持者が州全域で草の根的な運動を繰り広げる傍ら、企業は彼等の顔に泥を塗るため独自に妨害キャンペーンを実施し、何としてでも工場式畜産場のひどい監禁飼育を存続させようと試みた。「安全な食を求めるカリフォルニア州民の会」という偽りのネーミングに隠れ、工場式畜産業界は広報活動を展開、あの手この手で人々の恐怖心をあおる戦略に出る。拘束用の檻（クレート）や鳥籠（ケージ）は市民を鳥インフルエンザウイルスやサルモネラ菌などの病原体から守るためのものだと誤誘導して使用の意義を訴え、住民投票事項2は「不必要かつ危険、そして極端」(原注1)であると評し、更にはこの法案が可決した暁には六億ドルの損害が生じて州の卵産業を破産に追いやると断言して人々の財布にも訴えた。(原注2)アグリビジネス企業と工業的農場経営者から注ぎ込まれた献金は八〇〇万ドルを超える。その六割近くがカリフォルニア州の外から寄せられた(原注3)という事実は、法人経営の工場式畜産業により、地域の民主的統制力が失われていることの証になるだろう。

さいわい、カリフォルニア州民は企業投資による恐怖心のかきたてを見抜いていた。住民投票事項2は反対票のおよそ二倍にのぼる六三・五%という圧倒的な賛成票を得て可決された。(原注4)合衆国の工場式畜産における最悪の動物虐待の幾分かを廃絶に追いやるための、歴史的第一歩といっていい。国全体の一二%近くという人口を抱えるカリフォルニア州が住民投票事項2を通過させたこと、これは他の州や立法府に対し、動物福祉に関心を寄せ行動を求めている人々の心情を伝える結果となった。しかし、この法案可決が動物にとって、また地域の民主政治にとっての勝利として祝うべき事柄なのは確かだとしても、それが必要であったということ自体、この国の工場式畜産が抱える大きな問題を浮き彫りにしているといえよう。連邦法や種々の規則がきちんと執行されていれば、また政府が企業に本当の環境コストを支払うよう要求していれば、そして政府機関が充分な資金を得て工場式畜産場を規制できていれば、住民投票事項2のような国民発案は必要とされない筈なのである。

無いも同然——合衆国の現行規則

数々の国内法と国内規則が工場式畜産場の監督を担うと銘打ってある。しかしあいにく適用も執行も一貫性を欠き、またこれみよがしに企業を多くの決まりから免除しているせいで、規則は抜け穴だらけとなって違反もひっきりなしに行なわれ、多くの人々は工場式畜産場を取り締まる法律が存在すらしないものと思い込んでいる。実際には連邦のものと州のものとを問わず、環境や動物福祉に関する多数の制定法が工場式畜産場の引き起こす圧倒的問題群の一部について、少なくとも対処しようという意図は有している。

環境法　水質浄化法（CWA）[原注5]は水質汚濁を取り締まる代表的な法律であり、工場式畜産場から出る毒性の家畜糞尿もその対象に含まれるが、執行の不徹底と企業に与えられた広汎な免除とによって、これまでのところその効力は殺（そ）がれてきた。クリントン政権時代の環境保護庁（EPA）は欠陥を修正すべく、集中家畜飼養施設つまりCAFOに廃棄物浄化の責任を負わせる規則の制定に乗り出した。[原注6]ブッシュ政権は即座にそれを無効とし、二〇〇三年に独自の規則を発効したが、それは例えば「土地に撒かれた廃棄物」（糞尿散布）を点汚染源の範疇から免除するといった形で、CWAに大きな抜け穴を設けた内容だった。[原注7]これに対し異議申し立てが行なわれた際、第二巡回区控訴裁判所は数件の訴因について環境団体の主張を認め、当の規則はCAFOに廃棄物の浄化責任を課していないと結論した。しかし「事実上の排出物」を産み出すCAFOのみが排出許可を得なければならない、という点では企業の主張を認めたので、[原注8]これにより〔その廃棄物が「事実上の排出物」の定義に当て嵌まらないとの理由から〕実際には相当数のCAFOがCWAの許可申請義務から外されることになり、CAFOは自主認定システムによって、汚染物質の排出を行なっていないこと、したがって許可申請の必要もないことを主張できるようになった。

判決を受けてEPAは二〇〇八年一一月に新たな規則を発効した。そこでは土地への糞尿散布にも排出許可の申請義務が課されたが[原注9]、穴だらけなのは変わらない。工場式畜産場の操業者は自社の廃棄物が「排出物」に含まれるのか、ひいてはCWAの規制枠に含まれるのかどうかを、自己判断によって決定する[原注10]。そこで、廃棄物が直接河川に流入するのでなければ、それは「排出物」ではなく許可も必要ない、などといった言い分が新規則のもとではいとも簡単に主張できてしまう。またそれと同時に、排出ゼロをめざすCAFOのための任意許可制度もつくられたが、これは市民参加や定期審査を拒むばかりか、排出歴の記録されたCAFOでさえも「ゼロ排出」の地位を得る資格を奪われない仕組みである。人を欺くこうしたEPAの規則によってCWAの要求は工場式畜産業に迎合した内容となり、実質的にCAFOが環境と人の健康とを犠牲に自主規制をおこなう事態を認める結果となっている。

大気汚染についても悪しき状況に変わりはない。国連食糧農業機関(FAO)は地球規模でみた温室効果ガス人為排出の実に一八%もが畜産によるものとし、一部の専門家はその割合を五一%と見積もる[原注11]。害を指摘する科学研究は増えつつあり、それによれば、工場式畜産場は温室効果ガス排出の問題を悪化させつつ周辺地域に有害な大気放出物を充満させ[原注12]、近隣住民や農場労働者の健康に悪影響を及ぼしているという[原注13]。

大気浄化法(CAA)[原注14]は大気の質を向上させ、人々の健康と幸福を増進させる使命を帯びた連邦法の中核をなす[原注15]。CAAは国内の大気状況を監督、改善するための州政府・連邦政府共同実施計画を構築している[原注16]。同法は実体上と手続上、いずれの指令においても農業由来の排出物を免除してはいないが、工場式畜産場はこれまでのところ規制を回避し続けてきた。CAAのもとでは工場式畜産場は「固定発生源」とみなされ、ゆえに同法の「新規発生源審査（ＮＳＲ）」による許可申請義務に従わねばならないことになっている。しかしＣＡＦＯに対しこの許可プログラムが実際に行使されるかについては、いまだ法廷でも結論が出ていない。(原注17)

ＣＡＦＯの排出する数種の大気汚染物質はＣＡＡの規制を受け取り締まりの対象とされるが、最も重要な亜酸化窒素や二酸化炭素、メタン、アンモニアは対象外とされる。(原注18) 硫化水素は糞便の分解によって生じる致死性の毒ガスであるが、これに対しては最小限の監視しか行なわれず、農場労働者の中から病気になる者や死亡する者が出ない年はない。(原注19・20) ごく最近まで、恐ろしく大量に排出されるアンモニアと硫化水素については、毒性大気放出物の報告義務によって規制されていた。報告義務を定めたのは二つの法律、すなわちスーパーファンド法の一つである包括的環境対処補償責任法（ＣＥＲＣＬＡ）(原注21)と、「緊急事態計画および地域住民の知る権利法（ＥＰＣＲＡ）(原注22)」である。ところが後期ブッシュ政権が打ち出した規則はＣＡＦＯを報告義務から免除してしまった。(原注23) ブッシュ時代のＥＰＡは記す、「当局の確信するところでは、かかる通知を受けた連邦政府の対応は実効性を有さず、見込みもない(原注24)」、ゆえにこれは、容易に執行され得ない法が無視されるに至ることを示す前例となり、環境、農場労働者、地域住民は毒性大気放出物の危険と隣合わせに置かれ、疾病や、場合によっては死という形でその犠牲にされるだろう。(原注25) 二〇〇九年初頭には食品安全センターと複数の環境団体、公益組織がこの免除の適法性をめぐり訴訟を起こした。(原注26)

動物福祉法

家畜の福祉に関する連邦法の規則は皆無に等しい。真っ先に注目される連邦法の動物福祉法は、州際通商（州間での取引）の商品としてのみ動物を守るに留まり、工場式畜産場の動物や魚介は一切保護の範疇に含まない。(原注27) 結果、もし他の飼育動物に同じことをすれば投獄されるであろう凄惨な動物虐待が、こと家畜に対してなされた場合には完全に合法的で許容可能とされるのである。

皮肉にも、家畜に対する福祉は死の時に最大限保証される。人道的屠殺法は意識ある動物が不要に苦しみ屠殺されるのを防ぐために存在する。[原注28] もっとも、一年のうちに屠殺される動物の数が九〇億を超えるせいもあり、[原注29] 徹底して法を守らせることはできておらず、工場式畜産業者が屠殺法規をないがしろにする状況は野放しとなっている。しかもあいにく人道的屠殺法を守らせることができたところで、鶏だけは法の適用外と明示されている[訳注1]ので、合衆国で食用のために殺される動物の九五%以上は救われない。[原注30]

州の虐待防止法は多くが連邦法と同様の欠陥を抱える。[原注31] 過去二〇年の間に、工場式畜産の関連業者たち

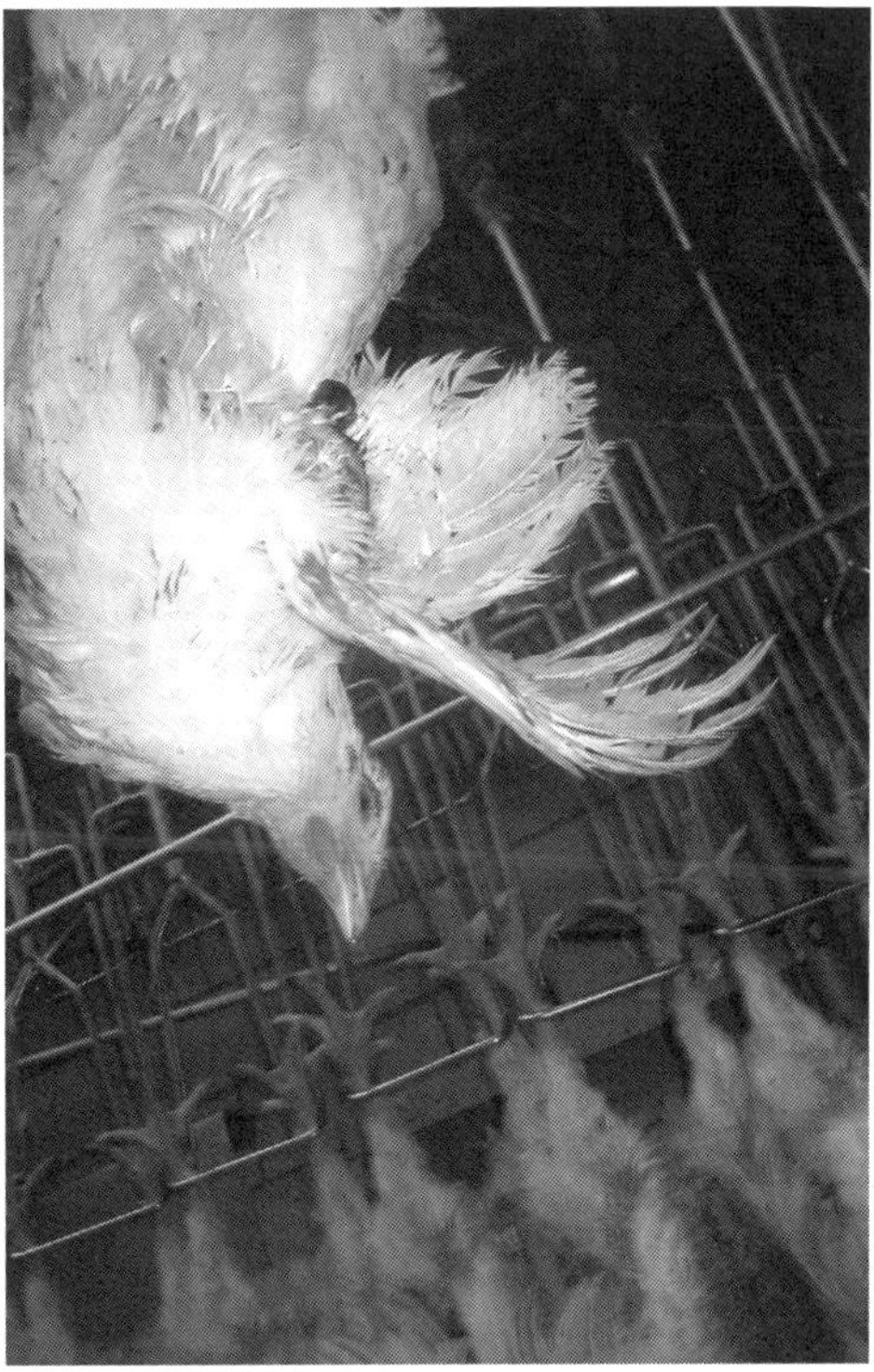

解体ラインの鶏。屠殺場では動物を失神させるのが原則だが、高速作業の現場では管理が行き届かず、しばしば意識ある動物がそのままノド切りや熱湯処理へと向かう。Photo courtesy of PETA

は州政府に働きかけ、「畜産における一般業務の取り締まり免除（CFE）」を州法に付け加えさせることで家畜への虐待を合法化しようとしてきた。非人道的な扱いを正当化するため、免除規程では畜産業における「一般」業務、あるいは「慣習的」「確立された」「（一般に）認められている」業務、といった表現が用いられる。[原注32] 例えばネバダ州の動物虐待防止法は「家畜の育成、世話、給餌、収容、および移送など、確立された畜産手法を禁止ないし妨害するものではない」[原注33]と定める。こうした免除があるため畜産業者には自社の都合に合わせた家畜虐待の自己裁量が許され、動物福祉を最重視する方針は採られなくなる。[原注34]

食品安全センターやニュージャージー州動物虐待防止協会をはじめとする公益組織は、ニュージャージー州が動物虐待防止法を修正したのを切っ掛けに州に対して訴訟を起こし、CFEのような規則に反対する道を切り拓いた。[原注35] 様々な条項が異議申し立ての的になったが、全ての「慣例的畜産業務」に適用されるCFEもその一つだった。結果、慣例的畜産業務の保護は人道的な家畜の取扱いを定めた法と両立せず、恣意的かつ気紛れであるとの判定が下る。CFEに対する異議申し立ては免除規程の表現に左右されるところが大きく、同州の最高裁判所は、同様の訴訟が他であっても多くの州は業務の人道性を要求していないため勝訴には結び付かないだろうと指摘した。[原注36]

州の動物虐待防止法がCFEを含んでいなかったとしても、取り締まりはほとんど行なわれない。州の虐待防止法は刑事法令であり、民間人が執行することはできない。[原注37] 代わりに当該地区の検事が全面的な執行権限を担うが、動物福祉関連の訴追を優先する意志もそれに割く予算や人員も乏しいため、取り締まりは稀で告訴も限られる。

現在の風潮とは裏腹に、動物福祉を保証する州法確立のための戦いには新たな希望も生まれている。動物福祉に多くの人々が意識を向けだしたのと並行して、工場式畜産場における最悪の動物虐待を無くす法を可決する州も増えている。カリフォルニア州が住民投票事項2を通過させるよりも前に、フロリダ、アリゾナ、オレゴンの三州は妊娠豚用檻の使用を禁じ、アリゾナ州とコロラド州は子牛用檻を禁じた。(原注38) これらの法律は、国全体が動物福祉の実現に取り組んでいく上での特記すべき歩みといえよう。

独占禁止法

工場式畜産業者が環境と動物福祉に関する国内法を堂々と破り、免除まで与えられているのに加え、CAFOの問題の相当部分は業界の構造そのものにもある。畜産業者が垂直統合を進める一方、独占禁止法は充分に執行されておらず、それが原因で食肉加工会社はシステム全体に大きな支配力を行使することが可能となっている。大規模CAFOは加工業者、卸売業者と直接に繋がっていることが多いが、小規模畜産農家は市場が縮小するのを目の当たりにして一握りの大企業に自家商品の購入、処理加工、市場販売を頼ることとなり、加工会社が生産者に及ぼす経済的影響力はそれによって更に増大する。合衆国では二〇〇四年の時点で、上位四社が牛屠殺の八八％、豚屠殺の六四％、羊屠殺の五七％を占めていた。(原注39)

議会は畜産業を独占と共謀から守るため、一九二一年に「パッカー〔食肉加工業者〕および家畜市場法(Packers and Stockyards Act、PSA)(原注40)」を制定した。それによれば「パッカーもしくは契約養豚業者(略)が特定の人物や産地を不適当なほど、ないし常識外といえるほど過度に優先もしくは優遇することは違法」とされる。(原注41) PSAを行使するのは農務省の「穀物検査およびパッカー・家畜市場局(GIPSA)」であるが、あいにく同局は「不適当なほど、ないし常識外といえるほど過度に優先」するとは実際にはどういったことを意味するのかを定義していない。そこで裁判所は、不適当なほど過度な優先が競争を阻害する影響力を持

訳注1　鶏だけは法の適用外　鶏の商品価値が低く、人道的屠殺技術の導入コストを負担するのは割に合わないと考えられているため。

った時、初めてPSAの違反に該当するものと解釈してきた。この解釈があるため「競争への害」を訴える農家は、一企業の行動がいかにして産業全体の競争に負の影響を及ぼしたのかを根拠立てて説明しなければならない。[原注42] しかし近年、第五巡回区控訴裁判所は、原告が勝訴するために反競争的効果を証明する必要はないとし、他の巡回区控訴裁と対立した。[原注43] この件に決着を付けるには最高裁もしくは議会の判断が必要と思われる。

食品悪評禁止法

一九九六年、オプラ・ウィンフリーは自らが司会を務めるトークショーの中で狂牛病をテーマに取り上げ、アメリカで飼われる牛の一部が死んだ家畜から造られた粉末飼料（肉骨粉）を与えられており、狂牛病のリスクが高められていることを知った。[原注44] 全米肉牛生産者協会は反芻動物に反芻動物由来の飼料を与えることを独自に禁止していたが、トークショーに招かれたハワード・ライマンは自分の目でそれが与えられているのを見たと言い、裏付けとなる農務省の統計もあると証言した。[原注45] オプラが叫んだ、「もうハンバーガーなんて食べません！[原注46]」――この一言が歴史をつくる。オプラは発言が切っ掛けで自分が被告の席に座らされるとは考えていなかったが、[原注47] 食品業界関係者は「食品悪評禁止法」を利用して、業界の慣行に文句をつける批判者、敵、憂慮する市民を容易に訴えることができるのである。アイダホ、アラバマ、アリゾナ、オクラホマ、オハイオ、コロラド、サウスダコタ、ジョージア、テキサス、ノースダコタ、フロリダ、ミシシッピ、ルイジアナ、この一三州で食品悪評禁止法が可決された。業界は個人に生鮮食品を誹謗中傷された影響で損害を被った場合、この法律にもとづき訴訟を起こすことができる。[原注48] 食品悪評禁止法は言論の自由に反するという点で論議の的になっており、その合憲性は明確ではない。しかしいずれにせよ同法を恐れて食品業界に関する出版物の刊行が先延ばしにされるといった事態は起こっており、[原注49] 食品安全の欠陥を批判する個人に対してはこれまでにも訴訟が起こされてきた。

ヨーロッパの取り組み——発達段階の構想

合衆国の規制当局が工場式畜産業の擁護と弁護に並々ならぬ努力を傾注して、人々の健康と動物の福祉と環境とを犠牲にしている一方、他国の政府は違う仕方で畜産業を規制する道を選んだ。特にEUほか多くのヨーロッパ諸国は畜産業の改善モデルを示し、業界の利益と動物福祉と環境と人々の健康とを全て同時に守れる管理システムを確立した。完全無欠とはいえないが、ヨーロッパの構想は我が国の仕組みを総点検する上で多くの例と切っ掛けを与えてくれる。

EUの規制システムおよび動物福祉法

歴史をみると、工場式畜産場を規制するに際し合衆国は環境法規を用いてきたが、EUはむしろ動物福祉関連の指令を用いてきたという経緯があり、既に制定されている法の執行に務めるとともに新たな規則も発効し続けている。[原注50] EUのシステムでは一連の指令が最終目標の大まかな形を示し、加盟各国はそこに自国に合うと思われる法令を補塡することで水準を更に引き上げることができる。[原注51] ヨーロッパ家畜条約は苦痛を及ぼす行為を取り締まり、福祉の一般条件、行動の自由、環境条件の概要を述べることで、EUにおける家畜福祉の基礎を固めた。条約を守らせるため、毎日調査が入って動物福祉の状況と畜産設備をチェックする。[原注52] さらにこの条約に続いて家畜福祉に関する数点の指令がつくられたが、その一つ「福祉品質計画」は、動物の健康を守る単独の明確な規制枠組みを構築していくことを狙いとする。また近年採択された動物健康戦略は、「予防は治療に勝る」[原注53]という理念とともに、EUがなお動物福祉法の整備と発展に関心を寄せていることを示している。

種を特定した福祉規定

広汎な動物福祉政策を打ち出す一方、ＥＵはまた動物種を特定した指令をも発効して残忍性を極める慣行を廃絶することに努めており、その標的には合衆国で今なお一般的に使われている妊娠豚用檻や子牛用檻、家禽檻も含まれる。こうした指令によって、一日のうちに世話と検査を行なえる動物の数は絞られ、工場式畜産場の操業に目覚ましい変化が訪れている。豚については欧州委員会が二つの福祉指令を発効、[訳注2]一つは拘束の軽減であり、[原注54]もう一つは断尾や去勢、早期離乳といった苦痛をともなう処置の限定および廃絶である。[原注55]

養鶏産業、養牛産業も動物虐待防止の観点から注目されてきた。近年の指令では、ブロイラーの飼養密度が定められ、一羽当たりの生活空間が合衆国の一・三倍以上に拡張された。[原注56]と同時に農家の訓練が推奨され、さらに照明、給餌、家禽ゴミ、騒音、換気についての箇条も加えられた。他の規則によって家禽檻の新規導入は二〇〇三年に禁止され、使われている檻も二〇一二年には全面禁止となる。[原注57]ノルウェーは一切の外科的処方および医療措置は獣医師が行なうものとして、クチバシ切断（断嘴〔デビーク〕）と焼印は禁止した。[原注58]イギリスは食べ物と水と光を奪う行為を禁じている。[原注59]そして二〇〇八年、ＥＵは子牛保護の最低水準として子牛用檻の禁止を達成した。[原注60]

ＥＵの屠殺法

屠殺の面でもＥＵは確立されて久しい福祉慣行を有し、近年になって発効された規則は水準を更に引き上げている。二〇〇八年に発案された規則は多様な利害関係者の意見を取り入れたもので、経営者に身体的苦痛からの自由という考えを理解させ、加えて障害や疾病、痛苦、攻撃、餌や水の欠乏、望まれざる他との接触を防ぐよう経営者を指導することにより、動物福祉への責任を強化する役目を果たす。

さらに屠殺法や作業員の資格についても規定があり、動物の管理と屠殺、ないしその両方に従事する人員は適任証を取得しなければならない。(原注61)

抗生物質および成長ホルモン

不必要な抗生物質使用を減らす、もしくは無くす点でもヨーロッパは大きな進展を遂げてきた。家畜に抗生物質を投与する目的は病気の治療と予防、そして成長促進に分かれる。「治療目的以外での使用」ともいわれる成長促進目的の使用は耐性生物を発生させ、畜産場の不健全で危険な環境を永続化することにもつながるので深刻な問題と化している。ヨーロッパの数カ国は人用によく使われる抗生物質を畜産で使用することを禁じた。イギリスがペニシリンとテトラサイクリンを成長促進のために使うことを禁じたのは一九七〇年代初頭のこと。後にスウェーデンが一歩進んで、家畜の成長を促す抗生物質の使用は一切禁じることとした。(原注62)しかし最も考え抜かれた禁止措置はデンマークのそれだろう。

一九九八年、デンマークは豚と鶏に対し成長促進剤として抗生物質を使用することを禁じ、世界で最も包括的な抗生物質使用データ、抗生物質耐性菌データを集めることで、農畜産業における使用削減を他国に先んじて行ないだした。(原注63)禁止によって豚肉および鶏肉に潜む耐性菌は激減し、六〇〜八〇%の潜伏率が五〜三五%にまで抑えられた。(原注64)このような目覚ましい成果をもとに世界保健機関(WHO)は二〇〇三年、成長

訳注2 [豚の]福祉指令　動物福祉団体 Compassion in World Farming が二〇一三年、六カ国(ポーランド、スペイン、イタリア、アイルランド、キプロス、チェコ共和国)を対象に行なった調査によると、実際には豚福祉指令は履行されておらず、豚は過密環境に囚われ、糞便にまみれ、各種感染症を患っていた。スウェーデンをのぞき同指令はEU中で無視されており、妊娠豚用檻も九カ国で違法使用されていた。詳細については以下の動画を参照されたい。
https://www.youtube.com/watch?v=T2lvTwrBfBE

促進を企図した抗生物質の使用を廃止するよう奨励した。同じ年、EUは規則を通過させ、動物飼料に成長促進用の抗生物質を用いることを禁止した。デンマークでは禁止措置をとったために却って治療用の使用が増えたと指摘する意見もよく聞かれるが、全体としてみれば使用量は半分以下にまで減り、それでいて生産性は四三％も増している。(原注65)

工場式畜産場がホルモン剤を使うことも、EUは一九八〇年代の初めから批判しており、これを禁止する法律を設けた。一九八五年には治療目的以外でのホルモン使用を禁止、一九八八年にはホルモン剤を投与された動物の肉を回避するためアメリカ産牛肉の輸入を禁止した。(原注66)この対処については議論がなされるべきで、特に同様の禁止措置がなく畜産全体でホルモン剤と抗生物質が使われている我が国ではなおさらである。今はEUも全てのアメリカ産牛肉を避けているわけではないが、ホルモン投与された牛肉はなお輸入禁止とし、許可されるのはホルモン不使用であることが証明されたものに限られている。(原注67)

環境法　畜産分野でEUが率先して取り組むのは、動物福祉や人々の健康に関することばかりでなく、環境影響の継続調査と規制も他方にある。「大気汚染に関するテーマ別戦略」は大気状況に関する現行法規を一つ屋根の下に収めようという取り組みで、指定された五つの重要汚染物質の中にはアンモニアも数えられる。この戦略では大気浄化を促す法の適用範囲を広げることが提案されており、農業分野では肥料や糞尿から出るアンモニアの削減が課題となる。テーマ別戦略の土台にもなった先行の硝酸指令は、「集約畜産から生じる問題を制御するため行動が必要とされている」ことを認めた。(原注68)この指令に促されて加盟国は被害を受けそうな地域を特定し、良質な農業慣行の規約と汚染軽減に向けた行動指針を確立する作業に取り掛かった。

気候変動の主要因が畜産にあることもEUは認識しており、農業からの温室効果ガス排出を削減するのに二〇年を費やしてきた。家畜の数を減らし、肥料をより効率的に施し、排泄物をより適切に処理するようにしたことで、一九九〇年から二〇〇五年の間に農業の排出量は二〇%も減少した。EUの達成した排出削減は全体で約八%であるから、農業分野の削減率はそれより遥かに大きい（原注69）。排出源をいち早く同定し、法的措置に踏み出したことで劇的成果を上げたEU――対して合衆国ではまだ、温室効果ガス削減を目指すいかなる連邦法によっても同様の成果が得られていない。

改革への道――合衆国を変える確かな政策

動物に関する法の制定に際し様々な困難はあったものの、EUは工場式畜産場から生じる環境問題、人の健康問題、動物福祉問題に対処する進歩的な法律を発効し、目覚ましい跳躍を遂げたといえよう。しかし政策転換を図ってEUの模範を超え、更に先へ行く様々な可能性が、我が国にも眠っている。

現存する環境法の強化と執行

工場式畜産場に由来する環境面、健康面の懸念に対処すべく、合衆国には多くの規則と規制が存在するが、執行されることは滅多にない。日常的に工場式畜産場へ監視や調査が入ることはないので法を無視するのも取り締まりをかいくぐるのも比較的たやすい（原注70）。政府機関は規制が守られているかどうかをきちんと監視するのに足るだけの用意を持たず、いくつかの法は企業の自主規制を許すものとなっているのが実情である。動物工場の規制に実効性を持たせるには、現行の枠組みを強化し、企業の自主規制と畜産業務の免除を撤廃しなければならない。まずは農務省や食品医薬品局、環境保護庁など、畜産場の監督に責任のある機関が今ある環境法を充分に執行できるだけの資金を受け、環境と人の健康を守るという究極目標を達成できるようにすることが不可欠だろう。

他、現行の環境法を強化、執行していくための奨励策として、例えば以下のものが挙げられる。

・環境と健康に関する適切な安全基準が設けられるまで、工場式畜産場の新設と拡大は環境保護庁による暫定禁止措置の対象とする。
・工場式畜産場の大気汚染を大気浄化法にもとづき取り締まるため、連邦政府の標準対策指針を作成する。
・全ての工場式畜産場に汚水処理を義務付ける。
・適切な予算を組み、立法措置をとることで、工場式畜産場の排水状況、排気状況を追跡し、国の情報収集データベースに報告する仕組みを実現する。
・水質浄化法の規定する連邦汚染物質除去システム（ＮＰＤＥＳ）の許可制度など、企業の自主規制を認める現行規則を修正する。
・畜産を温室効果ガスの排出源とし、排出緩和を目指す上での重要点と捉えた法律の制定、規則の執行に努める。

動物福祉に関する連邦法および州法の拡大

二〇〇七年の世論調査によれば、アメリカ国民の七五％が基本的な動物福祉を保証する政府指令を欲している。[原注71]食用とされる動物が自然にふるまうことができ、適切な扱いを受けて育てられた場合、消費する人間の健康にもよくなり、安全にもなる。[原注72]ＥＵは最悪の虐待慣行を禁止し、現在も廃絶を進めているが、合衆国には家畜福祉に資する虐待防止の連邦法が無い。食品の品質と安全のためにも、州レベルと連邦レベルの双方で動物福祉措置が確立されなければならない。例えば、第一に人道的畜産を規定した最低限の連邦法を設け、これを充分条件ではなく必要条件とすることで、州が引き続き更に厳しい動物虐待防止法を制定できるよう図る、第二に州の動物虐待防止法をもって最も残忍な畜産慣行――妊娠豚用檻、分娩房、子牛用檻、家禽檻など――をただちに廃絶へと向かわせる、などが考えられよう。そこへ市民の訴訟条項を付け加えれば、州の司法長官だけでなく一般個人にも執行力を付与することができる。

抗生物質規制の発布

「憂慮する科学者同盟」によると、合衆国では国内の全抗菌薬のうち八四%が畜産業者によって使われている。(原注73) 世界保健機関は「成長促進と疾病予防のため薬剤を継続投与する行為(低濃度に希釈したものを用いる場合が多い)は、必然的に家畜体内もしくは家畜周辺の生物に薬剤耐性を獲得させることにつながり、新型耐性生物が種の壁を越え伝播する危険を高める」との指摘を行なった。(原注74) そして科学研究の示すところでは、家畜に抗生物質を日常投与する慣行を廃止すれば保健面で大きな便益がもたらされ、(原注75) それが環境や食品安全や食品の市場価格に負の影響を及ぼすことはない。(原注76) 食品医薬品局は「畜産動物由来の食品に残留する抗菌薬は、消費者の腸内細菌叢(さいきんそう)の生態系に悪影響を及ぼす可能性がある」と認めるが、(原注77) 国内の畜産で使われる抗菌薬を減らそうという試みはほとんど見受けられない。従って政府のなすべきは、第一に現在実践されている治療目的以外での抗菌薬使用、とくにペニシリンやテトラサイクリン、ストレプトグラミンなど人用医薬品として重要な薬剤の使用を、即時ないし段階的に禁止していくこと、そして第二に治療目的以外での抗菌薬使用は以降みとめないとすることであろう。

作物補助金および畜産補助金の是正

様々な作物補助金や環境補助金が直接、間接に工場式畜産場を潤(うるお)す。合衆国のCAFOをみると、ほとんどの動物が食べる飼料の中心はトウモロコシや大豆、つまり巨額の補助金がかけられ、安価での購入が可能な作物になっている。養鶏場や養豚場も作物補助金から利益を得るが[原注78]、安価な穀物生産を通して最大限にその恩恵をうけているのは大規模肥育牛施設である。最大手の肥育場(フィードロット)一六八件は、一施設につき平均三万二〇〇〇頭の牛を収容し、肥育牛の六四%超を出荷、肉牛CAFOの約七四%を占める。一肥育場が年平均二二〇万ドルの穀物補助金を受け取り、一九九七年から二〇〇五年の間に工場式畜産場が受け取った額は三五〇億ドル近くにもなる。[原注79] 残念ながら全国データがないため正確な支給額を算定するのはほぼ不可能であり、それが穴となって富裕な業者が本来なら受け取る資格のない額を受け取るといった事態が生じている。さらに、近年に入ってトウモロコシ系バイオエタノールの生産が急増し、補助金も大々的に注ぎ込まれた。トウモロコシのバイオエタノールは温室効果ガス排出量を減らさないことが実証されており[原注80]、正当化できるものではないが、工場式畜産場にとってはこれが間接補助金の役割を果たす。エタノール製造の副産物として出るトウモロコシ蒸留粕は飼料添加物として工場式畜産場に売られるもので、その使用量は二〇〇七年から二〇〇八年の間に三七%の増加をみせ、二〇〇七年から来たる二〇〇九年の間では六三%の増加になるものと予想される。[原注81]

畜産、農作物がらみの補助金を是正するには、例として以下の奨励策が挙げられる。

・トウモロコシや大豆などの主要商品作物にかける補助金を減らし、代わりに牧草地をつかう有機畜産の方へ資金を回す。

・有機認証畜産物は今後も牧草地規格に適ったものとする。

・蒸留粕は工場式畜産場が安価な家畜飼料として利用するため、トウモロコシ系エタノールの補助金を減額ないし段階的に廃止する。
・作物補助金の支給先を追跡できるよう全国データ保存システムを構築し、設定された収入上限を大規模畜産場が超える場合は補助金の支給を停止する。

環境改善奨励計画（ＥＱＩＰ）は一九九六年に施行され、湿地の保護や草原管理、浸食が起こりやすい耕作地への植樹など、環境保全に取り組む農家に資金提供と奨励計画の提案をおこなう方策とされた。(原注82) 元来ＥＱＩＰによる支給は費用効率が良く、上限は一年一万ドルないし五年で五万ドルとされていた。注目すべきことに、この支給を家畜廃棄物貯留施設の建設に使うことは元来認められていなかった。ところが二〇〇二年農業法ではＥＱＩＰに大幅な改変がなされ、年間支給限度額の設定が完全に無くなったことで一施設が一年に四五万ドルを受け取ることすら可能となった。議会は支給金の少なくとも六割は畜産関係に向けねばならないとし、これによって工場式畜産場が融資を受けることは一層容易になった。同時に議会は糞尿貯留施設への支給制限を払い除け、ＥＱＩＰ適用の再審議にあたっては費用効率を考えないものとしてしまった。結果、ＣＡＦＯはもはや支給対象外ではなくなり、二〇〇二年からこのかた巨額の融資を受け続けている。

ただ工場式畜産場の汚染物質浄化のためだけに資金を提供する仕組みを改めるため、以下の奨励策が考えられる。

・ＥＱＩＰに新たな支給上限を設け、支給に際しては汚染の有無だけでなく費用効率も重視する。上限の設定によって工場式畜産場が政府の融資に頼るのをやめ、自社の汚染を自社負担で浄化することを義務付ける。

・工場式畜産場の建設事業、拡大事業に支払われるEQIPの融資額を減らし、市民の税金で畜産場が大きくなる状況を改めるとともに、適切な管理によって環境保全を図る業者に対しては融資の増額を図る。

・各プログラムをより効果的に統制し、CAFOへの補助金を撤廃するため、EQIPの契約を家畜のサイズ、種類、排泄物の量、融資額によって辿れる、追跡体制の整備に資金を割り振る。

透明性の向上　工場式畜産場はいまだ堅く門戸の閉ざされた謎だらけの経営体であり、議会もまた、市民参加や知る権利、情報公開法（FOIA）の要請を公然と禁止する指令を出してこの機密性を容認している。二〇〇二年農業法は「天然資源保全計画に関する個人情報の保護」と銘打たれた項目で、EQIP等によって結ばれた契約の情報を農務省が公開することを禁じた。(原注83) 資金が何に使われたかを知るのは事実上ほぼ不可能といってよい。規制への市民参加を拒む傾向は強まっており、近年のものとして二〇〇八年のCAFO排出規則を確認すると、その自主認定システムが市民参加を禁じていることがわかる。

透明性と国民の知る権利を向上させる奨励策を挙げる。

・FOIAなどを通し、市民が自然資源保全局（NRSC）やEQIPに関する情報を得られるよう、権利と情報獲得手段の拡大に努める。

・新たな州法および連邦法に、第三者機関による必須検査の条項を含める意義を訴える。

・工場式畜産場の撮影を違法とする法律（畜産猿轡法(さるぐつわ)）や食品悪評禁止法の合憲性について異議申し立てをおこなう。

住民投票事項2が可決された二〇〇八年選挙は、合衆国における工場式畜産場の規制の行く末について、希望がもてることを教えてくれた。カリフォルニア市民は政治制度を改めるため民主主義の権利を行使し、あまりにも長きにわたりフリーパスを享受していた食肉業界関係者を前に力強く立ち上がった。しかしこの国に深く根を下ろした工場式畜産業の問題を前に、個人と州の対応ばかりを頼みとすることは、できもしないし、すべきでもない、それははっきりしている。実効力も執行力もない政策が工場式畜産の現状を支え、動物と環境と人々の健康とを犠牲にするのはもうやめにしなければならない。

ヨーロッパでは動物福祉と環境、健康と安全に関する規定によって工場式畜産場を取り締まるのは優先事項とされており、これは我が国の見下げ果てた慣行を改める上での基本的な青写真になる。工場式畜産場が人々の目から自らを覆い隠し、政治的討論の的となることをも免れている、そんな状況を規制制度が見過ごし続けてどれほどの年月が経ったことか。アメリカ国民は工場式畜産場に反対の声を上げており、有機食品の購入者数は前代未聞、また、農家市場(いちば)で買い物をする人々もいれば、地域や州で条例を通過させ地域統制力を行使する人々もいる。けれども市民の行動だけでは不充分であって、地域を汚し人々の健康を損ない環境を傷めつける畜産工場に贈られる補助金を抹消するには、強制力のある国の政策が必要となる。また既に合衆国で施行されている規則についても、適切な資金を割り当てることで拡大と強化を図らなければならない。住民投票事項2のような近年の勝利は変化をもたらす理想的な追い風になったといえる。しかし行動に訴えなければ、工場式畜産はなおも善意の個人や地域の規制にあらがい、長命を保ち続けることだろう。

シェフ、語る——味わいを護るということ

ダン・バーバー

ジュージュー音鳴るサーロイン、ジューシーな歯ごたえのラムチョップ、食欲をそそるそんなメニューの裏側に、食事がまずくなるような真実がある。見境もなく穀物肥育に精を出す工場式畜産は動物に気の毒で環境には害毒、石油への依存も中毒レベル。それより何より、アメリカの肉は毒にこそなれ薬にはならない味わいなのだ。本当に良い料理は世界に今も生き残る小農民の料理から発達したもので、それはいつでも地域特有のものだった。他のあり方はありえない。

数年前の七月上旬朝、放牧される羊を見にストーン・バーンズ牧場へ出かけ、世話役助手のパードリックが百頭そこらの子羊を新しい放牧場へ移動させる支度を整えているのを見た。瓜二つというほどでもないが、煙草ＣＭのマルボロ・マンを思わせるところがある。身長六フィート四インチ（約一九〇㎝）、くっきりした顔立ちに鋭い眼の彼が日を仰いでカウボーイ・ハットのつばを上げると、さてお次は噛み煙草ＳＫＯＡＬ（スコール）の缶が開けられるか、子羊の群を移すべく鞭が鳴らされるか、と考えたくなる。が、実際のパードリックは穏やかな声で子羊を呼び集め、グラスファイバー製のフェンスを開けて新しい放牧場へ、最初の一頭を優しく導くのだった。「よーし好い子だ」そう言って彼は軽く子羊のお尻を叩いた。

その時まで私は良い子羊肉のことは知っているつもりだった。長年地元の農家から沢山の肉を仕入れて

きたのは確かだし、子羊背肉（ラムチョップ）の焼肉も子羊脛肉（ラムシャンク）の煮込みも沢山つくってきたから、良く育てられた子羊は食べれば判る。

けれども知らなかったのは、というより考えようともしなかったのは、子羊は何を食べたがるのか、ということだった。妙な問いだが、新しい草地で何も強いられることなく何かで釣られることもなく、ただ楽しそうに走り回る子羊たちを眺めていると、彼等が自分の食べるものによくよく気を配っているのがはっきり見て取れたのだ。選り好みしているといってもいい。ある草から別の草へ、身のこなしも速く移っていく――クローバーや油菜のところで跳ね回り、中途の悪茄子（わるなすび）や牛毛草（うしのけぐさ）は避けようとする。まるでニューヨーク・シティのビュッフェにたらふく食べようと足を運んだ空腹の賓客（ひんかく）お歴々といった面持ちで。

ここが重要、草で育つ子羊たちは餌を与えられるというより自分で餌を探すのであって、両者の違いは小さくない。彼等の食事、それにまず間違いなく彼等の薬理学上の必要物は、果物や野菜とまったく同じように、季節のリズムに組み込まれている。

方法論であると同時に一つの哲学でもある牧草畜産は、効率的ではないといわれる。他にも言われることは色々あって、経費がかかるとかエリート主義だとか、それに到底実践的ではないとも聞かされる。「そんなやり方じゃあ世界は養えん」というのがよくあるお説教で、もう新鮮な飼葉で動物を飼うなど馬車と馬車馬のようなもの、時代遅れもいいところと言わんばかり。時間も喰えば手間暇も掛かる、土と草に調子を合わせて、その他もろもろ、しないでよさそうな心配をして気を揉むばかりだと先方はおっしゃる。

けれども、そんな牧場に立ってパードリックを見ていた時、私の目に移ったのは昔懐かしアメリカ農本時代の過去の情景、などというものではなく、畜産全体の未来像だった。いや一般論をいってしまえば、これは食の未来を切り取った景観かもしれない。なぜか――なぜなら、私たちのサーロイン・ステーキ、それに鶏胸肉、豚肉の切り身に、ちょいとマズい秘密が隠されているからだ。ただし、問題はなにも食肉製造を担う会社が動物を卑劣に扱うシステムに浸かっていることだけではないし、その経営が環境を壊すこと、さらにはそれが私たちの健康に深刻な影響を与えることを考え併せても、これが話の全てではない、それはもうみんな疾(と)うの昔から知られていることなのだから。違う違う、いまや包み隠すこともできなくなってきたのは、アメリカの肉のほとんど——そこにあなたの一番好きなカット肉も加えておこう——が、そう美味しくはないという事実である。

コロラド産子羊の肉は質が完璧に安定していることと脂肪分が豊富なこととでよく知られる。脂肪は風味があって水分を保つから、水気と汁気たっぷりの肉がほしければ工業肥育で充分間に合う。しかしながら、かのギャリソン・ケイラーはこう言った、「一口ごとにイヤーな感じがするのです」。シェフなら答えるだろう、そのイヤーな感じはべとべと脂(あぶら)のせいです、と。べとべと脂は天然脂肪と違って口にまとわりつく。甘くて柔らかくてナッツのような風味で、動物本来の味とはまったく違う。子羊肉の水増し版とでもいうべきもので、肉屋から仕入れたその超ド級の巨大肥育肉を開封したら、子羊肉について間違った印象を抱くだろう。あなたが食べていたのは子羊の化石だったのだ。

冒瀆はまだある。子羊肉調理のレシピには大抵「カブリ（ロース表面の脂身）は取りのぞきましょう」とある。私たちは食品を袋から出すのと同じような感覚で何気なくそのとおりにする。プロもそう。肉捌(さば)きの修業時代、私は毎日正午に晩餐用のバラ肉二〇個の調理下準備をしていたが、調理長はその一つ一つをとって、腰肉(ロイン)をおおう二立方インチ（約三三立方㎝）の脂身の取りのぞき方を見せてくれた。それをゴミ入れに持って行きながら私はしかし、この皮肉な現実のことを考えた。レストランは一番欲しい部分の肉を一番高い値で仕入れておきながら、その一割をこうしてむざむざ捨ててしまうのか？　年輩のフランス人調理師に、どうしてシェフは脂身を除去してしまうのですかと尋ねると、彼は眉を上げて若造の弟子の方を振り向いた、「気持ち悪いからだよ、脂が多過ぎるんだ」。

その多過ぎる脂をまとった子羊はトラック一杯分のトウモロコシを与えられていたわけで、そのトウモロコシは大海原のような栽培地から届いたもの、その栽培地は肥料と農薬、それに三〇万ドルのコンバイン複数台が支えている。そこにトウモロコシの輸送と加工を加えて行程をまとめてみると、分厚い脂肪の正体が見えてくる——石油だ。

三〇年前から環境活動家と小規模農家は（付け加えさせていただけば、シェフも）このやり方に異を唱え、これは狂気の沙汰だと訴えている。健康と環境に迫る恐ろしい危機を念頭に、彼等は巨大食品チェーンを石油中毒から引き離そうと、人心を鼓舞する超人的企てを繰り広げてきた。が、工業的農業の巨怪はいつも同じ答を用意していた——より少ない土地、より安い費用で、より多くの人間を養うことができるこの食品システムを、どうして悪いものだなどといえようか。

ここにこの国の畜産を正当化する理由とその動機、というより実のところ、ビジネスプランが横たわっていた。

というのは今までの話。世界の供給が落ち込んだおかげで今日では一層多くのお金が石油に費やされることになった（過去五〇年間は一バレル平均たった二〇ドルだったのが、これを書いている時点では唖然茫然八〇ドル）、にもかかわらず費やされる石油の方も一層多くなった。二〇〇八年、アメリカの食品小売価格は四・五％上昇、卸（おろし）の価格は三〇％上昇した。トウモロコシは一ブッシェル三ドルだったのが五ドルを超えた。

価格高騰の理由は沢山あるが、アメリカが浪費的にエタノール補助金をばらまいたのも一因なら、肉の需要が世界で高まったのも一因に数えられる。けれどもより詳しく見てみれば結局、石油に戻ってくる——

トウモロコシで家畜を肥らせようとより多くのトウモロコシを育てたがる、そのトウモロコシはエタノール需要のせいで値上がりしている、そのエタノールは抽出するにも運送するにも石油を使うから値が張る、そしてその石油は不足しているから値上がりしている、というわけだ。

では何ならいいのか。実は、たくさんの良案がある。半世紀の歴史の中で初めて、輪牧に重きをおく中小農家という、この最善の土地の世話役が競争上の優位に立とうとしている。そうした農家は化石燃料への依存度も低い。大きな機械や化学物質を使う場面も少なく、業務にかかる費用もずっと小さい。牧場で群の世話をするパードリックのような農夫の姿は過ぎ去りしアメリカ農本時代の肖像と映るかもしれないが、本当の彼等は才知にたけた実業家で、最も費用のかかる投入物であった穀物を除き去り、無料のエネルギー源である草にそれを置き換えている。そしてほとんど例外なく、彼等の育てる家畜からは私たちの食べたいと思う肉が得られる――おいしくて、舌触りもよく、ぶよぶよの脂身やべとべとのイヤな後味もなく、季節ごとに風味の変わる、そんな肉だ。

ジョン・ジャミソンもその一人。国内有数の名レストラン数店に子羊を供給しているが、その味の「ぶれ」について私たちシェフに語る時には今でも興奮を抑えられない。「そうそう、違いを味わうことができるんですよ、羊の年齢とか、食べ物とかによってね。五月、六月は若いネギやら玉ネギやらを食べるもんで風味が強くなる、夏の暮になると野花を食べて味が引き締まる。秋には寒い季節の草が出てきますからね、おいしい脂身を食べるならこの時期しかない」。

初めて顔を合わせた時、私は彼が輪牧を始めた切っ掛けを尋ねた。「妻のスーキーと私はヒッピーでして、ウッドストック・フェスティバルの終わりを惜しんでいました」(訳注1)。石油危機の直後にあたる時期だった。ガソリン価格は数カ月で四倍に膨れ上がり、一ガロンが二五セントから一ドルになった。供給が減ったのに加えて不安が世界を覆い、穀物価格は二倍、三倍にまで上昇した。

と、丁度このころ、組み立ても移動も一人で行なえる高張力線の柵が発明された（発明者ジョン・ウォーラーの生地がニュージーランドなのは驚くにあたらない、かの国では家畜がことごとく牧草で育てられているのだから）。「それで集約型の輪牧を始めました、一人でできるし穀物代も浮きますから。私たちにとっちゃあ、それこそ経済的に思えましたよ」。

ジャミソンはペンシルベニア州西部に二〇〇エーカーの牧草地を設け成功を収めたが、ウォーラーの哲学は主流にはならなかった。石油危機が終わって安価な燃料の時代が再来すると、今のやり方の監禁肥育が息を吹き返した。長いあいだジャミソンは穀物肥育施設との競争で不利な立場に置かれていた――それでなくても既にアメリカでは子羊肉が中々売れなくなっていた――が、一九八七年、運が巡ってくる。当時国内で最も尊敬を集めていたフランス人シェフ、ジャン・ルイ・パラディンから唐突に、ウォーターゲート・ホテルの議会晩餐会に数頭の子羊を出したいとの声がかかったのだった。

「道に迷ってしまいましてね、向こうに着いたのは会合の前夜でした。スーキーと二人、羊を背負って料理場まで昇っていく。で、ドアをノックしました」。

パラディンはすぐ出てきてジャミソンの子羊を調べ始めた。屠体に手を走らせ、腹腔に深く鼻を入れる。「もじゃもじゃの長髪で、大き過ぎの眼鏡を掛けていましたがね、頭を丸ごと突っ込んで臭いを嗅ぐんですよ、まるで年代物のボルドーを味わうように」。

訳注1　ウッドストック・フェスティバル　一九六九年にニューヨーク州ベセルで開催されたアメリカの歴史的ロック音楽祭。「平和と愛と音楽」の祭典として対抗文化の象徴になり、ベトナム反戦運動の高まりとともに現われたヒッピーたちの熱烈な支持を集めた。

パラディンのお墨付きを得て間もなく、二人のもとにはアメリカ各地のシェフから注文が来だした。「おかしなもので」とジャミソンは言った、「六〇年代からここで理想にしがみついてきました――質素に暮らして、土地を良くして、世の中もっと住みよい所にする――でもってフランス農民の立派な伝統流儀で農業をやっていたんです。そこへ本物のフランス人がやって来て、誰より影響力のあるアメリカの富豪に料理を振る舞っていたわけですが、その人のおかげで私らの肉が知名度を得ることになるなんてね」。

ジャン・ルイ・パラディンは美食学に多大な功績を残し、それらは丹念に記録された。しかし影響の長さでいえば、ジャミソン夫妻の成功を確かなものにする手助けをしたのが恐らく何よりの貢献で、二人はその後も国中の畜産農家を教導する役目を果たしている。その農家たちを見ていて頭に想い描かれる畜産の未来はゼネラル・モーターズの精神とは全くの別物、「より多くを取り、より多くを売り、より多くを捨てる」などという考えはない。私たちの星のかけがえのない無料エネルギー源、太陽の光をしっかり見据え、日々降り注ぐ恵みから、いかによりよく益を得るか――熱意はそこに向けられる。

「会ってみて何が嬉しかったたって、ジャン・ルイが私らの肉を味わった、まさにその直後です。忘れられませんね、二口三口かぶり付いた時のあれは」とジョンは回想する、「急に黙りこくっちまった。目には涙。それで包み紙を破ってサササッとフランス地図を描いたと思ったら、地方ごとの子羊それぞれの風味のことを書き連ねまして」。

味の違いは伝統的畜産の敵とみなされ、回避するため穀物定常食が用いられる。パラディンは別の見方をしていて、全てのシェフと食を追求する全ての人々とが本能的に知ることを高く評価していた――本当に良い料理は、世界になお残る小農民の料理から発達した食べ物で、それは地域特有のものなのだ。つい近頃まで、他のあり方などなかった。

パラディンは穀物肥育にトチ狂った連中など決して相手にしなかったが、それは環境を破壊するからでも石油依存が過ぎるからでもなく、そんな方法では本当に良い食べ物など絶対つくれないからに他ならなかった。

「出荷の後によく呼ばれたんですが、そこでジャン・ルイは出荷した羊の年齢をピッタリ言い当てる、しかも羊は色んな草を食べるわけですが、それも一つ一つリストアップして見せてくれるんです。信じられません、誰あろうこの私に、羊の食べていたものを教えてくれるなんて」。ジャミソンは少し止まって、それから続けた、「そんな時、私は変に、むしろ楽しいくらいにこんがらがってしまいました——何ですかこう、誰がシェフで誰が農家なのかと。もうそんなに違うようには思えなかったんです」。

解体——工場式畜産を打倒する第四の運動

エリック・マーカス

菜食運動、動物の権利運動、動物福祉運動——工場式畜産を改めようとするこれら三つの運動が現われたにも拘らず、変化は遅々として根を下ろさない。動物性食品の消費は今なお伸びており、業界の権力と不透明性はいやましに増している。おそらく今こそ、産業内の動物の苦しみを消し去る第四の運動が始められねばならない——解体である。

二〇〇三年五月に発表されたギャラップ世論調査によると、九六％のアメリカ人が動物は危害と搾取から何らかの形で守られるべき存在だと考えているらしい。(原注1) ミシガン大学の経済学者が二〇〇八年に行なった全国調査では、対象者の六九％が妊娠豚用檻(ストール)の廃止に一票を投じたがっているとの結果が出た。(原注2) さらに、農場で育てられる動物の福祉を厳しい法律で守っていきたいと考えるアメリカ人は六二％にのぼる。(原注3)

動物に対する姿勢が改まったことは多岐に渡る進展につながってきた。毛皮産業は動物保護団体の尽力によって弱体化した。一六の都市が残酷さを気にして動物を使うサーカスを禁止した。(原注4) 一九九〇年から二〇〇八年の間に有権者は州の投票案件となった二二の動物福祉法案を通過させた。(原注5) 一方、動物虐待の処罰は執行範囲を拡大した。一九九九年は工場式畜産場の従業員が動物虐待の廉(かど)で重罪判決を受けた初の年となった。(原注6) 二〇〇二年には三人の男性が拷問のすえ子牛を死に追いやったとして重罪にあたる動物虐待の罪状を認めた。

さらに、三人は暴行を母牛の前で行ない、母牛に精神的苦痛を味わわせたことで重罪の他に軽罪も科された。（原注7）

全米人道協会（HSUS）が二〇〇八年初頭に公開した告発ビデオでは、カリフォルニア州チノを拠点とするウェストランド／ホールマーク食肉会社の職員が残忍な手段を使って歩けない牛を強引に歩かせ、「屠殺できるのは自力歩行できる動物のみ」とする基準をそれでクリアしようとしていたことが判明した。続く調査が行なわれた結果、史上最大の食肉リコールが行なわれ、職員二人は投獄、最終的には屠殺場が閉鎖される事態へと進展した。なお、当時ウェストランド／ホールマーク社の最大の顧客は、全米学校給食プログラムの配給業者だった〔この事件については一六ページ参照〕。

動物保護活動の最重要任務はおそらく、菜食のすすめ情報を広く行き渡らせることだろう。「菜食人の輪（Vegan Outreach）」、「殺しよりも憐れみを（Compassion Over Killing）」、「動物たちに救いの手を（Mercy for Animal）」などの比較的新しい小団体は、数多くの若い人々にこの問題を知らせる上で注目すべき貢献をなし遂げてきた。

動物保護団体が規模と影響力を増す傍ら、自然食品産業は人々を完全菜食主義から遠ざけていた厚い壁を崩し去ろうとしている。虐待と無縁の食事をとることは日に日に容易になりつつある。今日、野菜のみを使う料理の本はゆうに百冊を超え、菜食簡易食品の市場は魅力的な商品でごった返している。アメリカでは有機食品の売り上げが一九九〇年時点の一〇億ドルから二〇〇七年には二〇〇億ドルにまで膨らんだ。（原注8）アメリカ最大の自然食品小売業者ホールフーズ・マーケット社は一九八〇年に一店舗から創業し、二〇〇九年までに二八〇店舗を数えるに至った。

菜食食品市場の成長に刺激され、食品産業大手は巨額の投資をおこなっている。一九九九年、クラフト・フーズ社（Kraft Foods）はボカバーガー社（Boca Burger）を買収、ケロッグ社はワージントン・フーズ社

（Worthington Foods）を買収した。豆乳の人気も高まっていて、今ではアメリカのほぼ全てのスーパーマーケットが仕入れている上、スターバックスでも注文できる。

アメリカにおける肉の消費傾向

近年の進展を考えると、家畜保護に向けた努力は順風満帆、止めようもないものに思われるかもしれない。が、そう楽観していられるのは一番重要なある統計を無視する間に限られる――国民一人当たりの肉消費量。動物保護運動には最善の努力が払われているというのに、それは増加の一途を辿っている。アメリカの一人当たり消費量は二〇〇七年、過去最大の二二二ポンド（約一〇一kg）に達した。一九七五年には国内の屠殺場で捌（さば）かれる動物は三三億六〇〇〇万だったが、二〇〇八年には九五億が殺された。

しかし今日のアメリカでは少なくともこれまで以上に菜食中心の人々や完全菜食の人の割合が増えているのではないか――と、そう考えたくなるのは当然の心理だろう、菜食の選択肢もますます目に見える形となってきつつあるのだから。しかしあいにく調査結果を見ると、この国の人間に動物性食品の消費をやめさせるという試みにおいては何ら実質的な前進はなかったらしい。二〇〇九年をみると、菜食中心ないし完全菜食の国民はわずか三％程度しかいなかった。(原注9)

信じがたいほど愕然とする状況というしかない。毎年、動物保護運動は規模と資金力を増している。おいしい菜食食品も以前より遥かに多く店頭に並んでいるから、菜食を貫くのは難しいという言い訳も通じなくなってきた。しかるに、屠殺される動物の数は毎年新記録を打ち出す。動物福祉の話に限っても、状況は複数の面で悪化した。現在の動物保護運動は一九七〇年代半ばに始まったが、それ以降も工場式畜産が畜産業界全体に及ぼす支配力は年々強まっている。

こうした分析をしたからといって、動物を害から守ろうとしている人々の努力を貶めるつもりはない。動物保護運動が現われなければ、家畜たちの状況はまず間違いなく今日のそれより更に劣悪なものとなっていただろう。とはいえ、動物に代わってなされる運動を引き続き評価していくとともに、よりよい道を模索して違いを生むことは、私たちが動物に対して負う責務に相違ない。悲しくも痛々しいほどあからさまな真実をいえば、現代の動物保護運動はこれまでのところ、最も重要な三つの使命をほとんど果たせてこなかった。

・家畜の苦しみを減らす。
・菜食主義者でない人間に動物性食品の消費を抑えるよう促す。
・菜食中心主義、完全菜食主義の国民比率を高める。

以上の点での失敗は必ず喰い止められると思う。一九七〇年代から動物保護運動が辿ってきた道を追えば、逸脱がどこで起こったかを知ることができよう。私たちはどこで過ちが生じたかを理解し、しかるべき箇所を矯正していかねばならない。以下ではまず動物保護運動の何が間違っていたかを確かめ、続いて状況を正す案を提示する。

既存の三つの動物保護運動

畜産業は巨人になぞらえられる。端的にいって大き過ぎ、また強過ぎて、一つの方法では太刀打ちできない。幸い家畜を守ろうとする運動は三つある――菜食運動、動物の権利運動、動物福祉運動。それぞれがそれぞれの仕方で畜産業の根底を揺さぶり、異なる脆弱性を突くことに特化している。菜食運動は肉を使わない料理の有益さを説いて人々に転換を促す。動物の権利運動は動物を食べることの倫理問題に人々の目を見開かせる。そして動物福祉運動は畜産から残虐行為のいくらかを除き去るもので、誰もがこれに加われる。

菜食運動の限界

いまの菜食運動には二つの弱点がある。第一の点は難なく克服できることだが、菜食主義を支える議論の問題である。それはしばしば、完全菜食が全ての健康上、環境上の病理を癒す万能薬であるかのように論じる。一九七〇年代からこれまでに出た名著とされる菜食の勧めを何冊か紐解いてみると、健康、環境、動物、それぞれの話題に同じだけのスペースを割いている。そこで一般向けの情報媒体を作成する場合、菜食団体は普通、これら三つの領域に同等の注意を払うのだが、正確性の疑わしい議論を用いることもある。この運動が信頼と説得力を得るには、先導する者が健康と環境の方面に向ける注意を抑えた方がよい。それらに関する主張を全て無くすことはないが、議論は慎重にも慎重を重ねて行なうべきであるし、食材の選び方や料理も絞らねばならない。そうしたやり方によって菜食活動家は一般向けの議論をより整ったものとし、信頼を増すことができよう。

第二の弱点は、克服が難しそうだが、ほとんどの菜食団体が行動よりも催事に重点を置くことにある。動物性食品の排除という考えを友好的に示せるのは菜食運動の大きな強みといってよい。ほとんどの菜食団体は国内各地で活発な社会活動を行なう――料理会、遠足、七面鳥を入れない感謝祭、等々。

全ての町に活気ある力強い菜食団体が必要とされている。人々が集まって非暴力的な食を讃(たた)えれば、家畜の直面している状況が改善されることは間違いない。けれども催事で達成できるのはせいぜいそこまでだろう。菜食団体は社会活動の開催に精力的だが、行動が中心となる企ては本質的に彼等の適性と異なってくる。といって、まさか菜食団体は不要だなどと主張する気はない（毛頭ない！）が、畜産業の力を断ち切るにはより行動力のある組織と協力関係を結んでいかなければならないということである。

動物の権利運動の限界

一般人が理解する動物の権利の哲学は「動物の倫理的扱いを求める人々の会（ＰＥＴＡ）」のスローガンに表われていると見ていいだろう――「動物は私たちの食料品、服飾雑貨、実験材料、娯楽道具じゃない」。この絶対主義に心から賛同する活動家は確かにいる。が、実際のところ動物の権利に関する文献の中にはより含みのある見方をしているものも多い。代表作ともいえるのがピーター・シンガーの著わした『動物の解放』および他の関連の著作である。功利主義に立脚したシンガーの哲学は、苦痛の量が最小になる世界をつくろうと考える。それは人間の利益が人間以外の動物の幸福と衝突する場面に目を向けることを意味する。例えばシンガーの哲学では、一万の人間を苦痛に満ちた死から救える知見を得られるのであれば、一千のネズミを痛みのない方法で殺すことは道徳的に望ましいという結論になる。

あいにく一般大衆にとって、すべての動物の権利活動家は人の得る利益の大小を問わず一切の動物利用に反対すると思われている。このことは畜産に関する公の議論がなされた際、当の哲学にとって有害な方向に働く。テレビなりラジオなり紙上なりで動物擁護者と畜産業者が応酬を交わすことになると、どちらも正当で筋の通った話ができなくなる。読者視聴者には発言の断片しか伝わらない。ここで動物の権利の哲学はその本質の全てが仇になって家畜擁護者をひどく不利な立場に置く。

実際に何度もあったことだが、工場式畜産の関係者は畜産の残忍な慣行から話を逸らし、動物の権利の哲学が抱える複雑な難点を突く方に回れる。対して活動家の方は、例えば、ある動物実験が不治の病の治療法を見付けることにつながり得るとした時、何故それに反対するのかといった問題について、厄介にも説明する義務を負わされる。

人間と動物の利益がぶつかる時、動物の権利の哲学は倫理的な問いについて色々なことが言える。しかし残念ながら、この哲学が議論に入ってくると工場式畜産場の残虐行為に的を絞ることができなくなってしまう。畜産に反対する活動家は分かっておかなければいけないが、動物の権利の議論は多くの場合、一般人の前に生産的な形で提示するには、ややこし過ぎるのである。工場式畜産に反対する議論は単純で解りやすく、また家畜の被る悲惨な状況に特に光を当てたものでなければならない。家畜保護を訴えるのであれば、一般大衆の前で哲学を論じることは避けるのが得策だろう。大衆には代わりに、ずっと簡潔な話をする――畜産はそもそもが残酷であり、他に類を見ないほど改革に否定的であり、故に抹消されなければならない、というように。

動物福祉運動の限界

前二者の進めてきたことに比べると、福祉改善は間違いなく家畜にとって、より大きな収穫をもたらしてきた。しかしその秘めた可能性をもってしても、動物福祉運動ができることには依然として厳しい限界がある。投入力に限りがあるため、動物福祉団体はまず焦点を弁護しがたい残虐行為に絞らなければならず、そうして優先順位をつけていくと、軽度の残虐行為は見逃されてしまう。

確かに時間をかければ福祉運動が軽度の残虐行為を撲滅するところまで下っていくことはできるだろう。ただ問題は、畜産が変化する標的であり、新たな飼養法が次々と考案されていく点にある。はっきり言えることがあるとすれば、それはクチバシ切断や妊娠豚用檻や家禽檻を世に出した人間は、きっと将来おなじ程度に残酷な新発想を形にするだろうということである。動物福祉改革者が今日の最悪の残虐行為を廃絶しようと格闘する傍ら、業界は明日の新たな飼養法を急速に発達させている。更に悩ましくも、新たな飼養法が表沙汰になるのは通常一歩一歩であるから、その残虐が福祉改革者たちの目に留まるほど知れ渡った頃には、既に長い時間が経っていることも考えられる。

常に後手後手に回るのが動物福祉改革の悩みといえる。今ある残虐行為を徐々に無くしていく点では有効であっても、新たな残虐行為を未然に防ぐ点ではついに力を持ち得ないだろう。

第四の運動を立ち上げる

菜食運動、動物の権利運動、動物福祉運動——現存するこれら三つの運動は家畜の保護を図るうえで欠かすことのできない役割を果たす。菜食運動は人々を動物中心の食生活から引き離す狙いをもつ。動物の権利運動は動物搾取を目論む社会の思想を正そうと力を尽くす。動物福祉運動は畜産におけるいくつかの最も残酷な行為を少しずつ廃絶に追いやる。

これらの運動が家畜を守るため是非とも必要とされる素晴らしい貢献をしているのは間違いないが、そのいずれも害悪を拭い去る決定打を加えるには至っていない。そこで筆者が早急に必要だと考えるのは全く新しい運動で、目標は明瞭に、畜産業の主要資産を同定、除去することにある。畜産の残虐行為を無くしたいなら、畜産業そのものを無くそうと試みるのが最も確実な方法だろう。それを達成するには、攻勢あらわに畜産業を抹消しようとする新たな運動がなければならない。立ち上げる力は私たちの手にある。畜産業が一夜にして廃絶できる代物でないのは分かりきったことだが、私たちはその方向へむけて第一歩を進める必要がある。

解体運動を創る

この試みを私は解体運動と名付け、大胆な前提を基礎に据えたい――すなわち、運動参加者は畜産業の根幹に切り込み、ついにはそれを消し去るために結束する。急進性では先頭を行く動物保護活動家も、畜産業を根絶するという目標は決して公言しなかった。思うに、活動家たちはこの問題について口を噤(つぐ)んでいたのではないか、現実離れしていると見られたくないばかりに。しかし畜産業を消すという目標に向けて動かなければ、我が国の家畜に希望の光が射すことはない。国内で毎年殺される千の千倍、そのまた千倍もの家畜たちは、大事業に着手する勇気を私たちに求めている――その完遂には数世代を要するだろう。

「解体（dismantlement）」という呼称には、畜産業を打倒する手立ての根幹にある考えが反映されている。この言葉にはヒステリックな雰囲気や暴力的な意味合いがない。解体はむしろ、機械工がエンジンを分解するごとく、体系立った方法で畜産業を分解することを指す――思慮深く、冷静に、一度に一部品ずつ。信じる信じないは別として、畜産業界がいかに大きくいかに強かろうと、協調努力がある日それを転覆し得ると考えるのは至極道理に適った発想なのである。

工場式畜産業の脆さを示す一つの徴候は法律を通そうとする企てにある。業界は畜産施設への一般人の立ち入りや施設の写真撮影を違法化するために奮闘しており、例えばミズーリ州の立法府は「畜産施設のあらゆる側面」について、写真撮影と動画撮影を重罪とする法律を導入した。テキサス州の似たような法案は、違反者に罰金一万ドルと禁固刑を課す内容だった。提案されたこれらの法は不首尾に終わったが、工場式畜産場を外部から隔てるため、立ち入り禁止法がオクラホマ州やカリフォルニア州でも可決されている。

このような法案作成に躍起になることで、畜産業界はその最大の危惧を露呈した。企業は何と引き換えてでも、人々に家畜がどう扱われているのかを知らせまいとする。人々が動物の扱いに無知でいる間に限り、業界は今の形での存続を許される。

解体の初手を決める

解体運動はまず、人を募ることに初期努力の大半を割くべきだろう。畜産業を解体する作業はまだ始まったばかりであり、実質的な変化を起こせる人数が集うには長い年月がかかるに違いない。そこで、まずこの運動を可能な限り速く成長させることが最初の課題となる。

ただし、全てが最小規模の現在でも、畜産業の最も重要な二つの資産の除去に取り掛かることはできる。いま現在、畜産業界は学校給食プログラム、放牧補助金、農務省栄養指針から多大な利益を得ている。解体運動はこれらの領域の改善を求めるべきで、何に危機が迫っているかを充分に周知すれば、人々を味方につけることができるだろう。

学校給食を見直す

畜産業界の大きな収入源として、おもに児童栄養法にもとづく資金で運営される全米学校給食プログラムがある。二〇〇五年にはプログラム食品予算の六〇％以上が肉、乳製品に使われ、果物や野菜には五％も割かれなかった。(原注10)

議会が給食プログラムを提出した一九四六年の段階では、脂肪分豊富な肉製品、乳製品が沢山入った給食を国内児童に食べさせるのは妥当な考えだった。栄養不良は差し迫った問題であったし、栄養についての乏しい知識からすれば、子供に多くの動物性食品を与えるのは賢明であるようにも思われた。しかし一九四〇年代から栄養学が積み上げてきた知見によるなら、もはや学校給食の中心を動物性食品とすることは全く正当化できない。今日のアメリカをみると、児童の栄養不良は児童の肥満に大きく取って代わられたのである。

今日の全米学校給食プログラムは毎年数百万人の児童を、一生続く不健康な食品選択の道へといざなっている。もとより給食を廃止せよと言うつもりはないし、改革が一朝一夕に成し遂げられると思うのは純真に過ぎよう。が、今の学校給食は、畜産業の余剰を受け入れる最終処分場にしかなっていない。

今日の学校はこれまでとはおよそ異なる給食計画を必要としている。それは学校が健康な食事の大切さを楽しく教えようと努めていれば、子供が植物中心の美味しそうな料理を食べたがるようになることからも分かる。良質な食品を取り揃えることに重点を置いた給食プログラムは、子供をより健康な食生活へと導くことができる。のみならず、このように改められた学校給食では肉やチーズの代わりに各種穀物や野菜を多く取り入れるため、巨額の税金を節約することにもなる。アメリカ医学研究所の二〇〇九年一〇月報告書は、学校給食のカロリー制限について農務省に勧告をおこない、同時に豆、果物、野菜（緑色野菜および緑黄色野菜）の量を増やすよう提案した。（原注11）

活動家は現在、全米学校給食プログラムを農務省の管轄から外し、保健福祉省ないし教育省の手に委ねようと試みている。ジョナサン・サフラン・フォアは二〇〇九年の著作『イーティング・アニマル』の中で、プログラムの購入割当を定式化する任務は国立衛生研究所が受け持つべきだと論じた。こうした取り組みに時間と資金を充当するのは解体活動家の使命といえよう。

放牧補助金に終止符を打つ

放牧補助金は第二の税金浪費で、実態を知った市民は恐らくこれを許すまい。二〇〇五年に発表されたある報告書では、連邦放牧プログラムのため市民が支払う税金は、最低でも年間一億二三〇〇万ドルにのぼると試算されている。（原注12）放牧プログラムのため金が無駄になるのは、政府が耕作可能地を市場利率より遥かに低い値で牧場主に貸し与えるからである。牛肉生産には健康上、環境上の問題がつきまとい、公有地での放牧から得られる食料は驚くほど少ないことを考えると、今の形の放牧補助金を長期維持する政策に、知識ある市民が耐えられる筈がない。

国立衛生研究所に栄養指導の責任を

第三の、そして恐らく最も批判を受けやすい政府の畜産業優遇措置は、農務省の作成する栄養指導に関

「肉は殺しだ」「すべての動物は同じ身体を持っている」と書かれたボードを持って食肉会社に抗議する活動家たち。こうした行動を極端と決めつける前に、まずはしっかり業界の実態を見つめてほしい。Photo courtesy of PETA

わる。単純に、食料生産を管轄する省庁が市民に栄養指導を行なうのは妥当とはいえない。

一八六二年に創設された農務省は、農家に支援と情報と生産性の高い作物品種の種とを提供する使命を帯びていた。大恐慌の時には補助金その他の措置で農家を保護した。農家が農務省を頼りとするようになると、省は市民への栄養指導を作成する任務を負うようになった。

農務省の栄養指導は初めから畜産ビジネス関係者を潤すことを念頭に作られた。五年ごとに栄養指針は改められる。そのたびに、多くは動物性食品業界の代表者からなる委員会が改訂版を起草する。だがそもそも政府委員会のポストに就いて保健上の勧告をおこなう資格など、彼等にはない。

政府が農務省に栄養指針の設定を委ねたのは国民の信頼を裏切る行為だった。この仕事は国立衛生研究所（ＮＩＨ）に委ねられねばならない、というより初めからそうすべきだったのである。NIHは知り得る限り最良の科学的知見にもとづいて栄養勧告をおこなうのが望ましい。酪農業者であれブルーベリー栽培業者であれ、農業関係者が役員会の席に就いて政府の栄養指導を作成するなど茶番にも程がある。

先を見越して

改革を成し遂げる戦いは長く困難なものとなるに違いないが、勝利を手にすることはできる。というのも、これまで論じてきたような諸問題の形をとりながら、公共財が畜産業界の利益のため犠牲にされているのは否めないからである。不正が白日のもとに曝け出されたら、間違いなく国民は改革を訴える解体運動の主張に賛同する。そしてその改革が達成される頃には、運動が大きく力強くなって、新たな活動の展望も開けてくるだろう。無論、進展の速度は解体に取り組む人数次第なので、やはり最初の仕事は人手集めに落ち着く。

既にアメリカにはこの新運動の中核を担える数百の活動家がいる。私たちの成功は革新的協力体制の確立に向けた献身と意欲に懸かっている。私は私自身の行動主義に則り（のっと）、全身全霊をかけて人々を解体運動へと導きたい。共に我々は、集まった能力を振り向けることができる——畜産業の余命を確実に、可能な限り縮めるという、その試みに。

農家の縛り——あらたな農業への発展

ベッキー・ウィード

我々の食と農のシステムは矛盾の渦に溺れている。農家は世界を養うが、自分は補助金に頼っていて、それが共同体と生態系を損なってしまう。牛飼いは牧場で子牛に健康的な暮らしをさせるため奮闘するが、結局その牛は監禁型の肥育場へ売られ、トウモロコシで肥らされて自身の消化器官と我々の食生活を損ない、自身の糞便の中に身を埋めることとなる。このシステムを支える消費者も共犯者に他ならない。罪悪の世界を脱し、解決の世界へと向かうことが、すぐにも求められている。

数年前、ミネソタ州で国際有機農業運動連盟（ＩＦＯＡＭ）の後援による有機畜産会議が開かれた折のこと、エチオピアの農業担当官が私の昼食テーブルに来て当惑を口にした、「本当にわかりません。何十年ものあいだ我々は先進国から『農業を集約化しなくてはならない』と聞かされてきたのですが、ここ、この会合では、皆が我々の粗放的な農法、『自然な』家畜が好ましいとおっしゃいます。一体どちらを向けばいいのでしょう」。

ええごもっとも、と心の中で応える、というのも私にしたところが会議事項の皮肉にうろたえていたからである。イヤハヤ驚いた、と内心で嘲ったのも我ながら当然、このエチオピアの担当官に、支援機関から農学者、国内の政治状況、そして他でもない飢餓の圧力が示してみせた自国農業の歩むべき道とは、過去一世紀のあいだアメリカの歩んできた矛盾だらけの道と根本的には何も変わらなかったのだから。矛盾した言葉と使命に苛立ちをあらわにしたこの担当官は、いつの間にやら随分と敏感になっていた、私の心の琴線に触れた。

　結果が出て初めて、私は農業に兆（きざ）していた分裂感を言い表わすことができるようになった。その皮肉はあまりに当たり前のものとなっているので、我々はほとんど衝撃に慣らされてしまったといってよい——我々は世界を養うが、我々の受け取る補助金は全ての人々の自活力を損なう。我々は土地を保護するが生物多様性を破壊する。賛美されている農本的伝統を代表していながら工業化の病理の縮図でもある。己を「最初の環境活動家たち」と称しながら自然の豊かさの搾取を専らとする。動物との新密度は伝説的、しかし機械論的な動物搾取は留まるところを知らぬ勢い。そして我々は、文字どおり美を培いながら、野生を消し去っている。

　こんな矛盾を日常的に、全くの御都合主義で通してきたから、一貫性を求める我々の自然な性向は摩耗して、隅へ追いやられてしまった感がある。議会は家族農家を賞賛するかたわら、彼等を滅ぼす農業法案に絶えず賛成票を入れている。子供向けの本や学校の見学旅行は人道的で人間的な規模の小農場を教材にするが、学校給食プログラムは法人規模の生産業から出た残余を食材にする。我々は「農業を活発にするため」容赦ない貿易協定を打ち出すが、そういう「自由貿易」のせいで永久に元の生活に戻れなくなってしまった国外の農家や消費者には目を向けない。「世界を養う」ことを誇りに思える世代を育てようと精を出すが、さて実際の農家をみれば、倒産に悩み、信望をなくし、農業以外の収入に依存するという苦境ぶりで、その暗い影が多くの若い人々を土地から遠のかせている。

　これら両極の現象と習慣の内には厄介で手に負えそうもない難題が潜み、我々は磁石の上に撒かれた砂鉄よろしく貼り付けにされて、双方の極に捕われかつ弾かれているようにみえる。農業の傍観者ならこの問題は処理できよう。批判者と礼讃者のどこか中間に身を置き、意識的、意図的な食習慣や個人努力で心を慰（なぐさ）め自分なりの結論に達すれば、両極からの引力を調停することもできる。しかし我々農家の者は別の力場に捕われていて、しばしば自分達がどういう地位にあるのかも分からないまま、共犯者と犠牲者のどこか中間に立ち位置を決めなければいけない。農家、牛飼い、それに畜産業に携わる工場労働者はこの板挟みをまざまざと体現している。というのも我々が生きものと関われば、結果には曖昧な点などほとんど残らないからだ。

借金をして監禁養豚施設を建てた中西部の養豚農家は、もとはといえばトウモロコシや大豆の価格が低い時、それらを飼料に回して豚肉という付加価値商品に換えるのが目的だったが、今となっては高騰した穀物価格に悩まされ、さらに少年時代の養豚とは似ても似つかぬ動物工場も背負って、自らを監禁状態に陥れている。南東部の鶏「農場」に勤務する労働者は大抵が移民で、ケージ飼いされる鳥に言葉にもできない行為を及ぼし、受け取る賃金ときたら殆（ほとん）どのアメリカ人が「仕事の割に安過ぎる」と一蹴するような額でしかなく、それで自身の子供等には人並みにきちんとした家庭を整えてやろうと努力している。西部の牛飼いは自立したカウボーイの原型をとどめ、うんざりするような過密畜産から少なくとも一定の距離を置いてはいるものの、彼等でさえ肥育場システムとは切っても切れない関係にあって、その肥育場に送られた牛は彼等自身の牧場では忌避されるような仕方で扱われる。彼等は工業的農業の基盤を「利用」し、他人に汚い仕事を任せつつ自分の輝かしい生活を維持しようとしている点で、共犯者と見做すべきなのだろうか。それとも、設定価格が一九世紀の基準から途方もなく離れてしまい、もはやその乖離（かいり）が冗談にすらならなくなった食料品業界という世界の中で、何とか生計を立てていこうと真の危険を犯し、遮二無二（しゃにむに）がんばっている犠牲者なのだろうか。

中には動物の一生におよぶ生活史と消費者の人々とに強く影響されながら、世界各地で別形態の農業を細々営む者もいるが、そんな農家でも動物工場との激しい競争から自分達は自由だなどという幻想に耽ることはほとんどない。地域の土地や動物の世話役としての仕事に誇りと慰めを見出すことはあるが、我々は日々、自分達の周りをめぐるもっと大きな囲いという厳しい現実に対峙する。価格圧力が食品業界を覆っているのかもしれないし、ニッチ市場の価値と万人に向けた良い食品という好ましい目標とが分厚い壁に遮られて結びつかないのかもしれない、あるいは景観劣化の病弊が農場内にまで及んでいるのかもしれないが、何にせよ我々は皆、閉じ込められている。

この本の企画を聞いた時、私は目を丸くしてハテナと思った——誰がこの上さらにヒドイ告発を聞きたがるのか。糾弾の声だけで我々が現在の食品消費の縛りから解き放たれるとでもいうのか。鶏ケージの狭さや肥育場に立ち込めるトウモロコシ牛糞の汚臭を憂う市民はいるが、我らが動物工場はそんな悩める人々の存在を最大の脅威とはみなすまい。そうした動物福祉上の懸念が真摯であり真っ当であることは認めるにしても、工業的な動物小屋を撤廃するに足るだけの力をふるったことはない、少なくともこれまでは。アプトン・シンクレアは数世代も前にこの運動を始めたが、農業局が近年も近年、一九九九年に発表したアメリカ人の調査はもはや業界の勝利宣言、それによれば消費者の四分の三は農家が家畜を大事に世話していると思っていたそうで、実際おもな肉や乳製品の売れ行きを示した統計はその結果を証拠立てるもののように思われる。これは喜ぶべきことなのか、諦めるべきことなのか。チグハグな譬えなのは百も承知だが、奴隷制が主人にどう影響するかをジェファソンが述べ立てたごとく、動物工場の方が管理者や業者を堕落させるという拭いがたい可能性について、そろそろ考えてもいい頃だろう。

我々のものに他ならぬ巨大機械が、それ自体の重みで潰れそうになっている兆はあるだろうか。反競争的な市場や、業界と規制機関の間にある回転ドアといったものは、複数実在するし堕落しているのも確かだが、ここでは取り敢えず置いておこう。地球そのものを介して我々が造り上げているもっと深刻な堕落状況を考えれば事は足りる——奴隷制が精神を劣化させるのに似て、監禁装置やその支えになる際立った集約作物栽培は地球自然の地盤を劣化させる。花粉媒介者や水循環、虫から大型動物相まで全生物の間にある捕食・被食関係、土と空気を往来する炭素の循環、酸素をたっぷり含んだ流去水〔地表を流れる水〕に頼る漁業——我々はそのすべてを攪乱してきた。

ミネソタの会議の話に戻ると、そこの有機農家や研究者はデンマークの超過密養鶏業からアメリカ中西部の中規模の養豚業や養牛業、インド最貧困地域の半野生的な獣の放し飼いまで、あらゆる形態を総覧した上で、化学物質を使わない農業を営んでいくという点では意見を同じくしていて、違ったのは規模や密度についての考え方だった。蟻塚から雪豹（ゆきひょう）の棲家まで、自然界にも色々な寸法や密度があるという考え方には慣れていたから、例のエチオピアの男性も、モンタナで羊を飼う私も、成功につながる「正しい」大きさの目安がないことは弁（わきま）えていた。けれどもどうだろう、農業生産やそれに必ず付いて回る処理加工、流通販売の「適切な」規模を特定し、構想、運用していく何らかの基準が欲しいと思うのはおかしいだろうか。進むべき道は誰が示すのだろう。だらだら折衷ゲームを続けるのが自分達の運命だと単純に決め込んでしまうこともできるが、我々にはもっと戦略的な案を練ることだってできる。

少なくとも一世紀にわたり工業的食料戦略の頭脳家を駆り立ててきたのは規模の経済で、より多くの食料を生産するという、一見疑う余地のない基本的かつ崇高な使命と思われる大義名分がその中心にあった。食料生産の効率を上げる拡大の数式は絶対的なもので、過去数十年の間に私の仕事仲間もこの計算の渦に身を投じ、かたや「自由市場」の祭壇の前にひれ伏していった。振り返れば、ハーバード大学二〇〇七年度卒業生の四分の三が「金融サービス」業界に就職先を決めたという話もある。一九七〇年には五分の一程度だっ

たが、安定した勾配を描いて現在の数値に至ったのだった。（原注1）

他の名門八大学（アイビー・リーグ）卒業生も同じように大部分が金融業界に転がっていき、アグリビジネスの中間層を埋める土地付与大学（ランドグラント）〔第一部序論参照〕の卒業生も自分の内なる声に従った。無論、金融業界の指導力が食のシステムと関わる部分などほとんどないのが実情だが、それは要点の一部に過ぎない——重要なのはむしろ、我々が農業の統率を委ねた金融業界というところが、生物学的システムの規模や様態を決定していくに際し、経済学入門の講義から得た知識をもって挑むか、そうでなければ、ズブの素人として取り組むことである。破滅に直面して何の不思議があろうか。

土地付与大学卒の中間支援部隊は、人口増加と食料供給の比を予測した冷酷な統計にはアッパレなほど敏感でありながら、家畜と作物の世界では遥かに無能な連中であり、こちらもやはり地球の働きを否定し去るような言辞を得々と並べ立てているように見受けられる。近ごろ不信の念を抱く業界分析家（アナリスト）からあれこれ騒がれているアメリカの自動車製造業者は、一九八〇年代には中国に数百万台の車を売ろうと計画し、その一方で国内向けにＨＵＭＭＥＲ（ハマー）を増産していた。彼等は二、三〇年後にも石油が安価なままだと思っていたのだろうか。今日の農業理論家はトウモロコシや豚、牛、それにエタノールなど、自身の領域で同じ過ちを犯していないだろうか——そう問わずにいることは難しい、たとえ彼等が自動車産業の先例から教訓を得ていたとしても。

恐らく、拡大崇拝に注いだのと同じだけの熱意を、規模の選択に注ぐ時が来ている。そういった努力はいずれも規模の修正を要するが、その例は数も種類も沢山あり、実際着手されてもいる。

・肉用の家畜に草を与える。

・流通システムに再生可能燃料、現代の情報機器、生産者間の創造的な協力関係を取り入れ、地域の生産システムを（劣化させるのではなく）活性化させる。
・栽培法を工夫し、有益な捕食者や花粉媒介者を（絶やすのではなく）育む。
・農家の連絡網をつくって地域分散型の生産を強化し、小規模の限界を克服する。
・畜産手法を改め、動物の自然な行動を（抑圧するのではなく）認知、活用する。

読者諸氏はもっと多くを付け足せるに違いないし、私自身の近況でも、金融サービスの学位などなしに腕まくりして新しい形態、新しい規模を模索しようとする情熱的な二、三〇代そこらの訪問者に会う機会が増えている。今大事なのは、そうした実験やそうした若い人々を、逸脱した懐古趣味だとか都会エリートの偽善者だとかとみるのをやめ、改革運動や改革者とみてそれ相応の支援と厳密な評価を与えることだろう。

この種の「実験」は励ましになる無数の結果を生み出してきた。例えば、人と動物にとってより人道的な仕事環境、肥料や廃棄物のより有益な配分、草地の回復による炭素隔離、石油中心の耕作と輸送とに頼る依存度の軽減、作物栽培と家畜飼養の結合によって生み出される効率性、工業規模生産に伴いがちな食品安全上の失策の抑制、多様性と分散に呼応する動物の自然治癒力の増進、人間と野生動物の生息圏の回復、等である。

もっとも、既存の食料品業界との競争がある上、中央集約型の方が強いとする信仰体系もいまだ幅を利かせているので、現状では新しい農業に秘められた力が充分に発揮されているとはいいがたい。規模の拡大という実験に着手して数十年、いまや我々はその構想の限界を見出している。なにも産湯（うぶゆ）と一緒に赤ん坊まで捨ててしまえというのではないし、多くは善かれと思ってしたことなのだから過誤の醜さをいつまでも呪う必要はないが、見出された限界から学んで再び農業の計画を質的に練り直すことはできるだろう。疑うようなら、先に挙げた革新の元、拡大の「過ち」に目を通してみればよい。人と動物にとって非人道的な仕事環境、肥料を有害廃棄物に変えるバカげた資源配分、過耕作と草地の破壊による炭素排出、石油中心の耕作や輸送への由々しき依存過剰、家畜飼養と単一作物栽培の分離によって生じる非効率性、工業規模生産に伴うことが証明済みの食品安全上の失策、動物の健康危機の発生、人間と野生動物の生息圏の損傷、等である。

我々が経済モデルを機能させていくに際し、権威はあるけれども視野の狭い規模の経済の数学だけに頼るのでなく、地球の働きに合わせたフィルターを通せば、より賢い投資を行なう方法が見付かるだろう――花粉媒介、捕食、窒素固定、湿地濾過（ろか）、炭素循環など、様々な要素からなる新機軸は既に実現されつつある。しかるに動物工場の創設者や投資者が受ける講義、また彼等が行なう講義では、以上のような基準は顧みられもしない。

こういった自然の作用と人間を養う新たな相互作用システムとの和合を果たすことで、初めて我々は構想を新たにでき、またそうなって初めて今日の農家を悩ます分裂的な自己像も克服される。農業の外にいる憂える市民が動物工場に倫理的な問いを投げかけるのは自然でもあり正当でもあるが、農家として、我々は逆に市民の方へ、そして自分達自身へ、先頭に立って倫理的問いを投げかけていかなくてはならない。補助金対象のトウモロコシや大豆で動物工場を（それに今ではガスタンクも）潤す（うるお）支配体制をグルになって擁護しているうちは、我々は共犯者以外の何者でもない。お金と寄る年波の縛りがキツ過ぎてこのしがらみから逃れられないというのであれば（実際多くの人はその通りなのだが）、最低でもせめて、これからの世代が爪痕を消し去る、その手助けをすることが我々の務めというものではないか。

癒し――健康、充足、食料と農業への敬意を呼び戻す

ジョエル・サラティン

中央化した生産の対極にあるのは何か。答は沢山の小さな農場、それも恐らくは家族農場ということになりそうだ――小さい、混育型の、共生的な、相乗効果を生む、多様な種に恵まれた農場。それに沢山の農家。実際、中小規模の畜産が経済的にも採算が合い、環境面からしても持続可能だということが、アメリカ中の農家によって示されている。

豚の豚らしさを尊重し、畜産から晩餐に至るまでの透明性を確保し、究極的には文化の癒しを提供する、そんな新しい食と農の構図をつくる役目は、消費者一人一人が負っている。バージニア州シェナンドー・バレーに広がるここ、ポリフェイス農場で、我々は全ての行ないを癒しの面からみる。癒しにならなければ受け付けない。この〝癒し〟というのは色々な要素に関わってくる。

土壌　有機物が生成され、土質を耕作に適した水持ちの良いものとするのに加え、多くの炭素を隔離して、微生物界を構成する無数の生きものたちに御馳走を振る舞えるようにする。これにかなう祝福の言葉はきっと、「地に住む虫たちのほしいままに子宝をもうけ、その種族（ともがら）のいやましに栄えんことを」。

水　泥水は歴史に葬ろう。川も池も澄んでいて水生生物に満ち満ちているのが平常としてあるべき風景だ。ひとつ考えてほしい――石油と労働と重機は、過去一世紀のあいだ反芻動物に与える穀物の耕作、播種、収穫に費やされてきたが（そもそも反芻動物に穀物を食べさせてはいけない）、その全てが国内各地の池の設置や上から下に流れる水路の整備に使われていたらどうなっていたか。そういうところに投資が向けられていたら、アメリカは今ごろ洪水や旱魃のない土地になっていたかもしれない、それはほとんどエデンの再創造ともいうべき事業なのだから。

景観　活気あふれる多様な動植物の存在を示す畑や森、水際などが至る所に見られるのがベスト。何マイルも続く単一栽培の景観は無用。落盤を起こした堤防も無用。砂嵐と雨裂（うれつ）は過去のものにする。求められる景観は、沢山の生きものが健康に暮らせるよう二つの環境を整えた聖域――野生の動植物と、人の育てる動植物とが、共に生きる場だ。

浸食　土壌保全の取り組みに何十億ドルもが費やされていながら、アメリカではいまだ生成が追い付かない速さで土壌が失われていく。恥というしかない。農の一環として、減らす分より多くの土壌をつくることに努めなければ、国内の食のシステムに癒しは訪れないだろう。

動物　商用家畜を苛（さいな）む虐待行為は葬る。食べる人間が個人として、また集団として、こういう虐待慣行を応援するのをやめ、牧草地を基本に堆肥を有効活用し、飼養も処理加工も地場で行なう地域農家の肉や卵を選ぶようにすること、癒しはそれを求める。豚を魂のない原形質構造の塊、思いつく限りどんな巧妙なやり方であれ、人間の操作していい物質とみるような文化は、同じようなまなざしを人に、そして他の文化に向けるようになるだろう。最も小さな存在をどう尊重するかが、最も大きな存在をどう尊重するかにも関わる倫理的道徳的な枠組を形づくる。豚に生理的特性を存分に発揮できる暮らしの場を与える、まずはそこからだ。

植物　植物は窒素、燐、カリウムの混合物に過ぎない――化学者のユストゥス・フォン・リービッヒが世界に向けてそう語った一八三七年以降、いい加減な土壌管理のせいで植物は徐々に病弱化していった。今こそ、行き届いた土壌養分と適切な植生を整え、敬意のこもった農作によって植物たちを癒さなければならない。

農場　癒しの農場は環境と社会の負担になるどころか、目と鼻を誘う魅力を振りまく。身体に障る粉塵や悪臭、汚染、化学物質、それに虐待でしかない動物飼養のせいで人間性の崖っぷちまで追いやられた農場は、再び共同体と村々の中に溶け込んでいく必要がある。そこは人々が集まりたがる場所であるべきだ。幼稚園のクラスが鶏たちと楽しく座っていられるのが癒しの条件。農場をみた子供が「すごい、たのしい」と思えないようなら、理の当然としてその軽蔑は彼等の口にする食べ物にまで持ち越されるだろう。農場が好きになれば、農場にいることが好きになれば、農場で起こることの全てが好きになれば、食だって好きになるに違いない。

農家　この国ほど速く、しかも完膚なきまでに農本的土台を崩し去った文化はない。囚人の数は今や農家の二倍、そんな統計を国のお偉方は自慢に思う。そして図に乗った挙句、この手の農業を世界に広め、自分らの成功を他国にも真似させるべきだと考える。農家といったらバカな南部白人肉体労働者、庭先に車のガラクタでもオッ散らかして煙草を噛んでいる下働き野郎——と、こんなイメージが凝り固まっているから有能な人間は田舎を出ていく。人一倍才気煥発な頭の持ち主なら、街の灯りに確定拠出年金、病気休暇に有給休暇を求めるのは当然のこと。農家になる人間が少なくて済むといっていい気になる代わりに、国の資源の世話役を敬い讃えるべきだろう。これはまず社会意識の次元から始めることであって、そうしてこそ、やがて金銭面や物質面での見返りにもそれが反映されてくる。

本当の食材　昔ながらの生乳はそっちのけで親が子にトゥインキーだのココア・パフスだのを与えるのがよいとされる国では、食のシステムを癒しましたなどといえるようになるのは一体いつになることか。栄養士どもときたら、真正ギリシャ・ローマ流、西洋流の、還元主義の、線型(せんけい)系の、断片化した、バラバラにした、部屋分けした思考でもって、食材の成分を部品と破片に分解してしまった。概して癒しの食というのは一九九〇年以前に手に入った全てのことであって、工業に身を売ったイカサマ製造業者が、くっつけて、押し出して、照射して、再構成して、遺伝子をゴタ混ぜにして恵んで下さるものはどれもこれも、私たちの腸に住む三兆の微小な植物相と動物相にとっては異物でしかない。最良の癒しとして、食材は調合薬に入れ代わらなければいけない。

消化系の仲間たち　一人一人の消化系には三兆の小さな働き者がいて食べ物を代謝している。委員会会議も学位授与式も結婚も退職プログラムも、それはそれは膨大な数になる。ずっと続いてきたヒトの歴史の中で、工業的食品の邪魔（実のところは石油の邪魔）が入ってきたが、コイツは本当に邪魔者だった。ついでにいえば、小さな働き者たちは民主だの共和だのロバート議事規則だのジュネーブ条約だの、そんな話は聞いたこともなかった。彼等はこれまで総攻撃にさらされてきた――やれコーン・シロップだ、やれトマトペッパー・ヒトDNAごちゃ混ぜ混合物だ、やれ栄養失調キャロットだ、やれ毒盛りフィードロットビーフだ、と。私たちは歴史に沿った食事を摂って、おなかの働き者たちを癒さなくてはいけない。

エネルギー　一カロリー分の食料を生産するには大体一四カロリーのエネルギーが要る、というわけでどうしてもマイナスになる。だから食料は太陽エネルギーでつくって正味のエネルギー増を目指す。エネルギー損では駄目。効率のいい地域流通システムと牧草が基本の畜産は、エネルギーに依存する工業的家畜監禁システムに取って代わることができるし、そうしなければならない。工業的食料生産が効率的に見えるのはただ安い燃料をバカスカ使ってきたからでしかなく、もし燃料価格が適正な値になったら今まで被（かぶ）ってきた化けの皮も剥がれるというものだ。

よく考えた食事、意識的な夕食　夕食のひとときを通して社会や家族がつながる、その一体感を形にしようと我々は奮闘している。これを私は、食後のダンスパートナーを再び結び合わせる営み、と呼びたい。そんなお相手との唯一の接点がサランラップと電子レンジだけなのだとしたら、昔は親密な雰囲気に包まれていた夕食のひとときも一夜限りの交わりに堕してしまったということなのだろう。恋と求愛はどこへ行ってしまったのか、食べるという親密な行為にいたる行動決定の自覚はどこへ――。私たちは夕食の人間関係を癒さなくてはならない、愛情をもって、敬意をもって、それに知識をもって。

生　人類史上はじめて、人々は共同体の中へ越してきて、入ってくるものに配水管をつなぎ、出ていくものに下水管をつなぎ、どこの物とも知れない食品をウォルマートから買ってきて、どこから来るのかも分からないエネルギーをスイッチ一つで灯りにかえて、ホーム・デポのバーコードにおおわれた材料で家までつくれるようになった。地域の生態系、経済、社会、気候、農業、そんなものは何一つ知ったことじゃない。ただつなぐだけ。関わりのないこうした生活は共同体をバカにする態度を育てるのに直結する。共同体は私たちの存在を体と心と魂の面で支えてくれるというのに。私たちの人間性を尊重したいと思うのなら、空気と水、植物、動物、土、それに微生物からなる共同体に皆が支えられていることのありがたみを知って、彼等をこそ尊重しなければならないのだ。

癒すべきものは沢山ある。大きな癒しの課題に直面したのは私たちの文化が初めてではない。今いるところに一夜にして辿り着いた訳ではないし、一夜にしてそこから出られることもない。キリスト教徒の、自由信奉者の、環境保護主義者の、資本主義者として、私は政府機関だの補助金だの法律だのが癒し効果をもたらすのを気長に待っているつもりはない。皆が寄ってたかって私たちの食を文化的な病に陥れていることを読者の方々がたとえ重々承知だったとしても、このことは分かっておいてほしい——私たちの文化では圧倒的多数の人間が、なおも工業的食品システムを血眼になって追い求める方針で意見を同じくしているのだ。

工業的食品業界のプランで食べ物ひとつひとつをクローン化し、遺伝子を組み換え、放射線を浴びせ、チップを埋め込もうとする動きは目にもとまらないほどである。あなたや私がこの予定表に恐怖の叫び声を上げたところで業界はびくともしない。速く、安く、デカく、ぶっとく肥らせられるのなら何だってやる——

それがウォール街の聖なる言葉、合衆国大都会（メトロポリス）の高層ビルにましますパリッとしたスーツ姿の御大人（コンキスタドール）が現場の子分どもにたまわる御託宣というやつだ。

　農務省と企業に鎮座するこの専門家様たちは何と、農場の池を景観に溶け込んだ脅威とみて、これは水鳥たちを惹き付ける、水鳥は鳥インフルエンザ流行の犯人に違いない、などと言っている。私は放し飼いしている家禽を羽衣烏（はごろもがらす）と仲良くさせていたことでバイオテロリスト呼ばわりされてきたが、それというのもこの野鳥が、科学的に環境の制御された強制収容工場畜舎に死のウイルスを運ぶかららしい。我々の農場で牧草地畜産の美しさ、香りよさを堪能した数え切れない訪問客の人々が一番びっくりするのは多分、この伝統的な農本社会のなかでポリフェイス農場が脅威とみなされていることを私が説明した時だろう。ここではワクチンも打たない、薬も使わない、大虐殺もしない、煩雑にもしない——農家がすべきと思われていることを何もしない。それが脅威なのだという。

　中央化した生産の対極にあるのは何か。答は沢山の小さな農場、それも家族農場ということになるだろう。けれど肝心なのは、小さい、混育型の、共生的な、相乗効果を生む、多様な種に恵まれた農場であること。それに沢山の農家。

　もし工業的乳業カルテルが我が道を突き進むなら、連中はきっと一頭のドでかい遺伝子組み換え牛をネブラスカのリンカーンにでも置いて、四つの乳頭に極太チューブをつないでおきたがるに違いない。アメリカを四分して直径三〇インチの一本一本を伸ばしていく——一本が上をニュー・イングランドまで、一本が下ってアラバマとフロリダまで、一本が南西部に伸びてロサンゼルスまで、もう一本がサンフランシスコ湾まで。ドでかい牛は一口で貨物車一杯分の穀物と発酵飼料を平らげる、でもって一五秒ごとに貨物車一杯分をドカッと出す。だから列車は前から後ろへぐるぐる回って数秒刻みで降ろして積んでを繰り返す。この一日二四時間稼働の化け物こそ規模の経済の究極の生産者、つなぐもはずすも必要ない、世話も面倒も必要ない、農家なんかどこへでも行けただ。

GPSに誘導されたジョン・ディアの農業機械が機械の正確さでトウモロコシを栽培、植える、刈り取る、貨車に積む。ロボット土壌注入器が列車に載ってきた糞尿を始末、そしたら列車は次を載せに向かう。どこからみても効率的で、農家の方はもう楽チン、高速道路の彼方なる多国籍企業の役員殿らに代わって、漫画「ディルバート」でおなじみの個人用デスクでコンピュータのボタンをポチッとすればいいだけなのだから。おっと、仕事帰りにゃ自分の牛乳も買えるんだった。イキなもんだとは思わねぇかい。

さて、もう少し見苦しくないところへ戻ると、実に多くの混育農場が地元地域の生きものを養っているのがわかる。どこでもいい、国内のスーパーの食品売り場を歩いているとしよう。そこに並ぶもののどれくらいが店から一〇〇マイル（約一六〇km）以内のところでつくれるか。コーヒーや香辛料は厳しいかもしれない、バナナや茶もどうか、しかしつくれそうなものは山ほどある——乳製品、果物、野菜、肉、卵、穀物。一〇〇マイル以内でつくって販売できるものが実際店頭に並ぶとすれば、食のシステムは根本から、想像以上に変わっていくだろう。

ところで、地域農業の考えは面白いし利口だけれど、現実には非現実的だ、と思う人がいるといけないので、ここで実質すべての都市圏は三〇マイル（約四八km）圏内で食料をまかなえるということを考えてほしい。およそ二一〇万人を抱えるキューバの首都ハバナはソ連から貰っていた無料の石油を失って、今では食料の七五％を都市内部で自給している。

肉屋パン屋にロウソク職人……、の歌ではないが、あらゆる仕事人が前世紀に街を追われたのは、街が悪臭に覆われ汚染が進み、景観も汚くなれば人の扱いも乱暴になるで、人間のいられるところではなくなったからだった。そして経済界から人間味が失われていくといつも、業界人は環境と社会をほったらかしにして経済的な近道をとろうとする——玄関から入るもの、裏口から出るものを見張る隣人の目がないのをいいことに。はっきり内容（なか）の見える政策と一緒に、透明性のある食のシステムが共同体の内に埋め込まれなければならないのだ。

農務省にいわせれば農場に訪問客を入れるのは食品安全リスクにつながるらしい。なにせ人は動植物に病気を移しかねない。ならば、そのビニール袋から出して皿に載せるまで触ることも嗅ぐことも見ることもできないひどい免疫不全の食品について農務省はどう思っておいでなのか。人間から離れた食料生産モデルがつくるのは人間に反した喰わせ物だ。ほどよい規模の、目と鼻を誘う魅惑的な農場には多様性と相乗作用、色々な健全な関係、それに操作ではなく養育する精神が要る。そう、それは自然の様式に習わなくてはいけない。

その意味するところは、牛に死んだ牛を食べさせないということ、たとえそれが速く、安く、デカく、ぶっとく肥らせられるとしてもだ。また、何平方マイルもの土地に僅かなジャガイモ品種を植えるのは効率的ではないということ、そのやり方ではイモが病気にかかりやすくなる。また、コンクリートを流し込んだり鉄筋を立てたりするのは健康の秘訣ではないということ。オメガ3脂肪酸とオメガ6脂肪酸の比は卵の生産率と同じくらい大事ということ。ナゼがドウヤッテと同じくらい大事ということ。そして、人の知性が能力の枠を超えて自らの発明品を代謝過剰にしないよう、道徳と倫理が境界を定めているということだ。

私たちの文化において食のシステムが病んでいることを語る何より明瞭な指標は、恐らく年々減っていく農家の数だろうが、その背景には田園風景から人の数が減るのは好いことだと考える発想がある。私は言いたい、健全な農業界は少ない業者ではなく、充分沢山の忠実な土地の世話役を必要とするのだと。そして、風景の中にもっと多くの目と手があって土地の世話に当たるのは素晴らしいことだと。川清掃の日に沢山の子供が顔を出すようになったのを進歩と考える人々はいるが、景観の世話では沢山の農家の方が少数の大農場に勝ると考えられるようになるのはいつの日か。

もう一つ、集中化した加工施設の対極にあるのは地域の屠場（屠殺場）、缶詰工場、家内産業、教会の調理場などだろう。工業化の時代、考えの足りない加工業者から市民をまもるため数々の食品安全規制がつくられた。が、それらは残念ながら、こうした共同体と一体になった適切な規模の加工施設を罪人扱いし、とうとう文字どおりの消滅にまで追いやってしまった。

振り子は一方に極端に大きく振れて、アプトン・シンクレアが一九〇六年の記念碑的作品『ジャングル』で詳述した惨状を正そうとした時、その過剰反応で近隣地域の食肉処理加工は実質その基盤を完全に破壊された。どこに缶詰工場があるのか。どこに地場の肉屋があるのか。キッシュ一つ作って隣へ売るにもやたら大袈裟なインフラが要るものだから、商売の子種があっても生まれて来られない。

私たちの文化が奨めることといったら、気温華氏七〇度（摂氏約二一度）の一一月の日に外へ出かけ、クロイツフェルト・ヤコブ病にかかった鹿の土手っ腹に一発ブッ放して、獲物をずるずる引っ張りながら、リスの糞やら枝やら石やらを踏みわけ踏みこすこと一マイル、焼けつく太陽の午後ともなればブレイザーのボンネットにこれ見よがしに鹿を載せ、それから家へ持って帰って裏庭の樹の、ムクドリとツバメの憩う下に一週間ほど干しておく。日が経ったら皮を剥いで裏庭の台で切り分けて、そいつを子供に御馳走する。で、こういうのが全くもって素晴らしいことなのだそうで。

じゃあ今度は気温の丁度いい日に屠殺した牛をステンレス・スチールのデッカイ冷蔵庫に保管して、そいつのTボーン・ステーキを売ろうとしてみたらいい――検査を受けていない肉を販売に回したといって、あなたはお縄、ムショ入り決定。けれど間違っちゃいけない、この規制は食品安全とは無関係、革新的な競争相手から市場参入の機会を奪って業界を今の寡占企業の独壇場にするのが狙いなのだ。

本当に透明な分散した食品加工システムのためには、憲法を改正して全国民に食品選択の自由を保証し、自分のお腹にいる三兆の仲間をこれで養いたいと思う食べ物を選べるようにすることが必要だろう。私たちには鉄砲を所持使用する自由、集会の自由、信仰実践の自由がある。けれども撃ったり祈ったり教えを説いたりするその体力、それを何から得るかが選べないのなら、そんな自由も何になろうか。権利章典の起草者が私たちに食品選択の自由を保証しなかったのは他でもない、まさかアメリカ人がコップ一杯の生乳や一ポンドのソーセージを隣から買えなくなる日が来るだなんて想像すらできなかったからだ。

面白いことに、どんな食品だって見放す、つまり売れなくすることはできる。いきなり有害物質に変身するようなものだったら販売なんてできるだろうか。ところがこれが重要なのだが、そんなものでも禁止されるのは販売だけで、消費と購入には規制がない。医薬品なり違法ドラッグなりの危険きわまる物質は売るのも買うのも禁止されている。けれども食品となると禁止されるのは売る方だけ。調達すればこっちのもの、自分で食べるのも自由だし子供にだって食べさせられる。もう分かりやす過ぎる、食品御目付役は本気で違法食品が危険だとは考えていないのだ。

私の想い描くような食のシステムは存在しない。昔はあったが、たちどころに社会から消されてしまった。どうして私は隣のマチルダおばさんからドーナッツを買うことができないのか、どうして通り沿いの自宅教育をする家族からミートパイを買えないのか、どうして教会で酪農をする助祭から牛乳とチーズを、ちょっと家から歩いた先でドングリを食べて大きくなった豚のソーセージを買えないのか。私たちが本当に教養ある消費者になりたいのなら、一番の近道は人々に政府承認の食品から手を引くよう促すことだ。自分で選ぶとなれば勉強も議論も、調査発見もするようになる、食品選択の責任は自分が負うことになるのだから。

そんな責任すら負えない臆病者のためにスーパーマーケットが政府の食品を並べて待ち構えている。けれど人々がコーン・シロップのかかっていない食品を食べ始めて気分良好、病院知らずともなれば、その噂はたちまち広がって、店を開く地域の加工業者も今日の私たちが考えられる以上に増えるだろう。革新のためには基本の型が要る、が、気まま気まぐれ変テコ食品御目付役が土台不可能な大袈裟な要求を課してくるとなれば、できることだってできなくなる。

規模の経済をもたらした工業システムは結局、おのが効率性を超えてしまった。その行き過ぎを私たちは毎日耳にすることができる、食品産業の腹の底から響く悲鳴を通して――カンピロバクター、病原性大腸菌、サルモネラ、リステリア、牛海綿状脳症、鳥インフルエンザ。これは自然の言葉が頼んでいるのだ、「いい加減にしてくれ!」と。いつになったら私たちは聞くのか。いつになったら征服者の甲冑(かっちゅう)を脱いで世話役の手を差し伸べるのか。そしていつになったら、孫の代の四つ足サンショウウオは今日のダウ平均株価と同じくらい大事に違いないと気付くのか。

あちらを立ててこちらを折ることはない。社会にやさしい食肉加工、つまり何千もの中小業者は、増え続ける人口の需要すべてを効率的、効果的にまかなえる。ただしこうした起業家たちが管理機関への隷従から解放されることが肝心で、そのためには彼等と近所の消費者とが接点を持てるようにしなくてはいけない。スーパーに並ぶ政府の食品はほとんどが、百年前まで存在してもいなかった物質にまみれている。不思議なものだ、一体全体「USDA」と書かれた農務省の青字ロゴが登場するまで、人類はどうやって生きてきたのか。二型糖尿病、心臓病、肥満、こんなものが現代の流行病になっているのはきっと、食べる人間が先祖のつくっていた食材を捨て、代わりに政府の食品をむさぼっているのに直接の原因がある。

土着の伝統の食こそ、お腹の三兆の仲間たちが馴染んでいたもの。彼等の善き隣人になることを皆が望むべきだ。そういう食は土地の調理場、近所の加工店にある。

最後に、長距離輸送の対極にあるものといったら……どうだろう、地場ではないだろうか。農家市場（いちば）から地域支援型農業、都市の農産物購入会、直売店まで、土地の生態系に恩恵をもたらす地域食材ネットワークが思い浮かべられる。

地域に根ざす食のシステムが真に機能的かつ競争的であるには、工業型より運送エネルギー消費量を抑えていることが絶対条件になる。そしてこれは簡単ではない、なにしろ現時点では農家市場を開くとなるとウォルマート以上のエネルギーを消費してしまうのだから。農家市場に出店する商人は平均して片道たった四〇マイル（約六四㎞）程度を移動するだけなのだが、運ぶ品物はせいぜい数百ポンド。ジョリーグリーンジャイアントの大型トラックを一五〇〇マイル（約二四〇〇㎞）走らせるのと比較すると、距離が短いだけでは圧倒的な搬送量の差を埋め合わせることにはならない。

農家は連結網をつくって、同等の規模の経済性を達成し、人口密集地へ農産物を運び込めるようにしなくてはならないだろう。確かな競争力を得るには、地域のシステムに私のいう「食連携」が組み込まれることが必要で、それは六つの基本要素からなる——生産、加工、会計、販売、流通、そして消費者だ。

生産　誰かが何か食べる物をつくらなくてはいけない。

加工　原料は普通、販売できる形に変える必要がある。ほとんどの人は裏口を出て夕飯のために自分の鶏を屠殺したりはしたがらない。本当のところ、今日では大勢の人間が、鶏に実は骨があるということさえ理解できていないのだ。「何それ、皮なし骨なし胸肉以外の肉があるってこと?」

会計　誰かが金の管理をして、小切手帳の帳尻を合わせ、請求書にしたがって金を支払い、勘定を請求しなければならない。これは単に収入をひっくるめて一つの箱に入れ、支出をもう一箱に入れて、収入が支出より多くなることを願うだけとは違う。

販売　どんなものであれ商売を成功させるには話の上手い社交的な人間が最低でも一人は要る。この一人がいなかったら全部全員がそろっているとはいえない。そしてこの点で失敗している農家はあまりに多いのである。本当は他人と関わりたくないからという理由で農業に従事する人は多い。けれども生産者と消費者をつなげることなしに食のシステムを生かす道はない。

流通　食べ物は人のいる所へ持って行かねばならない。それが決められた配送先であれ小売店であれ農家市場であれUPS社の港であれ、食のシステムを成り立たせるには荷物をA地点からB地点まで運ぶ必要があり、それも効率的に搬送されるのが望ましい。地域に根ざす食のシステムはほとんどがここで挫折する。各農家が配達用の車を持つのではなく、農作業に従事する人々とは別の独立の業者が流通にあたり、農家と消費者にサービスを提供する形が求められる。ポリフェイス農場では毎週、十数軒の生産者がつくった商品を一台の配送車にまとめることにしている。こうすることで我々の小さな農場も大物と張り合う規模の経済性を達成できるようになる。

消費者　これはあまりに自明と思われようが、読者の方々がコーラの自販機から一〇〇マイルの所に住んでいるとすれば、地域に根ざす食のシステムの中で消費者という不可欠の役割を果たすのは難しいと気付かれるだろう。私もこういう距離の離れをどうするかについて完全には答えられないことを認める。ただ分かるのは、システムに参加できる人が各地で実際に参加していけば、国内全体の食のシステムも根本から変わって想像以上に状況が改まるだろうということである。とどのつまり、食べる人々――私たち全て――が、地域に根ざす食のシステムをつくっていく責任を分かち合わなければならないのだ。農家だけが全てを担えるのではない。農家市場だけが全てを担えるのではない。流通業者だけが全てを担えるのではない。

地域に根ざす食のシステムのため責任を分かち合う、これが肝心なのは分かり切っている。農家こそが全ての改革をなすべきだという世間のあからさまな考えに、我々農家の多くは苛立ちを覚える。想像してほしい、無数の調理場が、余計な操作の加わっていない食材を取り込んで、感謝を知る家族のためにそれを料理する、そしてテーブルを囲んで和気藹々（あいあい）、会話も弾めば親交も深まる。これで円環（わっか）は閉じられて、終着点は再び農家へ、再び大地へ、再び地に住む虫へと戻っていく。

お気づきだろうか、私は政府の計画など何一つ求めなかった、政府機関の交付金も、それに食品選択の自由を除けば法制定も。全ての尊い達成は真に賢い個人から、その個人ひとりひとりが内面で、運動の必要性に目覚めることが起動力になる。この瞬間にも何千何万という人々が癒しの必要を新たに認識することは可能だし、なにより私たちは癒しを現実にできるのだ。今日から。ある人々にとっては、今週まず一から料理を作ってみることがそれかもしれない。またある人々にとっては月一回、家族ないし夫婦で食卓を囲むことがそれかもしれない。

他の人々にとっては、買い物先をスーパーマーケットから農家市場へ代えること、そして次に何人かの農家の所へ直接訪ねてみることがそれに当たるだろう。大勢にとっては、テレビとテレビゲームの代わりに、私たちの中の、そして私たちの周りの、拍動する生き生きとした生きものたちの共同体と再びつながることがそのために必要となる。この自覚の中で生きることが、私たちの食のシステム、私たちの体、私たちの大地を、癒すのだ。

あなたのフォークで投票しよう――いまこそ、市民が食のシステムを取り戻す時

ダニエル・インホフ

私たちの時代の大きな課題――気候変動、枯渇する化石燃料、消滅する生物種、そして肥満をはじめとする栄養疾患の爆発的流行――は、食と農のあり方を根本から変えない限り解決できない。今までとは違う食と農のシステムを形づくるため、市民はフォークの投票で力を添えることができる。それは食材の購入、生活様式の選択、投票、そして当選議員の監視におよぶ。時が要(かなめ)だ。

凍てつく冬のある朝、六人の有志が集まったのは木立に囲まれた林間の空き地、脇を流れる浅い小川はずっと下ってノースカロライナのひどく汚染されたニュース川に交わる。上流にある工場式養豚施設、その所有地への侵入を避けるべく、市民科学者の彼等――ニュース川財団試料採取(サンプリング)チームの参加者たち――は、長い柄(え)の汲み上げ容器を用意していた……それに、法に触れることなく更に下流まで進まなければならなくなった時に備え、数艘(そう)のカヤックも。任務につきまとう危険を挙げれば、憤激した養豚場の操業主や労働者、攻撃をしかけてくる犬たち、それに毒蛇のアメリカ蝮(まむし)、沼蝮(ぬままむし)などもいる。

今にも降りそうな雨にそなえて、地域のＣＡＦＯ業者が液状糞尿を土地に散布していた、と、飛行チームからそんな警告を受け、有志団は注意深く多数の水サンプルを採取しラベルを貼っていく。これは後に試験にかけられ、糞便系大腸菌、金属、栄養分、および他の汚染物質の含有状況が確かめられる。一万二〇〇

〇から二万頭の豚を集約した何十ものＣＡＦＯの廃棄物に自分たちの河川を汚された彼等は、水質浄化法違反にあたる水路の汚染がないかを専門の目で見極める監視技術を身に付けていた。政府の執行機関が公共資源の汚損にほとんど目もくれずにいる一方、弁護士、アマチュア飛行士、科学者、活動家たちが、有志の市民の支えを担う。より広くみれば彼等は一例に過ぎず、他に数百とはいわずとも数十の地域市民団体が立ち上がり、工場式畜産によって環境犠牲区域へと貶（おとし）められた自らの共同体を清めようと戦っている。

現代の病巣

食――食べるものと、そのつくり方――は、急速に私たちの時代の重大な課題と化しつつある。ニュース川財団の調査に志願した市民科学者たち同様、アメリカ中の人々が自分の買う食べ物を間違いなく良質、衛生的、かつ適正なものとすることに大きな関心を抱き、また大きな責任をも担っている。彼等は地域支援型農業事業の週間配達に登録し、農家市場（いちば）や出店（でみせ）を応援し、旬のものを選び、地域の共同庭園あるいは都市と田舎とを問わず家の裏庭で鶏を飼ったり食材となるものを育てたりするなどして、農場と食卓の距離を縮めようとしている。肉、卵、乳を選ぶに際しても、人道的な基準に適った仕方で生産され、草で育てられた家畜からとられ、自立した協同組合によって配送され、抗生物質は必要な時ないし獣医の処方を受けた時にしか使われていないものを探す。また、食に関する地元の評議会を結成し、地域で生産消費する食材の量と率を定め、食の安全が自分たちの社会にとってどんな意味を持つのかを公開討論する。政府役員に対しては、目に余る農業法補助金を制限し、既存の環境法や独占禁止法を強化し、ＣＡＦＯの抗生物質使用を規制し、さらには国の――そして行く行くは世界の――食料政策と農業政策を牛耳ろうと熱意を燃やすアグリビジネスのロビイストをワシントンDCから追い出すよう要求する。

業界と業界に癒着したシンクタンクと土地付与大学(ランドグラント)とが信じ込ませようとしている話とは裏腹に、大規模な集中監禁畜産は「なくてはならないもの」ではない。飢える世界を養うのにCAFOは必要ない。そして私たちが今しているように嘘を吐き続けるのなら、子や孫に引き継がせるに値する世界など、絶対につくれはしないのだ。農業と食品流通を根底から変え、自分たちの食事を見直し、健全な食のシステムを築き上げるのは、まだ手遅れではない。到達は容易(たやす)いことではないだろう。単一、均一の解決策でどうにかなるものでもない。

けれども現代の全ての経済活動のうち、食と農のシステムはエネルギー消費、投入物の流れ、それに地球の限られた生物学的資源や鉱物資源の利用需要の面でも、恐らく一番関係が見えやすい。食のシステムを健全で地域的に多様なものへと改めることはその実、私たちの前に立ちはだかる環境破壊、人口増加、健康の悪化、資源の枯渇などの深刻な問題に対処する、最善の積極策となるかも知れないのだ。

〝次の世紀を向かえる前に、世紀を超える食と農を〟

私たちは初めから複数の難題にぶつかるが、その一つは、他の動物種との契約を結び直す必要に迫られていることである。動物を蛋白質機械に貶め、数十億単位で屠(ほふ)り、自らの糞尿の上で筆舌に尽くしがたい環境を生きるよう強いることで、人間は動物界と結んだ契約を破棄してしまった。私たちは前へ伸びる道を探し(一部の人々が論じるところの「昔に逆戻りする道」ではない)、配慮(きづかい)と良識(つつしみ)、そして知にもとづく農牧(やしないのわざ)の価値が、全ての食の生産と消費を導く、そんな世界へ到らなければならない。こうした価値を究極のところで支えるのは、進歩し続ける配慮の基準を設け、全ての飼育動物を護らんとする、一種の世界動物権宣言であろう。

作物と動物を単一栽培と製造業の冷やかな尺度に押し込む代わりに、健全な食のシステムでは農場が自然の仕組みに倣って形づくられる。人の育てる食用動物はより自然な環境で生き、より馴染みのある餌を食べるようになる——牧草地、それに多様な深根性植物と持続可能な形で育てられる穀物の混育。大量の化石燃料に依存する代わりに、未来の農業は再生可能エネルギーを最大限利用する。その乳、肉、卵、それに作物は、栄養に富み、地域独特の風味と特長を併せ持つだろう。家畜の糞尿は土地の農家の貴重な肥料になる。農家と消費者は思慮もなく飽食して未来の糧を奪うことはない。健康的な食材は健康的な土地と動物から、そしてその土地と動物の世話には見識豊富な評判の農家があたらねばならない。巡り巡ってそれは健康的な消費者を育てることにつながる。そして事実、混育をおこなう家族中心の何千もの農家が国中でそのような農業を営んでいる。

あまりにも長きにわたり、アメリカ合衆国の私たちは「大きくなれ、でなければ失せよ」という聖句の影と幻のもとに生きてきた。この思想はエズラ・タフト・ベンソンが農務長官に就いた冷戦時代に端を発し、その後一九七〇年代に入ると国内農業政策の目標として定着した。農業経済学者は付和雷同し、「大きくなれ、でなければ失せよ」の政策はアメリカ農家をして世界を養う者となし、最大の工業的生産者のみが生き残る枠組みを決定的なものとした。この農業の工業化政策が二〇世紀後半、穀物の単一栽培と密飼い動物工場、独占的アグリビジネス、そして家族農家の悲劇的喪失をもたらした。政府の政策はさらに思想の強化にも役立った——いわく、ただ大きくなり特殊化することだけが人口を養う道であり、中小規模の代替案は実現もできず基準を満たすこともできないのだと。しかしながらこれは、現実を言説に合わせたというのが正しい。極端に巨大で強力な比較的少数の企業と生産者が市場を支配できるのは、規則や規制や補助金制度がそれを促すよう企図して作られているからに他ならない。地域的な混育農場が蘇らせる食のシステムの可能性を、私たちの現代は吟味してこなかった。

さらに進めば、牧草を基本とする畜産は国の健全な食料農業戦略の鍵となることが可能であるし、また是非そうなることが必要でもある。より永続性のある草地への転換を大陸規模で行なえば、炭素を大気中へ排出する代わりに固定し貯蔵する助けになり、農業の気候変動作用という、あなどりがたい、しかし恐らくはまだ取り返しのつく過程の進行を遅らせるとともに、保全に基礎をおく食料生産に新たな市場を開く可能性をも生み出す。トウモロコシ畑、大豆畑、乾草用の草を育てる畑は浸食が起こりやすいが、何千万エーカーにもなるそれらの土地を元に戻し、多年生、深根性の、水分をよく蓄える、土を守る植物を植えることで、貴重なオメガ3脂肪酸に富む食物が得られるようになるばかりか、私たちは食料生産の基本単位ともいうべき肥沃な土と清浄な水を、一層確実に子や孫へ伝えられるようになる。この二一世紀の軌道修正は食と農の新たな聖句にまとめられよう。動物工場、それに土壌を侵食し化学物質が集中投入される一年生飼料穀物の単一栽培を土台に、適者生存ならぬ最大者生存の構造ができあがっているが、代わりに私たちは確立せねばならない、「次の世紀を向かえる前に、世紀を超える食と農を」。

地域の食料網を復旧する

明日へ伝える食用動物については遺伝的復旧が急務となっている。現代の家畜は生物としてみた場合、系統が異常なほど特殊化し、かつ遺伝的に均質化しているせいで、人工授精なしには繁殖すらできない種も多い――その人工授精では普通、死んで久しい少数の選抜された動物から採取された冷凍DNAが使われる。

工業的食品供給網の監禁環境でなく、特定の地域や気候条件に適応した強靭な家畜品種の系列、各品種の分化集団、土着の品種を、存在するだけ、地域の数だけ、可能な限り早く保護することは、国の優先課題とされなければならない。世界の農業の多様性を守ることは、たとえそれが極めて脆弱な商用品種に破滅的な病気その他の問題がふりかかることへの保険にしかならないとしても、やはり必要である。

また、「受精時からパッケージまで」「子豚からコマ肉まで」の謳い文句に違わず、CAFO産業は極度の垂直統合を進め、巨大複合企業(コングロマリット)によって集中支配されているので、地域の食料生産能力が蘇生されなければならないだろう。農家と食料生産者のまったく新しい世代も必要となるが、ここが恐らく最も厄介な点だと思われる。国内農家の三分の二近くが五五歳以上であるのに加え、この世界に入るには相当の資金と知識が要されるので、地域の食料網を復旧させるのに必要な若い人々を募るのはこの上なく厄介な仕事になる。

しかしそれでも実のところ、地域の食料生産を復活させ、向後数十年にわたり人々を結束させる経済力とする構想は考えられないものではない。健全な食べ物を付加価値のある生産物にすることで新たな雇用や商業機会をつくりだせる。地域の孵化(ふか)場、地域の飼料工場、小規模の移動式屠殺施設などは、経済の移行をうながす動力源になりうる。健康管理と地域振興の目標を転換して健全な食の生産を重視するようになれば、経済の優先事項も変わってこよう。主眼の置かれる奨励策にしても、土と水の保全や牧草畜産、まともな経営をする地域農家の食材を用いた学校給食などに移行していくことが期待できる。

経済力としての健全な食

地域の食料生産が復興すれば、それは私たちの経済を過度な化石燃料への依存や遠隔地での物資生産から引き離す新たな経済システムの駆動力にもなり得る。食品システムは温室効果ガスの少なくとも三分の一（恐らくはそれより遥かに多くの量）を排出している――どう見るにしても眩暈をおぼえる値には相違ない――ため、気候変動に対処するにはまず早急に農業の炭素排出量を下げるところから始めるのが合理的だろう。

肥満の蔓延と慢性的な飢餓と、その両方に悩まされる世界にあっては、栄養バランスのとれた食が何にもまさる健康管理上の予防策となることは充分考えられる。肥満や過体重に関連する疾患はいまや国内のみならず世界を席巻しているが、アメリカ外科学会によると、わが国では最低でも医療費の七割がその療治に費やされている。このような支出を防ぐには、増加する受け身の姿勢の消費者に脂肪分の多い安価な動物性食品や高カロリー加工食品を大量供給する食のシステムの中心を変えることが必要になる。また化学物質汚染や病原体感染など様々な脅威により食品安全上の懸念が高まっている中、地域の食料網は不確実性に対する最も堅固な防壁となる可能性をも秘めている。そしてまた、巨大施設が複数の生産者から取り寄せた食品（および動物や他の材料）を一カ所に集約し、しかる後に広範囲の流通網へ分散させる形と比べれば、小規模生産者が地域内で食料を配送する形は追跡も行ないやすい。

健全な食の再定義

このような広汎なシステム変更では、健全な食とは何か、それは社会においてどのような意味を持つのか、そして、消費者や生産者、政府機関、および他の関与団体にとってそれはどの程度の優先度を占めるのかといったことについて、全く新しい捉え方をする必要が生じるだろう。二〇〇八年八月、サンフランシスコで開かれたスローフード国際会議では、市民活動をうながす多年にわたる取り組みの一環として「健全な食と農のための宣言（Declaration for Healthy Food and Agriculture）」が発表された。既に数万の人々が署名したこの宣言では健全な食を一二の項目で定義しており、これは前進を目指す私たちが議論を発展させるのにも役立つと思われる。

健全な食と農の政策は――

一、裕福で安全な社会、健全な共同体、健康な人間の土台を形づくる。
二、世界中すべての人々に手頃な価格の健康的な食料を購入する機会を与える。
三、生産的な土壌、淡水、および生物多様性という、有限な資源を守る。
四、食品チェーンの各過程から化石燃料を取り去り、再生可能な資源やエネルギーで代替する道を探す。
五、工業的思考からでなく、生物学的思考から始める。
六、すべての国家、企業、ないし個人による、農家、労働者、自然資源の搾取、遺伝子と市場の支配、および動物虐待を防止する。
七、全労働者の尊厳、安全、生活の質を保証する。
八、家畜と作物と野生種の多様性、食物と風味と伝統の多様性、所有形態の多様性など、関連するあらゆる多様性を発展させる。
九、食物生産、調理、栄養に関する必要不可欠な技術および知識を子供たちに教育する。
一〇、生産に使われる技術について、徹底した国民対話を要請し、地域単位での指針採用を許可する。
一一、食べ物がどのように生産されたか、どこから来たか、何を含むかを市民が把握できるよう、透明性を要求する。

一二、新たな経済の構築と事業計画の支持とを通し、正義に適った持続可能な地域農場および食のネットワークを発達させる。

私たちのフォークで投票を

人口増加、経済発展、そして食料生産に関わる問題の規模は、桁外れに大きいのが現実である。しかし、食の問題には私たちのほとんどが何らかの形で関わっていくことができ、これは幸いといっていい。私たちはみな食べる者であり、食べるという行為、食べ物をつくるという行為が、私たち一人一人をつなぎ合わせ、私たちと大地をつなぎ合わせる。私たちは調理を通し、また購入を通し、「フォークで投票する」ことができる。私たちは先に定義した健全な食のシステムを支えるため最善を尽くすことができる。考えている以上のものを失うかも知れないけれど、そうすることで、私たちは世界を形成する最も強い力の一つに追い風を与えられる。

そして一方、家庭や職場や共同体のなかで何を食べるかを選択する私たちは、その都度フォークで票を投じることができるが、公共政策や法律の根本的改革も求められている。食のシステムに影響する政策の問題を学び、その知見にもとづいて実際に票を入れに行くのも、フォークの投票の一環といえる。農務省の農業法により毎年何十億ドルもの資金がＣＡＦＯ産業を支えるために使われていることが判明した今や、「社会責任を伴わない補助金支給は一切行なわない」ものとしなければならない。税金を補助金として使うのであれば、安価な飼料穀物の単一栽培や毒性排泄物貯留設備の建設などのため大企業に支給をするのでなく、健全で持続可能な世界をつくることに狙いを定めるべきである。

選挙で選ばれた全ての議員は食のシステムにおいて一定の役割を果たし、そのシステムを有権者にしっかり理解させる義務を負う。また選挙で選ばれた彼等はＣＡＦＯの現在と未来に関わる方針を立て、牧草を基本とする畜産についても立場を決める必要がある。しかし食べる人々がＣＡＦＯに反対し、ただ余裕のある人だけでなく全ての人のことを念頭においた健全な食への転換を求めるのでなければ、いかなる政府代表者もこうした問題を真剣に検討することはないだろう。

喜ばしいことに、食べる人々（言い換えれば納税者）は、数の面では他の組織票を圧倒的に上回る。私たちに願えるのはただ一つ、それは人々が時機を逸さず目を覚まし、よりよい食のシステムを求め各地で戦う地域活動家たちに習って、監視の軛（くびき）を手に握り、各人に説明責任を果たさせることである。健全な食と農を求める私たちの活動を一つの積極的な力へと縒（よ）り合わせるのは、関連（かかわり）への気付き――私たちは、購入するものを決め票を投じる、ひいては自らのフォークで投票するそのたびごとに、心の底から訴えるのだ、どんな世界に暮らしたいのかを。

食の出所を知ろう

畜産業ほど広汎な環境影響が確認される産業はない。しかし環境影響は、「全ての危機の母」とでもいうべきもの、すなわち〝消滅の危機〟の一要素に過ぎない。食事を摂るごとに、あなたの食べるものがどのようにしてつくられたか、それが世界の現在にどう関わっているのかを理解し想像することに努めよう。

・**土地利用**――あなたの食べているものをつくるため、元々どのような生きものの生息地だったところが変えられたのか。
・**美**――あなたが食品を選ぶことでどのような自然の美が失われたのか。
・**化学物質に浸かった飼料**――あなたの肉、乳、卵を生産するため、飼料栽培用の農地は肥料と農薬に覆われはしなかっただろうか。
・**莫大な炭素排出**――あなたの食べている食品をつくるため、飼養、輸送、加工にどれだけの石油が使われただろうか。温室効果ガスの排出量はいかばかりか。
・**社会コスト**――私たちが安い食品を欲しがるせいで農場が工場になり、農家が低賃金契約者となるか消滅するかした時、文化はどうなるのか。
・**健康コスト**――動物性の飽和脂肪酸が過剰に含まれた食事をとることで、医療と経済にどのような影響が及ぶか。

「知っていますか、肉のつくり方？」と書かれたボードを持って、食肉生産の残酷な現実に向き合うよう人々に呼び掛ける活動家たち。Photo courtesy of Anita Krajnc / Toronto Pig Save

- ・**動物福祉**――動物を魂のない生産単位として扱う企業を私たちが支持するとしたら、それは何を意味するのか。
- ・**本当のコスト**――あなたは食品を購入する時、人間と土地と未来にとって、より健全といえる選択ができるだろうか。

環境保護活動は朝食を食べるところから始められる。食べる者として、あなたはきっと、あなた独自の意志表明を行なえるはずだ。

あなたにできること

・動物性食品は厳選し、食べる量を減らし、別の食材で代用する。
・牛肉や乳製品を買うのであれば屠殺時まで牧草で育てられた牛のものを、豚肉、鳥肉、卵製品は牧草地で育てられた動物のものを注意深く探す。
・菜食料理を勉強してみる。ジョン・ホプキンス大学「住みよい未来」センターが奨める「肉なし月曜日」を実践するか、工場飼育を経た動物性食品を一切避け、植物中心の食に切り換える。
・農場ないし農家市場へ出かける、もしくは地域支援型農業プログラムや地域の共同購入グループに加盟するなどして、地域の農家から肉、卵、乳製品を買うようにする。
・ラベルを読む。製品に人工成長ホルモンや遺伝子組み換え成分が含まれていないか。「平飼い」「放し飼い」と表示された卵も、第三者機関が承認しているのでなければ、必ずしも雌鳥の福祉を考慮したものとは限らない。
・「治療目的以外での」抗生物質を投与されていない動物の肉を選ぶ――「農務省認証有機食品（USDA Certified Organic）」あるいは「抗生物質不使用（no antibiotic use）」のラベルで判断。「人道的家畜飼育（Humane Farm Animal Care）」のラベルを探す。
・食の出所に敬意を払う。動物性食品は、よりよい出所、よりよい質のものにもう少しお金をかけ、もう少し買う頻度を減らす。料理に最大限の風味を持たせられるよう精一杯勉強する。食べ残しの利用を工夫する。

・動物の権利を顧みない会社を支持しない。

・人道的に育てられた動物の食材、地域で育てられた新鮮な食材を小規模農家から購入するよう、地域の食料品店や料理店に頼んでみる。

政策決定者にできること

私たち皆が私生活の中でどう行動するかは大事だが、より重要なのは畜産業界が本当の生産コストと、また害が生じたらその費用を負担することである。

生産を地域に密着した小規模な施設に分散させることだけが土地への適切な廃棄物散布を可能とする。安価な穀物、水、放牧地の貸出し等の生産方法に向けられる補助金は、生産者や土地所有者のなかでも環境の保護保全に携わる人々を支える制度、奨励金に置き換えられるべきだろう。

先端を行く組織や科学委員会の奨励する政策の段取りを以下に挙げた。これらはＣＡＦＯの生産システムを環境上、倫理上、経済上の規則に従わせるためにも不可欠のものといえる。

・治療以外の（つまり肥育を促進する）目的で食用家畜に抗菌薬を使用する行為を禁じ、貴重な人用医薬品に抵抗性をしめす抗菌薬耐性生物の発達リスクを減らす。

・動物工場の過密監禁における最も悪質かつ非人道的な装置および行為——すなわち、家禽檻（バタリーケージ）、妊娠豚用檻（ストール）、拘束的な分娩房、乳牛種の雄に使われる子牛用檻（クレート）、つなぎ鎖、フォアグラ用のガチョウ・カモ・アヒルへの強制給餌、乳牛や豚の断尾、卵用鳥の餌や水を奪い羽を抜け換わらせる強制換羽（きょうせいかんう）、等——を規制ないし禁止する。

・ＣＡＦＯの拡張および新設を禁じる。

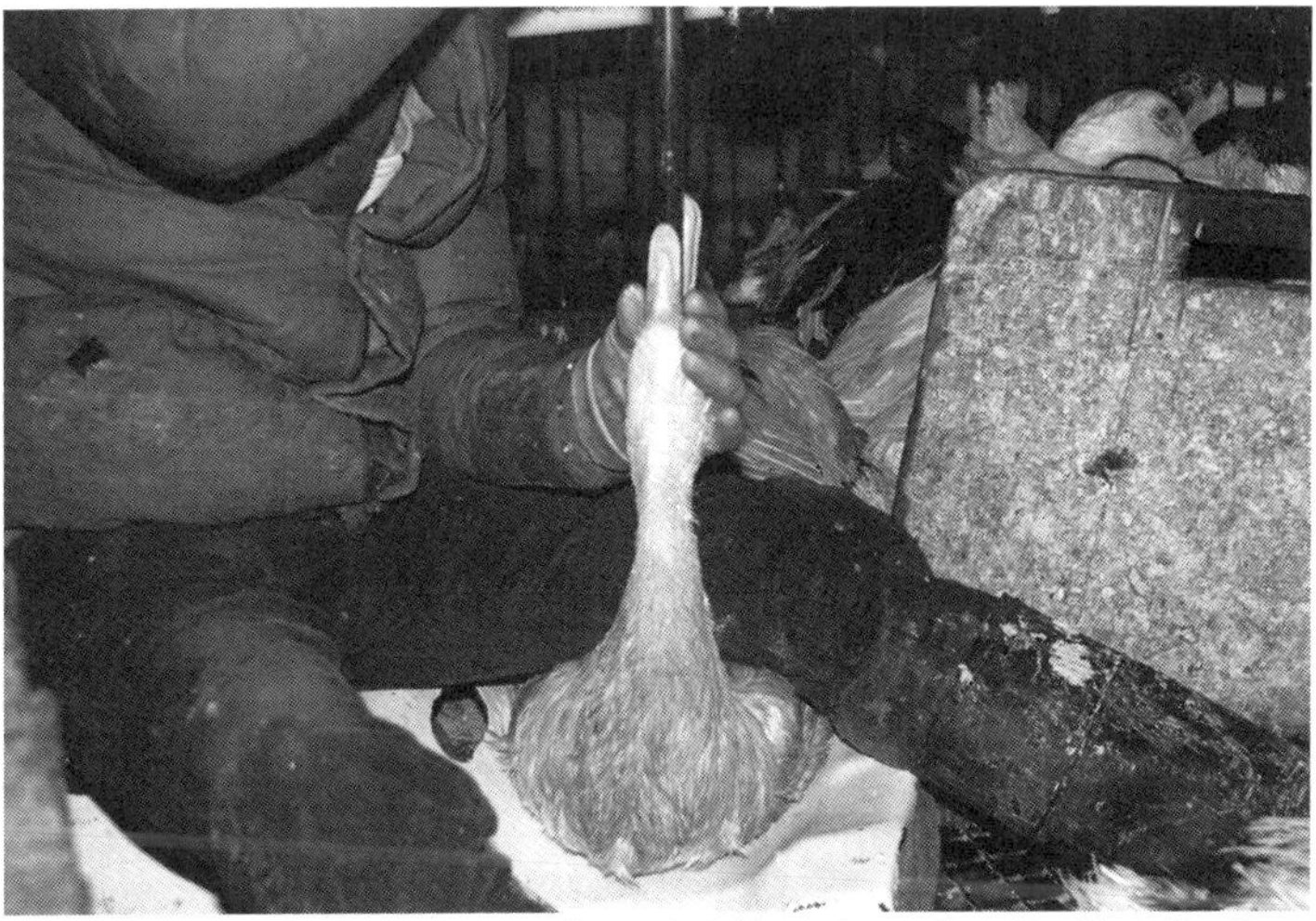

三大珍味の一つとされるフォアグラの生産法。ガチョウの喉に管を差し込み、胃に直接エサを流し込む。その激痛に加え、喉の傷や嘔吐による窒息で多くが出荷前に死亡する。Photo courtesy of PETA

・厳しい汚染防止法および水使用許可制度を制定、執行する。それと並んで、不適切に処理された廃棄物による環境影響や健康被害から全市民を守るため、CAFO生産者に汚染状況の報告を求める。

・農畜産業施設を環境法や動物虐待防止法の対象から外す免除の数、範囲を減らす。

・大気排出監視研究プログラムは事実上、大気の質に関し工場式畜産場が基準を違反することを許しているので、これを廃止する。新たな規則によってCAFOの排出するアンモニアおよび他の大気汚染物質を減らし、業者がアンモニアを揮散させることで規則から逃れられぬよう確実に取り締まる。

・法規によって独占および反競争的行為を厳しく取り締まり、企業の力が家畜市場に集中している現状を正し、競争を促す。

・伝統的畜産の方法と訓練を復興する計画

を立て、資金を割り当てる。
・州、国家、国際社会が動物福祉の行動規範を定め、全ての家畜と家禽を守る。
・ＣＡＦＯの安価な家畜飼料とされてきたトウモロコシ、大豆、および他の商品作物の過剰栽培をうながす政策を改める。飼料作物の補助金に代えて新たな計画を作成し、環境保全を強化するとともに供給過剰時には価格の維持につとめる（価格が生産費用を下回る状況を許すのでなく）。
・地方政府が健康や地帯設定に関わる独自の法規でＣＡＦＯの規制にあたることを認める。
・農業法の保全資金は環境改善奨励計画（ＥＱＩＰ）のもとＣＡＦＯの廃棄物処理に支給されるが、これを削減して正常な畜産経営の支援へと移行する。
・屠殺場に関する規則を新たにし、より小規模の食肉処理業者がより多く操業できるようにする。小規模施設にとって適切でない要求を撤廃することも含まれる。
・充分な数の連邦検査官を配属する、もしくは州の検査官を育成し権限を与えるなどして、公衆衛生対策を図る。
・環境と公衆衛生と地域社会に有益な代替畜産手法、とくに牧草地を基本とするものの改良研究に充分な融資の増額をおこなう。
・血液、糞尿、屠殺場の廃棄物、およびその他の動物製品を家畜の飼料とすることは全面禁止する。
・畜産労働者に、動物が歩行困難となるのを防ぐ方法、および苦しんでいる動物の人道的な扱いを教育する。
・全ての動物性食品と、動物性副産物を含む製品とを対象に、原産地と正確な処理加工の情報を記したラベル表示を義務付け、どこからその食品が来ているのか、動物福祉と食品安全の面で適切な方針がとられているのかを、消費者が確認できるようにする。

・検査官と検査の数を増やし、糞尿処理の義務を遵守させるとともに監視も強化し、汚染防止策の効果測定をおこなうなど、CAFO関連の規則を徹底して守らせる。

この奨励策の作成に協力してくださった「工業的畜産に関するピュー委員会」、憂慮する科学者同盟、食品&水ウォッチに、深く感謝いたします。

CAFO用語集

CAFO、集中家畜飼養施設（CAFO = concentrated animal feeding operation） 家畜単位〔該当項目参照〕が一〇〇〇AU以上の飼養施設。合衆国環境保護庁の定義では家畜の飼養数が以下の基準のいずれかを満たす施設をいう――乳牛七〇〇頭、肉牛一〇〇〇頭、五五ポンド（約二五kg）以上の豚二五〇〇頭、肉用鶏三万羽（糞：液体処理）ないし一二万五〇〇〇羽（糞：乾燥処理）、卵用鶏八万二〇〇〇羽。これより小規模であっても、糞尿を水路に直接排出している施設はCAFOに分類される。

飼葉（かいば）（forage） 放牧家畜の餌となる植物。紫馬肥（アルファルファ）、牧草、木や草の茎、葉など。

外部コスト（externalized costs） 汚染源である企業の代わりに社会が支払うこととなる環境、社会、健康上のコスト。例：CAFOの家畜廃棄物が原因となって生じる大気汚染による健康被害のコスト。

家禽ゴミ（litter） ブロイラー鶏舎に溜まった鶏糞、飼料の余り、床に敷き詰める敷料（木屑など）の混合物。安価な蛋白源として一般に他の家畜の飼料に混ぜ合わせて使われる。

家畜（livestock） 肉、乳、卵を得るために飼育される動物（広義には毛や皮を利用される飼育動物も含まれる）。

家畜単位（AU = animal unit） 家畜の相対比較に使われる単位。例：合衆国環境保護庁の定義では、一AUは肥育場の肉牛一頭分――一般な重さとしては五〇〇ポンド（約二二七kg）以上――、あるいは五五ポンド（約二五kg）以上の豚二・五頭分とされる。

環境改善奨励計画（EQIP = Environmental Quality Incentives Program） 政府予算による農業法「環境保全」

計画のひとつ。これまでのところ、家畜廃棄物処理のためＣＡＦＯ事業者に支給された最大額は四五万ドル。

間接補助金 (indirect subsidy)　他の事業に支給された直接補助金の恩恵という形で得られる援助。例：トウモロコシが直接補助金の対象になると、ＣＡＦＯ事業者はトウモロコシ飼料を低価格で仕入れることができるようになる。その値引き分がＣＡＦＯ事業者にとっての間接補助金にあたる。

揮散（きさん） (volatilization)　糞尿中のアンモニアのような汚染物質が蒸発して大気中に拡散する現象。

狂牛病 (mad cow disease)　牛海綿状脳症（ＢＳＥ）。牛に感染する致死性の神経変性疾患。牛が病気に罹（かか）った動物の脳、脊髄などの組織を食べることで発症すると考えられている。

緊急事態計画および地域住民の知る権利法 (EPCRA ＝ Emergency Planning and Community Right-to-Know Act)　施設の取り扱う化学物質およびその使用、環境中への排出について、地域住民が知識を増やし、情報入手の機会をより多く得ることを可能とする目的でつくられた法律。

契約生産者 (contract grower)　食肉会社との契約にしたがい、与えられた家畜の飼育を担当する農家。畜舎、飼料、飼養法に関する合意があり、出荷時期が来ると食肉処理のため家畜を業者に返却する。

ケーキ (cake)　家禽の糞便が吸湿剤によって固まり鶏舎の床に層をなしたもの。

肥溜め池 (lagoon)　ＣＡＦＯから排出される液状糞尿を溜めておく巨大な屋外設備。遮水整備のなされているものといないものとがある。サイズ、構造、設置場所によって漏洩、氾濫、蒸散の程度は異なり、水源を汚染する可能性がある。

混育農場 (diversified farm)　家畜も作物も育てる農場。より一般には、複数の作物を育てる農場ないし作物と家畜を育てる農場を指す。

酸欠水域 (dead zones)　酸素の欠乏した水域。飼料生産に用いられる化学肥料や家畜廃棄物などの栄養分により水環境が冒される（富栄養化する）ことで生じる。ＣＡＦＯから出た汚染物質によってメキシコ湾やアメリカ東海岸沖に酸欠水域が生じ、魚介類は住めなくなった。

散布場（sprayfield）　糞尿貯留施設の近くに広がる土地。液状糞尿が散布される。

仕上げ施設（finishing operations）　出荷前の家畜（肉牛、豚、肉用鶏など）を穀物肥育する施設。大規模な仕上げ施設は通常、ＣＡＦＯである。

上位四社集中度（CR4 = four-firm market concentration）　一産業分野における上位四社の市場占有率。この数値が四〇％を超えていると、その分野では集中化が進み基本的な市場メカニズムが機能しなくなっている可能性が高い。

商品作物（commodity crops）　合衆国連邦政府の農業法タイトルⅠにより、農業補助金の支給対象とされる作物。トウモロコシ、小麦、米、大豆、綿花が含まれる。

食肉処理加工（processing）　屠殺、解体、包装、卸売の作業。

食品悪評禁止法（food disparagement laws=veggie libel laws）　合衆国州議会の可決する法律。生鮮食品、農産物の危険性についての誹謗中傷、デマを取り締まる。この法律が憲法に反するものであるか否かについてはまだ結論が出ていない。

食品安全検査局（Food Safety and Inspection Service）　合衆国農務省の公共保健当局。動物性食品の安全性や健全性、包装とラベル記載事項の適切性を保証する任務を負う。

飼料効率（feed-to-meat conversion rate）　家畜が飼料を体重増加に転換する効率。

飼料要求率（conversion efficiency）　家畜の体重を一定量増加させるのに必要な飼料の割合。

人道的屠殺法（Humane Slaughter Act）　屠殺に際し家畜を失神させるよう定めた一九五八年制定の連邦法。

合衆国で屠殺される動物の九割は鶏であるが、家禽についてはこの法が適用されない。

垂直統合（vertical integration）　企業が生産事業の工程を多段階にわたり統制すること。例えば飼料工場から孵化場、繁殖施設、食肉加工施設、流通販売まで、いわゆる「オギャーからオイシーまで」、「受精時からパッケージまで」を管轄するようなケースがこれにあたる。

気絶ボックス（knock box）　牛屠殺ラインの最初の区画。ここで牛はボルト銃により「失神」処理される。

成長促進剤（growth promoters）　砒素化合物、抗生物質、成長ホルモンなど、家畜の体重増加を加速するため動物工場において使われる飼料添加物。

生物多様性（biological diversity）　一地域内における生物の数と種類の多さ。とくに在来種に重きが置かれる。

生物蓄積（bioaccumulation）　動物の脂肪中に有害物質が蓄積される現象。有害物質を含んだ家畜の脂肪が廃肉処理され、蛋白質サプリメントのかたちで他の家畜に与えられると、食物連鎖の過程で当の有害物質が受け渡される。生物蓄積された有害物質は最終的に動物性食品を介し人間に摂取されることとなる。

専属供給、事前供給確保（captive supply）　食肉会社に経済的優位をあたえる取引契約。この制度により、屠殺、食肉処理、流通を行なう企業は、自社のＣＡＦＯないし契約生産者の飼養する家畜を所有することができる。

耐性供給源（reservoir of resistance）　抗生物質耐性を運搬する遺伝資源の群集。病原性のものもそうでないものも存在する。遺伝資源（耐性遺伝子）を保有し、人に害を及ぼすおそれのある病原体にそれを伝達することがある。

代替畜産（alternative animal production）　ＣＡＦＯではない畜産。牧草地を利用し、飼育密度を充分低く抑えることで周辺の土地が糞尿を安全に吸収できるよう取り計らうなどの持続的農法がこれにあたる。

堆肥散布（nutrient banking）　雪の上に液状の家畜糞尿を散布（スプレー）する投棄法。雪が解けると表面流出を起こすおそれがある。

堆肥注入（manure injection）　家畜糞尿の土壌処理。農場を横切る溝にポンプで注入する。悪臭を抑え、養分を保ち、流出を防ぐ目的で行なわれる。

蛋白質浪費工場（reverse protein factories）　産出する量よりもはるかに多くの動植物性蛋白質を消費する飼養施設。

断尾（docking）　子豚や乳牛の尾を切ること。過密環境、監禁環境の便宜上おこなわれる。

畜産における一般業務の取り締まり免除（CFEs = common farming exemptions）　工場式畜産場の業務を動物虐待防止法の規制対象から免除する州法。家畜に対する非人道的な扱いを正当化するため、畜産業における「一般」業務、あるいは「慣習的」「確立された」「一般に認められている」業務、といった語彙が用いられる。

腸管出血性大腸菌O－157：H7（*E. coli* O157:H7）　穀物肥育された牛およびそのハンバーガーに由来する病原性大腸菌で、毒性が強く死にいたることもある。大流行の発生源がジャックインザボックスのレストランにあることを突き止めた農務省は汚染牛肉の販売を禁止した。

直接補助金（direct subsidy）　生産費用を抑え、あるいは埋め合わせるために支給される補助金。例：農業法により穀物農家に支給される補助金は、穀物の市場価格が生産費用を下回る中、その埋め合わせに使われてきた。

治療量以下の用量（subtherapeutic doses）　病気治療に必要な用量以下の抗生物質。しばしば成長促進のために使われ、細菌の薬剤耐性獲得の原因となる。

低温殺菌（cold pasteurization）　肉製品その他の食品に放射線を浴びせることで殺菌を行なう技術。

点汚染源（point source）　大気汚染、水質汚濁、熱公害、騒音、光害などの発生源となっている特定可能な一地点。

投入物（inputs）　家畜を育てるのに必要とされる資源。飼料、水、エネルギー、インフラ、抗生物質など。

トウモロコシ蒸留粕（distillers grains with solubles）　トウモロコシを発酵させエタノールを製造した際に得られる残滓。安価な畜産飼料として一般的に使われる。排泄物中のアンモニア量をいちじるしく増大させることが示されている。

特定危険部位（SRMs = specified risk materials）　牛の飼料として用いることを禁じられた牛の身体部位。ただし、反芻動物以外に対しては蛋白質サプリメントとして使用することが認められている。生後三〇カ月以上の牛の頭骨、脳、眼球、脊柱の一部、脊髄、三叉神経節、背根神経節、扁桃、回腸遠位部など。

遺伝子導入動物（transgenic animal）　DNA組み換え技術によって他種の遺伝子を導入された遺伝子改変動物。例：乳汁中の蛋白質によって乳房炎の原因である細菌を殺す遺伝子導入乳牛。

妊娠豚用檻（gestation crate）　豚の集約飼育に使われる鉄製の檻。大きさは七フィート×二フィート（約二一〇cm×六〇cm）。繁殖用の雌豚は妊娠期間中ここに収容される――つまり事実上、成熟してから後のほぼ全ての期間を檻の内で過ごす。

農業雨水流（agricultural storm water）　糞尿に汚染された流去水（土中に吸収されず地表面を流れる雨水など）。糞尿散布に使われていた敷地から外部の水源に浸透することがある。

農業法（farm bill）　アメリカの農業政策と経済奨励策を方向づける一群の連邦法。おおむね五年ごとに見直される。

農工複合体（industrial agriculture complex）　生産を多段階にわたり管轄、統制する統一体。例：畜産業では、食肉加工会社、農業団体、企業から資金提供を受けている科学者、業界と癒着した政府代表者および政策立案者からなる。

バイオガス（biogas）　ＣＡＦＯの家畜糞便中のメタンから造られる可燃性燃料。

培養肉（vat meat = cultured meat）　一動物の肉片ではない人工肉（動物の幹細胞などを人工培養して造られる）。試験管肉（in vitro meat）ともいう。野菜からつくられる摸造肉（imitation meat）とは別。

家禽檻（バタリーケージ）（battery cage）　複数の卵用鶏を閉じ込める産業用ケージ。檻のサイズは基本的に一羽につき一フィート四方（約三〇cm四方）未満。

反芻動物飼料禁止令（ruminant-to-ruminant feeding bans）　反芻動物（牛、羊、山羊）のほぼ全ての身体組織について、他の反芻動物の飼料としての利用を禁じた規則。多くの国で採用されてはいるが(訳注1)、法の穴をくぐり抜けてそれらのものが飼料に混入するのを充分ふせげているのか疑問視する専門家もいる。

肥育場（フィードロット）（feedlots）　出荷前の肉牛を数千頭規模で穀物肥育する囲い込み施設。主に屋外であるが部分的に屋根が設けられている場合もある。

富栄養化（eutrophication）　藻類等の増殖とその後の死滅によって引き起こされる水質汚濁。藻類が腐敗する際に大量の酸素が消費され、魚介類は死にいたる。

羽飼料（フェザーミール）（feathermeal）　屠殺した家禽の羽毛を高温高圧処理してつくられる畜産副産物。飼料添加物とされることがある。

プリオン（prion）　ＢＳＥ、狂牛病を引き起こすと考えられている蛋白質。

分娩房（farrowing crates）　出産間近の雌豚が移される檻。子豚を母豚から隔離するために使われる。檻は大変せまく、母豚はただ立つか伏せるかしかできない。

歩行困難動物（downer animal）　甚だしい体調不良、病気、ないし身体障害により自力歩行ができない動物。歩行困難動物の屠殺は合衆国では禁止された。

補助金（subsidies）　生産費用の相殺や市場価格低下の埋め合わせによって特定産業を人為的に後援する給付金〔「直接補助金」、「間接補助金」の項も参照〕。

水増し（plumping）　塩水、海藻、鶏の煮出し汁、豚や牛の廃物などの蛋白質を鶏肉に注入し、肉量と風味を「向上させる」作業。

メチシリン耐性黄色ブドウ球菌（MRSA = methicillin-resistant *Staphylococcus aureus*）　家畜および人間に対する抗生物質の過剰使用によって出現した多剤耐性菌。治療困難で死に至ることもある。

再利用（recycling）　屠殺場のゴミや廃肉処理された動物由来の廃物を家畜に与える慣行。

流出汚物（fugitive manure）　肥溜め池から漏れ出した家畜糞尿。大気中に揮散、あるいは水路に浸入する。

輪牧（rotational grazing）　牧草地で家畜を育て、草地が食い荒らされないよう季節ごとに牧区を移動する放牧形態。移動の頻度は、牧草の種類や環境条件によって決まる放牧の最適レベルにもとづく。

訳注1　反芻動物飼料禁止令の採用国　牛の肉骨粉を牛に与える行為はオーストラリア、カナダ、アメリカ、EU、日本などで禁止されている。但し、カナダとアメリカでは豚、鶏の肉骨粉を牛に与えることは合法であり、この二国とオーストラリアは牛の肉骨粉（特定危険部位を除く）を豚、鶏、魚に与えることを許可している。詳細は食品安全委員会の第八六回プリオン専門調査会会議資料「参考資料2：食品健康影響評価について『牛肉骨粉等の養魚用飼料としての利用について』」の一八ページを参照されたい（https://www.fsc.go.jp/fsciis/meetingMaterial/show/kai20140924pr1 より入手可）。

謝辞

本書は偉大なる人々の功績なしには完成し得なかった。長年にわたりＣＡＦＯシステムと工業的動物性食品産業複合体の過ちに戦いを挑み続けてきた活動家と団体組織、執筆家と出版社、科学者、資金提供者、公益抗弁弁護士――多くの方々に心からの謝意を述べるとともに、もしも我々が思わずここで言及することを忘れてしまった方がいらっしゃれば御寛恕のほどを願いたい。

本書への寄稿、転載を快く承諾し、編集と法的検証、校閲に多くの時間を割いてくださった全ての著者の方々に御礼申し上げる。食品安全センターのレベッカ・スペクター氏、アンドリュー・キンブレル氏は、画期的名著『死を呼ぶ収穫――工業的農業の悲劇（Fatal Harvest : The Tragedy of Industrial Agriculture）』につづき、本企画のための初期調査に大きく貢献してくださった。メアリー・アン・スチュワート氏率いる専任編集チームは時間をかけて推敲に取り組んでくださり、企画御担当のシャロン・ドノバン氏は出版に向けての最終調整をしてくださった。ウォーターシェッド・メディアのクリステン・クラムリー氏、エメット・ホプキンス氏、食品&水ウォッチのパティー・ロベラ氏、ディープ・エコロジー財団のトム・バトラー氏、ジョージ・ウースナー氏には、重要な調査にくわえ編集のサポートもしていただいた。ジャネット・リード・ブレイク氏には校正を、ロジャー・マイヤー氏には厳正な法的チェックを、ブックマターズ社には印刷をしていただいた。

数多くの科学者、業界専門家の方々に専門の見地から御助力いただいた。ケンドラ・キンブラウスカス氏、キャシー・マーティン氏、キャロル・モリソン氏、ヘレン・レッドアウト氏、および、ニュース・リバーキーパー財団のラリー・ボールドウィン氏、ピュー環境計画のデーブ・バード氏、アンドレア・キャバナー氏、ノースカロライナ州立大学のヨハン・バークホルダー氏、ジョン・ホプキンス大学「住みよい未来」センターのボブ・ローレンス氏、ショーン・マッケンジー氏、レオ・ホリガン氏、NASAのダグ・モートン氏、ピーター・グリフィス氏、メアリーランド大学のエイミー・サプコタ氏、「憂慮する科学者同盟」のダグ・グリアン・シャーマン氏、全米人道協会のサラ・シールズ氏、食品&水ウォッチのエラノール・スターマー氏――各氏には大変お世話になった。

ウォーターシェッド・メディアを長きにわたり支援してくださっているジェニー・カーティス氏とガーフィールド財団、およびディープ・エコロジー財団のスタッフ諸氏にも、この場を借りて改めて深謝したい。そして、この大変意欲的な企画に御賛同くださったディープ・エコロジー財団創設者兼代表のダグ・トンプキンス氏と、本書の写真併載姉妹版のグラフィックデザイナーにして私の長い協力者であるロベルト・カルラ氏（我々が最善を尽くして本企画を成し遂げられたのは、これにかける初志を貫いていた彼の御蔭に他ならない）――最後になったが、決して最小ではない感謝の念を、両氏に捧げたい。

――編者、ダニエル・インホフ

出典

本書のエッセイの一部は以下の出版物からの転載である。ここに心からの謝辞を述べたい。「畜産工場」の一部は"Farm Factories," ***The Christian Century***, December 19, 2001 および ***Animal Rights and Human Morality***, © 2006 Bernard E. Rollin, Prometheus Bcoks に掲載されたものを使用。「恐怖工場」は ***The American Conservative***, May 2005 に掲載された"Fear Factories: The Case for Compassionate Conservatism—for Animals"より一部改編。「冷やかな兇行」は Hildegarde Hannum 編 Twentieth Annual E. F. Schumacher Lectures, October 2000, Salisbury, Conneticut, © 2000, 2004, E. F. Schumacher Society and Andrew Kimbrell の講義より一部改編。「農牧を復活させる」は ***The Way of Ignorance: And Other Essays***, © ***2006 Wendell Berry*** より抜粋（出版社 *Counterpoint* より転載許可）。「人間、動物の頂点？」は ***Other Creations: Rediscovering the Spirituality of Animals***, © 1997 Christopher Manes より転載（Random House Inc. 傘下 Doubleday より転載許可）。「肥育牛の一生」は"Power Steer," ***The New York Times Magazine***, March 31, 2002 より一部改編。「豚の親分」は"Boss Hog," ***Rolling Stone***, December 14, 2006 より一部改編。「過ぎゆく鶏を見送りながら」は ***Chicken: The Dangerous Transformation of America's Favorite Food***, © 2005 Steve Striffler, Yale University Press より抜粋。「不人情の乳液」は ***Milk: The Surprising Story of Milk Through the Ages, with 120 Adventurous Recipes That Explore the Riches of Our First Food***, © 2008 Anne Mendelson より一部改編（Random House Inc.

傘下 Alfred A. Knopf より転載許可)。「浮かぶ豚舎」は "Fish Farming's Growing Dangers" by Ken Stier, *Time*, September 19, 2007 より1部改編。「マクドナルドおじいさんのゆかいな多様性」は ***Taking Stock: The North American Livestock Census,*** © 1994 D. E. Bixby, C. J. Chirstman, C.J. Ehrman, and D. P. Sponenberg, McDonald and Woodward Publishing Company より1部改編。「搾り尽くされて」は "From Concentrate: How Food Processing Got into the Hands of a Few Giant Companies," *Grist*, May 2007 より1部改編。「農場から工場へ」は ***Waterkeeper Newsletter,*** Spring 2006 より転載。「汚れた肉」は *The Nation*, August 29, 2002 より転載。「CAFOは皆のすぐそばに」は ***Beyond Factory Farming: Corporate Hog Barns and the Threat to Public Health, the Environment and Rural Communities***, Canadian Centre for Policy Alternatives, 2003 掲載の "Industrial Agriculture, Democracy and the Future" より1部改編。「薄切りにしてサイの目にして」は ***Diet for a Dead Planet: Big Business and the Comin Food Crisis,*** © 2004, 2006 Christopher D. Cook より抜粋（The New Press より転載許可）。「温かな惑星のミートの食卓」は ***Diet for a Hot Planet,*** © 2010 Anna Lappé より1部改編（Bloomsbury USA より転載許可）。「核の肉」は1部 Center for Food Safety の刊行物 ***Food Safety Review*** より、他は Public Citizen and Food and Water Watch の刊行物より転載。「持続可能性を目指して」は ***Journal of Hunger and Environmental Nutrition,*** Volume 3, Issues 2 & 3 および Pew Commission on Industrial Farm Animal Production の報告書 ***Putting Meat on the Table: Industrial Farm Animal Production in America,*** April 2008 より1部改編。「善き農家」は ***Pig Perfect: Encounters with Remarkable Swine and Some Great Ways to Cook Them,*** © 2005 Peter Kaminsky より抜粋（著作権保有者 Hyperrion より転載許可）。「解体」は ***Meat Market: Animals, Ethics, and Money,*** © 2005 Erik Marcus, Brio Press より抜粋。

訳者あとがき

本書（原題『ＣＡＦＯ読本――産業的動物工場の悲劇』）は現代の動物性食品産業の実態、とりわけ身動きもままならない檻や囲いに動物を集約監禁し、工業的手法をもって生産管理にあたるという「工場式畜産業」の諸問題を網羅的に告発した意欲作である。執筆陣には動物擁護活動家、環境学者、ジャーナリスト、それに農家、シェフ、哲学者までもが名を連ね、更には『ファストフードが世界を食いつくす』の著者エリック・シュローサーや『雑食動物のジレンマ』のマイケル・ポーラン、映画『フード・インク』に登場するジョエル・サラティンなどの著名人も加わっている。多様な書き手がそれぞれの最も得意とするアプローチによって工場式畜産業に光を当て、硬軟おりまぜ簡潔に問題点をまとめ上げた成果は、さながら動物性食品産業の百科全書ともいうべき作品に結実した。

食品産業の暗部を暴いた書籍はこれまでにも数多く刊行されてきたが、そのほとんどは食品安全の危機を伝える警告の書であった。対して本書は、件（くだん）の産業に伴うものが消費者の健康問題に留まらず、政治問題、環境問題、労働者の人権問題、そして何より、考えられる限り最悪の動物虐待という深刻な倫理問題にまで及ぶことを明らかにする。その上で提起するのは、こうまで飼育動物と自然、貧困者を苦しめながら、それでもこの悪しき産業を支えていていいのか、食を生産し消費する者としての我々の責任は何か、という問いである。ゆえにこれは多角的包括的な作でありながら、本質は倫理の書といっていいだろう。

ところで、工場式畜産の起源についてバーナード・ローリンは「人間生来の残忍性や無神経に由来するものではなく、農業の本質が変化したことによる予期せざる副産物だった」と説くが、動物搾取の歴史を振り返るに、問題の根は農業の工業化よりも更に深いところにあるのではないかとも疑われる。

数千年前の考古学遺跡からは、飼い馴らしという風習が始まった当時から飼育動物たちが栄養不良や種々の伝染病、極度のストレスに苦しめられていた証拠が見付かっており、青銅時代の羊や山羊は度重なる搾乳によってカルシウム不足になり骨粗鬆症に陥っていたことが明らかになっている。[注1] 大規模採卵場は古代エジプトに遡り、集約養鶏場はローマに始まった。[注2] 現存する伝統的な牧畜文化においても、棘の付いた轡を子牛に噛ませ乳を飲めないようにする、逃亡を防ぐため豚の目玉を刳り出すといった残酷な家畜管理がみられる。[注3] 地域によって程度の差はあれ、人間は古来より人間以外の動物を容赦なく搾取してきた。

もとより存在したこの種差別文化を科学的な言葉で置き換えたのが近代である。「知は力なり」の理念に端を発する近代科学は、地球上のあらゆる生物存在、無生物存在の利用によって「人間帝国」の拡大を図らんとする、先人達の支配者願望が生んだ発明品だった。実証科学の父であるフランシス・ベーコンにとって自然は屈服させるべき「娼婦」であり、近代化学の祖であるロバート・ボイルにとって全世界は人間の「倉庫」「愚かで、生命なき地球」と映った。[注4]『実験医学序説』を著わしたクロード・ベルナールにとって、生物学の目標は「生命現象の発現を支配すること」にあった。[注5] この傲慢な科学の父祖達からすれば、人間が「動

注1　David A. Nibert, *Animal Oppression and Human Violence: Domesecration, Capitalism, and Global Conflict* (Columbia University Press, 2013)

注2　Karen Davis, *Prisoned Chickens Poisoned Eggs: An Inside Look at the Modern Poultry Industry REVISED EDITION* (Book Publishing Company, 2009)

注3　チャールズ・パターソン著、戸田清訳『永遠の絶滅収容所――動物虐待とホロコースト』（緑風出版、二〇〇七年）

物の頂点」であること、また動植物が人間に奉仕すべき下等な存在であることは、疑う余地なき真理だったのだろう。クリストファー・メインズの批判する人間至上の進化論図式も、人間のみが意識や知性を持つとするまことしやかな教説も、この傲慢の伝統があればこそ定着した。工場式畜産と並んで、現在この上なく卑劣な動物虐待を組織的に行なっているのが自然科学者であるのは偶然ではあるまい。のみならず、誕生当初から今日まで支配の学、生産の学であり続けた自然科学こそが、監禁畜産（および本書第六部のまとめる奇怪な生命操作の数々）の技術的土台を築き上げたのである。

これと並行して資本主義が発達し、二〇世紀に入って低価格化競争が起こり、「安かろう悪かろう」のあり方に消費者が納得する傍ら、かつて以上の皺寄せが社会的弱者、すなわち貧困者と、人間以外のあらゆる生きものの元へ及ぶこととなった。利益と道徳が天秤にかけられると常に前者に軍配が上がる。かくしてアンドリュー・キンブレルいうところの「冷ややかな三位一体」が出揃い、「冷ややかな兇行」の最先鋭、工場式畜産が産声を上げた。

このように考えると、古くからの畜産慣行とその根底にあった動物観が、世の工業化と産業化に力を得て、予期せざるどころか至るべくして至った究極点が動物工場であるように思われ、生来か否かはいざ知らず、太古以来の人間が持ち続けてきた種差別的な残忍性、無神経こそがその形成において大きな役回りを演じてきたとの感が拭えない。

ひるがえって日本はどうか。日本人は生きものを大事にする、日本人は西洋人のように残酷ではない、と思いたくなる人々は少なからずいるであろうが、あいにく、現状を示す僅かなデータを挙げるだけでも、この幻想を打ち砕くには充分な説得力になる。わが国は今や世界最大の畜産物輸入国、(注6)水産物輸入国であり、(注7)大手食肉会社からマグロ養殖場まで、各国の動物工場産業を直接に潤している。国内の家畜もアメリカより幸福ということはなく、例えば豚は九割近くが妊娠豚用檻（ストール）で飼われ、断尾も八割強の、歯切りも六割強の養豚場で行なわれる。（注8） 乳牛の七割は繋ぎ飼いで自由を奪われ、一割は金属製の固定枠（スタンチョン）に首を挟まれ特に苦しい生を味わっている。（注9） 卵用鶏も九割以上が家禽檻（バタリーケージ）に暮らし、（注10） 雄は肉用としても適さないので箱詰めや袋詰めの形で産業廃棄物にされる。抗生物質の乱用は野放しであり、自然に反した飼育をしている証拠には日本でも狂牛病が発生した。こうした食料生産が「必要悪」ですらないという点については本書が

注4　桜井徹「一七世紀ヨーロッパにおける環境観の変動」竹下賢、平野敏彦、角田猛之編『トピック法思想 羅針盤としての歴史』（法律文化社、二〇〇〇年）

注5　クロード・ベルナール著、三浦岱栄訳『実験医学序説』（岩波文庫、一九三八年）には、「生物学において、これらの条件［生命現象の存在条件、近接原因］が知られるようになれば、（略）生理学者も生命現象の発現を支配することが出来るようになるだろう」（一〇四頁）とある。さすがに気がとがめたのか、直後には「それだからと言って、実験家が生命そのものを左右するということにはならないだろう」と付け足されているが、現実の歴史において実験家が無数の生命を左右したことは言うまでもない。

注6　Food and Agriculture Organization of the United Nations, Economic and Social Development Department. *World agriculture: towards 2015/2030: An FAO perspective*. (Rome: FAO, 2013), 91, 92.

注7　国連食糧農業機関発行、国際農林業協働協会訳「世界漁業・養殖業白書２０１０ 日本語要約版」(http://www.jaicaf.or.jp/fao/publication/shoseki_2011_2.pdf)

注8　公益社団法人畜産技術協会「平成二六年度国産畜産物安心確保等支援事業（快適性に配慮した家畜の飼養管理推進事業）豚の飼養実態アンケート調査報告書」（平成二七年三月）によれば、妊娠豚用檻の使用率は八八・六%、断尾、歯切りの実施率はそれぞれ八一・五%、六三・六%である（歯切りの道具はニッパーが九四・一%を占める）。

注9　畜産技術協会「平成２６年度国産畜産物安心確保等支援事業（快適性に配慮した家畜の飼養管理推進事業）乳用牛の飼養実態アンケート調査報告書」（平成二七年三月）によれば、搾乳牛の飼養方法はスタンチョンでの繋ぎ飼いが一九・四%、それ以外の繋ぎ飼いが五三・五%であり、計七二・九%になる。

注10　国際卵業協会（International Egg Commission）の二〇一三年会議では、日本の卵用鶏飼育状況について、ケージ飼い九六・二%、鶏舎での平飼い三・一%、放し飼い〇・七%という数値が報告されている。

不足なく説き明かしているが、そうでなくとも世界でつくられる食料の三分の一から二分の一は人に消費されることなく処分され、[注11]なかでも日本は一人当たりの食品ゴミ排出量がアメリカや中国を抜いて世界一なのであるから、動物は明らかに無駄に苦しめられ、無駄に殺され、無駄に捨てられている。[注12]それを外野から批難するのは誰にとっても容易(たやす)いが、一方でスーパーマーケットの安い肉、乳、卵、魚介を買い求め、一方でファミリーレストランやファストフード店の動物料理を山のように頬張っている間は「我々は共犯者以外の何者でもない」。むしろ安さを喜ぶ消費者こそが効率追求に明け暮れる監禁畜産を促すのであって、需要をつくりだす側の責任を問わぬまま業者だけに改善を求めても、それは欺瞞か自己満足に終始するだろう。

　本書の著者らは動物性食品の消費そのものを否定してはいない。当面の問題はそれ以前のところにある。どこの文化でもない、そもそも文化的ですらない野蛮な営みが、ただ勘定が安い商品を提供するという一点で大衆の支持を集めている、それがとんでもないことだと訴えるのである。では我々はどうすればよいか、という話になるが、具体案は第七部が様々に論じている。農業従事者自身による具体的な提言もあれば、市民運動に対する新機軸の提示もある。アメリカの状況を見据えた議論も日本の制度を変えていく上で参考になるであろうし、個人で今日からできることも多々紹介されている。但し、どうあれ動物性食品の消費を減らす必要があるのは変わらず、また現在のように消費者と生産者の物理的距離が開いていると、問題のない畜産物、水産物を見付けるのは難しい。平飼い卵といっても鶏舎一杯に溜まった糞の山に鶏が暮らしていることもあり、農産物の共同購入グループにしても健康や環境への配慮を謳っていながら堂々と工場式畜産の産物を売っていることがある。[注13]業者のいう「家畜の健康に配慮した飼育法」という言葉ほど信頼ならないものはない。そして、いかに人道的であれ畜産は大なり小なり残酷な面を持ち、家畜はいずれも最終的に屠殺される運命にあることを思えば、私たちは本書で推奨されている牧草地畜産をも一通過点と捉え、いずれは

これを超えて菜食へと向かうべきであろうと訳者は考える。(注14)

菜食というと厳しい自己抑制や高貴な道徳心を必要とするように思われているきらいがあるが、そう大それたものでもない。肉の触感が忘れがたければ大豆でできたソイミートや野菜でつくられたハンバーグ、ナゲットもある。ネット注文もできる中一素食店(なかいちそしょくてん)・健福(チエンフー)には味も触感も本物そっくりの肉もどき、魚もどき加工食品が揃い、マクロビオティック料理店のケーキは従来の乳や卵を使ったケーキと瓜二つの味がする。無論、健全な食を求めるのであれば野菜そのものも厳選したいところで、無農薬・無肥料野菜のみを扱う宅配便「自然栽培そら」は間違いなく一番だが、東京在住であれば自然食糧品店グルッペの無農薬野菜もある。

注11　Anthony D. Barnosky, *Dodging Extinction: Power, Food, Money, and the Future of Life on Earth* (University of California Press, 2014)

注12　フィリップ・リンベリー、イザベル・オークショット著、野中香方子訳『ファーマゲドン――安い肉の本当のコスト』(日経BP社、二〇一五年)によると、毎年世界で捨てられる肉の量を家畜の数で表わした場合、牛五九〇〇万頭、豚二億七〇〇〇万頭、鶏一一六億羽になるという。

注13　例えば環境配慮が売り物の大手生協パルシステムだが、その宣伝している群馬県の林牧場は妊娠豚用檻も抗生物質も遺伝子組み換え「不分別」飼料も使う大規模養豚場であり、施設の飼育担当者に豚の飼育環境について詳細を尋ねたら、話の途中で電話を切って三秒後には着信拒否という対応であった(パルシステムも生産者保護に回り質問には一切答えない)。

注14　アメリカでは既に「人道的屠殺」や「人道的畜産」といった概念が欺瞞であるとして厳しく批判されている現状がある(Hope Bohanec and Cogen Bohanec, *The Ultimate Betrayal: Is There Happy Meat?*, iUniverse, 2014など)。牧草地畜産であっても、例えば矮小児の豚は商品にならないという理由で叩き潰され、乳牛の母子は人間の都合で早期に分け隔てられ、屠殺場は往々にして工場式畜産場の動物たちが向かう先と同じである、といった事実は知らされねばならない。しばしば「植物なら食べても倫理的に問題ないのか」と問う声が聞かれるが、本書が論じるごとく、家畜の飼料効率の都合から余計に植物が費やされているのだから、菜食は逆に植物の犠牲を減らすことにもつながる。

良質のものを選ぶよう努めていれば、そのうち肉料理の脇役だった野菜が実はこんなに美味しかったのかと気付くこともあろう。食の楽しみは減るどころかむしろ増え、しかもそれが無駄な犠牲を確実に減らす非暴力運動になる。重要なのは、消費者の選択次第で食と農は善くも悪くもなり得るということであり、健全なもの、最善のものを選ぶ各人の努力が欠かせない。フォークの一票をどこに投じるかが、動物も植物も含め、私たち皆の未来を決定する。

＊

最後になりましたが、翻訳作業に当たり多岐に渡る語学上の質問に快くお答えくださったマイク・ミルワード先生（上智大学外国語学部英語学科）、貴重な御指導と御教示により訳注の完成度を高めてくださった大橋容一郎先生（上智大学文学部哲学科）、膨大な資料の中から特に本企画に沿った写真を厳選して御提供くださったPETA（動物の倫理的扱いを求める人々の会）のジェニー・ウッドさん並びに視聴覚部門のスタッフ各位、同じく、社会正義の活動では料金を要求しないといって惜しみない写真資料の開示、御提供をしてくださったトロント・ピッグ・セーブのアニタ・クラージンさん、厳しい出版不況が続く中、このような大部の書籍の刊行に御尽力くださった緑風出版の高須次郎氏、拙い表現に徹底した検討と修正を加えてくださった高須ますみ氏、組み版から写真挿入まで綿密かつ正確な編集作業をしてくださった斎藤あかね氏に、また、精神面と生活面と、両面で日々この至らぬ息子を支えてくれる母にも、この場を借りて厚く御礼申し上げます。

[82] Food Security Act of 1985, 16 U.S.C. § 3839
[83] United States Department of Agriculture, Economic Research Service, ***2008 Farm Bill Side-by- Side:*** "Title II: Conservation" and "Miscellaneous."

解体
[1] David W. Moore, "Public Lukewarm on Animal Rights," Gallup News Service, May 21, 2003.
[2] Glynn T. Tonsor, Christopher Wolf, and Nicole Olync, "Consumer Voting and Demand Behavior Regarding Swine Gesttion Crates," ***Food Policy*** 34 (2009) 492-98.
[3] Moore, "Public Lukewarm on Animal Rights."
[4] People for the Ethical Treatment of Animals (PETA), "Legislation Prohibiting or Restricting Animal Acts," September 21, 2005.
[5] Humane Society of the United States, "Ballot Measures on Animals Protection Since 1990."
[6] GoVeg.com, "Seaboard Farms Investigation."
[7] "Three Men Plead Guilty to Animal Abuse in Beating Calf," Associated Press, July 26, 2002.
[8] Organic Trade Association, "Industry Statistics and Projected Growth."
[9] "How Many Vegetarians Are There?" ***Vegetarian Journal***, May 15, 2009.
[10] "The Most Expensive Free Lunch," NoJunkFood.org, October 14, 2008.
[11] Institute of Medicine of the National Academies, Food and Nutrition Board, Committee on Nutrition Standards for National School Lunch and Breakfast Programs, School Meals: Building Blocks for Healthy Children, ed. Virginia A. Stallings, Carol West Suitor, and Christine L. Taylor (Washington, DC: National Academies Press, 2009).
[12] Jennifer Talhelm, "Report: Public Lands Grazing Costs $123 Million a Year," Trib.com, November 1, 2005.

農家の縛り
[1] Elizabeth Gudrais, "Flocking to Finance," ***Harvard Magazine***, May-June, 2008, 18-19.

2009, submitted for the record, July 13, 2009, Washington, DC.
[66] Directive 81/602/EEC; Directive 88/146/EEC; Directive 88/299/ EEC.
[67] Renee Johnson and Charles E. Hanrahan, "The U.S.-EU Beef Hormone Dispute," Cong. Res. Service (2009). この情報は文書要約に記載。
[68] Council Directive 91/676/ EEC of December 12, 1991, concerning the protection of waters against pollution caused by nitrates from agricultural sources.
[69] Agricultural and Rural Development, "Agriculture and Climate Change," European Commission.
[70] Pew Commission, ***Putting Meat on the Table***, 77（注25参照）.
[71] Bailey Norwood, "Research in Farm Animal Welfare Development," Oklahoma State University Department of Agricultural Economics.
[72] Pew Commission, ***Putting Meat on the Table***, 38（注25参照）.「工業的畜産に関するピュー委員会」は次のように結論する。「丁寧に世話をされ、自然な行動と身体的必要の面で最低限の便宜が図られている場合、食用家畜はより健康になり、人間が消費する上でもより安全になる」。こう考えられるのは家畜が病気に罹る可能性が減るからであり、その点について報告書は更にこう述べる、「工業的畜産において一般化している過密監禁飼育は動作と自然な行動を極度に制限し、動物は体の向きを変えることも歩くこともできない。（略）この環境によるストレスは家畜を病気に罹りやすくし、病気の蔓延もうながすものと考えられる」(Pew Commission, ***Putting Meat on the Table***, 13)。
[73] Margaret Mellon, Charles Benbrook, and Karen Lutz Benbrook, ***Hogging It: Estimates of Antibiotic Abuse in Livestock*** (Cambridge, MA: Union of Concerned Scientists, 2001), xiii.
[74] Pew Commission, ***Putting Meat on the Table***, 15.
[75] Guidance #152, Evaluating the Safety of Antimicrobial New Animal Drugs with Regard to Their Microbiological Effects on Bacteria or Human Health Concern.
[76] Kharfen, "Denmark' s Phase-Out of Antibiotics in Livestock and Poultry" (注63参照).
[77] Guidance #152.
[78] Elanor Starmer and Timothy A. Wise, ***Feeding at the Trough: Industrial Livestock Firms Saved $35 Billion from Low Feed Prices***, Policy Brief No. 07-03 (Medford, MA: Tufts University Global Development and Environment Institute, December 2007).
[79] Doug Gurian-Sherman, ***CAFOs Uncovered: The Untold Costs of Confined Animal Feeding Operations*** (Cambridge, MA: Union of Concerned Scientists, April 2008), 31.
[80] Timothy Searchinger, Ralph Heimlich, R. A. Houghton, Fengxia Dong, Amani Elobeid, Jacinto Fabiosa, Simla Tokgoz, Dermot Hayes, and Tun-Hsiang Yu, "Use of U.S. Croplands for Biofuels Increases Greenhouse Gases Through Emissions from Land-Use Change," ***Science*** 319 (2008): 1238-40.
[81] Agricultural Marketing Resource Center at Iowa State University.

加盟国は規則を施行するための国内法を要さない。指令は特定の加盟国にのみ適用される。その主要目的は加盟国の国内法を指令の内容に合わせ調整することにある。決定は特定問題についての取り決めであり、拘束力は特定の個人ないし加盟国など、関係者に絞られる。

[51] Application of Community Law, "What Are EU Directives?" European Commission. EUの指令は加盟国によって達成されるべき目標の概略を示す。加盟国はその目標に向け国内法を整備することになるが、その方法は任意とされる。指令は一国ないし数カ国、もしくは加盟国全てを対象とすることもある。国内法の整備期限が定められ、各国は現在の状況を目標に合わせて改め、国内法によってそれを達成する猶予を与えられる。各国がより厳しい法律を発効することも認められている。指令に加え、EUは加盟国の採択手続きや修正を要さず直接に適用できる規則も用いることに注意されたい。例えば一般化学物質規制のREACHは指令ではなく規則である。

[52] European Convention for the Protection of Animals Kept for Farming Purposes, March 10, 2006.

[53] European Commission, "A New Animal Health Strategy (2007-2013) for the European Union Where Prevention Is Better than Cure," September 19, 2007.

[54] Commission Directive 2001/88/EC of October 21, 2001, amending directive 91/630/EEC laying down the minimum standards for the protection of pigs.

[55] Commission Directive 2001/93/ EC of November 9, 2001, amending directive 91/630/EEC laying down minimum standards for the protection of pigs.

[56] Council Directive 2007/43/ EC of June 28, 2007, laying down minimum rules for the protection of chickens kept for meat production at Article (3)(2).

[57] Council Directive 1999/74/ EC of July 19, 1999, laying down the minimum standards for the protection of laying hens at Chapter II, Article 5 (2).

[58] Norwegian Animal Welfare Act, No. 73 of December 20, 1974.

[59] The Welfare of Farmed Animals: (England) Regulations 2007.

[60] Council Directive 2008/119/ EC of December 18, 2008, laying down minimum standards for the protection of calves.

[61] Commission of the European Communities, Proposal for a Council Regulation on the Protection of Animals at the Time of Killing, 2008.

[62] Food Market Institute, "Low-Level se of Antibiotics in Livestock and Poultry."

[63] Michael Kharfen, "Denmark' s Phase-Out of Antibiotics in Livestock and Poultry Has Protected Health and Not Hurt Farmers, World Health Organization Concludes," Keep Antibiotics Working Campaign, 2003.

[64] Food Market Institute, "Low-Level se of Antibiotics in Livestock and Poultry."

[65] "Danish Ban on Antibiotics Proves Successful," *Food Production Daily*, May 5, 2003; Testimony of Dr. Frank Møller Aarestrup and Dr. Henrik Wegener, National Food Institute Technical University of Denmark, Søborg, Denmark, for the U.S. House of Representatives Committee on Rules. Hearing on H.R. 1549, the Preservation of Antibiotics for Medical Treatment Act of

Humane Society of the United States.

[30] J. Miller, "The Regulation of Animal Welfare in Food Production" (written work requirement, Harvard Law School), 51; David J. Wolfson and Mariann Sullivan, "Foxes in the Henhouse: Animals, Agribusiness, and the Law: A Modern American Fable," in Cass R. Sunstein and Martha C. Nussbaum, ***Animal Rights: Current Debates and New Directions*** (Oxford, England: Oxford University Press, 2004), 208.

[31] 例えば ***New Jersey Soc. for the Prevention of Cruelty to Animals v. NJ Dept. of Ag.***, 196 N.J. 366 (N.J., 2008) などを参照。

[32] Erik Marcus, ***Meat Market: Animals, Ethics, and Money*** (Boston: Brio Press, 2005), 57.

[33] Nev. Rev. Stat. Ann § 574.200.6 (2007).

[34] Marcus, ***Meat Market***, 58.　弁護士 David J. Wolfson との個人対談を引用。

[35] N.J. Society, 196 N.J. at 366.

[36] ***Id.*** At 399-402

[37] これは環境法と対照的である。多くの環境法では「市民訴訟」条項と呼ばれる民間司法長官の規定があり、政府が行動を怠っている場合には第三者機関が違法行為を取り締まることが認められている。

[38] 7 U.S.C. § 192(b).

[39] United States Department of Agriculture, "USDA Farm Bill Forum Comment Summary and Background: Agricultural Concentration."

[40] Packers and Stockyards Act, 7 U.S.C. § 192 (2007).

[41] 7 U.S.C. § 192 (b).

[42] ***London v. Fieldale Farms Corp.***, 410 F.3d 1295, 1304（11th Cir. 2005）（PSAの違反を証明するには、農家は当の違反が競争に負の影響を与えること、ないし与える可能性があることを証明しなくてはならない、とされた）; ***Adkins v. Cagle Foods,*** 411 F.3d 1320, 1324-25（11th Cir. 2005）（被上訴人に差別的意図があったことが証明されていない、とされた）.

[43] ***Wheeler v. Pilgrim's Pride Corp.***, 536 F.3d 455, 456 (5th Cir. 2008).

[44] Oprah's Report on Mad Cow Disease, Oprah Winfrey Show, CBS, April 15, 1996; Sam Howe Verhovek, "Talk of the Town: Burgers v. Oprah," ***New York Times***, January 21, 1998.

[45] Oprah's Report on Mad Cow Disease; ***Texas Beef Group v. Winfrey***, 201 F.3d 680, 683-84（5th Cir. 2000）参照。

[46] Oprah's Report on Mad Cow Disease.

[47] Verhovek, "Talk of the Town: Burgers v. Oprah."

[48] La. Rev. Stat. Ann 3: 4501.

[49] A. J. Nomai, "Food Disparagement Laws: A Threat to Us All" (Free Heretic Publications, 1999).

[50] About EU Law, "Process and Players," ***Europa-EUR-lex***.　合衆国の憲法と違い、EUでは条約（treaty ないし convention）が一次法とされ、それをもとに二次法である規則（regulation）や指令（directive）、決定（decision）が定められる。規則は各加盟国を拘束する一般措置であり、EU内の全ての個人に適用できる。

Osterberg and D. Wallinga, "Addressing Externalities from Swine Production to Reduce Public Health and Environmental Impacts," ***American Journal of Public Health*** 94 (2004): 1703-08.
[14] Clean Air Act, 42 U.S.C. § 7401 et seq.
[15] 42 U.S.C. § 7401(b)(1).
[16] ***Vigil v. Leavitt***, 366 F.3d 1025, 1029 (9th Cir. 2004).
[17] ***Association of Irritated Residents v. Fred Schakel Dairy***, No. 1:05-CV-00707 (E.D.Cal, 2008); ***Association of Irritated Residents v. R Vanderham Dairy, et al.***, No 05-01593 (E.D.Cal, 2008)
[18] Center for Agricultural Air Quality Engineering and Science, "Agricultural Air Pollution Fact Sheet," Texas Agricultural Experiment Station, http://cafoaq.tamu.edu/files/2012/01/AgAir_1.pdf.
[19] R. G. Hendrickson, A. Chang, and R. J. Hamilton, "Co-Worker Fatalities from Hydrogen Sulfide," ***American Journal of Industrial Medicine*** 45 (2004): 346-50.
[20] B. Predicale et al., "Control of H_2S Emission from Swine Manure Using Na-Nitrate and Na-Molybdate," ***Journal of Hazardous Materials Online*** (October 2007); National Institute of Occupational Safety and Health (NIOSH), "Recommendations to the U.S. Department of Labor for Changes to Hazardous Order," Centers for Disease Control and NIOSH (May 2002): 86-88.
[21] Comprehensive Environmental Response, Compensation and Liability Act, 42 U.S.C. § 9601 et seq.
[22] Emergency Planning and Community Right-to-Know Act, 42 U.S.C. § 11001 et esq.
[23] 40 CFR § 302 (2008); 40 CFR § 355 (2008).
[24] 72 Fed. Reg. 73701 (December 28, 2007).
[25] CAFOが公衆衛生に及ぼす影響については多数の報告がある。例えば以下を参照――Pew Commission on Industrial Farm Animal Production, ***Putting Meat on the Table: Industrial Farm Animal Production in America***, A Report of the Pew Commission on Industrial Farm Animal Production (Washington, DC: Pew Charitable Trusts and Johns Hopkins Bloomberg School of Public Health, 2008); Osterberg and Wallinga, Addressing Externalities from Swine Production" (注13参照); S. Sneeringer, "Does Animal Feeding Operation Pollution Hurt Public Health? A National Longitudinal Study of Health Externalities Identified by Geographic Shifts in Livestock Production," ***American Journal of Agricultural Economics*** 91 (2009): 124-137.
[26] ***Waterkeeper Alliance, Sierra Club, Humane Society, Environmental Integrity Project, Center for Food Safety, and Citizens for Pennsylvania's Future v. EPA***, Petition for Review, United States Court of Appeals for the D.C. Circuit, Docket # 09-1017 (January 15, 2009).
[27] Animal Welfare Act, 7 USC § 2131-2159.
[28] Humane Methods of Livestock Slaughter Act, 7 USC § 1901-1906.
[29] Factory Farming Campaign, "Farm Animal Statistics: Slaughter Totals,"

に「hoop barns」と打ち込んで検索）。

法を改める

[1] State of California: Elections, Initial Ballot Argument Against Proposition 2, July 11, 2008.
[2] Ibid.
[3] California Secretary of State, "Californians for Safe Food," Cal-Access Campaign Finance.
[4] Ibid., "2008 Election: State Ballot Measures."
[5] Clean Water Act, 33 U.S.C. § 1251 et seq.
[6] Robert F. Kennedy Jr., "Statement of Robert F. Kennedy Jr., Chairman of Waterkeeper Alliance Before the U.S. House of Representatives," Select Committee on Energy and Climate Change, December 11, 2008.
[7] 水質浄化法のもとでは、許可が必要となるのは「点汚染源」、すなわちパイプ、排水溝、水道など、識別可能な独立した汚染源からの汚染物質排出に限られる（40 C.F.R. § 122.2 [2008]）。「非点汚染源（nonpoint source）」からの汚染、すなわち流出汚染や独立していない地点からの汚染については許可が必要とされず、水質浄化法による規制もない（40 C.F.R. § 122.2 [2008]）。ただし非点汚染源からの汚染物質が州の指定した汚染水路に流入した場合は例外とされ、州は特定の汚染物質に対し日別最大負荷総量（TMDL）を設定することが認められている（40 C.F.R. § 130.7 [2009]）。したがって水質浄化法にもとづく汚染監視では、CAFOなどの汚染発生施設を点汚染源として取り締まり、同法にもとづく許可の取得を義務付けることが重要となる。
[8] ***Waterkeeper Alliance v. EPA***, 399 F.3d 486, 506 (2d Cir. 2005).
[9] 40 C.F.R. § 122.23(e) (2008).
[10] 40 C.F.R. § 122.23(d)(2) (2008). 規則の定義では、「排出」は点汚染源由来の汚染物質を合衆国内の水に添加する行為を指す（40 C.F.R. § 122.2）。
[11] Tony Bennett et al., "Livestock Report 2006" (Rome: Food and Agriculture Organization of the United Nations, 2006); Robert Goodland and Jeff Anhang, "Livestock and Climate Change: What If the Key Actors in Climate Change Are . . . Cows, Pigs, and Chickens?" ***World Watch Magazine*** (November/December 2009), 11.
[12] 環境保護庁の明言したところでは、低酸素状態をつくりだすシステム（例えばCAFOに一般的な液体貯留システムなど）で保管ないし処理された排泄物は、分解によって大量のメタンを発生させる。それによって温室効果ガスの排出が増え、CAFOの肥溜め池近辺に集中が起こる。排泄物が固形処理され、牧草地や放牧場へ適切な方法で投棄されれば、メタンの排出は最小限に抑えられる。例えば U.S. Environmental Protection Agency, "U.S. Greenhouse Gas Inventory Report: U.S. Greenhouse Gas Emissions and Sinks: 1990-2007: Agriculture" (2009) や Ad Hoc Committee on Air Emissions from Animal Feeding Operations, ***Air Emissions from Animal Feeding Operations: Current Knowledge, Future Need*** (Washington,DC: National Academies Press, 2003), 54 を参照。
[13] D. Marvin, "Factory Farms Cause Pollution Increases," ***Johns Hopkins University Newsletter*** (2004); Ad Hoc Committee, "Air Emissions," 52; D.

[3] Richard Heinberg, *Powerdown: Options and Actions for a Post-Carbon World* (Gabriola Island, BC, Canada: New Society Publishers, 2004); Paul Roberts, *The End of Oil: On the Edge of a Perilous New World* (Boston: Houghton Mifflin, 2005); Steve Sorrell, Jamie Speirs, Roger Bentley, Adam Brandt, and Richard Miller, *Global Oil Depletion: An Assessment of the Evidence for a Near-Term Peak in Global Oil Production* (London: UK Energy Research Centre, August 2009).
[4] National Academy of Sciences, *Understanding Climate Change: A Program for Action*, Report of the Panel on Climate Variations (Washington, DC: National Academy of Sciences, 1975).
[5] Cynthia Rosenzweig and Daniel Hillel, "Potential Impacts of Climate Change on Agriculture and Food Supply," *Consequences* 1, no.2 (Summer 1995).
[6] Lester R. Brown, *Plan B 2.0 Rescuing a Planet Under Stress and a Civilization in Trouble* (New York: Norton, 2006), 42-44.
[7] "A Book Excerpt from *Slow Money: Investing as if Food, Farms, and Fertility Mattered*, by Woody Tasch," *Ode Magazine*, November 2008; Judith D. Soule amd Jon K. Piper, *Farming in Nature's Image: An Ecological Approach to Agriculture* (Washington, DC: Island Press, 1992).
[8] Perry Beeman, "Speakers Say Biofuel Boom Puts Pressure on Water," *Des Moines Register*, October 20, 2007.
[9] "Neb. Republican River Plan n Fast Track," *Denver Post*, September 28, 2009.
[10] W. J. Lewis, J. C. van Lenteren, Sharad C. Phatak, and J. H. Tuminson III, "A Total System Approach to Sustainable Pest Management," *Proceedings, National Academy of Sciences* 94 (November 1997), 12243-44.
[11] Ibid., 12245.
[12] John P. Reganold, Llloyd F. Elliott, and Yvonne L. Unger, "Long-term Effects of Organic and Conventional Farming on Soil Erosion," *Nature* 330 (November 26, 1987) 370-72; John P. Reganold, Jerry D. Glover, Preston K. Andrews, and Herbert R. Hinman, "Sustainability of Three Apple Production Systems," *Nature* 410 (April 19, 2001): 926-30.
[13] Frederick Kirschenmann, "Potential for a New Generation of Biodiversity in Agro-Ecosystems of the Future," *Agronomy Journal* 99, no.2 (March-April, 2007): 375.
[14] Michael P. Russelle, Martin H. Entz, Alan J. Franzluebbers, " Reconsidering Integrated Crop-Livestock Systems in North America," *Agronomy Journal* 99 (2007): 325-34.
[15] Donald C. Lay Jr., Mark F. Haussmann, and Mike J. Daniels, "Hoop Housing for Feeder Pigs Offers a Welfare-Friendly Environment Compared to a Nonbedded Confinement System," *Journal of Applied Animal Welfare Science* 3, no.1 (2000): 33-48.
[16] カマボコ型畜舎の性能に関する広汎な査読済み研究としては www.leopold.iastate.edu を参照されたい（PROGRAMS の ECOLOGY をクリックし、Search の欄

November 11 and 13, 1998, ed. K. M. Ehlermann and Henry Delincée (Karlsruhe, Germany: Federal Nutritin Research Institute; translated from the German by Public Citizen, Washington, DC, February 2001); Henry Delincée, Christiane Soika, Péter Horvatovich, Gerhard Rechkemmer, and Eric Marchioni, "Genotoxicity of 2-Alkylcyclobutanones: Markers for an Irradiation Treatment in Fat-Containing Food," 12th International Meeting on Radiation Processing, Conference Abstracts, March 25-30, 2001, Avignon, France, 148-49.

[14] Mark Worth and Peter Jenkins, ***Hidden Harm: How the FDA Is Ignoring the Potential Dangers of Unique Chemicals in Irradiated Food*** (Washington, DC: Public Citizen and Center for Food Safety, 2001).

[15] Ibid.

[16] ***AEC Authorizing Legislation, Fiscal Year 1970: Hearings Before the Joint Committee on Atomic Energy, Congress of the United States***, April 29-30, 1969 (Washington, DC: Government Printing Office, 1970), 1692.

[17] Shelly Emling, "DOE Finishes $47 Million Cleanup of Plant Contaminated by Cesium," ***Atlanta Journal Constitution***, April 22, 1990.

[18] "Food Irradiation Pioneer Sentenced for Lying to NRC," United Press International, October 12, 1988.

[19] Wenonah Hauter and Mark Worth, ***Zapped: Irradiation and the Death of Food*** (Washington, DC: Food and Water Watch Press, 2008).

[20] Food and Water Watch, "Fact Sheet: Irradiation and Vegetables Don' t Mix."

第七部

序論

[1] Pew Commission on Industrial Farm Animal Production, ***Putting Meat on the Table: Industrial Farm Animal Production in America***, A Report of the Pew Commission on Industrial Farm Animal Production (Washington, DC: Pew Charitable Trusts and Johns Hopkins Bloomberg School of Public Health, 2008), 35.

[2] Chad Smith, "Antibiotic Usage: Our European Observations" (paper presented at the Forty-Seventh Annual North Carolina Pork Conference, Greenville, NC, February 19-20, 2003).

[3] Ibid.

持続可能性を目指して

[1] Jared M. Diamond, ***Guns, Germs and Steel*** (New York: Norton, 2005); ibid., ***Collapse: How Societies Choose to Fail or Succeed*** (New York: Viking, 2005).

[2] Aldo Leopold, "The Outlook for Farm Wildlife," in ***Aldo Leopold: For the Health of the Land***, ed. J. Baird Callicott and Eric T. Freyfogle (Washington, DC: Island Press, 1999), 218.

Based Concerns (Washington, DC: National Academies Press, 2002), 73の議論を参照。

核の肉

[1] U.S. Department of Agriculture, Food and Nutrition Services, "USDA Releases Specifications for the Purchase of Irradiated Ground Beef in the National School Lunch Program," press release, May 29, 2003.

[2] Herbert L. DuPont, "The Growing Threat of Foodborne Bacterial Enteropathogens of Animal Origin," *Clinical Infectious Diseases* 45, no.10 (November 15, 2007): 1353-61.

[3] Felicia Nestor and Wenonah Hauter, *The Jungle 2000: Is America's Meat Fit to Eat ?* (Washington, DC: Public Citizen, 2000)

[4] "Ionizing Radiation for the Treatment of Food," *Code of Federal Regulations*, title 21: Food and Drugs, CFR §179.26 (December 2005).

[5] Nestor and Hauter, *The Jungle 2000: Is America's Meat Fit to Eat ?*

[6] Peter Jenkins and Mark Worth, *Food Irradiation: A Gross Failure* (Washington, DC: Center for Food Safety and Food and Water Watch, January 2006).

[7] D. Anderson, M. J. Clapp, M. C. Hodge, and T. M. Weight, "Irradiated Laboratory Animal Diets: Dominant Lethal Studies in the Mouse," *Mutation Research* 80, no.2 (February 1981): 333-45.

[8] L. Bugyaki, A. R. Deschreider, J. Moutschen, M. Moutschen-Dahmen, A. Thijs, and A. Lafontaine, "Do Irradiated Foodstuffs Have a Radiomimetic Effect ? II. Trials with Mice Fed Wheat Meal Irradiated at 5 Mrad," *Atompraxis* 14 (1968): 112-18.

[9] M. Moutschen-Dahmen, J. Moutschen, and L. Ehrenberg, "Pre-Implantation Death of Mouse Eggs Caused by Irradiated Food," *Journal of Radiation Biology* 18, no.3 (1970): 201-16.

[10] C. Bhaskaram and G. Sadasivan, "Effects of Feeding Irradiated Wheat to Malnourished Children," *American Journal of Clinical Nutrition* 28 (1975): 130-35.

[11] P. R. Le Tellier and W. W. Nawar, "2-Alkylcyclobutanones from the Radiolysis of Triglycerides," *Lipids* 7 (1972): 75-76.

[12] A. V. J. Crone, J. T. C. Hamilton, and M. H. Stevenson, "Detection of 2-Dodecylcyclobutanone in Radiation-Sterilized Chicken Meat Stored for Several Years," *International Journal of Food Science and Technology* 27 (1992): 691-96.

[13] Henry Delincée and B. L. Pool-Zobel, "Geonotoxic Properties of 2-Dodecylcyclobutanone, a Compound Formed on Irradiation of Food Containing Fat," *Radiation Physics and Chemistry* 52 (1998): 39-42; Henry Delincée, B. L. Pool-Zobel, and G. Rechkemmer, "Geonotoxicity of 2-Dodecylcyclobutanone," in *Report by the Bundesforschungsanstalt für Ernährung*, BFE-R-99-01, Food Irradiation, Fifth German Conference,

[22] Ibid.
[23] National Research Council of the National Academies, *Animal Biotechnology: Science Based Concerns* (Washington, DC: National Academies Press, 2002), 12.
[24] FDAは遺伝子組み換え山羊に由来する人用の抗凝血剤ATrynを承認したが、これは糖の成分が本来の物質（アンチトロンビン）と異なり、投与された少数の患者の大部分が深刻な副作用を引き起こしている。のみならず、数少ない試験で製薬を承認するため、FDAは医薬品試験に用いる統計基準Choice of Marginを変更しなければならなかった。
[25] Pew Initiative on Food and Biotechnology, *Biotech in the Barnyard: Implications of Genetically Engineered Animals* (proceedings of a workshop sponsored by the Pew Initiative on Food and Biotechnology, September 24-25, 2002, Dallas, TX).
[26] Ibid.
[27] William M. Muir and Richard D. Howard, "Possible Ecological Risks of Transgenic Organism Release When Transgenes Affect Mating Success: Sexual Selection and the Trojan Gene Hypothesis," *PNAS* 96, no.24 (November 23, 1999): 13853-56.
[28] U.S. Food and Drug Administration, "Guidance for Industry on Regulation of Genetically Engineered Animals Containing Heritable recombinant DNA Constructs," Docket No.FDA-2008-D-0394, *Federal Register* 74, no.11 (January 16, 2009): 3057-58.
[29] "AgResearch Aims to Spread GE Animals Around NZ," press release, August 8, 2008, *Scoop Independent News*. アグリサーチのニュージーランド農業研究センターは、ニュージーランド政府が2008年、クローニング研究への資金を削減した際、代わりに商用の遺伝子組み換え動物研究を一括承認するよう要請した。これは政府の統制を逃れ、業者が無数のGE動物を開発することにつながりかねない。既に同センターはリャマやアルパカ、バッファロー、羊、牛、豚、山羊、鹿、馬の遺伝子改変を行ないたいと公言している。全面承認が適用されれば、ニュージーランドがいずれ遺伝子組み換え動物を輸出に回す可能性は高まるだろう。
[30] Pew Initiative on Food and Biotechnology, "Regulating Genetically Engineered Animals," in *Issues in the Regulation of Genetically Engineered Plants and Animals* (Washington, DC: Pew Initiative on Food and Biotechnology, April 2004).
[31] Ibid.
[32] 2008年12月17日に開かれたUSDA Agriculture for the 21st Centuryの会合にて、FDAの検査を管轄する獣医学者Larissa Rudenko博士は、FDAが既に海外の生産者から輸入許可水準に関する申請を受けていると公表した。
[33] Center for Food Safety, "Not Ready for Prime Time: FDA' s Flawed Approach to Assessing the Safety of Food from Cloned Animals" Center for Food Safety, March 26, 2007を参照。
[34] 遺伝子導入動物が引き起こすおそれのある環境問題についてはNational Research Council of the National Academies, *Animal Biotechnology: Science*

February 6, 2003.

[11] Sylvia Pagán Westphal, "Pigs Out," *NewScientist*, no.2301, July 28, 2001; U.S. Food and Drug Administration, "Reminder to Scientists Involved in Research with Genetically Engineered Animals," *FDA Veterinary Newsletter* 18, no.4 (July/August 2003).

[12] Pew Biotechnology Meeting での対談より。ワシントンDC、2006 年 10 月 18 日。

[13] "FDA Approves Orphan Drug ATryn to Treat Rare Clotting Disorder," press release, February 6, 2009 参照。山羊自体は Genzyme 社によりクローン化された。同社の遺伝子導入動物産業部門は Genzyme Therapeutics 社として独立、後 GTC Biotherapeutics 社と改名。

[14] FDA血液製剤諮問委員会は山羊の乳汁に含まれる薬品の安全性については検査したが、山羊自体の安全性や、200 頭以上の山羊を収容する環境の適切さについては検査しなかった。山羊の環境リスク評価について委員会が得たのは、たった 2 頁の要約に過ぎなかった。

[15] "Birth of 'BioSteel' Goats Marks Major Manufacturing Milestone," Nexia Biotechnologies, press release, January 12, 2000, reprinted by Hidden Mysteries.org.

[16] PHIはオランダの Gene Pharming 社の子会社。"Building to Order: Genetic Engineering," *The Economist*, March 1, 1997, 81 によると、バージニア工科大学の William Velander およびメリーランド州ロックビルにあるアメリカ赤十字社の William Drohan 両氏がプロジェクトに協力したようである。

[17] P. Smith, "A Community Struggles with a Transgenic Animal Facility," *Gene Watch* 13, no.1 (February 2000): 12-13.

[18] Tim Thornton, "Pharming Won' t Process at Tech Corporate Center: Biotech Milk Plan May Be Souring," *Roanoke (VA) Times*, December 16, 2000.
　PHIは代わりにウィスコンシン州マディソンの郊外に Vienna Farms を設置。ここでは初め、医薬品生産のため少なくとも35 頭のGE牛が飼われていた。2008 年 2 月 28 日、Pharming Group NV（"Pharming"）社は、遺伝子導入技術の領域における特許の独占権を取得する目的で Advanced Cell Technology Inc. と実施契約を結んだ旨を発表した（同社はそれ以前に既に非独占的権利を有していた）。これらの特許は元々 Infigen Inc. が有していたもので、広汎な技術が対象となり、例えば遺伝子導入牛作製の基本ステップである体細胞核移植（クローニング）の関連技術もその一つである。この契約により Pharming 社は遺伝子導入牛作製において強大な支配力を行使できるようになり、同時に他社の参入は一層困難となった。

[19] Liangxue Lai, Jing X. Kang, Rongfeng Li, Jingdong Wang, William T. Witt, Hwan Yul Yong, Yanhong Hao, et al., "Generation of Cloned Transgenic Pigs Rich in Omega-3 Fatty Acids," *Nature Biotechnology* 24 (April 1, 2006): 435-36.

[20] ViaGen, "ViaGen Acquires Livestock Pioneer ProLinia: Deal Gives Genetics Company Patent Rights, Contract with World's Largest Hog Producer and New Scientific Talent," press release, June 20, 2003.

[21] Andrew Pollack, "Cancer Risk Exceeds Outlook in Gene Therapy, Studies Find," *New York Times*, June 13, 2003.

Biotechnology: Science Based Concerns (Washington, DC: National Academies Press, 2002), 66.
[33] Jean-Paul Renard, Sylvie Chastant, Patrick Chesné, Christophe Richard, Jacques Marchal, Nathalie Cordonnier, Pascale Chavatte, and Xavier Vignon, "Lymphoid Hypoplasia and Somatic Cloning," *The Lancet* 353, no. 9163 (May 1, 1999): 1489-91.
[34] Karl B. Tolenhoff, ed., *Animal Agriculture Research Progress* (New York: Nova Science Publishers, 2007), 122.
[35] Randolph E. Schmid, "Cloned Meat, Milk Identical to Normal Ones, Study Says," Associated Press, April 12, 2005.
[36] National Research Council, *Animal Biotechnology: Science Based Concerns*, 65 (注32参照).
[37] European Parliament, "MEPs Call for Ban on Animal Cloning for Food," press release, March 9, 2008.

遺伝子組み換え家畜

[1] Scott Gottlieb and Matthew B. Wheeler, *Genetically Engineered Animals and Public Health: Compelling Benefits for Health Care, Nutrition, the Environment, and Animal Welfare* (Washington, DC: Biotechnology Industry Organization, 2008), 9.
[2] S. Clapp, "Pew Report Stimulates Debate over Future of Biotech Regulation," *Food Chemical News* 46, no.8 (April 2004):9-11.
[3] U.S. Food and Drug Administration, Center for Veterinary Medicine, "Regulation of Genetically Engineered Animals Containing Heritable Recombinant DNA Constructs," *Guidance for Industry* 187 (January 15, 2009).
[4] Jeremy Rifkin, *The Biotech Century* (New York: Tarcher Putnam, 1998).
[5] Presentation by Paul B. Thompson, W.K. Kellogg Professor of Agricultural, Food and Community Ethics, Michigan State University: "Ethical Issues in Animal Biotechnology," November 29, 2007, to USDA AC21 Committee. この提案はなかば冗談として発せられたものだが、こうした改変を動物に対する「倫理的」処置として推奨しようとする考えがそこには反映されている。
[6] Reuters, "And This Little Piggy Was Environmentally Friendly," June 24, 1999.
[7] Enviropig 開発者のゲルフ大学名誉教授ジョン・フィリップスとの個人対談より。2008年 11 月 10 日。
[8] Vernon G. Purcel, Carl A. Pinkert, Kurt F. Miller, Douglas J. Bolt, Roger G. Campbell, Richard D. Palmiter, Ralph L. Brinster, and Robert E. Hammer, "Genetic Engineering of Livestock," *Science* 254, no.4910 (1989): 1281-88.
[9] Stephen Nottingham, *Eat Your Genes: How Genetically Modified Food Is Entering Our Diet* (New York: Zed Books, 2003); Tara Weaver, "New Transgenic Pigs eith Lean Pork Potential," USDA Agricultural Research Service News & Events, February 28, 1998.
[10] Associated Press, "FDA Investigates Biotech Pigs," *New York Times*,

J. Robinson, Ian Wilmut, and Kevin D. Sinclair, "Epigenetic Change in IGF2R is Associated with Fetal Overgrowth After Sheep Embryo Culture," *Nature Genetics* 27, no.2 (February 2001): 153-54; John Travis, "Dolly Was Lucky," *Science News* 160, no.16 (October 20, 2001): 250-51.
[13] Jacky Turner, *The Gene and the Stable Door: Biotechnology and Farm Animals*, A Report for the Compassion in World Farming Trust (Hampshire, England: CIWF, 2002), 6.
[14] U.S. FDA, "Animals Health Risks," in *Animal Cloning: A Risk Assessment*, 121 (注2参照).
[15] Ibid., 114.
[16] Ibid., 116.
[17] Travis, "Dolly Was Lucky" (注13参照)
[18] Audrey Cooper, "Cloned Calves Die at California University," *Apologetics Press*, April 3, 2001.
[19] Simon Collins, "Cloned Animals Dying at AgResearch," *New Zealand Herald*, November 14, 2002.
[20] Jose B. Cibelli, Keith H. Campbell, George E. Seidel, Michael D. West, and Robert P. Lanza, "The Health Profile of Cloned Animals," *Nature Biotechnology* 20 (2002): 13-14.
[21] Narumi Ogonuki, Kimiko Inoue, Yoshie Yamamoto, Yoko Noguchi, Kentaro Tanemura, Osamu Suzuki, Hiroyuki Nakamura, et al., "Early Death of Mice Cloned from Somatic Cells," *Nature Genetics* 30 (March 1, 2002): 253-54.
[22] Gina Kolata, "Researchers Find Big Risk of Defect in Cloning Animals," *New York Times*, March 25, 2001.
[23] Helen Pearson, "Adult Clones in Sudden Death Shock: Pig Fatalities Highlight Cloning Dangers," *Nature*, August 27, 2003.
[24] Steve Johnson, "Cloning Prospects Multiplying," *San Jose (CA) Mercury News*, August 23, 2005.
[25] Janet Raloff, "Dying Breeds: Livestock Are Developing a Largely Unrecognized Biodiversity Crisis," *Science News* 152 (1997).
[26] "Duplicate Dinner," *New Scientist*, May 19, 2001.
[27] National Research Council of the National Academies, *Safety of Genetically Engineered Foods: Approaches to Assessing Unintended Health Effects* (Washington, DC: National Academies Press, 2004).
[28] Ibid., 64.
[29] "The Cloned Cow Coming to a Farm Near You," *Guardian Newspapers*, November 15, 2002.
[30] Center for Food Safety, "Not Ready for Prime Time: FDA's Flawed Approach to Assessing the Safety of Food from Animal Clones," Center for Food Safety, March 26, 2007.
[31] Rick Weiss, "Cloned Cows' Milk, Beef Up to Standard," *Washington Post*, April 12, 2005.
[32] National Research Council of the National Academies, *Animal*

[29] Silbergeld et al., "Industrial Food Animal Production," 159.
[30] Ramanan Laxminarayan and Gardner M. Brown, "Economics of Antibiotic Resistance: A Theory of Optimal Use," ***Journal of Environmental Economics and Management*** 42, no.2 (2001): 183-206.
[31] American Public Health Association, "Precautionary Moratorium on New Concentrated Animal Feeding Operations," APHA policy statement, November 18, 2003.
[32] World Health Organization, Department of Communicable Disease Surveillance and Response, WHO Global Strategy for Containment of Antibiotic Resistance (World Health Organization, 2001)
[33] Pew Commission on Industrial Farm Animal Production, ***Putting Meat on the Table: Industrial Farm Animal Production in America***, A Report of the Pew Commission on Industrial Farm Animal Production (Washington, DC: Pew Charitable Trusts and Johns Hopkins Bloomberg School of Public Health, 2008).
[34] Ibid., 61.

フランケン・フード
[1] Pallavi Gogoi, "Why Cloning Is Worth It," Business Week, March 7, 2007.
[2] U.S. Food and Drug Administration, Center for Veterinary Medicine, and U.S. Department of Health and Human Services, ***Animal Cloning: A Risk Assessment***, January 8, 2008.
[3] S. Rhind, W. Cui, T. King, W. Ritchie, D. Wylie, and I. Wilmut, "Dolly: A Final Report," ***Journal of Reproduction, Fertility and Development*** 16, no.2 (January 2, 2004): 156.
[4] U.S. FDA, "Food Consumption Risks," in ***Animal Cloning: A Risk Assessment.***
[5] Ibid., "Executive Summary."
[6] Eric M. Hallerman, "Will Food Products From Cloned Animals Be Commercialized Soon?" ***ISB News Report***, November 2002, 1.
[7] ジョージ・ピエドライータの言葉は "Cloned Pigs Differ From Originals in Looks and Behavior," ***Science Daily, (North Carolina State University)***, April 16, 2003より。
[8] James C. Cross, "Factors Affecting the Development Potential of Cloned Mammalian Embryos," ***Proceedings of the National Academy of Sciences*** 98 ("001): 5949-51.
[9] Rick Weiss, "Human Cloning Bid Stirs Experts' Anger: Problems in Animal Cases Noted," ***Washington Post***, March 7, 2001.
[10] Sharon Begley, "Little Lamb, Who Made Thee?" ***Newsweek***, March 10, 1997.
[11] Gregory M. Lamb, "How Cloning Stacks Up," ***Christian Science Monitor***, July 12, 2006.
[12] Lorraine E. Young, Kenneth Fernandes, Tom G. McEvoy, Simon C. Butterwith, Carlos G. Gutierrez, Catherine Carolan, Peter J. Broadbent, John

[18] F. M. Aarestrup, A. M. Seyfarth, H. D. Emborg, K. Pedersen, R. S. Hendriksen, and F. Bager, "Effect of Abolishment of the Use of Antimicrobial Agents for Growth Promotion on Occurrence of Antimicrobial Resistance in Fecal Enterococci from Food Animals in Denmark," *Antimicrobial Agents and Chemotherapy* 45 (2001): 2054-59.
[19] H. M. Engster, D. Marvil, and B. Stewart-Brown, "The Effect of Withdrawing Growth Promoting Antibiotics from Broiler. Chickens: A Long-Term. Commercial Industry Study," *Journal of Applied Poultry Research* 11 (2002): 431-36; Gay Y. Miller, Kenneth A. Algozin, Paul E. McNamara and Eric J. Bush, "Productivity and Economic Effects of Antibiotics Used for Growth Promotion in U.S. Pork Production," *Journal of Agricultural and Applied Economics* 35, no.3 (December 2003): 469-82.
[20] Ian Phillips, Mark Casewell, Tony Cox, Brad De Groot, Christian Friis, Ron Jones, Charles Nightingale, Rodney Preston, and John Waddell, "Does the Use of Antibiotics in Food Animals Pose a Risk to Human Health? A Critical Review f Public Data," *Journal of Antibiotic Therapy* 53 (2004): 28-52.
[21] Silbergeld et al., "Industrial Food Animal Production" (注7参照).
[22] Kenji Sato, Paul C. Bartlett, and Mahdi A. Saeed, "Antimicrobial Susceptibility of *Escherichia coli* Isolates from Dairy Farms Using Organic Versus Conventional Production Methods," *Journal of the American Veterinary Medical Association* 226, no.4 (2005): 589-94.
[23] Lance B. Price, Elizabeth Johnson Rocio Vailes, and Ellen Silbergeld, "Fluoroquinolone-Resistant *Campylobacter* Isolates from Conventional and Antibiotic-Free Chicken Products," *Environ Health Perspectives* 113 (2005): 557-60; Taradon Luangtongkum, Teresa Y. Morishita, Lori Martin, Irene Choi, Orhan Sahin, and Qijing Zhang, "Effect of Conventional and Organic Production Practices on the Prevalence and Antimicrobial Resistance of *Campylobacter* spp. in Poultry," *Applied and Environmental Microbiology* 72, no.5 (May 2006): 3600-3607.
[24] U.S. Department of Agriculture, Agricultural Research Service, "FY-2005 Annual Report Manure and Byproduct Utilization: National Program 206, May 31, 2006."
[25] Silbergeld et al., "Industrial Food Animal Production."
[26] Ibid., 160.
[27] Ajit K. Sarmah, Michael T. Meyer, and Alistair B. A. Boxall, "A Global Perspective on the Use, Sales, Exposure Pathways, Occurrence, Fate and Effects of Veterinary Antibiotics (VAs) in the Environment," *Chemosphere* 65 (2006): 725-59.
[28] Shawn G. Gibbs, Christopher F. Green, Patrick M. Tarwater, Linda C. Mota, Kristina D. Mena, and Pasquale V. Scarpino, "Isolation of Antibiotic-Resistant Bacteria from the Air Plume Downwind of a Confined or Concentrated Animal Feeding Operation," *Environ Health Perspectives* 114, no.7 (July 2006): 1032-37.

[3] U.S. Centers for Disease Control and Prevention, "Leading Causes of Death, 1900-1998."
[4] Ibid., "Achievements in Public Health, 1909-1999: Control of Infectious Diseases," *Morbidity and Mortality Weekly Report* 48, no.29 (July 30, 1999): 621-29.
[5] Ibid.
[6] World Health Organization, *Overcoming Antimicrobial Resistance: World Health Report on Infectious Diseases 2000.*
[7] Ellen K. Silbergeld, Jay Graham, and Lance B. Price, "Industrial Food Animal Production, Antibiotic Resistance, and Human Health," *Annual Review of Public Health* 20 (2008): 151-69.
[8] Xander W. Huijsdens, Beatrix J. van Dijke, Emile Spalburg, Marga G. van Santen-Verheuvel, Max EOC Heck, Gerlinde N Pluister, Andreas Voss, Wim JB Wannet and Albert J de Neeling, "Community-Acquired MRSA and Pig-Farming," *Annals of Clinical Microbiology and Antimicrobials* 5 (2006): 26.
[9] Taruna Khanna, Robert Friendship, Cate Dewey, and Scott Weese, "Methicillin-resistant *Staphylococcus aureus* colonization in pigs and pig farmers," *Veterinary Microbiology*, 128, nos.3-4 (2008): 298-303.
[10] Tara C. Smith, Michael J. Male, Abby L. Harper, Jennifer S. Kroeger, Gregory P. Tinkler, Erin D. Moritz, Ana W. Capuano, Loreen A. Herwaldt, and Daniel J. Diekema, "Methicillin-resistant *Staphylococcus aureus* (MRSA) Strain ST398 Is Present in Midwestern Swine and Swine Workers," *PLoS ONE4*, no.1 (January 2009).
[11] R. Monina Klevens, Melissa A. Morrison, Joelle Nadle, Susan Petit, Ken Gershman, Susan Ray, Lee H. Harrison, et al., "Invasive Methicillin-resistant *Staphylococcus aureus* Infections in the United States," Journal of the American Medical Association 298 (2007): 1763-71.
[12] Ibid.
[13] Margaret Mellon, Charles Benbrook, and Karen Lutz Benbrook, *Hogging It: Estimates of Antibiotic Abuse in Livestock* (Cambridge, MA: Union of Concerned Scientists, 2001).
[14] James Krieger and Donna L. Higgins, "Housing and Health: Time Again for Public Health Action," *American Journal of Public Health* 92, no.5 (May 2002): 758-68.
[15] M. Sunde and M. Norström, "The Prevalence of, Associations Between and Conjugal Transfer of Antibiotic Resistance Genes on *Escherichia coli* Isolated from Norwegian Meat and Meat Products," *Journal of Antimicrobial Chemotherapy* 58, no.4 (October2006): 741-47.
[16] Ramanan Laxminarayan and Anup Malani, *Extending the Cure: Policy Responses to the Growing Threat of Antibiotic Resistance*,(Washington, DC: Resources for the Future, 2007).
[17] Abigail Salyers and Nadja B. Shoemaker, "Reservoir of Antibiotic Resistance Genes," *Animal Biotechnology* 17, no.2 (November 2006): 137-46.

浸食が主要因となって、乾燥地帯の放牧地73%を含む世界の放牧地のおよそ2割が劣化を引き起こしている。

[32] Ibid., xxvii.

[33] Elisabeth Rosenthal, "As More Eat Meat, a Bid to Cut Emissions," *New York Times*, December 3, 2008.

[34] Peter Allen, "Sheep Flatulence Inoculation Developed," *Telegraph*, June 4, 2008.

[35] H. Alan DeRamus, Terry C. Clement, Dean D. Giampola, and Peter C. Dickison, "Methane Emissions of Beef Cattle on Forages: Efficiency of Grazing Management Systems," *Journal of Environmental Quality* 32 (2003): 269-77.

[36] Robert B. Jackson, Jay L. Banner, Esteban G. Jobbágy, William T. Pockman, and Diana H. Wall, "Ecosystem Carbon Loss with Woody Plant Invasion of Grasslands," Nature 418 (August 8, 2002): 623-26.

[37] 各種畜産のライフサイクル分析（LCA、畜産の全過程を対象とした環境影響評価）についてはFood Climate Research Networkのまとめた資料、例えばTara Gaenett, "Meat and Dairy Production: Exploring the Livestock Sector' s Contribution to the UK' s Greenhouse Gas Emissions and Assessing What Less Greenhouse Gas Intensive Systems of Production and Consumption Might Look Like" などを参照されたい。本稿については、全米人道協会ダニエル・ニーレンバーグの行なった異なる畜産スタイルの排出比較に関する重要資料を用いた。例えばGowri Koneswaran and Danielle Nierenberg, "Global Farm Animal Production and Global Warming," *Environmental Health Perspectives* 116, no.5 (May 2008).

[38] Gidon Eshel and Pamela A. Martin, "Diet, Energy, and Global Warming," *Earth Interactions* 10, no.9 (April 2006): 1-17を参照。

[39] Claude Aubert, "Impact of the Food Production and Consumption on Climate Change" (paper presented at the International Conference on Organic Agriculture and Global Warming, Clermont-Ferrand, France, April 17-18, 2008).

[40] David Pimentel, *Impacts of Organic Farming on the Efficiency of Energy Use in Agriculture*, An Organic Center of Science Review, Organic Center, August 2006, 9.

第六部

序論

[1] Temple Grandin and Catherine Johnson, *Animals Make Us Human: Creating the Best Life for Animals* (Boston: Houghton Mifflin Harcourt,2009), 217.

抗生物質の乱用

[1] "Penicillin," *Chemical and Engineering News*, June 20, 2005.

[2]「治療量以下」は、疾病治療に必要とされる用量以下の意。

6-7 にもとづく。
[14] Steinfeld et al., *Livestock's Long Shadow*, 274.
[15] Koneswaran and Nierenberg, "Global Farm Animal Production and Global Warming."
[16] Steinfeld et al., *Livestock's Long Shadow*, 87.
[17] Ibid.
[18] 例えば California Environmental Protection Agency, Air Resources Board, "Research on GHG Emissions from Fertilizer" などを参照。
[19] Koneswaran and Nierenberg, "Global Farm Animal Production and Global Warming," 4. 1国当たりの排出量については United Nations Carbon Dioxide Information Analysis Center, "Global Climate Change Links" を参照。
[20] U.S. Department of Agriculture, Economic Research Service, "U.S Fertilizer Imports/Exports: Summary of the Data Findings" の報告によると、「合衆国の窒素およびカリウムの供給は輸入によるところが大きい。2006 年に消費された窒素の 62%、カリウムの 88%は輸入されたものだった。国内生産施設が限られているため、肥料の需要増は輸入によって大幅に補わなければならない。2007 年、合衆国の純輸入量は 2006 年のそれにくらべ 27%の増加をみせ、220 万トン増の 1020 万トンに上昇した。2007 年 7 月から 10 月にかけて、窒素の純輸入量は 34%増の 480 万トンに達した」。
[21] USDA/ERS の肥料取引データより計算。
[22] "Legume Versus Fertilizer Sources of Nitrogen: Ecological Tradeoffs and Human Needs," *Agriculture, Ecosystems, and Environment* 102 (2004): 293. Paul Roberts, *The End of Food* (Boston: Houghton Mifflin, 2008) に収録。
[23] 最新データは USDA/ERS, "U.S Cattle and Beef Industry, 2002-2007" より入手可。
[24] 商用屠体重量より計算。参照——USDA/ERS, "U.S Crops in World Agricultural Supply and Demand Estimates".
[25] Andrea Johnson, "Successful Meat Exporting Countries Will Deliver What Consumers Want," *Farm and Ranch Guide*, June 25, 2005.
[26] United States Department of Agriculture, Foreign Agricultural Service, Office of Global Analysis, *Livestock and Poultry: World Markets and Trade*, Circular Series DL&P 2-07, November 2007.
[27] Bishal K. Sitaula, S. Hansen, J.I.B. Sitaula, and L. R. Bakken, " Effects of Soil Compaction on N_2O Emission in Agricultural Soil," Chemosphere—Global Change Science 2, nos.3-4 (2000): 367-71.
[28] Steinfeld et al., *Livestock's Long Shadow*.
[29] IPCC, *Climate Change 2007: Fourth Assessment Report of the Intergovernmental Panel on Climate Change* (New York: Cambridge University Press, 2007).
[30] Henning Steinfeld and Tom Wassenaar, "The Role of Livestock Production in Carbon Cycles," *Annual Review of Environment and Resources* 32 (November 2007): 274.
[31] Steinfeld et al., *Livestock's Long Shadow*, xxvii. 過放牧、土壌圧縮、土壌

参照している。データは一般会計局、労働省、農務省、労働安全衛生局、国立労働安全衛生研究所のものを使用。

[7] 以下、特に注釈を入れない場合、家禽工場の詳細に関してはCook, "Fowl Trouble" を参照している。

[8] Ibid.

[9] "Hispanics in Iowa Meatpacking," *Rural Migration News* 1, no.4 (October 1995).

[10] "Union Charges at Poultry Plant Bring New Policy on Workplace Bathroom Rights," press release, United Food and Commercial Workers International Union, April 15, 1998.

[11] "UFCW Vote Pays Off for Omaha ConAgra Workers," press release, United Food and Commercial Workers International Union, October 24, 2004.

温かな惑星のミートの食卓

[1] Frances Moore Lappé, *Diet for a Small Planet*, 20th anniv. ed. (New York: Ballantine Books, 1991).

[2] Doug Gurian-Sherman, *CAFOs Uncovered: The Untold Costs of Confined Animal Feeding Operations* (Cambridge, MA: Union of Concerned Scientists, April 2008).

[3] スミスフィールド社、タイソン社をはじめとする、最大手アグリビジネス、食肉加工会社の年次報告書より。

[4] Henning Steinfeld, Pierre Gerber, Tom Wassenaar, Vincent Caste, Mauricio Rosales, and Cees de Haan, *Livestock's Long Shadow: Environmental Issues and Options* (Rome: United Nations Food and Agriculture Organization, 2006).

[5] 100年単位でみた亜酸化窒素およびメタン、二酸化炭素の比較。Intergovernmental Panel on Climate Change, *Third Assessment Report: Climate Change 2001* より。

[6] Steinfeld et al., *Livestock's Long Shadow*, 79.

[7] 数値はUNFAO, FAOSTATにもとづく。

[8] Steinfeld et al., *Livestock's Long Shadow*.

[9] Anthony J. McMichael, John W. Powles, Collin D. Butler, and Ricardo Uauy, "Food, Livestock Production, Energy, Climate Change, and Health," Lancet 370 (2007): 1259.

[10] 最新の消費データは農務省経済研究局（USDA/ERS）より入手可。飼料費用の上昇と食肉輸出の収益により、合衆国での1人当たり食肉消費量は2012～2014年の間に214ポンド（約97kg）まで落ちるものと見積もられている。

[11] Steinfeld et al., *Livestock's Long Shadow*, 22.

[12] Ibid., 99.

[13] Gowri Koneswaran and Danielle Nierenberg, "Global Farm Animal Production and Global Warming," *Environmental Health Perspectives* 116, no.5 (May 2008) に引用あり。データはU.S. Environmental Protection Agency, *Inventory of U.S Greenhouse Gas Emissions and Sinks: 1990-2005*, 6-6および

[14] *Waterkeeper Alliance v. EPA*, 399 F.3d 486 (2d Cir. 2005).
[15] Revised National Pollutant Discharge Elimination System Permit Regulation and Effluent Limitations Guidelines for Concentrated Animal Feeding Operations in Response to the Waterkeeper Decision; Final Rule, *Federal Register* 73 (November 20, 2008): 70417-86.
[16] ミシガン州環境質局のコメントはScribd.comに投稿されている。
[17] 家畜飼養施設の大気排出協定に関するEPAのウェブページはwww.epa.gov/compliance/ resources/agreements/caa/cafo-agr.html。
[18] U.S. Government Accountability Office, *Concentrated Animal Feeding Operations: EPA Needs More Information and a Clearly Defined Strategy to Protect Air and Water Quality from Pollutants of Concern*, GAO-08-955, September 4, 2008.
[19] "Attorney General Lori Swanson and Minnesota Pollution Control Agency Jointly Sue Feedlot to Abate Public Nuisance and for Violations of Minnesota's Environmental Protection Laws," Office of Minnesota Attorney General Lori Swanson, press release, June 20, 2008.
[20] Archie Ingersoll, "MPCA Seeks Comments on Stricter Permit for TRF Dairy," *Grand Forks (North Dakota) Herald*, March 4, 2009.
[21] North Carolina Department of Environment and Natural Resources, Division of Soil and Water Conservation, Lagoon Conversion Programを参照。

薄切りにしてサイの目にして
[1] 以下、特に注釈を入れない場合、引用は全て著者の取材による。初出記事はChristopher D. Cook, "Hog-Tied: Migrant Workers Find Themselves Trapped on the Pork Assembly Line," *The Progressive*, September 1999; Christopher D. Cook, "Revolt over Conditions and Poultry Plants," *Christian Science Monitor*, April 28, 1999; Christopher D. Cook, "Plucking Workers: Tyson Foods Looks to the Welfare Rolls for a Captive Labor Force," *The Progressive*, August 1998; Christopher D. Cook, "Fowl Trouble," *Harper's Magazine*, August 1999.
[2] American Meat Institute, "Fact Sheet U.S. Meat and Poultry Production and Consumption: An Overview" (Washington, DC: American Meat Institute, April, 1999).
[3] Roger Horowitz, *Negro and White, United and Fight!: A Social History of Industrial Unionism in Meatpacking, 1930-90* (Urbana: University of Illinois Press, 1997).
[4] Jimmy M. Skaggs, *Prime Cut: Livestock Raising and Meatpacking in the United States 1607-1983* (College Station: Texas A&M University Press, 1986).
[5] Louise Lamphere, Alex Stepick, and Guillermo Grenier, eds., Newcomers in the Workplace: Immigrants and the Restructuring of the U.S. Economy (Philadelphia: Temple University Press, 1994), 3.
[6] 以下、特に注釈を入れない場合、食肉産業に関する情報はCook, "Hog-Tied"を

CV34 (U.S. District Court Western District of Michigan Southern Division; October 25, 2002; Kalamazoo, MI).

汚染者に加担する

[1] Doug Gurian-Sherman, ***CAFOs Uncovered: The Untold Costs of Confined Animal Feeding Operations*** (Cambridge, MA: Union of Concerned Scientists, April 2008).

[2] 例えばKate Clancy, ***Greener Pastures: How Grass-fed Beef and Milk Contribute to Healthy Eating*** (Cambridge, MA: Union of Concerned Scientists, 2006)を参照。

[3] Elanor Starmer and Timothy A. Wise, ***Feeding at the Trough: Industrial Livestock Firms Saved $35 Billion from Low Feed Prices***, Policy Brief No. 07-03 (Medford, MA: Tufts University Global Development and Environment Institute, December 2007).

[4] Elanor Starmer, ***Industrial Livestock at the Taxpayer Trough: How Large Hog and Dairy Operations Are Subsidized by the Environmental Quality Incentives Program***, A Report to the Campaign for Family Farms and the Environment, December 2008.

[5] L. M. Risse, K.L. Rowles, J. D. Mullen, S. E. Collier, D. E. Kissel, M. L. Wilson, and F. Chen, ***Protecting Water Quality with Incentives for Litter Transfer in Georgia***, Cooperative Services Working Paper #2008-01 (Georgia Soil and Water Conservation Commission and the University of Georgia, September 2008)を参照。

[6] Alabama Cooperative Extension, ***An Update for Alabama CAWVs [Certified Animal Waste Vendors] and Others Involved in Waste Management*** (newsletter, Summer 2007).

[7] Keeve E. Nachman, Jay P. Graham, Lance B. Price, and Ellen K. Silbergeld, "Arsenic: A Roadblock to Potential Animal Waste Management Solutions," ***Environmental Health Perspectives*** 113 (2005): 1123-24

[8] U.S. Department of Energy, "State Energy Program, Projects by State: Fair Oaks Dairy Farm Innovative Manure Digestion System," State Energy Program Special Project, Indiana, 2002.

[9] Environmental Working Group' s Farm Subsidy Databaseを参照。マイケル・マックロスキーとティモシー・デン・ダルクの情報はBion Management Team の履歴にもとづく。

[10] U.S. Citizen and Immigration Services Regional Center Programs, "The EB-5 Visa."

[11] "Iowa New Farm Family Project Overview," Iowa State Extension to Agriculture and Natural Resourcesを参照。

[12] Center for Rural Affairs, Corporate Farming Notes, "South Dakota Industrial Dairies Financed Through Bizarre Immigration Arrangement," Organic Consumer Association. February 21, 2008.

[13] Peter Harriman, "Investors Trade Millions for Visas," ***Argus Leader (Sioux Falls, SD)***, January 13, 2008.

第五部

序論

[1] Doug Gurian-Sherman, ***CAFOs Uncovered: The Untold Costs of Confined Animal Feeding Operations*** (Cambridge, MA: Union of Concerned Scientists, April 2008).
[2] Eric Schlosser, Fast Food Nation: The Dark Side of the All-American Meal (Boston: Houghton Mifflin, 2001), 197.
[3] Pew Commission on Industrial Farm Animal Production, ***Putting Meat on the Table: Industrial Farm Animal Production in America***, A Report of the Pew Commission on Industrial Farm Animal Production (Washington, DC: Pew Charitable Trusts and Johns Hopkins Bloomberg School of Public Health, 2008), 13.

CAFOは皆のすぐそばに

[1] Iowa State University and the University of Iowa Study Group, ***Iowa Concentrated Animal Feeding Operations Air Quality Study: Final Report*** (Iowa City: University of Iowa, 2002)
[2] J.A. Merchant, J. Kline, K. Donham, D. Bundy, and C. Hodne, "Human Health Effects," in ***Iowa Concentrated Animal Feeding Operations Air Quality Study***, 121-45.
[3] Stephanie L. Dzur, ***Nuisance Immunity Provided by Iowa's Right-to-Farm Statute: A Taking without Just Compensation?*** (Des Moines, IA: Drake University School of Law, 2004).
[4] Rachel C. Avery, Steve Wing, Stephen W. Marshall, and Susan S. Schiffman, "Perceived odor from industrial hog operations and the suppression of mucosal immune function in nearby neighbors," ***Archives of Environmental Health*** 59 (2004): 101-8; Merchant et al., "Human Health Effects" ; Kendall Thu, "Public Health Concerns for Neighbors of Large-Scale Swine Production Operations," ***Journal of Agricultural Safety and Health*** 8, no. 2 (2002): 175-84.
[5] ***South Dakota Code***, Disparagement, title 20, capter 20-10A (n.d.).
[6] Erik Marcus, ***Meat Market: Animals, Ethics, and Money*** (Boston: Brio Press, 2005), 121.
[7] U.S. General Accounting Office, ***Livestock Agriculture: Increased EPA Oversight Will Improve Environmental Program for Concentrated Animal Feeding Operations***, GAO-03-285 (Washington, DC: U.S. GAO, 2003).
[8] D.Diamond, "Testing the Water of Illinois Politics: The Case of Industrialized Agriculture and Environmental Degradation" (master' s thesis, Northern Illinois University, 2002).
[9] W. Goldshmidt, testimony before the Senate Subcommittee on Big Business, Washington, DC, 1972.
[10] R. Enslen, ***Michigan Pork Producers et al. v. Campaign for Family Farms et al. v. Ann Venneman, Secretary f the U.S. Department of Agriculture***, 1:01-

[6] U.S. Environmental Protection Agency, "Major Crops Grown in the United States," September 10, 2009.
[7] John J. VanSickle, "Vegetable Perspectives and 2008 Outlook," Electrinic Data Information Service, University of Florida Institute of Food and Agricultural Sciences Extension.
[8] U.S. EPA "Major Crops Grown in the United States."
[9] U.S. Fish and Wildlife Service, Mountain Prairie Region, Partners for Fish & Wildlife, "Tallgrass Legacy Alliance."
[10] "Distribution and Causation of Species Endangerment in the United States," *Science* 22, no.5329 (August 22, 1997): 1116-17
[11] George Wuerthner, "Guzzling the West' s Water: Squandering a Public Resource at Public Expense," in ***Welfare Ranching: The Subsidized Destruction of the American West***, ed. George Wuerthner and Mollie Matteson (Washington, DC: Island Press, 2002)を参照されたい。

多様性喪失の果てに

狭められゆく家禽品種

[1] "Poultry Industry May Need Genetic Restock," UPI ***Science News***, November 5, 2008.
[2] Temple Grandin and Catherine Johnson, ***Animals Make Us Human: Creating the Best Life for Animals*** (Boston: Houghton Mifflin Harcourt,2009), 218.

肉牛、乳牛——伝統か工業か

[1] Andrew Rice, "A Dying Breed," ***New York Times***, January 27, 2008.

家族農家の衰滅

[1] Food and Water Watch, ***Turning Farms into Factories: How the Concentration of Animal Agriculture Threatens Human Health, the Environment, and Rural Communities*** (Washington, DC: Food and Water Watch, 2007), v.

自営農家の消失

[1] Doug Gurian-Sherman, ***CAFOs Uncovered: The Untold Costs of Confined Animal Feeding Operations*** (Cambridge, MA: Union of Concerned Scientists, April 2008), 17-20.
[2] James MacDonald and William D. McBride, The Transformation of U.S. Livestock Agriculture: Scale, Efficiency, and Risks, Economic Information Bulletin No. EIB-43, A Report from the Economic Research Service (Washington, DC: USDA January 2009), iii.
[3] Gurian-Sherman, ***CAFOs Uncovered***, 15.

マクドナルドおじいさんのゆかいな多様性
[1] C.M.A Baker and C. Manwell, "Population Genetics, Molecular Markers and Gene Conservation of Bovine Breeds," in *Cattle Genetic Resources*, ed. C.G. Hickman (Amsterdam: Elsevier Science Publishers, 1991).

搾り尽くされて
[1] Ron Schmid, *The Untold Story of Milk: Green Pastures, Contented Cows and Raw Dairy Foods* (Washington, DC: New Trends Publishing, 2007), 211.
[2] Land O' Lakes 2008 Financial Results.
[3] "The 35 Largest U.S. Companies: 29. Dairy Farmers of America," *Fortune*, 2008.
[4] "Fortune 500 2008: 224. Dean Foods," CNNMoney.com.
[5] "Gregg L. Engles," Forbes.com.
[6] Mary Hendrickson and William Heffernan, "Concentration of Agricultural Markets," Report, Department of Rural Sociology, University of Missouri—Columbia, April 2007
[7] "Update 3—JBS Says U.S. Justice Cleared Pilgrim' s Takeover," Reuters, October 14, 2009.
[8] "JBS Eyes No.1 Spot with Pilgrim' s, Bertin Deals," Reuters, September 21, 2008.
[9] *Smithfield Corporate Social Responsibility Report 2007/08.*
[10] Mark Honeyman, "Iowa' s Changing Swine Industry," in *Iowa State University Animal Industry Report 2006*.
[11] "Hog farming," *North Carolina and Global Economy*, Spring 2004
[12] "EPA Offers Air-Pollution Immunity to Factory Farms," *Grist*, January 24, 2005.
[13] Eric Schlosser, "Hog Hell," *The Nation*, September 12, 2006.
[14] Human Rights Watch, *Blood, Sweat, and Fear: Worker's Rights in U.S. Meat and Poultry Plants* (New York: Human Rights Watch, 2004).
[15] "Why 'the Market' Alone Can' t Save Local Agriculture," *Grist*, August 2006.

自然への猛攻
[1] Barbara Gemmill and Anna Milena Varela, "Modern Agriculture and Biodiversity: Uneasy Neighbours," SciDev Net, February 1, 2004.
[2] "Livestock a Major Threat to Environment," FAO Newsroom, November 29, 2006.
[3] USDA National Agricultural Statistics Service (NASS), "USDA Report Assesses 2008 Corn and Soybean Acreage."
[4] USDA, "Vegetable Report," April 2009.
[5] USDA National Agricultural Statistics Service, "USDA Report Assesses 2008 Corn and Soybean Acreage."

[33] FAO, *State of World Fisheries*, 17.
[34] Naylor et al., "Feeding Aquaculture."
[35] Anne Platt McGinn, "Bluc Revolution: The Promises and Pitfalls of Fish Farming," *World Watch Magazine* 11, no. 2 (March/April 1998).
[36] Ibid.
[37] Ibid.
[38] Food and Agriculture Organization of the United Nations, Fisheries and Agriculture Department, "Fisheries and Aquaculture Country Profiles: Peru" ; International Fishmeal and Fish Oil Organization, "Datasheet: The Production of Fishmeal and Fish Oil from Peruvian Anchovy," IFFO, May 2009.
[39] Jennifer Jacquet, "Save Our Oceans, Eat Like a Pig: Let' s Stop Wasting Tasty Fish on Animal Feed," *The Tyee*, April 17, 2007
[40] Antarctic Krill Conservation Project, "Increasing Demand for Krill."
[41] Julliette Jowit, "Krill Fishing Threatens the Antarctic: Intensive Harvesting of the Tiny Crustaceans for Fish Food and Omega 3 Puts Ecosystem at Risk," *The Observer*, March 23,2008.
[42] Ibid.
[43] Ibid.
[44] Rashid Sumaila, 筆者インタビュー、2007 年 9 月。
[45] Rick Parker, *Aquaculture Science*, 2nd ed. (Albany, NY: Delmar Thomson Learning, 2002).
[46] McGinn, "Blue Revolution" (注35参照).
[47] "Learn About the U.S. Market for Seafood, with a Focus on Fresh," Reuters, January 20, 2009.

第四部

序論

[1] Temple Grandin and Catherine Johnson, *Animals Make Us Human: Creating the Best Life for Animals* (Boston: Houghton Mifflin Harcourt,2009), 217.
[2] Food and Agriculture Organization of the United Nations, Commission on Genetic Resources for Food and Agriculture, *The State of the World's Animal Genetic Resources for Food and Agriculture* (Rome: FAO, 2007).
[3] Ibid.
[4] Food and Water Watch, *Turning Farms into Factories: How the Concentration of Animal Agriculture Threatens Human Health, the Environment, and Rural Communities* (Washington, DC: Food and Water Watch, 2007) v.
[5] Mary Hendrickson and William Heffernan, "Concentration of Agricultural Markets," Report, Department of Rural Sociology, University of Missouri—Columbia, April 2007.

[16] Tom Seaman, "Half-Year Outlook: World Salmon Production Could Plunge 18%," *IntraFish Media AS*, June 5, 2009.
[17] Ibid.
[18] Eric Verspoor, Lee Stradmeyer, and Jennifer L. Nielsen, eds., *The Atlantic Salmon: Genetics, Conservation and Management* (Oxford, England: Blackwell, 2007), 361.
[19] Ibid.
[20] Randy Sell, "Tilapia," Department of Agricultural Economics, North Dakota State University, Alternative Agriculture Series, No.2, January 1993. 年間8万ポンド（約 36トン）の魚を出荷するテラピア施設を分析した研究によれば、このシステムは最初に養殖タンクその他の設備を満たすのに要する 5 万ガロン（約 19 万リットル）の水に加え、毎分 3 ～ 5 ガロン（約 11 ～ 19 リットル）の水供給を必要とする。年間にすると 163 万～ 268 万ガロン（約 617 万～ 1014 万リットル）、テラピア1尾あたり 20 ～ 33 ガロン（約 76 ～ 125 リットル）の計算になる。
[21] Jack M. Whetstone, Gravil D. Treece, Craig L. Browdy, and Alvin D. Stokes, *Opportunities and Constraints in Marine Shrimp Farming*, Southern Regional Aquaculture Center Publication No. 2600, July 2002. この資料ではエビ1ポンド（約 450 g）あたりの水使用量を 4500 ガロンから 300 ガロンへ（約 1 万 7000 リットルから約 1000 リットルへ）と大幅に減らした養殖場を紹介している。
[22] U.S. Geological Survey, "Estimated Use of Water in the United States in 2000."
[23] Solon Barraclough and Andrea Finger-Stich, "Some Ecological and Social Implications of Commercial Shrimp Farming in Asia," United Nations Research Institute for Social Development Discussion Paper No.74, March 1996.
[24] Daniel Knight, "Groups Want Action on Destructive Shrimp Farms," *Third World Network*, April 25, 1999.
[25] Cárdenas and Igor, "Intensive Carnivorous Fin Fish Farming Industry" (注3参照).
[26] Roz Naylor, 筆者インタビュー、2007 年 9 月。
[27] Food and Agriculture Organization of the United Nations, Fisheries and Agriculture Department, *The State of World Fisheries and Aquaculture* (Rome: FAO, 2009), 17,58.
[28] Naylor et al., "Feeding Aquaculture" (注2参照).
[29] David Higgs, 筆者インタビュー、2007 年 9 月。
[30] Richard Ellis, Tuna: A Love Story (New York: Vintage Books, 2008); Volpe, "Dollar Without Sense."
[31] Brian Halweil, 筆者インタビュー、2007 年 9 月。
[32] Reg Watson, Jackie Alder, and Daniel Pauly, "Fisheries for Forage Fish: 1950 to the Present," in *On the Multiple Uses of Forage Fish: From Ecosystem to Markets*, Fisheries Centre Research Reports, vol.14, no. 3, ed. Jackie Alder and Daniel Pauly (Vancouver, BC: Fisheries Centre, University of British Columbia, 2006), 1-20.

Organization of the United Nations, 2005).

[7] Ibid.　抗生物質は一般に食用ペレットの形で投与される。その7～8割が対象の魚に吸収されず環境中に流れ出すことが研究により示されている。分解に要する時間は薬の化学的組成と環境条件による。

[8] Ibid.　疾病管理予防センターは早くも1999年の覚書にて記している――「水産養殖に抗菌薬を使用することで、曝露された生態系内での抗菌薬耐性菌が選抜される。耐性は環境中で伝播し、人に感染するものも含め多種の細菌がこれを獲得する」。U.S. Department of Health and Human Services, Centers for Disease Control, "Antibiotic Use in Aquaculture: Center for Disease Control Memo to the Record," October 18, 1999.

[9] 合衆国有害物質・疾病登録局の報告によれば、PCB汚染された魚を大量に食べた女性が出産した幼児は、食べていない女性の出産児よりもやや体重が軽かった。前者の幼児は行動異常を伴っている率も後者にくらべ高く、「運動技能の欠陥や短期記憶の低下など」がみられた。高濃度のPCB蓄積は皮膚と肝臓にも害をおよぼす。U.S. Department of Health and Human Services, Agency for Toxic Substances and Disease Registry, "ToxFAQs for Polychlorinated Biphenyls (PCBs), February 2001."

[10] John Jane, "Results from Tests of Store-Bought Farmed Salmon Show Seven of Ten Fish Were So Contaminated with PCBs That They Raise Cancer Risk," ***Environmental Working Group Research***, July 2003. 2004年に『サイエンス』誌に発表された研究によれば「野生の鮭にくらべ、養殖鮭ではこれらの汚染物質の濃縮度は著しく高い」(Ronald A. Hites, Jeffrey Foran, David Carpenter, M. Coreen Hamilton, Barbara Knuth, and Steven Schwager, "Global Assessment of Organic Contaminants in Farmed Salmon," ***Science*** 303, no.5655 [January 2004]: 226-29)。こうした研究をめぐり専門家と論争している企業がある一方、養殖鮭に植物性飼料を与えPCB濃縮度を下げようとする試みも始まっている(Stephanie Cohen, "Raising Salmon on a Vegetarian Diet," ***Berkshire [MA] Eagle***, February 16, 2004)。

[11] 死亡したイワシの数について、ジョン・ボルペは75%と見積もるが、オーストラリア政府は約10%と推定する。オーストラリア政府は1998年にも、別件でイワシ集団の約3分の2が死滅したと報告している。Government of Western Australia, Department of Fisheries, "Commercial Fisheries of Western Australia: Pilchards."

[12] John P. Volpe, "Dollars Without Sense: The Bait for Big-Money Tuna Ranching around the World," ***BioScience*** 55, no.4 (2005): 301-2.

[13] "Fishy Farms: The Problems with Open Ocean Aquaculture," Food and Water Watch, 2007. 旋回病について、より詳しくはR.P. Hedrick, M. el-Matbouli, M.A. Adkison, and E. MacConnell, "Whirling Disease: Re-emergence Among Wild Trout," Immunological Reviews 166 (1998): 365-76を参照されたい。

[14] Whirling Disease Initiative, "Frequently Asked Questions," Montana State University.

[15] Cárdenas and Igor, "Intensive Carnivorous Fin Fish Farming Industry" (注3参照).

[1] "Smithfield Foods Announces Third Quarter Results," Smithfield press release, March 12, 2009.
[2] "Smithfield Foods Production," ***Smithfield Corporate Social Responsibility Report 2007/08***, 11.
[3] U.S. Department of Agriculture, North Carolina Field Office, ***September 2009 Hog Report***.
[4] "Pork Producer Says It Plans to Give Pigs More Room," ***New York Times***, January 26, 2007.
[5] "Smithfield Foods to Convert Hog Waste into Diesel Fuel," ***U.S. Water News Online***, March 2003.
[6] "Smithfield Foods Reports Fourth Quarter Results," Smithfield press release, June 7, 2007.
[7] "Coalition Clean Baltic," press release, March 2, 2004

過ぎゆく鶏を見送りながら

[1] 鶏解体作業員#26とのインタビュー。2001 年 8 月 10 日。
[2] 解体施設の相対危険度を測るのは難しい。計算に入れる要素がまちまちであるのに加え、統計は企業の記録の正確さに左右されるからである。このことは食肉業界において深刻な問題となっている。食肉加工は産業界でも労働災害の発生率が最も高い（U.S. Dept. of Labor, Bureau of Labor Statistics を参照）。
[3] Human Rights Watch, ***Blood, Sweat and Fear: Workers' Rights in U.S. Meat and Poultry Plants*** (Human Rights Watch, 2005), 24.
[4] 鶏解体作業員#13とのインタビュー。2001 年 8 月 6 日。
[5] 鶏解体作業員#3とのインタビュー。2000 年 9 月 20 日。
[6] 鶏解体作業員#8とのインタビュー。2000 年 11 月 1 日。

浮かぶ豚舎

[1] Alan Lowther, "Highlights from the FAO Database on Aquaculture Statistics," ***FAO Aquaculture Newsletter***, no.31 (July 2004).
[2] Rosamond L. Naylor, Ronald W. Hardy, Dominique P. Bureau, Alice Chiu, Matthew Elliott, Anthony P. Farrell, Ian Forster, Delbert M. Gatlin, Rebecca J. Goldburg, Katheline Hua and Peter D. Nichols, "Feeding Aquaculture in an Era of Finite Resources," Proceedings of the National Academy of Sciences 106, no.36 (2009): 15103-10
[3] Juan Carlos Cárdenas and P. Igor, "Intensive Carnivorous Fin Fish Farming Industry: The Unrevealed Appetite for Destruction" (Centro Ecocéanos, Chile).
[4] Brian Halweil, Farming Fish For the Future, Worldwatch Report No.176 (Washington, DC: Worldwatch Institute, 2008).
[5] Ibid.　ワールドウォッチ研究所のブライアン・ハルウェイルによれば、水産養殖業界は毎年ほぼ 10 億ドルを獣医薬に費やしている。
[6] Pilar Hernández Serrano, Responsible Use of Antibiotics in Aquaculture, FAO Fisheries Technical Paper No. 469 (Rome: Food and Agriculture

工業的食品は世界を養える

[1] Raj Patel, *Stuffed and Starved: The Hidden Battle for the World Food System* (Brooklyn, NY: Melville House, 2008), 1.
[2] Jeremy Rifkin, introduction to *Feed the World,* Viva! (Vegetarians International Voice for Animals) Guide No. 12.
[3] Ibid.
[4] Ibid.
[5] Vaclav Smil, "Eating Meat: Evolution, Patterns, and Consequences," *Population and Development Review* 28, no. 4 (December 2002): 599–639.
[6] Ibid.

CAFOの家畜糞尿は立派な資源である

[1] Michael W. Fox, *Eating with Conscience: The Bioethics of Food* (Troutdale, OR:, NewSage Press, 1997), 37. この推定量は以下の資料情報により更新された——Pew Commission on Industrial Farm Animal Production, *Putting Meat on the Table: Industrial Farm Animal Production in America* (Washington, DC: Pew Charitable Trusts and Johns Hopkins Bloomberg School of Public Health, 2008), 23.
[2] "Behind the Odors from Factory Farms: What the Nose Doesn' t Know," the diary of Stanley Cooper, image links compiled by Kathleen Jenks, MyThing Links.org.
[3] Fox, *Eating with Conscience,* 39.
[4] Pew Commission, *Putting Meat on the Table,* 16.
[5] Robbin Marks, *Cesspools of Shame: How Factory Farm Lagoons and Sprayfields Threaten Environmental and Public Health* (Washington, DC: Natural Resources Defense Council and Clean Water Network, July 2001).
[6] Wendell Berry, "The Pleasures of Eating," in *Bringing It to the Table: On Food and Farming* (Berkeley, CA: Counterpoint, 2009).

第三部

序論

[1] Bill Niman and Janet Kessel Fletcher, *The Niman Ranch Cookbook: From Farm to Table with America's Finest Meats* (Berkeley: Ten Speed Press, 2005), 46.
[2] Humane Society of the United States, Farm Animal Statistics: "Meat Consumption, 1950-2007."
[3] "Fish Farm Boom Strains Wild Stock, Study Finds: Up to Five Pounds of Wild Fish Needed to Raise One Pound of Farmed Salmon," MSNBC, September 9, 2009.

豚の親分

Human Cost of Bringing Poultry to Your Table," *Charlotte (NC) Observer,* September 30, 2008.
[4] Hamed Mubarak, Thomas G. Johnson, and Kathleen K. Miller, *The Impacts of Animal Feeding Operations on Rural Land Values,* Report R-99-02, College of Agriculture, University of Missouri—Columbia, May 1999, cited in Doug Gurian-Sherman, *CAFOs Uncovered,* 61.
[5] Doug Gurian-Sherman, *CAFOs Uncovered,* 62.

CAFOは環境と自然に恩恵をもたらす
[1] U.S. Dept. of Agriculture, NRCS-RID, *Acres of Cropland, 1997* (National Resource Inventory, 1997); ibid., *Acres of Non-Federal Grazing Land, 1997* (National Resource Inventory, 1997); U.S. Dept. of Interior, Bureau of Indian Affairs, *15.034 Agriculture on Indian Lands* (Catalog of Domestic Assistance, 2002); U.S. Dept. of Interior, Bureau of Land Management, *Working Together for the Health of America's Public Lands, Annual Report,* 1997; U.S. *Forest Service, Forest Service Acres Grazed in All or Parts of Fifteen Western States (AZ, CA, CO, ID, KS, MT, ND, NE, NV, NM, OR, SD, UT, WA, WY),* Rangeland Management: Profile of the Forest Service' s Grazing Allotments and Permittees, U.S. GAO Public Lands Grazing Report RCED-93-141FS (Washington, DC: U.S. GAO, 1993).
[2] Ted Williams, "Silent Scourge: Legally Used Pesticides Are Killing Tens of Millions of America' s Birds," *Journal of Pesticide Reform* 17, no. 1 (Spring 1997).
[3] James McWilliams, *Just Food: Where Locavores Get It Wrong and How We Can Truly Eat Responsibly* (New York: Little, Brown, 2009), 136.
[4] Robert Goodland and Jeff Anhang, "Livestock and Climate Change: What If the Key Actors in Climate Change Are . . . Cows, Pigs, and Chickens?" *World Watch* (November/December 2009), 10–19.
[5] U.S. Department of Agriculture Natural Resources Conservation Service and U.S. Environmental Protection Agency, "Unified National Strategy for Animal Feeding Operations," draft, September 11, 1998.
[6] Food and Water Watch, *Turning Farms into Factories: How the Concentration of Animal Agriculture Threatens Human Health, the Environment, and Rural Communities* (Washington, DC: Food and Water Watch, 2007), 3.
[7] Jeff Donn, Martha Mendoza, and Justin Pritchard, "AP Probe Finds Drugs in Drinking Water," *SFGate (San Francisco Chronicle),* March 10, 2008.
[8] Ibid.
[9] John Robbins, FoodRevolution.org, "What About Grass-Fed Beef?" *The Food Revolution.*
[10] Predator Conservation Alliance, *Wildlife "Services"? A Presentation and Analysis of the USDA Wildlife Services Program's Expenditures and Kill Figures for Fiscal Year 1999* (Predator Conservation Alliance, 2001).

"What Do We Feed to Food-Production Animals? A Review of Animal Feed Ingredients and Their Potential Impacts on Human Health," ***Environmental Health Perspectives*** 115, no. 5 (2007): 663–70.
[7] Doug Gurian-Sherman, ***CAFOs Uncovered: The Untold Costs of Confined Animal Feeding Operations*** (Cambridge, MA: Union of Concerned Scientists, April 2008), 60.
[8] David Brown, "Inhaling Pig Brains May Be Cause of New Illness," ***Washington Post,*** February 4, 2008; Centers for Disease Control and Prevention, "Investigation of Progressive Inflammatory Neuropathy Among Swine Slaughterhouse Workers: Minnesota, 2007–2008," ***MMWR,*** January 31, 2008, 1–3.
[9] Pew Commission, ***Putting Meat on the Table,*** 29.
[10] Food and Water Watch, ***Turning Farms into Factories: How the Concentration of Animal Agriculture Threatens Human Health, the Environment, and Rural Communities*** (Washington, DC: Food and Water Watch, 2007), 7.
[11] Gurian-Sherman, ***CAFOs Uncovered,*** 60.
[12] Pew Commission, ***Putting Meat on the Table,*** 17.
[13] Susan S. Schiffman and C. M. Williams, "Science of Odor as a Potential Health Issue," ***Journal of Environmental Quality*** 34 (2005): 129–138.
[14] Pew Commission, ***Putting Meat on the Table,*** 17.

CAFOは農場である、工場ではない

[1] 1000「AU（動物単位）」は肉牛 1000 頭、乳牛 700 頭、豚 2500 頭、羊 1 万頭、七面鳥 5 万 5000 羽、ブロイラー肉用鶏ないし卵用鶏 10 万羽に相当。
[2] Susan S. Schiffman and C. M. Williams, "Science of Odor as a Potential Health Issue," ***Journal of Environmental Quality*** 34 (2005): 129–138.
[3] Doug Gurian-Sherman, ***CAFOs Uncovered: The Untold Costs of Confined Animal Feeding Operations*** (Cambridge, MA: Union of Concerned Scientists, April 2008), 54; C. B. Roller, A. Kosterev, and F. K. Tittel, "Low Cost, High Performance Spectroscopic Ammonia Sensor for Livestock Emissions Monitoring," USDA Research, Education, and Economics Information System.
[4] "Attorney General Lori Swanson and Minnesota Pollution Control Agency Jointly Sue Feedlot to Abate Public Nuisance and for Violations of Minnesota' s Environmental Protection Laws," Office of Minnesota Attorney General Lori Swanson, press release, June 20, 2008.

CAFOは地域の味方である

[1] John Ikerd, "Confronting CAFOs Through Local Control," Organic Consumers Association, October 29, 2007.
[2] "The Cruelest Cuts: The Human Costs of Bringing Poultry to Your Table," ***Charlotte (NC) Observer,*** February 10–15, 2008.
[3] Kerry Hall, Ames Alexander, and Franco Ordonez, "The Cruelest Cuts: The

工業的食品は効率的である

[1] Doug Gurian-Sherman, ***CAFOs Uncovered: The Untold Costs of Confined Animal Feeding Operations*** (Cambridge, MA: Union of Concerned Scientists, April 2008), 18

[2] Ibid.

[3] Ibid.

[4] Deborah Zabarenko, "One-Third of World Fish Catch Used for Animal Feed," Reuters UK, October 29, 2008.

[5] Henning Steinfeld, Pierre Gerber, Tom Wassenaar, Vincent Castel, Maurice Rosales, and Cees de Haan, ***Livestock's Long Shadow: Environmental Issues and Options*** (Rome: United Nations Food and Agriculture Organization, 2006), 270.

[6] "***E. coli*** O157:H7 Season Is Nearly upon Us: Will It Be 2005 and 2006 or 2007 and 2008?" E. coli Blog, April 5, 2009.

[7] "USDA Announces New E. coli Measures," ***Food Nutrition & Science,*** November 26, 2007.

[8] Pew Commission on Industrial Farm Animal Production, ***Putting Meat on the Table: Industrial Farm Animal Production in America*** (Washington, DC: Pew Charitable Trusts and Johns Hopkins Bloomberg School of Public Health, 2008), 23.

[9] Elanor Starmer and Timothy A. Wise, ***Feeding at the Trough: Industrial Livestock Firms Saved $35 Billion from Low Feed Prices,*** Policy Brief No. 07-03 (Medford, MA: Tufts University Global Development and Environment Institute, December 2007), 1.

[10] Ibid.

工業的食品は健康的である

[1] P. Frenzen, A. Majchrowicz, B. Buzby, B. Imhoff, and the FoodNet Working Group, "Consumer Acceptance of Irradiated Meat and Poultry Products," ***Agriculture Information Bulletin*** 757 (2000): 1–8.

[2] Pew Commission on Industrial Farm Animal Production, ***Putting Meat on the Table: Industrial Farm Animal Production in America*** (Washington, DC: Pew Charitable Trusts and Johns Hopkins Bloomberg School of Public Health, 2008), 13.

[3] Polly Walker, Pamela Rhubart-Berg, Shawn McKenzie, Kristin Kelling, and Robert S. Lawrence, "Public Health Implications of Meat Production and Consumption," ***Public Health and Nutrition*** 8, no. 4 (2005): 348–56.

[4] "Is Meat the Real Culprit in Heart Disease?" ***Doctor's Guide,*** November 19, 1997.

[5] Walker et al., "Public Health Implications of Meat Production and Consumption."

[6] Amy R. Sapkota, Lisa Y. Lefferts, Shawn McKenzie, and Polly Walker,

Watch Magazine (November/December 2009), 10-19.
[15] Pew Commission on Industrial Farm Animal Production, ***Putting Meat on the Table: Industrial Farm Animal Production in America***, A Report of the Pew Commission on Industrial Farm Animal Production (Washington, DC: Pew Charitable Trusts and Johns Hopkins Bloomberg School of Public Health, 2008), viii.

第一部

序論

[1] Bernard Rollin, "Farm Factories: The End of Animal Husbandry," *The Christian Century* 118, no.25 (December 19-26, 2001), 26-29

第二部

工業的食品は安価である

[1] U.S. Geological Survey, "Chesapeake Bay: Measuring Pollution Reduction."
[2] Karl Blankship, "Analysis Puts Bay Cleanup Tab at $19 Billion," Alliance for the Chesapeake Bay, ***Bay Journal***, December 2002.
[3] Robert J. Diaz and Rutger Rosenberg, "Spreading Dead Zones and Consequences for Marine Ecosystems," ***Science***, August 15, 2008.
[4] Polly Walker, Pamela Rhubart-Berg, Shawn McKenzie, Kristin Kelling, and Robert S. Lawrence, "Public Health Implications of Meat Production and Consumption," ***Public Health and Nutrition*** 8, no. 4 (2005): 348-56
[5] Ibid., 349.
[6] Doug Gurian-Sherman, ***CAFOs Uncovered: The Untold Costs of Confined Animal Feeding Operations*** (Cambridge, MA: Union of Concerned Scientists, April 2008), 64.
[7] Pew Commission on Industrial Farm Animal Production, ***Putting Meat on the Table: Industrial Farm Animal Production in America***, A Report of the Pew Commission on Industrial Farm Animal Production (Washington, DC: Pew Charitable Trusts and Johns Hopkins Bloomberg School of Public Health, 2008), 13.
[8] Robert F. Kennedy Jr. on Smithfield Foods Criminal Behaviour," CogitamusBlog.com, April 30, 2009.
[9] Elanor Starmer and Timothy A. Wise, ***Feeding at the Trough: Industrial Livestock Firms Saved $35 Billion from Low Feed Prices***, Policy Brief No. 07-03 (Medford, MA: Tufts University Global Development and Environment Institute, December 2007).
[10] Jon Jeter, "Flat Broke in the Free Market: How Globalization Fleeced Working People" (New York: 2009), xii.
[11] Larry Satter, "Amazing Graze," ***Agricultural Research*** 48, no. 4 (April 2000).

原注

序論

[1] Erik Marcus, ***Meat Market: Animals, Ethics, and Money*** (Boston: Brio Press, 2005), 5.
[2] Henning Steinfeld, Pierre Gerber, Tom Wassenaar, Vincent Caste, Mauricio Rosales, and Cees de Haan, ***Livestock's Long Shadow: Environmental Issues and Options*** (Rome: United Nations Food and Agriculture Organization, 2006), xx.
[3] James McWilliams, ***Just Food: Where Locavores Get It Wrong and How We Can Truly Eat Responsibly*** (New York: Little, Brown, 2009), 125.
[4] Food and Water Watch, ***Turning Farms into Factories: How the Concentration of Animal Agriculture Threatens Human Health, the Environment, and Rural Communities*** (Washington, DC: Food and Water Watch, 2007).
[5] Ibid.
[6] Michael W. Fox, ***Eating with a Conscience: The Biotechs of Food*** (Troutdale, OR: NewSage Press, 1997), 13
[7] Ben Goad, "Obama Ends Slaughter of Sick Cows for Meat," ***Press Enterprise (Riverside, CA)***, March 16, 2009.　屠殺される歩行困難牛の推定頭数は ***USDA's Mad Cow Disease Surveillance Program: A Comparison of State Cattle Testing Rates***, A Report by Public Citizen and the Government Accountability Project, July 19, 2001 から。
[8] Victoria Kim and Mitchell Landsberg, "Huge Beef Recall Issued," ***Los Angeles Times***, February 18, 2008
[9] Dave Murphy, "The Great Pig Debate: How CAFOs Stalk the Future President," ***Animal Welfare Institute Quarterly*** (Winter, 2008).
[10] Doug Gurian-Sherman, ***CAFOs Uncovered: The Untold Costs of Confined Animal Feeding Operations*** (Cambridge, MA: Union of Concerned Scientists, April 2008), 1.
[11] Elanor Starmer and Timothy A. Wise, ***Feeding at the Trough: Industrial Livestock Firms Saved $35 Billion from Low Feed Prices***, Policy Brief No. 07-03 (Medford, MA: Tufts University Global Development and Environment Institute, December 2007).
[12] Mary Hendrickson and William Heffernan, "Concentration of Agricultural Markets," Report, Department of Rural Sociology, University of Missouri—Columbia, April 2007
[13] Steinfeld et al., ***Livestock's Long Shadow***, xxi
[14] Robert Goodland and Jeff Anhang, "Livestock and Climate Change: What If the Key Actors in Climate Change Are . . . Cows, Pigs, and Chickens?" ***World***

Local Harvest
有機、地域食材のウェブサイト。全国の小規模農家、農家市場、およびその他、地域の食品食材を得られる場を登録。
(831)515-5602
www.localharvest.org

Seafood Watch
モントレーベイ水族館が消費者意識を高め、持続可能な水産物を買う重要性に目を向けさせる目的で立ち上げたプログラム。買っていいもの、避けるべきものについて知識を提供し、消費者が環境によい水産物の応援者となる手助けをする。
(831)648-4800
www.montereybayaquarium.rg/cr/seafdwatch.aspx

Smart Seafood Guide
食品&水ウォッチの作成した消費者ガイド。持続可能な水産物を探し、情報にもとづく選択をする上で助けになる。
(202)683-2500
www.foodandwaterwatch.org/common-resources/fish/seafood/guide/

菜食

FARM (Farm Animal Rights Movement)
完全菜食によって動物と環境を保護し、健康を改善しようと呼び掛ける非営利公益組織。
(301)530-1737
www.farmusa.org

GoVeg.com
PETAの作成した菜食情報サイト。
www.goveg.com

Imitation Meat Resources
植物由来の素材でつくった肉もどき食品の案内、レシピ。
www.bocaburger.com
www.lightlife.com
www.morningstarfarms.com/home.html
www.slate.com/?id=2059720
www.yvesveggie.com

Vegetarian Protein Sources
菜食生活を送る中での蛋白質摂取に関する案内。
www.happycow.net/vegetarian_protein.html
www.vrg.org/nutrition/protein.htm

牧草飼養を行なう家禽業者をウェブ登録して消費者の便を図る。
(888)662-7772
www.apppa.org

Chefs Collaborative: Local Food Search
会員制の料理人組織で、経済的に無理のない持続可能な飲食業の経営法を伝授する。水産物が中心。
(617)236-5200
www.chefscollaborative.org

Eat Well Guide
新鮮な地域食材を扱う家族農家、レストラン、その他の業者を多数登録した無料のオンライン辞典。
(212)991-1858
www.eatwellguide.org

Eat Wild
牧草地で動物を育てる利点についてまとめた情報源。リンクで紹介するのは、自然に則った牧草飼養を行ない、そのおいしい畜産物を販売する地域農家。またそうした農家の販売市場としての役割も果たす。
(866)453-8489
www.eatwild.com

Food Routes
アメリカ人に本来の食について――種（たね）、生産者の農家、農地から食卓に至る道程などを――教育する目的でつくられた国内非営利組織。
(570)673-3398
www.foodroutes.org

Grass-Fed Livestock Producer Contacts
牛、羊、豚、山羊、バイソンの牧草飼養農家リスト。カリフォルニア大学協同拡張事業と同州チコのカリフォルニア州立大学が、牧草飼養家畜に関する科学情報を提供する目的でまとめた。
www.csuchico.edu/agr/grassfedbeef/producer-contracts/index.html

Humane Farm Animal Care
「人道的飼養・管理保証（Certified Humane Raised and Handled）」ラベルを扱う。これは毎年食用に育てられる100億の畜産動物のため、家畜の全生涯、誕生から屠殺までの福祉改善を目指した、アメリカで唯一の家畜福祉・食品認証プログラムとなる。
(703)435-3883
www.certifiedhumane.org

(208)315-4836
www.sraproject.org

多様性保護

American Livestock Breeds Conservancy　全米家畜品種保存機構
　1977 年創設の先駆的国内組織で、家畜の伝統品種と遺伝的多様性を保全すべく活動。
(919)542-5704
www.albc-usa.org

Rarc Breeds International
　世界の畜産動物がもつ遺伝資源の多様性喪失を食い止めるため、NGO および政府の関連活動、関連研究を支援・促進する唯一の国際 NGO。各国組織と提携し、催事での情報提供も実施。
+00 (3)023109-98683
www.rarebreedsinternational.org

Rare Breeds Journal
　希少品種、少数品種の家畜を視野に入れた代替畜産業の完全ガイド。
(308)665-1431
www.rarebreedsjournal.com

Slow Food: Ark of Taste　スローフード「味の箱舟」
　忘れられた風味の再発見、記録、目録作成、宣伝に取り組む。
www.slowfoodusa.org/ark-of-taste-in-the-usa
www.localharvest.org/ark-of-taste.jsp

Slow Food Foundation for Biodiversity
　50 カ国以上における作物、家畜の生物多様性保護プロジェクトを支援し、また、動物の幸福を高め環境と各地の文化個性とを重んじる持続可能な農業を促進する。
+39 0172 419 701
www.slowfoodfoundation.org

持続可能な畜産物の案内

American Grassfed Association
　国内報告、教育、研究、販売努力を通し、牧草飼養をおこなう生産者とその畜産物を保護、支援する。
(877)774-7277
www.americangrassfed.org

American Pastured Poultry Producers Association (APPPA)

Center for Rural Affairs　農村問題センター
　社会正義、経済正義、環境正義、堅固な地域社会、および万人のための公正な機会を求め活動。一方で人々を導き、自身の生活の質、共同体の未来に関わる決定に加わるよう促す。
(402)687-2100
www.cfra.org

Corporate Agribusiness Research Project
Voice for a Viable Future 後援のもと 1996 年に再開された公益プロジェクト。
　法人アグリビジネスが家族農家や地域社会、生態系、労働、ならびに消費者におよぼす経済面、社会面、環境面の影響について、正確かつ詳細な主要情報を提供することを企図。
(425)258-5345
www.thecalamityhowler.com

Farm Aid
　市民にアメリカ家族農家の窮状を訴え、同時に農業で生計を立てる家族に援助を行なう。
(617)354-2922
www.farmaid.org

Farmer's Legal Action Group, Inc. (FLAG)
　非営利の法律相談所。家族農家およびその共同体に司法面での援助を行ない、農業継続の手助けに取り組む。
(651)223-5400
www.flaginc.org

Institute for Agriculture and Trade Policy (IATP)
　1986 年以降、アメリカの地域社会に危機をもたらした根本原因を記録するとともに、農家、消費者、地域社会、環境に利益をもたらす政策を提言。
(612)870-0453
www.iatp.org

National Family Farm Coalition
　地域で経済後退が深刻化する中、困難に直面する家族農家および地域団体を代表。
(202)543-5675
www.nffc.net

Socially Responsible Agriculture Project
　工場式畜産場が引き起こす問題について市民に教え、その破壊的影響から共同体が身を守れるよう支援を行なう。

すべての残忍な工場式畜産慣行を廃絶すべく平和的な抗議活動を展開。
+44 (0)1483 521 950
www.ciwf.org.uk

Farm Sanctuary
家畜に対する残忍行為の撲滅に従事し、救助活動、教育、提言を通して思いやりある生活を促す。
(607)583-2225,ext. 221
www.farmsanctuary.org

Humane Farming Association
家畜を残忍行為から、環境を工場式畜産場の汚染から、そして市民を工場式畜産場が危険な形で乱用する抗生物質、ホルモン剤、その他の化学物質から守る組織。
(415)771-2253
www.hfa.org

Humane Society of the United States : Factory Farming Campaign　全米人道協会：工場式畜産キャンペーン
アメリカ最大の動物保護組織として、家畜保護の問題でも牽引役を務める。
(202)452-1100
www.hsus.org/farm

PETA (People for the Ethical Treatment of Animals)　動物の倫理的扱いを求める人々の会
世界最大の動物の権利団体として、四つの分野、すなわち畜産、動物実験、被服業、娯楽産業に焦点をあて活動。
動物虐待直通電話：(757)622-7382
www.peta.org

ShedYourSkin.com
羊毛、毛皮、皮革の代替物を広める運動。メッセージは「心やさしい世界の人々と手をつなぎ、皮の服を脱ぎ去ろう――着てもいいのはただ一つ、思いやりある動物不使用の衣服だ」。
www.shedyourskin.com

World Society for the Protection of Animals (WSPA)
動物保護の施策が皆無ないし僅少な各国地域に的を絞り、25 年以上にわたり動物福祉を促進している。
(800)883-9772
www.wspa-usa.org

農業地域のための社会正義、経済正義

www.sustainabletable.org

Union of Concerned Scientists　憂慮する科学者同盟

独立の科学研究と市民活動とを統合し、革新的かつ実践的な問題解決策の発展を目指すとともに、政府の政策、企業の慣行、消費者の選択を責任あるものへと変革するため活動する。

(617)547-5552

www.ucsusa.org/food_and_agriculture/our-failing-food-system/industrial-agriculture/cafos-uncovered.html

U.S. Environmental Protection Agency (EPA)　合衆国環境保護庁

人の健康および環境を守る使命を負った政府機関。

家畜飼養施設：www.epa.gov/oecaagct/anafoidx.html

CAFO 排出指針：www.epa.gov/guide/cafo

Waterkeeper Alliance　ウォーターキーパー同盟

各地のウォーターキーパー活動を支援、総合して、世界に広がる水路とそこから糧を得る共同体に声を与え、清浄な水と堅固な社会を追求する。

(914)674-0622

www.waterkeeper.org

Wild Farm Alliance　ワイルドファーム同盟

自然の保護、回復に資する農業を促す。

(831)761-8408

www.wildfarmalliance.org

動物福祉／動物の権利

American Humane Association

畜産動物の人道的な扱いを保証すべく、合衆国初の福祉認証プログラム American Humane Certified を考案。

(800)227-4645; (303)792-9900

www.americanhumane.org

www.thehumanetuch.org

Animal Welfare Institute　動物福祉研究所

人間による動物の苦痛と恐怖を減らしていくために活動する非営利慈善団体。なかでも豚、牛、鶏、その他の動物を飼養、屠殺する残忍な動物工場に主眼を置く。

(202)337-2332

www.awionline.org

Compassion in World Farming

集約型の現代工場式畜産に恐怖したイギリスの農家が 1967 年に創設し、以来新たな食のシステムを創出して、土壌、水、野生生物を守るとともに、家族農家および地域社会に公平性と経済機会をもたらし、全ての人々のもとに安全で健康的な食料を行き渡らせることを使命とする。
(612)722-6377
www.landstewardshipproject.org

National Resources Defense Council (NRDC)　自然資源防衛協議会
120 万人の会員およびオンライン活動家に、法的影響力と専門知識を備えた 350 人以上の法律家、科学者、その他の専門家が加わった、合衆国内で最も影響力のある環境活動団体の一つ。
(212)727-2700
www.nrdc.org

National Sustainable Agriculture Coalition (NSAC)
中小農家の支援、自然資源の保全、地域社会の健康増進、栄養豊富で健全な食の普及を目指し活動。
(202)547-5754
www.sustainableagriculture.net

Pew Commission on Industrial Farm Animal Production (PCIFAP)
工業的畜産に関するピュー委員会
畜産業の重要側面を調べる意図で創られた独立の委員会。獣医学、農業、公共保健、経済活動、政治、地域保護、動物福祉の観点から、公平で事実に基づいた包括的な調査を行なう。
(301)379-9107
www.ncifap.org

Stockman Grass Farmer
1947 年以来、牧草地農業で黒字を出す方法に焦点を絞り出版活動を展開。
(601)853-1861
www.stockmangrassfarmer.net

Stone Barns Center for Food and Agriculture　食と農のためのストーンバーンズ・センター
ニューヨーク州ウェストチェスターの中心に位置する非営利の農場、教育センター、レストラン。地産地消の応援、促進、教育を行なう。
(914)366-6200
www.stonebarnscenter.org

Sustainable Table
持続可能な地域農業を応援し、食品関連の問題について消費者教育を実施、さらに食を通しての共同体創設に携わる。
(212)991-1930

1200以上のアメリカの公益団体からなる連合組織。水質浄化、湿地の清浄化に関する連邦政府の政策を強化・実行するため、500万人を越える会員が協力している。
(202)547-4208
www.cleanwaternetwork.org

Environmental Integrity Project
元環境保護庁の執行弁護士らにより2002年に立ち上げられた無所属非営利組織。より実効力のある環境法執行を追求。
(512)637-9479
www.environmentalintegrity.org

Food and Water Watch　食品&水ウォッチ
清浄な水、安全な食品食材を保証するために活動する非営利消費者団体。
(202)683-2500
www.foodandwaterwatch.org

Holistic Management International
私有地、公有地、共有地を問わず、質の悪化した世界の草原を回復させる活動に従事する非営利組織。
(505)842-5252
www.holisticmanagement.org

Institute for Environmental Research and Education (IERE)
畜産農家に持続可能な農業プログラムを提供し、人と環境にとって安全な、しかもその安全性が商品価値となるような畜産物をつくれるよう支援する。
(206)463-7430
www.iere.org

Keep Antibiotics Working
健康支援団体、消費者団体、環境団体、福祉団体、その他の集まった連合組織。1000万人を越える会員は抗生物質耐性生物を生む最大の元凶、畜産における不適切な抗生物質使用を撲滅すべく活動する。
(773)525-4952
www.keepantibioticsworking.com

Kerr Center for Sustainable Agriculture
持続可能な食と農のシステムを育てる一助となるべく創設された非営利の教育組織。
(918)647-9123
www.kerrcenter.com

Land Stewardship Project

関係諸団体

※ 原著にはImitation Meat ResourcesおよびVegetarian Protein Sourcesの解説がないため、この2項目については訳者が説明文を補った。

健全かつ持続可能な畜産

Alliance for the Prudent Use of Antibiotics (APUA)

適切な抗菌薬の選択・使用をうながし、かつ世界規模で耐性生物管理を行なうことで、社会の感染症対応力強化をめざす。

(617)636-0966

www.tufts.edu/med/apua

ATTRA (National Sustainable Agriculture Information Service)

元Appropriate Technology Transfer for Rural Areas。農家、畜産業者、農業相談員、教育者等、アメリカ国内で持続可能な農業に関わる人々を対象に情報提供、技術支援を行なう。

(800)346-9140

www.attra.org

Center for a Livable Future (CLF) 「住みよい未来」センター

未来を見据えた農業、食、生活の実現を目指す各種プログラムにもとづき、研究、教育支援、地域活動を行なう。

(410)502-7578

www.jhsph.edu/clf

Center for Food Safety (CFS) 食品安全センター

1997年に創設された非営利の公益・環境擁護団体。害をなす食料生産技術に抗議し、持続可能な代替案を紹介する。

(202)547-9359

www.centerforfoodsafety.org

Clean Water Action

120万人の会員を抱える政治行動団体。使命は環境、市民の健康、経済的幸福、地域の生活の質を守ることであり、いくつかの州支部は工場式畜産の問題を扱う。個々の支部の情報についてはウェブサイトを参照。

www.aleanwateraction.org

Clean Water Network 清浄水ネットワーク

Issues and Options. Rome: United Nations Food and Agriculture Organization, 2006.

Stier, Ken. "Fish Farming' s Growing Dangers." *Time*, September 19, 2007.

Striffler, Steve: *Chicken: The Dangerous Transformation of America's Favorite Food*. New Haven: Yale University Press, 2005.

Stull, Donald D., and Michael J. Broadway. "Slaughterhouse Blues: The Meat and Poultry Industry in North America." In *Case Studies on Contemporary Social Issues*, ed. John A. Young. Belmont, CA: Wadsworth, 2004.（ドナルド・スタル、マイケル・ブロードウェイ著、中谷和男訳、山内一也監修『だから、アメリカの牛肉は危ない!――北米精肉産業恐怖の実態』河出書房新社、2004 年）

Thu, Kendall. "Industrial Agriculture, Democracy and the Future." In *Beyond Factory Farming: Corporate Hog Barns and the Threat to Public Health, the Environment, and Rural Communities*, ed. Alexander M. Ervin, Cathy Holtslander, Darrin Qualman, and Rick Sawa. Ottawa: Canadian Centre for Policy Alternatives, 2003.

Tietz, Jeff. "Boss Hog." *Rolling Stone*, December 14, 2006.

Science Based Concerns. Washington, DC: National Academies Press, 2002.
Niman, Bill, and Janet Fletcher, *The Niman Ranch Cookbook: From Farm to Table with America's Finest Meats*. Berkeley: Ten Speed Press, 2005.
Niman, Nicolette Hahn. *Righteous Porkchop: Finding a Life and Good Food Beyond Factory Farms*. New York: Collins Living, 2009.
Patel, Raj. *Stuffed and Starved: The Hidden Battle for the World Food System*. Brooklyn: Melville House Publishing, 2008.（ラジ・パテル著、佐久間智子訳『肥満と飢餓——世界フード･ビジネスの不幸のシステム』作品社､2010 年）
Pew Commission on Industrial Farm Animal Production. *Putting Meat on the Table: Industrial Farm Animal Production in America*, A Report of the Pew Commission on Industrial Farm Animal Production. Washington, DC: Pew Charitable Trusts and Johns Hopkins Bloomberg School of Public Health, 2008.
Philpott, Tom. "From Concentrate: How Food Processing Got into the Hands of a Few Giant Companies." *Grist*, April 26, 2007.
Pollan, Michael. *In Defense of Food: An Eater's Manifesto*. New York: Penguin Books, 2008.（マイケル・ポーラン著、高井由紀子訳『ヘルシーな加工食品はかなりヤバい——本当に安全なのは「自然のままの食品」だ』青志社、2009 年）
______. "Power Steer." *New York Times Magazine*, March, 31, 2002.
Rollin, Bernard. *Animals Rights and Human Morality*. Amherst, MA: Prometheus Books, 2006.
______. "Farm Factories." *The Christian Century*, December 19, 2001.
Sapkota, Amy R., Lisa Y. Lefferts, Shawn McKenzie, and Polly Walker. What Do We Feed to Food-Production Animals? A Review of Animal Feed Ingredients and Their Potential Impacts on Human Health." *Environmental Health Perspectives* 115, no.5 (2007): 663-70.
Schell, Orville. *Modern Meat: Antibiotics, Hormones and the Pharmaceutical Farm*. New York: Random House, 1984.
Schlosser, Eric. "Bad Meat: Deregulation Makes Eating a High-Risk Behavior." *The Nation*, August 29, 2001.
______. *Fast Food Nation*. New York: Houghton Mifflin, 2001.（エリック・シュローサー著、楡井浩一訳『ファストフードが世界を食いつくす』草思社、2001 年）
Scully, Matthew. "Fear Factories: The Case for Compassionate Conservatism—for Animals." *American Conservative*, May 23, 2005.
Singer, Peter. *Animal Liberation: A New Ethics for Our Treatment of Animals*. 3rd ed. New York: HarperCollins, 2002.（ピーター・シンガー著、戸田清訳『動物の解放』人文書院、2011 年）
Starmer, Elanor, and Timothy A. Wise. *Feeding at the Trough: Industrial Livestock Firms Saved $35 Billion from Low Feed Prices*. Policy Brief No. 07-03. Medford, MA: Tufts University Global Development and Environmental Institute, December 2007.
Steinfeld, Henning, Pierre Gerber, Tom Wassenaar, Vincent Caste, Mauricio Rosales, and Cees de Haan. *Livestock's Long Shadow: Environmental*

Washington, DC: National Academies Press, 2009.

Intergovernmental Panel on Climate Change (IPCC). *Climate Change 2007: Fourth Assessment Report of the Intergovernmental Panel on Climate Change*. New York: Cambridge University Press, 2007.（IPCC（気候変動に関する政府間パネル）編、文部科学省、経済産業省、気象庁、環境省、『IPCC 地球温暖化第四次レポート——気候変動 2007』中央法規出版、2009 年）

Kaminsky, Peter. *Pig Perfect: Encounters with Remarkable Swine and Some Great Ways to Cook Them*. New York: Hyperion, 2005.

Kirschenmann, Fred. "Toward Sustainable Animal Agriculture." In *Putting Meat on the Table: Industrial Farm Animal Production in America*, A Report of the Pew Commission on Industrial Farm Animal Production (Washington, DC: Pew Charitable Trusts and Johns Hopkins Bloomberg School of Public Health, 2008.

Lappé, Anna. *Diet for a Hot Planet*. New York: Bloomsbury, 2010.

Lappé, Frances More. *Diet for a Small Planet*. 20th anniv. ed. New York: Ballantine Books, 1991.（フランシス・ムア・ラッペ著、奥沢喜久栄訳『小さな惑星の緑の食卓——現代人のライフ・スタイルをかえる新食物読本』講談社、1982 年）

Lefferts, Lisa Y., Margaret Kucharski, Shawn McKenzie, and Polly Walker. *Feed for Food-Producing Animals: A Resource on Ingredients, the Industry and Regulation*. Baltimore: Center for a Livable Future/ Johns Hopkins Bloomberg School of Public Health, 2007.

MacDonald, James, M., and William D. McBride. *The Transformation of U.S. Livestock Agriculture: Scale, Efficiency, and Risks*. Washington, DC: U.S. Department of Agriculture, 2009.

Manes, Christopher. *Other Creations: Rediscovering the Spirituality of Animals*. New York: Doubleday, 1997.

Manning, Richard. *Against the Grain: How Agriculture Has Hijacked Civilization*. New York: North Point Press, 2004.

Marcus, Erik. *Meat Market: Animals, Ethics, and Money*. Boston: Brio Press, 2005.

______. Vegan: The New Ethics of Eating. Ithaca, NY: McBooks Press, 2001.

McWilliams, James E. *Just Food: Where Locavores Get It Wrong and How We Can Truly Eat Responsibly*. New York: Little Brown, 2009.

Mellon, Margaret, Charles Benbrook, and Karen Lutz Benbrook. *Hogging It! Estimates of Antimicrobial Abuse in Livestock*. Cambridge, MA: UCS Publications, 2001.

Mendelson, Anne. *Milk: The Surprising Story of Milk Through the Ages*. New York: Random House, 2009.

Midkiff, Ken. *The Meat You Eat: How Corporate Farming Has Endangered America's Food Supply*. New York: St. Martin' s Press, 2004.

Nabhan, Gary Paul. *Where Our Food Comes From: Retracing Nikolay Vavilov's Quest to End Famine*. Washington, DC: Island Press, 2009.

National Research Council of the National Academies. *Animal Biotechnology:*

読書案内

Berry, Wendell. *The Way of Ignorance*. Berkeley: Counterpoint, 2005.
Bixby, Donald E., Carolyn J. Christman, and Cynthia J. Ehrman. *Taking Stock: The North American Livestock Census*. Granville, OH: McDonald and Woodward, 1994
Center for Food Safety, "Not Ready for Prime Time: FDA' s Flawed Approach to Assessing the Safety of Food from Cloned Animals." Center for Food Safety, March 26, 2007.
Clancy, Kate. *Greener Pastures: How Grass-Fed Beef and Milk Contribute to Healthy Eating*. Cambridge, MA: UCS Publications, 2006.
Cook, Christopher D. *Diet for a Dead Planet*. New York: New Press, 2006
Evans, B. R., and George G. Evans. *The Story of Durocs: The Truly American Breed of Swine*. Peoria, IL: United Duroc Record Association, 1946.
Fearnley-Whittingstall, Hugh. *The River Cottage Meat Book*. Berkeley: Ten Speed Press, 2007.
Foer, Jonathan Safran. *Eating Animals*. New York: Little, Brown, 2009.（ジョナサン・サフラン・フォア著、黒川由美訳『イーティング・アニマル――アメリカ工場式畜産の難題』東洋書林、2011 年）
Food and Water Watch. *Turning Farms into Factories: How the Concentration of Animal Agriculture Threatens Human Health, the Environment, and Rural Communities*. Washington, DC: Food and Water Watch, 2007.
Goodall, Jane, Gary McAvoy, and Gail Hudson. *Harvest for Hope: A Guide to Mindful Eating*. New York: Warner Wellness, 2005.（ジェーン・グドール、ゲリー・マカボイ、ゲイル・ハドソン著、柳下貢崇、田中美佳子訳『ジェーン・グドールの健やかな食卓』日経 BP 社、2011 年）
Grandin, Temple, and Catherine Johnson. *Animals Make Us Human: Creating the Best Life for Animals*. Boston: Houghton Mifflin Harcourt, 2009.（テンプル・グランディン、キャサリン・ジョンソン著、中尾ゆかり訳『動物が幸せを感じるとき――新しい動物行動学でわかるアニマル・マインド』NHK 出版、2011 年）
Gurian-Sherman, Doug. *CAFOs Uncovered: The Untold Costs of Confined Animal Feeding Operations*. Cambridge, MA: UCS Publications, April 2008.
Imhoff, Daniel. *Farming with the Wild: Enhancing Biodiversity on Farms and Ranches*. San Francisco: Sierra Club Books, 2003.
Institute of Medicine of the National Academies, Food and Nutrition Board, Committee on Nutrition Standards for National School Lunch and Breakfast Programs. *School Meals: Building Blocks for Healthy Children*, ed. Virginia A. Stallings, Carol West Suitor, and Christine L. Taylor.

は200万エーカーを超え、80万エーカーにおよぶチリのプマリン公園もその1つに数えられる。1990年、ディープ・エコロジー財団を創設、草の根的環境NGOの重要な後援者となり、多数の環境保護活動関連書籍を発刊する――*“Clearcut”*、*“Welfare Ranching”*、*“Fatal Harvest”*、*“Thrillcraft”*、*“Plundering Appalachia”* 等。

ベッキー・ウィード（Becky Weed）　有機認証羊肉羊毛会社TML&W（Thirteen Mile Lamb and Wool Company）の共同所有者。同社では牧草で羊を育て、モンタナ州ベルグレードにある小さな工場で羊毛その他の天然繊維を加工している。TML&Wは捕食動物にも配慮し、在来種の肉食動物を殺害しない方法で羊を守る。ウィードはモンタナ州家畜委員会の元メンバーであり、ワイルドファーム同盟の共同創設者でもある。

ジョージ・ウースナー（George Wuerthner）　環境保全活動家、執筆家、写真家。地理学、国立公園、原生自然、保全史、環境問題に関する30以上の著作を執筆する。その調査過程で広くアメリカ西部地帯を巡り、西部の主要な山脈を訪れる。公有地と原生地に特別な関心を寄せる。

"Your Right to Know : Genetic Engineering and the Secret Changes in Your Food" の編集委員。ミシガン大学天然資源環境大学院にて環境政策の修士号を取得。

ケン・スティアー（Ken Stier）　ジャーナリスト。『フォーチュン』『タイム』『ニューズウィーク』など、おもな雑誌、新聞に20年以上にわたり国内外の問題を扱った記事を寄稿。

スティーブ・ストリッフラー（Steve Striffler）　ニューオーリンズ大学ドリス・ザムライ・ストーン教授職のラテンアメリカ研究者。ラテンアメリカ、移民、労働の授業を担当。著書に *"Chicken : The Dangerous Transformation of America's Favorite Food"*、*"In the Shadows of State and Capital : The United Fruit Company, Popular Struggle, and Agrarian Restructuring in Ecuador, 1900–1995"*、*"Banana Wars : Power, Production, and History in the Americas"*、*"The People Behind Colombian Coal : Mining, Multinationals, and Human Rights"*。

ケンドール・スー（Kendall Thu）　北イリノイ大学人類学准教授。学術誌 *"Culture & Agriculture"* の編集者、応用人類学会会員。農務長官ダン・グリックマンに任命され、農業大気汚染特別調査団に2年間勤務する。

ジェフ・ティーツ（Jeff Tietz）　ジャーナリスト。『ローリング・ストーン』『ニューヨーカー』『ハーパーズ』『ヴァニティ・フェア』『アトランティック』各誌に寄稿。その記事は *"Best American Magazine Writing"*（アメリカ雑誌記事ベスト）、*"Best American Crime Writing"*（アメリカ犯罪記事ベスト）に掲載される。テキサス州オースティンに在住。

ペイジ・トマセリ（Paige Tomaselli）　食品安全センター顧問弁護士。訴訟と政策を武器に、遺伝子組み換え作物の拡散や集中家畜飼養施設、広汎な下水汚泥の利用といった工業的な農業生産法の縮小化に取り組む。

ダグラス・R・トンプキンス（Douglas R. Tompkins）　長年にわたり野生生物の保護に携わってきた登山家、スキーヤー、農家、カヤック漕者、飛行機操縦士、環境保全活動家。ノースフェイス社の創設者、エスプリ社（衣服メーカー）の共同創設者。1990年に退職し、チリとアルゼンチンに広大な保全地域、国立公園を設けるプロジェクトに取り掛かる。生物多様性保全のため妻クリスティンとともに守った土地望の植物誌：人をあやつる4つの植物』八坂書房、2012年）ほか2冊の著書がある。ロイター／国際自然保護連合環境ジャーナリズム・グローバル賞、ジェームズ・ビアード財団賞2003年最優秀雑誌シリーズ賞、全米人道協会ジェネシス賞を受賞。

バーナード・E・ローリン（Bernard E. Rollin）　コロラド州フォート・コリンズのコロラド州立大学で哲学、生物医学、動物科学を専門に研究する哲学特別教授。受賞作品 *"Animal Rights and Human Morality"* の他、*"An Introduction to Veterinary Medical Ethics: Theory and Cases"*（竹内和世訳、浜名克己監訳『獣医倫理入門：理論と実践』白揚社、2010年）など動物関連問題の著書多数。500以上の記事を執筆。「工業的畜産に関するピュー委員会」のメンバーに加わり、画期的報告書 *"Putting Meat on the Table"*（肉の食卓）の作成に協力した。

ジョエル・サラティン（Joel Salatin）　バージニア州シェナンドー・バレーにあるポリフェイス農場の専業農夫。代替農業を営む農家の三代目で、集約型輪牧運動の改革者として世界の最前線を行く。英文学士号を所持。多数の著書がある他、農業雑誌 *"Stockman Grass Farmer"*、*"Acres U.S.A. "*、*"American Agriculturalist"* などに広く寄稿する。

エリック・シュローサー（Eric Schlosser）　ジャーナリスト。その記事は『アトランティック』『ローリング・ストーン』『ヴァニティ・フェア』『ザ・ネーション』『ニューヨーカー』各誌に掲載される。全米雑誌賞、シドニー・ヒルマン財団賞報道部門賞を受賞。革新的著作 *"Fast Food Nation : The Dark Side of the All-American Meal"*（楡井浩一訳『ファストフードが世界を食いつくす』草思社、2001年）は食べ物に対するアメリカ人の思考に変化をうながし、30カ国語以上に翻訳された。

マシュー・スカリー（Matthew Scully）　執筆家、ジャーナリスト。元『ナショナル・レビュー』誌の文芸編集者。ジョージ・W・ブッシュ大統領の主任スピーチライター、2008年共和党大統領候補ジョン・マケイン、同じく共和党副大統領候補サラ・ペイリンのスピーチライターを務める。著書に *"Dominion : The Power of Man, the Suffering of Animals, and the Call to Mercy"*。

レベッカ・スペクター（Rebecca Spector）　食品安全センター西海岸支部局長。Green Seal や Mothers and Others for a Livable Planet などの組織を指導し、環境および農業の分野で20年近く活躍している。*"Fatal Harvest : The Tragedy of Industrial Agriculture"*、

Vegan.com にブログを掲載し、100 以上の都市で講演を行なう。著書に *"Meat Market : Animals, Ethics, and Money"*、*"The Ultimate Vegan Diet"*、*"Vegan: The New Ethics of Eating"*（酒井泰介訳『もう肉も卵も牛乳もいらない！：完全菜食主義「ヴィーガニズム」のすすめ』早川書房、2004 年）。

ショーン・マッケンジー（Shawn McKenzie）　ジョン・ホプキンス大学「住みよい未来」センターの主任。

アンネ・メンデルソン（Anne Mendelson）　フリーランスの執筆家。中心テーマは食品と料理。著書に *"Stand Facing the Stove"*（伝説的レシピ本 *"The Joy of Cooking"* とその著者達の歴史）、またシェフ兼レストラン経営者ザルエラ・マルティネスとの共著に三冊のメキシコ料理レシピ本がある。『グルメ』『サヴール（Saveur）』『ニューヨーク・タイムズ』に寄稿。

メレディス・ナイルズ（Meredith Niles）　食品安全センターの主催するクールフーズ運動の元監督。同運動は食品の選択が気候変動に及ぼす影響について人々に教育し、持続可能な代替案や食事方針、例えば有機食品、地域食品、食材を丸ごと食べる食事法、肉の食べ控えなどを推奨する。

マーサ・ノーブル（Martha Noble）　全米持続的農業連合会の政策専門家、清浄水ネットワーク肥育場調査グループの共同議長。カリフォルニア大学バークレー校にて法学位を取得した後、フェイエットビルにあるアーカンソー大学全米農業法センターで 10 年にわたり研究教授と顧問弁護士を務めた。

トム・フィルポット（Tom Philpott）　ノースカロライナ州ヴァジェ・クルーシスにあるマーヴェリック農場の共同創設者。オンライン誌 Grist.org の食品担当編集者として、「Victual Reality（食品の真実）」のコラムを掲載。

マイケル・ポーラン（Michael Pollan）　カリフォルニア大学バークレー校ジャーナリズム大学院のジェームズ・L・ナイト教授職。専門はジャーナリズム。*"In Defense of Food : An Eater's Manifesto"*（高井由紀子訳『ヘルシーな加工食品はかなりヤバい：本当に安全なのは「自然のままの食品」だ』青志社、2009 年）、*"The Omnivore's Dilemma : A Natural History of Four Meals"*（ラッセル秀子訳『雑食動物のジレンマ：ある 4 つの食事の自然史』東洋経済新報社、2009 年）、*"The Botany of Desire : A Plant's-Eye View of the World"*（西田佐知子訳『欲いる。

ロバート・F・ケネディ・ジュニア（Robert F. Kennedy Jr.）
ウォーターキーパー同盟の創設者にして現在の代表。同ネットワークは世界各地の157の団体からなり、水界生態系の保存と保護に携わっている。ケネディはペース大学法学部の環境訴訟相談所の共同監督を務める一方、自然資源防衛協議会（NRDC）の上席弁護士を兼任する。*"Crimes Against Nature : How George W. Bush and His Corporate Pals Are Plundering the Country and Hijacking Our Democracy"* ほか著書多数。

アンドリュー・キンブレル（Andrew Kimbrell）　公益抗弁弁護士、活動家、執筆家。科学技術、健康、環境に関する広汎な領域での公益訴訟に従事する傍ら、様々な問題を扱った著書の執筆、編集も手掛ける。編著 *"Fatal Harvest : The Tragedy of Industrial Agriculture"* のほか、単著に *"Your Right to Know : Genetic Engineering and the Secret Changes in Your Food"*（白井和宏訳、福岡伸一監修『それでも遺伝子組み換え食品を食べますか？』筑摩書房、2009年）などがある。

フレッド・カーシェンマン（Fred Kirschenmann）　アイオワ州立大学アルド・レオポルド「持続可能な農業」センターの特別フェロー、「食と農のためのストーンバーンズ・センター」代表。ノースダコタ州にある3500エーカーの土地で10種の穀類と油糧種子、家畜の混育を行なう。

アンナ・ラッペ（Anna Lappé）　国民的ベストセラー作家にして持続可能な食の擁護者。『ワシントン・ポスト』『サンフランシスコ・クロニクル』『ロサンゼルス・タイムズ』『インターナショナル・ヘラルド・トリビューン』各紙に寄稿。単著に *"Diet for a Hot Planet : The Climate Crisis at the End of Your Fork and What You Can Do About It"*、母フランシス・ムア・ラッペとの共著に *"Hope's Edge : The Next Diet for a Small Planet"*、環境保全シェフのブライアント・テリーとの共著に *"Grub : Ideas for an Urban Organic Kitchen"* がある。

クリストファー・メインズ（Chridtopher Manes）　執筆家。手がける分野は人類学、哲学、宗教、ポストモダン環境論、中世研究、言語学、法学に及ぶ。代表作 *"Green Rage : Radical Environmentalism and the Unmaking of Civilization"* は『ロサンゼルス・タイムズ』書籍賞の科学部門を受賞。

エリック・マーカス（Erik Marcus）　動物福祉活動家、執筆家。

ジェイ・グラハム（Jay Graham）　ジョン・ホプキンス大学「住みよい未来」センターの元研究員。同センターは食事、食料生産、環境、保健衛生の複雑な関係についての研究と教育を推進しており、2008年には「工業的畜産に関するピュー委員会」の報告書 *"Putting Meat on the Table: Industrial Farm Animal Production in America"*（肉の食卓――アメリカにおける工業的畜産）の作成に積極的な参与を果たした。

ジェイディー・ハンソン（Jaydee Hanson）　食品安全センターで動物クローニング、動物遺伝子操作の問題を担当する政策分析官。センターの姉妹機関である国際技術評価センター（ICTA）にも勤務し、幹細胞研究、クローニング、遺伝子／胚特許の承認など、ヒト遺伝学に関わる業務の指揮に当たる。

ウェノナ・ホーター（Wenonah Hauter）　食品＆水ウォッチの専務理事。広く国家、州、地域単位でのエネルギー、食、水、環境問題を扱ってきた。メアリー大学の応用人類学修士号を取得。共著に *"Zapped: Irradiation and the Death of Food"* がある。

エメット・ホプキンス（Emmet Hopkins）　ウォーターシェッド・メディアの研究員兼執筆家。スタンフォード大学で持続可能な食のシステムの研究に従事したのち現職。

レオ・ホリガン（Leo Horrigan）　ジョン・ホプキンス大学「住みよい未来」センター主任。

ダニエル・インホフ（Daniel Imhoff）　執筆家。*"Food Fight : The Citizen's Guide to a Food and Farm Bill"*、*"Farming with the Wild : Enhancing Biodiversity on Farms and Ranches"*、*"Paper or Plastic : Searching for Solution to an Overpackaged World"* ほか著書、寄稿記事多数。非営利研究施設兼出版社のウォーターシェッド・メディア、および自然に配慮した農業を推奨する全国組織ワイルドファーム同盟の共同創設者。

ピーター・カミンスキー（Peter Kaminsky）　執筆家。*"The Elements of Taste"* ほか著書多数。近著に *"Culinary Intelligence : A Hedonist's Guide to Eating Healthy"*。『ニューヨーク』誌のコラム「Underground Gourmet」を担当したほか、『ニューヨーク・タイムズ』紙において20年にわたり「Outdoors」のコラムを掲載した。本書のエッセイは *"Pig Perfect : Encounters with Remarkable Swine"* からの抜粋。彼の代理人はこれを「ハム類学（hamthropology）研究」と称して

［執筆者一覧］　※原著に従い、苗字アルファベット順に配置。

ダン・バーバー（Dan Barber）　アメリカで最も称賛されているシェフの一人。マサチューセッツ州ザ・バークシャーズにある自らの家族農場ブルーヒル農場で農業と料理を始め、旬の地産食材を用いた料理で高い評価を得る。評判のレストラン2店舗――ニューヨーク・シティのブルーヒル、および、マンハッタン中間地区から北へ30マイル（約48km）行った80エーカーの農場内にあるストーン・バーンズのブルーヒル――の共同所有者。2009年、『タイム』誌の特集「タイム100」（世界で最も影響力のある人物100人の年間リスト）に選ばれる。

ウェンデル・ベリー（Wendell Berry）　ケンタッキー州中北部の農夫にして、30以上の詩集、エッセイ、小説を発表している作家。グッゲンハイム、ロックフェラー両財団、全米芸術基金からの奨学金を受け、ラナン財団文学賞を受賞。おもな著作に *"The Unsettling of America"*、*"What are People for? "*、*"Citizenship Papers"*、*"Life Is a Miracle: An Essay Against Modern Superstition"*（三国千秋訳『ライフ・イズ・ミラクル――現代の迷信への批判的考察』法政大学出版局、2005年）、*"The Art of the Commonplace: The Agrarian Essays of Wendell Berry"*（抄訳は加藤貞通訳『ウェンデル・ベリーの環境思想――農的生活のすすめ』昭和堂、2008年）。

ドナルド・E・ビクスビー（Donald E. Bixby）　アメリカの先駆的品種保全機関、アメリカ家畜品種保護団体（ALBC）の元専務理事兼技術プログラム管理者。家畜、家禽の遺伝資源保全の取り組みで世界的に知られる。農務省農業研究局の連邦動物遺伝資源プログラムの創設に携わり、現在も遺伝子バンクとの連携を続ける。ALBCにて家畜種の遺伝的多様性を保全してきた取り組みにより、2000年、国際スローフード協会よりその栄誉を讃えられる。2007年、シード・セイバーズ・エクスチェンジより功労賞を受賞。

スティーブ・ビエルクリー（Steve Bjerklie）　執筆家。1980年以来、さまざまな刊行誌に食肉業界の関連記事を掲載している。現在は先端を行く業界誌 *"Meat & Poultry"* の寄稿編集者。また1996年より現在にいたるまで『エコノミスト』誌への寄稿を続ける。

クリストファー・D・クック（Christopher D. Cook）　数々の受賞歴に輝く調査ジャーナリスト。その記事は『ハーパーズ』『マザー・ジョーンズ』『クリスチャン・サイエンス・モニター』『ロサンゼルス・タイムズ』『ザ・ネーション』『エコノミスト』各紙誌に載る。著書に *"Diet for a Dead Planet : Big Business and the Coming Food Crisis"*。

[編者紹介]

Daniel Imhoff（ダニエル・インホフ）
557 ページを参照。

[訳者紹介]

井上太一（いのうえ　たいち）
1984 年生まれ。上智大学英語学科卒業。
会社員を経たのち、翻訳業に専念する。関心領域は動植物倫理、環境問題。
訳書にアントニー・J・ノチェッラ二世ほか編『動物と戦争——真の非暴力へ、《軍事 - 動物産業》複合体に立ち向かう』（新評論）がある。

動物工場(どうぶつこうじょう)——工場式畜産(こうじょうしきちくさん) CAFO の危険性(きけんせい)

2016 年 3 月 10 日　初版第 1 刷発行　　定価 3,800 円＋税

編　者　ダニエル・インホフ
訳　者　井上太一
発行者　高須次郎
発行所　緑風出版 ©
〒 113-0033　東京都文京区本郷 2-17-5　ツイン壱岐坂
[電話] 03-3812-9420　[FAX] 03-3812-7262 [郵便振替] 00100-9-30776
[E-mail] info@ryokufu.com [URL] http://www.ryokufu.com/

装　幀　斎藤あかね　　カバー写真　Roberto Carra
制　作　R 企画　　印　刷　中央精版印刷・巣鴨美術印刷
製　本　中央精版印刷　　用　紙　大宝紙業・中央精版印刷　　E1200

Printed in Japan　　ISBN978-4-8461-1602-6　C0036

◎緑風出版の本

■全国どの書店でもご購入いただけます。
■店頭にない場合は、なるべく書店を通じてご注文ください。
■表示価格には消費税が加算されます。

永遠の絶滅収容所

チャールズ・パターソン著／戸田清訳

四六判上製
三九六頁
3000円

人類は、動物を家畜化し、殺戮することによって、残虐さを学び、戦争と虐殺を繰り返してきた。本書は、その歴史を辿り、ある生命は他の生命より価値があるという世界観を克服し、搾取と殺戮の歴史に終止符を打つべきだと説く。

遺伝子組み換え企業の脅威
モンサント・ファイル

「エコロジスト」誌編集部編／日本消費者連盟訳

A5判並製
一八〇頁
1800円

バイオテクノロジーの有力世界企業、モンサント社。遺伝子組み換え技術をてこに世界の農業・食糧を支配しようとする戦略は着々と進行している。本書は、それが人々の健康と農業の未来にとって、いかに危険かをレポートする。

世界食料戦争〔増補改訂版〕

天笠啓祐著

四六判上製
二四〇頁
1900円

現在の食品価格高騰の根底には、グローバリゼーションがあり、アグリビジネスと投機マネーの動きがある。本書は、旧版を大幅に増補改訂し、最近の情勢もふまえ、そのメカニズムを解説、それに対抗する市民の運動を紹介している。

増補改訂 遺伝子組み換え食品

天笠啓祐著

四六判上製
二八〇頁
2500円

遺伝子組み換え食品による人間の健康や環境に対する悪影響や危険性が問題化している。日本の食卓と農業はどうなるのか？　気鋭の研究者がその核心に迫る。本書は大好評の旧版に最新の動向と分析を増補し全面改訂した。